乳 牛 学

（第四版）

主　编　　王福兆　　孙少华

编著者　　李胜利　　中国农业大学

　　　　　张永根　　东北农业大学

　　　　　张胜利　　北京奶牛中心

　　　　　张英汉　　西北农林科技大学

　　　　　张柏林　　河北农业大学

　　　　　潘玉春　　上海交通大学

　　　　　郭　宏　　天津农学院

　　　　　鲁　琳　　北京农学院

　　　　　洪中山　　天津农学院

　　　　　赵智华　　西南大学

　　　　　韩兆玉　　南京农业大学

　　　　　王雅春　　中国农业大学

　　　　　王福兆　　天津农学院

　　　　　孙少华　　河北农业大学

科学技术文献出版社

Scientific and Technical Documents Publishing House

北　京

(京)新登字 130 号

内 容 简 介

　　《乳牛学》第四版由 10 所全国主要高等农业院校和科研生产单位长期从事乳牛教学、科研和生产,并具有丰富理论和实践经验的教授、博士合作编写。首先介绍了国内外乳牛业发展概况和发展趋势,接着从乳牛品种、外貌鉴定与生产性能测定、乳牛育种、繁殖、种公牛管理与冻精生产、乳牛的行为与福利、乳牛的营养需要与营养代谢调控、乳牛的饲料、乳牛的饲养管理、乳牛健康管理与常见疾病防治,以及乳品加工、乳牛场经营管理等方面进行系统的阐述,并介绍了国内外最新的科技成果和先进的管理经验。书后附有中国奶牛饲养标准、饲料营养成分表、美国 NRC 奶牛营养需要、高产奶牛饲养管理规范、奶牛场卫生及检疫规范及 4 个中华人民共和国农业行业标准,供读者参考。本书理论与实践紧密结合,内容新颖丰富,图文并茂,注重实用性和可操作性。

　　本书适于农业院校师生,乳牛业科研人员,乳牛场技术管理人员和广大乳牛饲养者参考。

科学技术文献出版社是国家科学技术部系统惟一一家中央级综合性科技出版机构,我们所有的努力都是为了使您增长知识和才干。

序

　　乳牛学是养牛学中的一个重要分支,主要介绍以生产牛乳为主要商品的乳牛及其有关的科学理论、实践技术、经营管理,产品加工调制、储藏与运销学等方面的知识。供学习乳牛专业的大学本科生、科研人员、乳牛场与乳品加工的科技人员,以及储藏、运输与销售牛乳商品的工作人员学习、参考与应用。

　　乳牛业在发达国家十分兴旺,在国民经济中占有重要地位,因为牛乳及其加工调制食品与保持和促进人民的身体健康有十分密切的关系。以美国与俄罗斯为例:在 2000 年,美国全国共有乳牛 909.6 万头,年产牛乳总量为 7 629.4 万吨;同年俄罗斯全国共有乳牛 1 290 万头,年产牛乳总量为 3 156.0 万吨。据星球地图出版社 2000 年出版的《世界地图集》报道,美国与俄罗斯在 2000 年的人口总数分别为 2.67 亿和 1.47 亿。由此推算,在 2000 年,美国与俄罗斯的人均占有牛乳产量依次为 285.7 千克与 214.7 千克。我国乳牛业起步晚,起点低,底子薄。1949 年新中国成立初期,全国乳牛总量约为 12 万头,经过 50 多年的努力,2000年全国乳牛总数增加到 488.7 万头,年产牛乳总量为 827.4 万吨,人均占有牛乳产量只有 6.5 千克;到 2007 年,全国乳牛总数增加到 1 218.9 万头。年产牛乳总量增加到 3 525.2 万吨,人均占有牛乳产量增加到 24.87 千克,全国产乳总量已列入世界第三大国。然而与美、俄两国情况比较差距仍然甚大,需要我们奋起直追。

　　乳牛学是一门内容丰富、理论精深、系统严明、与生产实际紧密联系的科学。为了大力发展我国乳牛业,编写《乳牛学》,是推广乳牛生产知识和技术的迫切需要。20 世纪 80 年代,京、津、沪三市农业院校共同合作,由王福兆教授主编的《乳牛学》(由科学技术文献出版社于 1988 年出版),经多年试用于教学与科研及指导实际乳牛生产中颇见成效。《乳牛学》已列入中国奶业 50 年大事记(见《中国奶业50 年》一书——海洋出版社 2000 年)。1993 年与 2004 年出版的第二版和第三版《乳牛学》,其内容做了较大的删改和充实,增加了乳牛的行为、乳牛场建设与环境保护、种公牛站建设与冻精生产、后备母牛培育、乳牛营养与饲料、乳牛群健康管理及计算机在乳牛业中的应用等 7 章。经改编后,全书共 16 章,内容精练,理论密切联系实际,充分表现了编著者从事乳牛学教学与科研工作多年积累的精湛理论知识和丰富的实际生产经验。为了使多年积累的理论与实践世代相传,并不断丰富我国乳牛科学的理论与实践,《乳牛学》第四版由王福兆、孙少华教授共同担任主编。王福兆教授已退休 10 余年,这种老有所为、退而不休、为民服务、为国操劳的忘我精神令人敬佩。本书第四版编著者由老、中、青组成,其中多人荣获博士学位。这种集思广益、团结合作的高尚风格令人赞赏。本书第四版改编中在保持前三版的内容精彩部分外,对各章节做了更精彩的修改。《乳牛学》第四版的出版,将为我国乳牛业持续健康发展做出贡献。

杨诗兴

编者的话

《乳牛学》的编写出版,最早(1986年)由京、津、沪三市的农学院联席会议发起,作为畜牧专业本科教材,至今已历时23年,出版了三版。第一版(1988)、第二版(1993)和第三版(2004)均由王福兆教授任主编。其编著者:第一版为高国梁、耿世祥、王煜、海淑萍、韩惠英、张学炜;第二版为高国梁、耿世祥、张学炜;第三版为耿世祥、高国梁、孙少华、张金钟、赵智华、张英汉、南庆贤、刘会平、龚振明。这些编著者为该书的出版做出了重要贡献,在此表示衷心的感谢!

自2004年《乳牛学》第三版出版以来,我国乳牛业快速发展,国内外乳牛科学技术也有了长足的进步。为了把先进的科学技术及时编著于书中,丰富其知识内容,同时,对第三版使用过程中反映出的问题及时进行更正,我们对第三版进行了修改。其指导思想是:紧紧围绕发展乳牛业优质、高效、生态、安全这个中心,按照规模化、标准化的养殖要求,吸收国内外乳牛科研和实践的最新成果,结合我国乳牛业现行技术水平和存在的问题,提出有针对性的改进措施。注重现实性、实用性和可操作性,以及突出技术管理的数字化。以满足教学、科研、生产和推广不断发展的需求。

《乳牛学》第四版进行了删繁就简、去旧纳新,基本保持了第三版的框架。在重视乳牛健康和乳品生产质量安全的基础上,新增加了近年来乳牛业科技领域涌现的新技术、新理论。例如:性别控制;高产乳牛的特殊饲养管理;乳牛舒适度评估;粪便评定;运动评分等。

为了提高编写水平,本书第四版由全国主要高等农业院校和科研生产单位,长期从事乳牛教学、科研和生产,具有丰富理论和实践经验的教授、副教授、博士生导师和博士参加。根据每位作者的特长及分工,在《乳牛学》第三版的基础上,对每章节内容进行了重新修编。其中,第一章由王福兆教授、孙少华教授负责修编;第二章由张英汉教授、王雅春副教授负责修编;第三章由孙少华教授负责修编;

第四章由孙少华教授、潘玉春教授负责修编;第五章由韩兆玉副教授负责修编;第六章由张胜利研究员、王福兆教授负责修编;第七章由孙少华教授负责修编;第八章由赵智华副教授负责修编;第九章和第十章由李胜利教授、王福兆教授负责修编;第十一章由鲁琳副教授负责修编;第十二章由张永根教授、王福兆教授负责修编;第十三章由郭宏教授负责修编;第十四章由洪中山副教授负责修编;第十五章由张柏林教授负责修编;第十六章由张胜利研究员负责修编。书稿形成后,由王福兆教授和孙少华教授负责统稿。所以,《乳牛学》第四版是集体智慧的结晶,团结合作的结晶。我们相信《乳牛学》第四版一定会在乳牛教学、科研、生产和推广中发挥应有的作用。

在本书的修订过程中,得到了河北农业大学等单位领导的大力支持,特别是得到98岁高龄的杨诗兴老教授为本书作序,给编著者以很大的鼓舞,在此深表衷心感谢。

本书受编著者水平所限,差错之处在所难免,殷切希望得到读者的批评指正。

编著者于天津市盘山

目　　录

第一章　绪论···（1）
　　第一节　乳牛业在发展农业和国民经济中的地位·······················（1）
　　第二节　我国乳牛业发展概况···（4）
　　第三节　国外乳牛业发展概况及发展趋势·····································（7）
　　第四节　乳牛业发展方略···（11）
第二章　牛种及乳牛品种···（14）
　　第一节　牛在动物分类学上的地位···（14）
　　第二节　我国引进的乳牛及乳肉兼用牛品种·······························（16）
　　第三节　我国育成的乳用及兼用牛品种·······································（26）
　　第四节　水牛品种···（36）
　　第五节　中国牦牛品种···（38）
第三章　乳牛体型外貌与生产性能测定···（42）
　　第一节　乳牛体型外貌特征···（42）
　　第二节　体尺、体重测量鉴定···（48）
　　第三节　体型线性鉴定···（50）
　　第四节　年龄鉴定···（66）
　　第五节　产乳性能及其评定方法···（69）
第四章　乳牛育种···（85）
　　第一节　育种基础工作···（85）
　　第二节　乳牛选种···（89）
　　第三节　乳牛的选配···（99）
　　第四节　乳牛育种方法···（102）
　　第五节　现代生物技术与乳牛育种···（105）
　　第六节　育种的组织措施···（109）
第五章　乳牛繁殖···（112）
　　第一节　繁殖管理目标···（112）
　　第二节　母牛初配年龄与发情鉴定···（113）
　　第三节　母牛配种···（115）
　　第四节　妊娠与分娩···（117）

第五节　胚胎移植与性别控制……………………………………(120)

第六节　非传染性繁殖障碍……………………………………(125)

第六章　种公牛站建设与冻精生产…………………………………(127)

第一节　种公牛站建设…………………………………………(128)

第二节　种公牛饲养管理………………………………………(130)

第三节　采精及质量检查………………………………………(134)

第四节　冷冻精液制作…………………………………………(138)

第七章　乳牛的行为与福利…………………………………………(144)

第一节　乳牛的一般习性与行为………………………………(144)

第二节　乳牛的群居行为与联络方式…………………………(146)

第三节　乳牛的生理性行为……………………………………(147)

第四节　乳牛的异常行为………………………………………(149)

第五节　乳牛的行为与应用……………………………………(150)

第六节　乳牛福利………………………………………………(151)

第八章　乳牛场建设及环境控制……………………………………(154)

第一节　场址选择………………………………………………(154)

第二节　场址规划与布局………………………………………(156)

第三节　牛舍设计与建筑………………………………………(158)

第四节　乳牛场环境污染及其治理……………………………(175)

第九章　乳牛营养与营养调控………………………………………(182)

第一节　乳牛消化生理…………………………………………(182)

第二节　乳牛的营养需要………………………………………(184)

第三节　水牛、牦牛营养需要…………………………………(193)

第四节　乳牛营养代谢与调控…………………………………(195)

第十章　乳牛饲料……………………………………………………(202)

第一节　乳牛饲料选择与利用…………………………………(202)

第二节　饲料加工调制与贮存…………………………………(213)

第三节　乳牛日粮配合…………………………………………(224)

第十一章　后备母牛培育……………………………………………(229)

第一节　培育目标………………………………………………(229)

第二节　犊牛饲养管理…………………………………………(231)

第三节　育成牛饲养管理………………………………………(237)

第四节　初孕牛饲养管理………………………………………(239)

第五节　乳公犊的肉用生产……………………………………(239)

第十二章　成乳牛饲养管理…………………………………………(242)

第一节　一般饲养管理技术……………………………………(242)

第二节　成乳牛的阶段饲养管理………………………………(246)

第三节　高产乳牛的特殊饲养管理……………………………（253）

第四节　全混合日粮（TMR）饲养技术 ………………………（255）

第五节　冬夏季饲养管理………………………………………（260）

第六节　乳牛饲养管理效果评价………………………………（263）

第十三章　乳牛群健康管理……………………………………（273）

第一节　健康管理内容与目标…………………………………（273）

第二节　乳房健康管理…………………………………………（275）

第三节　肢蹄护理………………………………………………（279）

第四节　繁殖障碍预防…………………………………………（281）

第五节　营养代谢病的监控……………………………………（284）

第六节　乳牛常见疾病的防治…………………………………（285）

第十四章　挤乳与牛乳初步处理………………………………（299）

第一节　乳牛乳房结构与泌乳生理……………………………（299）

第二节　挤乳……………………………………………………（302）

第三节　生鲜牛乳的初步处理…………………………………（308）

第四节　鲜牛乳质量安全与价格………………………………（309）

第十五章　牛乳及乳品加工……………………………………（316）

第一节　牛乳的成分及性质……………………………………（316）

第二节　原料乳的预处理………………………………………（322）

第三节　液态乳生产……………………………………………（324）

第四节　乳粉及其他乳制品……………………………………（329）

第五节　中国民族乳制品………………………………………（333）

第十六章　乳牛场经营管理……………………………………（336）

第一节　经营目的与规模………………………………………（336）

第二节　生产管理………………………………………………（337）

第三节　技术管理………………………………………………（339）

第四节　生产计划管理…………………………………………（341）

第五节　全年技术工作安排……………………………………（346）

第六节　市场营销与策略………………………………………（347）

第七节　提高乳牛场经济效益的措施…………………………（348）

第八节　乳牛场标准化体系建设………………………………（350）

附录………………………………………………………………（355）

第一章 绪 论

第一节 乳牛业在发展农业和国民经济中的地位

农业是国民经济的基础,乳牛业是现代农业重要的组成部分。牛乳(含水牛乳、牦牛乳)是人生最重要的营养食品,是营养要素最全面、营养价值最高、最容易消化吸收的食品,它对改善我国人民营养、平衡膳食结构、增强人民健康水平,促进耕地农业、草地农业发展,优化种植业结构,带动相关产业发展,巩固和加强农业基础地位,推进农村改革发展,加快社会主义新农村建设,增加农牧民收入,发展农牧区经济,繁荣城乡经济,扩大对外贸易,全面建设小康社会,都具有重大意义。

一、发展节粮型乳牛业

乳牛是粗饲料转化率最高的草食家畜。乳牛(包括水牛、牦牛)适应性强,耐粗饲,可利用青草、干草以及其他人类无法利用的粗饲料,转化成牛乳、牛肉等蛋白质和有机物质。资料表明,乳牛能将饲料中蛋白质的37%、能量的17%转化到乳中,用1千克饲料喂乳牛比喂猪所获得的蛋白质至少高2倍。我国人均耕地有限,粮食资源人均占有率低,但有丰富的粗饲料资源,所以,从我国国情出发,发展节粮型乳牛业大有作为,具有广阔前景。

二、发展乳牛业,增强民族体质,提高人民健康水平

发展乳牛业,是改善人民膳食结构,增强民族体质的需要。乳品与人民生活息息相关。胡锦涛总书记说,牛奶本身就是温饱后小康来临时的健康食品,不仅小孩喝,老人喝,最重要的是中小学生都要喝上牛奶,提升整个中华民族的身体素质。温家宝总理题词"我有一个梦,让每个中国人,首先是孩子,每天都能喝上一斤奶"。并且说:"希望你们能让我梦想成真"。这充分说明,国家对发展乳牛业和对人民群众身体健康高度重视。营养专家认为,牛乳是人类一生中生长发育全过程最适宜的食品,除人乳外,几乎没有任何食品可以与牛乳相比拟的,它含有人体生长发育所需要的全部营养要素,牛乳氨基酸是所有食品中最接近人体需要的食品,能提供给人体所必需的全部氨基酸,特别是我国城乡居民膳食中普遍缺钙,而牛乳是最好的钙源,对促进婴幼儿生长发育,增强中、老年人骨骼健康最为理想。温总理提出每天每人喝一斤奶,完全符合人均来自奶类蛋白质(500克×3.2%＝16克)和钙(600毫克)的需要量(目前我国居民每天人均来自奶类蛋白质为1.5克,发达国家居民为15克)。

三、发展乳牛业,加快农业现代化建设

(一)乳牛业是农业现代化的重要标志

世界农业发达国家,牛乳产值约占农业总产值的 20%。法国约占 19%,英国、德国约占 25%,荷兰占 35%,而我国目前牛乳产值占农业总产值不足 2%。但有些地区牛乳产值占农业总产值的比重比较大,是农民创收的一条致富之路。例如,黑龙江双城市多年来通过大力发展乳牛业,乳业收入占农民和财政收入的比重均达 70%,并使王家镇、新胜乡等大镇走上城镇化之路。

为了加快我国现代化农业的发展,《全国奶业"十一五"发展规划和 2020 年远景目标规划》提出,加快发展乳业,推进农业现代化建设。

(二)发展乳牛业,优化种植业结构

乳牛是草食家畜,为保证乳牛有较高的生产性能和效益,首先必须满足乳牛的营养需要,达到营养标准,只靠喂农作物秸秆加精料是不行的,必须向耕地农业、草地农业要草。国内外实践证明,耕地农业通过粮食、经济和饲料作物的三元结构实施草田轮作,建立占耕地面积约 20%的丰产草地,在收获大量牛乳等产品的同时,粮食产量不但没有减产,反而有所提高,经济效益大增。种草肥田,不是与粮食争地,而是藏粮于草。发展草地农业,即推行牧草与粮食作物轮作、间作、套种,发展多元种植结构,或对一些不适宜粮食种植以及生态脆弱的耕地,实施退耕还草,发展人工种草,是提高草地乳牛养殖生产力水平的有效措施。例如,内蒙古林西县多年来坚持"为牧而农,为养而种"的方向,2005 年全县人工牧草已达 35 万亩,盛花期鲜苜蓿亩产 800~1 290 千克,干草亩产达 225~370 千克,全县苜蓿总产量达 7.88 万~12.95 万吨。按照苜蓿干草价每千克 1.0 元计,产值可达 1.295 亿元。饲养实践表明,泌乳期乳牛每天补喂 2.5 千克干草苜蓿,每头乳牛年增加产奶量 600 千克。农民增收增效十分明显。

我国南方有丰富的草山草坡资源,滩涂草地以及农作物秸秆资源,而且水、热条件好,是发展乳牛业的有利基础。例如,湖南南山牧场,昔日杂草丛生,荒无人烟,草山经多年改良,现已成为奶牛养殖基地。这一成功经验,值得推广。胡耀邦同志 1984 年 4 月 9 日视察湖北大山顶牧业基地,已肯定了种草养牛的方向。

牦牛是青藏高原地区为牧民提供乳、肉等产品不可缺少的牛种。近年来,由于全球变暖,雨量减少,特别是载畜量大幅度增加,草原退化、沙化严重,牦牛长期处于饥饿或半饥饿状态,牦牛对当地环境虽有极强的适应性,但生长周期长、产乳性能低(平均日产奶量 1.62 千克)。为了提高产奶水平,必须改善营养,下大力气改进青藏高原草地农业生产水平。

(三)发展乳牛业,促进粮食安全

乳牛是排泄粪尿最多的牛种。据测定,一头体重 500~600 千克的成年乳牛,每天粪尿分别为 30~50 千克和 15~25 千克。乳牛粪尿,通过培肥地力,对保持土壤良好团粒结构,改善多年施用化肥造成的土壤板结,促进粮食安全和减低粮食生产成本至关重要。在有条件的地

区,还可以利用粪尿生产沼气,牛粪作为生产食用菌原料,菌渣还田,改善土壤结构,发展有机农业,既可增产粮食,又保粮食安全。

(四)发展乳牛业,生产"奶牛肉"

按目前饲养乳牛头数计算,全国每年出生的奶公犊至少 200 万头以上(奶牛 1 218.9 万头,按繁殖率 70%计),这是一批优质牛肉资源。但至今仍有不少地区把初生奶公犊立即抽血杀死或贱价出售,供作烤牛肉串。这是极大的浪费,必须禁止。国外实践表明,奶公犊体重达 100~200 千克时,屠杀率达 60%以上,肉柔嫩多汁,芳香适口,人体所需要的氨基酸和维生素营养齐全,又易于消化吸收。价格昂贵,属高档肉品。近年来国内不少单位,利用奶公犊生产犊牛白肉实验表明,饲养 3~4 个月屠宰后平均体重可达 130 千克,屠宰率为 59%、净肉率为 45%。其肉质细嫩、味道鲜美,呈白色或粉红色,每千克售价 100 元,收效良好。也有单位实验,奶公犊断奶后用草料饲养 12 月龄后屠宰,肉质也很好,价钱也高。据报道,上海、浙江等地东南沿海地区,年需高档牛肉约 10 000 吨,仅北京就年需 6 000 吨,国内不能满足供应,几乎全靠进口,平均每千克 12~35 美元。所以,为了节约外汇,奶牛增产,农民增收,企业增效,奶公犊生产高档牛肉亟待开发。

四、发展乳牛业,带动相关产业发展

乳牛业产业链长,且延伸范围广,既可带动饲料加工业、食品加工业、皮革毛绒加工业、医药、牧业机械制造业等第二产业的发展,乳品业的发展既可促进乳牛业的发展,又可带动储运、营销等第三产业的发展,增加产品附加值,提高农民收入,同时还可以解决和安置大量农村剩余劳动力。

五、发展乳牛业,扩大对外贸易

我国黄牛、水牛、牦牛挤乳历史悠久,水牛奶在国外有相当影响。浙江温州百享炼乳厂生产"禽雕"牌炼乳,早已畅销南洋。广东、福建商业性水牛奶加工,已有 400 年历史,制作"奶饼"、"奶皮"、"姜汁奶"等风味产品,19 世纪末已远销东南亚国家。最近广西生产加工水牛奶黄奶酪和水牛奶白盐水干酪,深受欧美国家消费者喜爱。牦牛乳汁营养丰富,制作的奶粉、酥油、麦乳精味道鲜美,胆固醇含量低,在外贸市场上被视为"野味",销路很好。青海制作的土特产品牦牛肉干,受到国内外游客的青睐,销售量逐年上升。近几年来,由于全球奶源紧缺,我国乳品出口增长较快,出口形势好。2005 年 1~9 月出口数量已达 48 462.4 吨,金额达5 304.8万美元,比 2004 年同期增长 9.7%,其中前三名为黑龙江、山东、广东,出口金额分别为 1 622.0 万美元,923.2 万美元和904.0 万美元;第 4 至 8 位分别为云南、内蒙古、江苏、浙江和天津。

综上所述,乳牛业是现代化农业一大支柱产业,是大有希望的产业;对强盛民族、增长经济具有重大意义。但自 2006 年以来,我国乳牛养殖效益大幅度下降,部分乳牛养殖户亏损,个别地区出现宰杀母牛犊现象,特别是 2008 年发生的三鹿婴幼儿奶粉事件,集中反映了我国乳牛业发展中的矛盾和问题。为此,我们必须狠抓《奶业整顿和振兴规划纲要》的落实,努力推进我国乳牛业稳定持续健康发展。

第二节　我国乳牛业发展概况

一、发展简史

我国北方和西南少数民族,早在 5000 年前,就利用黄牛、牦牛挤奶并有食用乳制品的习惯。古代史书中有不少关于饮用奶酪和鲜奶作为美食和滋补品的记述。

"牛乳"两字最早见秦后(公元前 206 年)佛教经典《大智度论》。西汉帝时(公元前 170 年)已加工牛奶酒;东汉时期(公元 25—220 年)文献中常出现"酪"字;两晋(公元 533—554 年)《齐民要术》记载有"作酪法",《魏书·王琚传》(公元 551—554 年)记载"常饮牛乳色如处子"。唐朝(公元 618—907 年)食用乳制品已较普遍。《晋书》(公元 644—646 年)中已有"乳酪养性"之说。宋朝(公元 960—1279 年),官府设有"牛羊司乳酪院,供造酥酪"。据《金央》记载,天会前期(公元 1123 年)丰州城(今呼和浩特市)内的酪巷,即专供制作和经营乳类食品;元朝(公元 1254—1324 年)蒙古骑兵已带干制乳品充作军粮;明代《本草纲目》对各种乳的特性与医药效果均有详细阐述,并记载有制作醍醐(即黄油)方法。据清·嘉庆元年(公元 1796 年)邓川志记载,"凡家喂四头牛作乳扇二百张,八口之家足资俯仰矣。"

从上述可见,我国牛乳作为食品已有悠久历史,但专业经营乳牛生产,则为时不久。据记载,清·顺治初年(公元 1644 年)在北京西华门外设有牛圈三处,另于他地又设三处供作挤奶。数百年之前,温州奶水牛开始挤奶,生产炼乳。鸦片战争以前(1840 年)英法等国已开始少量引进荷兰牛、娟姗牛、爱尔夏牛,鸦片战争后,外商、传教士带进的乳牛日渐增多。1860—1878 年法国侨民和传教士带入一批法国黑白花;英国侨民分批运入英国爱尔夏牛。1878 年教会引进荷斯坦公牛与上海黄牛进行杂交,产出一代杂种牛。1893 年安福奶圈用杂交技术改良黄牛取得成功。1879 年南京由加拿大传教士马林带入黑白花奶牛;1880 年英商爱文首批引荷兰牛到上海;1897 年前后修筑中东铁路时期,俄国人曾多批引入西伯利亚改良牛、西门塔尔牛、雅罗斯拉福牛、霍尔莫哥牛、后贝加尔牛等品种。19 世纪末,外国传教士带乳牛到天津;日俄侨民引数十头乳牛到大连;光绪末年昆明地区由法国传教士从英国引进荷兰黑白花牛。开滦煤矿建立之初,河北唐山开始引入乳牛。

19 世纪末和 20 世纪,我国民间饲养乳牛日渐增多。1879 年上海建源生牧场。1906—1910 年青岛先后从德国引入黑白花纯种公母牛,并于英商可的牛奶公司安装巴氏消毒设备。1923 年虞振镛教授从美国引入黑白花牛 12 头,在北京创办清华奶牛场。1926 年南京中央大学农学院引进 20 余头黑白花奶牛创办实验牧场。1930 年满洲里开办扎沃特牛奶加工作坊,同年北京老模范牛奶场从美国引入爱尔夏牛和黑白花牛。1931 年重庆创建重庆牛奶场,并开展荷兰公牛与四川、贵州黄牛进行级进杂交改良黄牛。1932 年美籍澳大利亚人 A. T. Conlter 牧师从美国引入合肥市 8 头荷兰黑白花牛和短角牛。1936 年中国年鉴记载,我国共有乳牛 9 430 头,其中荷兰牛 2 607 头,爱尔夏牛 171 头,更赛牛 138 头,娟姗牛 102 头。1946 年抗日战争胜利后,联合国善后救济援助我国乳牛 3 352 头,其中主要品种有黑白花牛、爱尔夏牛和娟姗牛等 9 个品种,分拨 23 个省市,延安光华农场分配的 40 多头荷兰牛。全国解放后,该牛群迁西安,并入草滩农场。1947年为了军人吃奶,美空军驻桂林期间从美国空运黑白花牛10余头。

经过历年战乱,1949年新中国成立前夕,我国乳牛业极其落后,头数不多。主要分布在黑龙江、内蒙古、新疆、吉林、河北、辽宁及天津、重庆、南京、昆明、武汉、青岛、济南、西安、兰州、合肥等地。乳品加工业,除上海、浙江有几家小型炼乳厂外,基本上没有正规乳品厂。乳制品市场几乎全是进口产品,其中奶粉90%是美国货,民族乳制品数量很少。据记载,当时南京市454克牛乳价格比500克猪肉还贵。

二、新中国乳牛业发展概况

我国乳牛业基础薄弱,建国以来,在党的领导下,经过近60年不懈努力,我国乳牛业从小到大,从弱到强,现已列入世界第三大产奶国。

(一)建国初期(1949—1955年)

建国之初,奶牛生产是由接管的奶牛场组建国营农场和私营奶牛场两种所有制组成的。据农业部公布,1949年建国时,有奶牛及改良种奶牛12万头,年产原料奶20万吨。当时由于乳牛品种混杂,饲料缺乏,饲养管理粗放,疫病蔓延,奶牛患结核病、布鲁菌病阳性率甚多,单产水平很低。例如,北京市60多家私人养奶牛1 100头,生产牛奶200万千克;上海中、外资经营的牛奶场(厂)64家,饲养大小奶牛4 128头,另郊农饲养奶牛752头,合计4 880头,年总产奶量约6 050吨。山西全省养奶牛480头,牛奶总产量500吨。南京市全市养奶牛521头,年产鲜奶132.86万千克,兰州市1950年饲养黑白花奶牛78头,成年母牛48头,平均单产1 992千克。新疆伊犁塔城一带从苏联引进的瑞士牛,产奶期90~150天,产奶量只有300~400千克。建国初,各地为了扩大牛群,不少城市从黑龙江购进滨洲牛。为了净化牛群,保障乳品安全,通过对牛群全面检疫,处理阳性牛和隔离病牛等措施,使两病基本上得到控制。为了改善奶牛饲养条件,不少城市国营农场为奶牛划拨了饲料田,种植青绿饲料。从1954年起,国家实行粮食统购统销,奶牛精饲料开始由国家计划供货,每头牛每月供料75千克,鲜奶由奶牛场自行销售,为了提高奶牛繁殖率,不少城市,如北京从1952年起由自然交配改为用新鲜精液人工授精。广西还利用黑白花牛、娟姗牛等品种与本地牛进行杂交改良。1952年上海、黑龙江、内蒙古、青海等地建立乳品加工厂。为了改良奶牛品种,1955年北京市引进一批荷兰牛纯黑白花奶牛种公牛。通过上述各项措施,不少城市奶牛生产有了好转,例如,北京市1955年私营乳牛场乳牛已达2 957头,年产牛乳600万千克,乳牛头数和产量比1949年增产2倍多。

(二)发展初期(1956—1978年)

1956年初,在全国对资本主义工商业社会主义改造高潮中,私人奶牛场、乳品加工厂实行公私合营,农牧区的奶牛在此前的合作化高潮中已转化为集体财产。所以,从1956—1978年的22年中间是国家办奶业时期,奶牛是国家和集体生产资料,精料由国家计划供应,生产的牛奶由国家定价销售,奶牛场、乳品厂、销售系统的建设等均由国家和集体投资,经营利润上交国家和集体。在这一时期,奶牛场主要由各地农垦部门或多个部门管辖。1956—1957年各地先后建立牛奶公司、牛奶站或组织成立养牛合作社。为了改良我国水牛向乳用方向发展，1957年广西壮族自治区畜牧研究所水牛研究室引进印度摩拉水牛 55 头，与我国水牛杂交成功，从此为我国奶水牛改良打下了基础。

1958 年秋，毛主席曾多次把群众呼吁吃奶的来信转给当时的农垦部部长王震同志。从此王震同志对发展我国乳牛业更加关心。在农垦部领导下，到 1962 年底，全国国营农场饲养乳牛已达 13.5 万头，年产牛乳 1.15 亿千克，全国城市和农牧区乳牛头数已发展到 43 万头，其中国营农场乳牛增至 19 万头，年产牛乳 19.5 万吨。

1965 年农垦部从荷兰引进一台小型液氮发生器，供北京市北郊农场作液氮冷冻精液实验，获得成功。从此，为我国采用冻精人工授精技术打下了基础。

为了发展奶品加工业，1958 年海拉尔乳品厂建立，并从国外引进了主要设备，日处理牛奶能力达 100 吨，成为最大奶制品生产基地。

为了提高乳品加工能力，北京市 1964 年从日本引进 3 条乳品加工生产线。据统计，1965年全国乳制品产量突破 2 万吨。

1966—1976 年是"文化大革命"时期，这 10 年间，乳牛生产损失是惨重的，产供销一体化体系一度被打乱，许多行之有效的操作规程、检疫制度被废除，奶牛生产、技术、饲料、防疫无人过问，使奶牛生产滑入低谷。奶牛头数锐减，奶产量下降，到 20 世纪 60 年代末，奶牛数量下降到 30 万头左右。许多大城市连婴儿和病人需要的鲜奶都无法保证。为了改善牛奶供应，1972年在农林部科教局领导下，先后成立北方和南方黑白花奶牛育种科研协作组，在大家共同协作下，狠抓了联合育种，开展种公牛后裔测定。推广冷冻精液人工授精，加速奶牛品种改良，不少省市先后建立种公牛站，并且从国外多次引进黑白花种牛；为了改良水牛，在 1957 年引进摩拉水牛的基础上，1974 年从巴基斯坦引进尼里水牛 50 头，开展杂交改良。与此同时，牦牛的杂交改良也先后在各地展开；此外，由于各地在推广科学饲养，改善饲养条件，加强疫病预防等方面作了大量工作，从而使我国奶牛生产逐步有了好转，到 1978 年底，奶牛头数达到 47.5 万头，年产奶量达到 88.3 万吨，分别比 1949 年年递增为 4.86% 和 5.25%。全国干乳制品 4.65 万吨，全国人均占有奶量 1.02 千克。

（三）快速发展（1979—1998 年）

自 1978 年党的十一届三中全会作出把党和国家工作中心转移到经济建设上以来，乳牛开始实行"国家、集体、个体一起上"的产业政策，极大地调动了乳牛业生产者的积极性。与此同时，政府还制定相应政策，如奶价补贴、饲料补贴、买奶牛贷款等，从而加快了我国乳牛业的发展。到 1992 年底，乳牛总头数为 313 万头，年产牛奶 503.1 万吨（奶类 563.9 万吨），分别比1978 年增长 6.5 倍和 8.6 倍。乳制品由 1978 年的 4.65 万吨增至 41.28 万吨，增长 8.88 倍。

从上述可见，1978—1992 年乳业生产取得了长足发展，其原因主要是：①国家重视奶牛业发展，并在各发展时期，制定了发展奶业的方针政策，对我国奶牛业发展起了决定性作用。②1982年在南、北方奶牛协作基础上，在国家重视下，成立中国奶牛协会，奶牛协会在国家和王震同志的指导下，在奶牛育种、繁殖改良、改进饲养技术等方面做了大量工作，对促进我国奶牛发展起到重要作用。③1987 年培育成功中国黑白花奶牛新品种，据统计，1972 年 7.3 万头牛，平均单产 3 335 千克,至 1985 年 50.3 万头单产达 4 358 千克;1983 年新疆畜牧厅批准新疆褐牛为乳牛兼用型品种,1985 年中国草原红牛育成,1986 年三河牛培育成功。此外,水牛、牦牛杂交改良,产奶量均有提高,为我国水牛、牦牛业发展奠定了基础。④先进技术的应用与实施,国家颁布的《中国奶牛饲养标准》、《高产奶牛饲养管理规范》、《奶牛场卫生及检疫规范》、《生鲜牛乳收购标准》等,对促进奶牛规范化生产起了重要推动作用。

1993—1998 年,在计划经济向市场经济转变过程中,1992 年各地先后取消对奶价的补贴和"以奶换料"的平价供应,但奶价仍由国家监控,即"一头(奶价)死,一头(饲料)活",养牛成本过高,从而使我国牛乳总产量由 1992 年的 503 万吨,下降为 498.7 万吨,出现了连续 13 年增长后首次负增长(-0.25%),但不是全面衰退。经过 1994 年的调整,取消了对原料奶和消毒牛乳的价格管制。企业进行结构调整,情况逐步得到好转,从 1995 年开始,全国奶牛头数和牛奶总产量就有了新的增长。"九五"期间奶类总产增长 27.8%,平均年递增率为 5%。

(四)高速发展期(1999—2007 年)

从 1999 年起我国乳牛业进入了高速发展期,在推广奶牛养殖小区和规模牛场,推进奶牛养殖规模化、标准化以及龙头企业的带动下,采用先进育种、繁殖、饲养、疫病防控以及推广机械化挤奶等技术,从而 1999 年至 2006 年奶类总产量和奶牛存栏数分别由 806.7 万吨增至 3 302.5 万吨和由 443 万头增至 1 363 万头,是我国乳牛业发展最快时期,年均递增率分别达到 22.3% 和 17.4%,干乳制品产量年均增速达到 17.6%。2007 年全国奶类总产量 3 633.4 万吨,比 1978 年 97.1 万吨增长 36.4 倍,年递增率 13.3%,比 2006 年总产奶量 3 302.5 万吨增加了 10%,但奶牛头数却由 2006 年 1 363 万头下降到 1 218.9 万头,比 1978 年的 47.5 万头增长 24.7 倍,年递增率为 11.8%,比 2006 年奶牛头数减少 9%,而牛奶产量则由 3 290 万吨增加到 3 525.2 万吨。奶牛单产 2007 年为 4 800 千克,比 1978 年 3 000 千克提高 60%。奶类人均占有量 27.5 千克。这说明,随着奶牛养殖小区(场)和养殖规模(20 头以上的规模养殖比例已达 30% 以上)的建立与扩大,对提高牛群单产起了重要的推动作用。由此可见,规模化、集约化、标准化奶牛养殖应作为发展方向。

第三节　国外乳牛业发展概况及发展趋势

一、国外乳牛业概况

据统计,2005 年全世界养牛数量约为 15.29 亿头,其中乳牛 2.31 亿头,每头产量 2 165 千克,人均占有乳量 80.85 千克。由于世界各洲、各国的经济发展水平、地理自然气候、饲料条件等不同,特别是乳牛科技水平上的差异,从而使产乳水平出现较大差异。其中以北美个体单产最高,其余各洲依次为欧洲、大洋洲、南美、亚洲,以非洲最低。亚、非洲单产最低有多种原因,其中缺乏高产牛品种是一个主要原因。表 1-1 中列出了世界主要乳业发达国家(地区)乳牛养殖情况。

表 1-1   2003 年世界主要乳业发达国家(地区)乳牛养殖情况

国家 (地区)	成母牛存栏数 (万头)	乳牛场 (个)	平均饲养规模 (头)	牛乳总产量 (kt)	成乳牛平均单产 (kg/头·年)
美国	908.4	91 990	99	77 322	8 512
加拿大	107.5	17 890	60	8 200	7 628
欧盟	2 018.3	716 000	28.2	115 120	5 700
澳大利亚	236.9	10 654	222	10 712	4 522
新西兰	374	13 000	288	14 430	3 858

畜牧业占农业比重的大小是衡量一个国家生活水平高低的标准。近年来畜牧业产值占农业总产值的比重越来越大。如丹麦、瑞士和新西兰的畜牧业都占农业总产值的 90% 以上,英国、加拿大占 65%。一般发达国家的畜牧业产值占农业总产值的比重都在 60% 以上,其中养牛业占有的比重最大。养牛业产值又占畜牧业总产值的 50%,即养牛业占农业总产值的 25%。例如美国畜牧业以奶牛和肉牛为主,猪禽次之,羊和马为第三位,畜牧业占农业的总产值的 60%,其中乳牛业就占 20%。

世界上产乳水平最高的国家为以色列,该国实施数字化管理,做到 3 高 2 低 4 效,即产奶量、乳脂率、乳蛋白率高,体细胞计数和细菌总数低,高产增效、节本增效、优质增效、环保控制有效。2006 年 11 万头乳牛,年单产达 11 500 千克(其中,乳脂率 3.52%,乳蛋白率 3.14%,体细胞计数 29 万/ml,细菌总数 10 万/ml 以下);其次为美国,主抓乳牛育种技术,2006 年 904 万头,单产达 9 100 千克,高产冠军牛年单产已达 34 175 千克。

由于地域自然条件和经济发展水平的不同,其世界各地区饲养方式也不同。北美土地多、饲草饲料丰富,采用纯乳用品种,舍饲、散栏式、大规模、集约化养殖,2006 年美国每场养奶牛 140 头;欧洲相对耕地少,多采取乳肉兼用品种,舍饲+放牧,机械化饲养。例如德国荷斯坦牛 240 万头,乳肉兼用西门塔尔牛 140 万头,家庭农场式场均饲养 30 头,很少超过 60 头;澳洲草场多,以放牧为主,家庭牧场,低成本、机械化饲养,场均饲养 220 头。

二、国外发展趋势

总体来看,乳业发达国家已经从简单追求乳牛群体数量向提高个体生产水平的趋势转变,依靠提高乳业科技贡献率来改善生产水平,保持总体乳产量的稳步平衡。

(一)乳牛品种向单一化方向发展

世界乳牛品种较多,但至今没有一个品种在生产性能上超过荷斯坦品种,并且该品种具有广泛的适应性和风土驯化能力,饲养范围最广,深受人们的欢迎,成为世界各国发展乳牛业的首选品种。因此,乳牛向高产的荷斯坦牛单一品种发展。美国荷斯坦牛占到 90%,英国 89%,日本 99.7%。原因是荷斯坦牛产量高、乳脂率低,美国人喜吃乳蛋白含量高,乳脂率低的牛乳。但是,在有些国家特别是欧洲,根据具体国情也同时重视乳肉兼用牛的发展。

(二)发达国家乳牛饲养总量减少、单产提高,牛场饲养规模扩大

近 10 多年来,美国、加拿大、荷兰、丹麦、德国、法国、巴西等国受配额管理制度或限制生产等影响,乳牛头数有所下降,但平均单产均有较大提高,总产乳量基本保持稳定或略有增长。例如美国奶牛最多的 1960 年为 2 100 万头,产奶量 3 200 千克,到 2004 年降至 901 万头,而单产达到 8 599 千克,总产奶量达到 7 753.4 万吨,反而比 20 世纪 60 年代的 6 720 万吨多出 1 033.4 万吨。主要原因就是抓了乳牛育种和科学的饲养管理。在澳大利亚、以色列、日本、印度不仅头数增加,而且总、单产均有提高。

另一方面,乳牛场总数下降,但饲养规模扩大。例如,加拿大 1970 年有乳牛场 122 194 个,存栏乳牛 239 万头,平均每个场饲养乳牛 20 头,单产 5 000 千克。2001 年乳牛场减少到 18 673 个,存栏乳牛减少到 114 万头,平均每个场饲养乳牛 61 头,良种登记乳牛单产提高到 9 721 千克;韩国 1989 年有乳牛场 3.5 万个,饲养乳牛 50.1 万头,平均每场饲养乳牛 14.7 头,单产 5 363 千克。到 2003 年饲养场减少到 1.05 万个,饲养乳牛 51.8 万头,每场平均饲养乳牛 49.3 头,单产 7 017 千克。

(三)对牛乳质量更加重视

近 10 多年来,对牛乳质量要求更加重视,不仅关注营养、能量,消费者更加关注乳牛健康环境和动物福利,即不但要求牛乳质量安全、卫生,而且更关注环境对牛乳质量的影响。近年来,欧共体对发展有机乳牛非常重视,并投巨资发展有机牛乳。有机牛乳比普通牛乳价格高 37%。美国有机牛乳生产发展也很快。由此可见,打破传统模式,发展有机乳牛业是今后的方向。

(四)更加重视优良品种培育

当前乳牛业发达国家,均以饲养荷斯坦牛为主,但仍保留有较多品种。如美国荷斯坦牛在乳牛品种中占 90% 以上,加拿大占 91%,荷兰占 75%,但其他爱尔夏、娟姗、更赛、乳用短角仍占有一定数量。各国所有乳牛品种,一般不是原产地的原种,而是利用引进乳牛品种,培育自己的品种或品系。例如以色列荷斯坦牛,即是 20 世纪 30 年代通过弗里斯公牛和荷斯坦公牛与当地大马士革母牛杂交,在热带气候环境下经过 60 年育种而培育成功的。据国外报道,用杂交乳牛育种极为普遍。例如用 50% 血统的荷斯坦牛和 50% 血统的娟姗牛杂交,或者用 75% 血统的相互杂交。所以一个国家乳牛品种不应过于单一,而应该发展多品种。只有这样,才能更好地培育出更多的适应于本国的乳牛品种。

(五)种草养乳牛是发展方向

种草养乳牛,牛粪被土壤微生物利用和降解,使之形成良性生态循环,人类利用牛乳牛肉,并对牛皮进行加工,这一循环恰好是动物、植物、微生物三者的平衡。所以发达国家的牛乳场,一般都拥有相当数量耕地面积种植牧草,实行种养结合。这样既可以保护环境,使地下水免受污染,又可保证乳牛足够的饲草饲料基地。实践证明,养牛头数与耕地可吸纳肥料数量应成一

定比例。例如,荷兰饲养 80 多头产乳牛场,一般占用耕地 100 多公顷,意大利占地较少,一般每头牛平均占有饲料地 10 亩以上;美国乳牛场都有一定数量的耕地,80%的耕地种植青贮玉米和牧草(主要是苜蓿);加拿大 50～60 头产乳母牛的乳牛场拥有耕地 300 英亩(约 1 800 亩),其中种苜蓿 75～100 英亩或 50 英亩青贮玉米,其余种大麦、大豆、玉米。我国《乳业优势区域发展规划》要点中规定,每头牛至少有 1 亩牧草饲料地。

我国北京 12 万头乳牛,计划用 40 万～50 万亩青饲地,种植小黑麦、青贮玉米,一年两次轮作,部分种植苜蓿干草,力争 3 年内代替全部东北羊草。据报道,美、法、加每亩地种草蛋白质产量达 200 千克。我国平均粮食产量每亩 400 千克左右,如按平均 7%粮食蛋白质(水稻为6%、玉米 8%、小麦 7%)含量折合,再加上秸秆,每亩仅产蛋白质 30 千克左右。如果以豆科牧草计算,每亩蛋白质含量可达 150 千克左右,相当于 5 亩左右的粮食。况且苜蓿耐旱,在降水量 200 mm 以上的地区,均可种植。所以,种草养乳牛是发展方向。

(六)大力改进饲养管理工艺

目前发达国家乳牛饲养已普遍采用全混合日粮饲养技术,既提高了机械化程度,又使乳牛采食到平衡的营养,对维持乳牛健康,提高生产性能和生产效率起了很大作用;在管理上不少国家已废止拴系饲养,逐步向全舍内散栏饲养和挤奶厅集中挤奶的模式过渡,有的还使用机器人全自动挤奶;牛舍内全部采用散栏,卧床,机械清粪系统,化粪池集中处理粪便,机械自动刷拭牛体。乳牛场普遍拥有专用饲料机械,饲料混合搅拌车、叉车、拖拉机、装载机等,使机械化水平不断提高,生产效率成倍增加。

(七)坚持牛乳以质论价,促进乳业稳定发展

乳品加工企业收购原料牛乳,有一套完整的方法,充分体现了以质论价的市场经济法则。例如丹麦每批原奶均由一个独立的实验室第一天取样,第二天出结果。进行抽样调查,按最初确定的标准价格,再根据乳蛋白、乳脂含量及细菌数、体细胞数(SCC),加上季节差价,算出原牛乳的价格。由于指标设立科学合理,权数又充分体现了加工厂和消费者对原牛乳的要求,又有第三者的检查、化验,照顾到了各方的利益,从而促进了乳牛的持续稳定发展。

(八)广泛应用繁育新技术

乳牛业发达国家早已开展 DHI(Dairy Herd Improvement),即乳牛生产性能测定,并将其制度化、规范化,它是牛群遗传改良的基础,是进行牛群选育、公牛后裔测定、乳房炎防治、改进饲养管理、提高产乳性能的关键措施;在 DHI 测定的基础上,利用个体动物模型 BLUP 或测定日模型对乳牛育种值进行估计,大大提高了选种的准确性和育种效果;牛胚胎移植技术自1951 年首先由美国研究成功,到 1976 年由日本发明非手术移植以来,目前,美、加、日等国家胚胎移植技术已广泛应用于生产。据报道,美国生产胚胎为数最多,但胚胎主要用于商业出口。其对加速乳牛遗传改良,缩短育种进程,加快乳牛良种化,将取得显著效果。

(九)生产向机械化、自动化、信息管理化方向发展

由于乳牛场饲养规模日益扩大,由机械化和电脑程控自动完成饲养、挤乳操作、清粪等生产全过程。尤其在挤乳方面可完成仿生按摩、自动计量、自动脱杯和多功能电子显示器监测乳牛乳房炎等生理生化指标。

目前,发达国家乳牛场多采用计算机信息管理系统,除建立数据管理系统,监测记录产乳量、日粮营养与饲料供应、繁殖育种等信息管理外,还应用计算机识别系统,进行牛体耳标或颈圈感应标识,自动记录牛号、体重,利用记步仪监测乳牛发情、肢蹄病等自动化管理。

第四节　乳牛业发展方略

新中国成立以来,乳牛业取得了巨大成就。但在发展过程中也存在不少问题。例如,2006年乳牛养殖效益大幅下滑,部分奶牛养殖户亏损,个别地区出现宰杀母犊现象,特别是2008年发生的"三鹿婴幼儿奶粉事件",这是一起重大食品质量安全事件,给社会稳定和国家形象带来了负面影响,使我国乳牛业发展陷入困难和危机,消费者信心严重受挫,乳品企业陷入停产、半停产状态,个别地区出现倒奶、宰杀奶牛现象,一些国家(地区)禁止进口我国乳制品。这一事件集中反映了乳牛业中长期积累的矛盾和问题。我们必须总结经验,吸取教训,认真贯彻国务院办公厅转发改革委、农业部等部门制定的《奶业整顿和振兴规划纲要》,转危为机,全面提升乳及乳制品质量安全,全面提升我国乳牛业的整体素质和效益水平。

一、发展方针

发展我国乳牛业必须坚持中国特色社会主义道路,全面深入贯彻落实科学发展观,走建设具有中国特色的现代化乳业发展方向,以保护奶农利益为根本,以提高良种化水平和转变饲养方式为基础,增强奶农自我发展能力,引导奶企与奶农建立多种形式利益联合体,加大政策扶植力度,努力推进我国乳业的规模化、标准化、优质化和产业化,把我国乳业的整体素质和效益提高到一个新水平。

二、区域布局与发展目标

《全国优势农产品区域布局规划(2008—2015年)》,在总结近年来在奶牛优势区的带动下,取得显著成效基础上,有针对性地提出建设京津沪郊区、东北内蒙、中原、西北4个奶牛优势区,其中京津沪郊区包括北京、上海、天津3个市17个郊县,加快产加销一体化进程,保障市场供给;东北内蒙区包括黑龙江、辽宁和内蒙古3个省(区)的117个县着力发展规模化、标准化奶牛养殖;中原区包括河北、山西、河南、山东4省的111个县,着力发展专业化养殖场和规模化小区,大力提高奶牛单产;西北区包括新疆、陕西、宁夏3省(区)的68个县,着力发展舍饲、半舍饲规模化养殖,大力提高饲养管理水平。

发展目标规划中提出:到2015年,优势区内奶牛存栏量达到1 700万头、牛奶产量达到5 400万吨,占全国奶类产量的比重提高到83%以上,机械化挤奶普及率不断提高,原料奶质

量进一步改善,良种繁育、疫病防治、饲草饲料生产、技术推广、原料奶收购等支持与服务体系进一步健全和完善,标准化、规模化生产水平明显提高。2007 年《国务院关于促进奶业持续健康发展的意见》中指出,优化全国奶业布局,北方产区要合理布局乳品加工企业,促进奶源基地与加工企业协调发展;南方地区要充分利用草山草坡发展奶牛养殖,重视奶水牛的发展,逐步扩大加工能力,缓解奶业发展"北多南少"的矛盾。

温家宝总理题词,"牦牛产业开发很有前景,但要运用科学技术,遵循市场经济规律。这件事办好了,有利藏区经济发展。"牦牛乳是青藏高原地区少数民族的重要食品,规划发展目标十分必要。从 2008 年起国家已把牦牛列入奶牛良种补贴范围。

三、引导乳品消费,开拓奶品市场

党的十一届三中全会以来,随着我国城乡人民生活水平的改善与提高,牛奶消费者日渐增多,但自发生"三鹿婴幼儿奶粉事件"后,奶品消费者开始有所减少。所以,广泛宣传和普及奶类营养知识,引导城乡居民,特别是青少年喝奶习惯,加强新产品开发,保证奶及奶制品安全,满足不同群体消费者的需求更加重要。

四、加强饲料基地建设

饲草料与乳牛养殖业密不可分。饲草料是提高科学养牛水平的重要物质基础。这次"三鹿事件"的根源之一就和饲养环节植物蛋白饲料有直接关系,由于饲草饲料中植物蛋白不足,造成奶质不达标,加之分散饲养,为奶贩子掺假使假造成可乘之机。所以各地加强饲草料基地建设急不可待。

五、加强良种繁育和推广

各地要抓紧制定奶牛品种改良计划,切实做好良种牛登记、奶牛生产性能测定等基础性工作,推广胚胎移植和性控等生物技术,加快良种牛繁育。国有种公牛站要尽快改制为自负盈亏企业,增强为奶农服务意识,提高服务水平,力争 2012 年奶牛良种覆盖率提高到 60%,奶牛平均单产水平提高到 5.5 吨/年。

六、大力提高养殖水平

我国乳牛业养殖规模小且分散,以农户分散饲养为主,70% 以上的乳牛养殖规模不足 20 头。奶牛养殖"小、散、低"的状况,长期以来未得到根本扭转,多数奶农养殖水平不高,致使奶牛单产低、奶质差、疫病多、效益低下,甚至亏损。所以,必须大力扶持奶农提高养殖水平。①定期、不定期举办奶农技术规范培训班。②加快对现有养殖场(小区)标准化改造和新建标准化规模养殖场(小区),改善奶牛养殖、防疫、挤奶、粪污处理等条件,提高饲养水平和生鲜乳质量。③做好奶牛养殖技术指导和服务,推广标准化养殖关键技术,加大奶牛人工授精,选种选配等技术服务,加强奶牛疫病防控。重点加强对结核病、布氏杆菌病等传染病的监测与疫牛的强制扑杀工作,继续对患病强制扑杀奶牛的给予补贴。④加快推广奶牛养殖环境污染治理相关技术,结合相关项目支持奶牛养殖户采用减排措施和粪便利用技术。

七、积极发展产业化经营方式

实施以奶农为基础,基地为依托,企业为龙头,乳业产业化的经营方式,形成乳业产业链各个环节相互促进、共同发展的格局。乳品加工企业通过订单收购,建立风险基金,返还利润,参股入股等多种形式,与奶农结成稳定的产销关系和紧密利益联结机制,更好地发挥企业龙头带动作用,应作为产业化经营方向。

积极扶持奶农合作社,奶牛协会等农民专业合作组织的发展,使其在维护奶农利益,协商原料奶收购价格,为奶农提高服务等方面充分发挥作用。

地方人民政府要加强对原料奶收购价格的指导,防止奶价过低,提高奶农利益。建立原料奶质量第三方监测制度,逐步实现原料奶收购优质优价。

县级有关部门要加强生鲜乳收购站管理,规范原料奶收购秩序,严厉打击掺假使假、强买强卖、压级压价等违法违规行为。

八、开展国际合作与贸易

随着全球经济一体化进程的加快,我国乳牛业必然要加快融入世界乳业的步伐,为了拓展乳业发展空间,提升我国乳业整体素质,应积极开展与世界各国和国际组织间的交流与合作,并开展国际贸易。

(1)举办国际乳业展览会、国家乳业交流会和国际乳牛、水牛、牦牛研究学术讨论。

(2)国外考察或学习先进技术与经验,提高乳牛管理和技术水平。

(3)加入世界荷斯坦联盟,加强我国与国际乳牛繁育技术交流与合作。

(4)开展中外乳业经济技术和商贸合作。

思考题

1. 试述乳牛业在我国农业发展和国民经济中的地位。
2. 试述我国与国外乳牛业发展概况和发展趋势。
3. 试述如何制定我国乳牛业发展方略。

参 考 文 献

1.《国务院关于促进奶业持续健康发展的意见》 中国畜牧兽医报,2007年10月4日.
2.《奶业整顿和振兴规划纲要》 中国畜牧兽医报,2008年11月23日.
3.《全国奶牛优势区域布局规划》 中国畜牧兽医报,2009年2月15日.

第二章　牛种及乳牛品种

我国是拥有牛种和品种最多的国家,是我国发展乳牛业最为宝贵的遗传资源。我们一定要认真学习和研究其生物学特性、遗传特性和生产性能,以便更有效地改良与提高其生产性能,为我国人民提供更多的优质牛乳、牛肉等产品。

第一节　牛在动物分类学上的地位

按动物分类学,牛属于:

脊索动物门(Chordata)

脊椎动物亚门(Verterbrata)

哺乳纲(Mammalia)

单子宫亚纲(Monodel Phia)

偶蹄目(Artiodactila)

反刍亚目(Ruminantia)

洞角科(Covicornia)

牛亚科(Bovinae)

牛亚科下又分为:牛属(Bos)和水牛属(Bubalus)。牛属动物包括:家牛、牦牛、亚洲野牛、欧洲野牛、美洲野牛;水牛属包括亚洲水牛和非洲水牛。

牛属和水牛属中,分布在我国的有以下几个牛种:

一、家牛(Bos taurus)

家牛的祖先是原牛(Bos premigenius)。家牛的分布最广,在我国,家牛的品种有黄牛、中国荷斯坦牛、三河牛、草原红牛、新疆褐牛及中国西门塔尔牛等品种。

二、瘤牛(Bos indicus)

瘤牛也称婆罗门牛,产于非洲、亚洲和南美洲,因其鬐甲部有一结缔组织块,隆起似瘤(大的有 18 千克)而得名(图 2-1)。

瘤牛头狭长,额平,耳大下垂,颈垂及脐垂特别发达,利于散热,因此耐热性强。瘤牛皮肤紧密而厚,能分泌有臭气的皮脂,可驱虱、抗焦虫病。

瘤牛分乳用、肉用、驮用、乘用等品种,仅印度就有 30 个品种以上。瘤牛一般年产乳

图 2-1　瘤牛(婆罗门牛)

1 500～2 000 千克。瘤牛与家牛杂交,其杂交后代有生育能力。苏联用瘤牛与红色草原牛杂交,其杂种后代产乳量为 3 000 千克,乳脂率 4%,且具有抵抗焦虫病的能力。美国利用引入的印度瘤牛与海福特、短角牛杂交,其杂种适应性强,且对焦虫病有免疫力。

利用瘤牛育成的新品种,有澳大利亚乳用瘤牛。

我国福建 1987 年、云南 1993 年开始利用从美国引入的婆罗门牛与当地黄牛杂交,效果良好。

三、牦牛(Bos grunniens)

牦牛也称西藏牛、猪声牛或马尾牛,原产于我国的青藏高原。世界牦牛的 90% 分布在我国。主要分布在青海、西藏及周边的四川西北、甘肃甘南、祁连山、云南西北的迪庆藏族自治州和新疆天山中部地区 210 个县(市),此外,河北围场县、北京灵山及内蒙古西部等地也有少量分布。牦牛除家养外,在喜马拉雅山麓及昆仑山、唐古拉山等地还有野牦牛。

野牦牛比家牦牛大。肩部高耸达 1.6～1.8 米,身长 2.4～2.8 米。野牦牛双角粗而弯度较大,明显地向内弯曲,不像家牦牛角平直向上,角的长度和粗度都超过家牦牛。野牦牛毛色除吻端有一块灰白色毛外,全身乌褐,夏毛呈乌褐色,冬季褐中有黄;家牦牛则为棕、黄、白等杂色。中国农业科学院兰州畜牧研究所在青海大通县牦牛场,利用野牦牛与家牦牛进行杂交,杂交后代均有繁殖能力,对家牦牛体格和产毛性能等改良效果显著,并于 2006 年育成了大通牦牛新品种。

牦牛与家牛杂交,其杂种后代称犏牛。公黄牛与母牦牛杂交,其杂种称"真犏牛",公牦牛与母黄牛杂交,其杂种称"假犏牛"。无论"真"、"假"犏牛,一至三代杂种雄性均不育。

牦牛经过长期选育,在我国形成了不少的地方优良品种。其中有四川的麦洼牦牛、九龙牦牛,甘肃的天祝牦牛,青海的环湖型牦牛、高原型牦牛,西藏的嘉黎牦牛、亚东牦牛、斯布牦牛,新疆的巴州牦牛及云南中甸牦牛等10多个优良品种。

四、水牛(Bubalus bubalsa)

水牛主要分布于亚洲。其中,印度数量最多;我国次之,数量已超2 000多万头,主要分布在黄河以南的17个省市区,集中分布在两广、两湖、云、贵、川、皖、赣和海南10个省区。

水牛分沼泽型水牛与河流型水牛。前者为瓦灰色(初生时为灰色),角大,其角在前额平面向上卷起成半圆形,主要产于我国、菲律宾、印度;后者分布在印度、埃及等亚洲、非洲和欧洲等地,毛色一般为黑色,角弯曲或呈镰刀状。两种类型水牛的外形、生活习性和遗传性能均有明显差别。沼泽型水牛体躯偏重,身短,腹围大;河流型水牛偏轻,面部较长,胸围较小,四肢长,为乳用型,其中著名的品种有印度的摩拉水牛和巴基斯坦的尼里/瑞菲水牛。我国的水牛属沼泽型,主要供役用,产奶量较低。如温州水牛,日产乳量仅为5千克。广西、云南等地利用摩拉、尼里水牛与当地水牛杂交,产奶性能显著提高。另外,在云南省腾冲县2000年发现的槟榔江水牛,经国家鉴定属河流型水牛,为我国培育河流型奶水牛奠定了基础。

第二节　我国引进的乳牛及乳肉兼用牛品种

世界乳牛品种很多,按其用途可分为专门化乳用型和乳肉兼用型。例如,世界闻名的荷兰牛、娟姗牛为纯乳用型品种;而西门塔尔牛、瑞士褐牛、短角牛为乳肉兼用型品种。

一、荷兰牛(Holland Friesian)

荷兰牛也叫黑白花牛。原产于荷兰北部地区的北荷兰省和西弗里斯省,故称荷兰牛。由于德国北部荷斯坦省也有分布,故也称荷斯坦弗里斯牛。因其毛色为黑白花片,因此又称黑白花牛(black and white dairy cattle)。荷兰牛于19世纪70、80年代开始输出到世界各国,经过多年的培育,各国荷兰牛出现了一定的差异,所以有些国家的荷斯坦牛常冠以本国名称,例如,美国黑白花牛(或美国荷斯坦牛)、英国荷斯坦牛、日本荷斯坦牛等。

该品种原产地(荷兰)地势低湿,全国有1/3土地低于海平面,土壤肥沃,气候温和,全年温度在2~17 ℃,雨量充沛,年降雨量为550~580毫米。牧草生长茂盛,绿树成荫,城市和农村除公路外,均种植作物或草、树、花木,对自然生态保护很好,是一个幽美的绿色国家。

荷兰牛的来源,有人认为是弗里斯和巴塔维亚两民族在公元前由中欧往莱茵河流域迁移时引进的。带入的牛种,一是黑牛,一是白牛,尔后经杂交形成。荷兰牛在15世纪已享有声誉,19世纪80年代,在荷兰成立养牛业联合会,并建立良种登记簿。原产地荷兰牛有三个类型:即黑白花、红白花、黑色白头牛。其中以黑白花(弗里斯)牛为数最多。

荷兰弗里斯牛为乳肉兼用牛品种(图2-2),体型偏小,有较好的产肉性能,全身肌肉丰满,头宽颈粗,臀部多肉,故在我国称小荷兰,肥育牛屠宰率可达60%(一般为50%~52%)。20世纪以来,由于广泛开展人工授精,重视选种选配、犊牛培育并建立了严格淘汰等制度,荷兰牛的产乳量和乳脂率有了很大提高。1910年荷兰全国乳牛平均每头产乳量2 530千克,乳脂率

3.1%,乳脂量78千克。1958年平均每头产乳量4 110千克,乳脂率3.78%,乳脂量155千克;其中登记牛每头平均产乳量4 549千克,乳脂率3.85%,乳脂量175千克。荷兰弗里斯省1968—1978年10年间,平均年产乳量从4 300千克(乳脂率4.12%,蛋白质3.35%)提高到5 252千克(乳脂率4.21%,蛋白质3.41%)。1999年荷兰全国荷斯坦牛平均单产达8 016千克,乳脂率4.4%,乳蛋白率3.42%。

荷兰牛对各国乳牛品种影响很大。在19世纪70年代和80年代初期输出数量最多。德、法、瑞典、比利时、英、美、加拿大、西班牙、南非、波兰、苏联、澳大利亚、日本以及我国均有引入。现在英、美、加拿大、德国等在乳牛品种中以荷兰牛数量最多,居本国第一。我国引进荷兰牛,主要来自美国、加拿大、荷兰、德国、丹麦、新西兰及日本等国。近年来,欧洲各国已引用美国荷斯坦牛改良本国的乳牛品种。

图2-2　荷斯坦牛

(一)美国荷斯坦弗里斯(Holstein Friesian),简称荷斯坦牛

该品种是在荷兰弗里斯牛(Friesian)的基础上,经过对产乳量和体型长期精心选育而形成的高产及最经济的乳牛品种(图2-2)。荷斯坦成年母牛在美国约有900万头。

美国1621年首次引入荷兰牛,但影响不大。影响大的是1852—1886年的引种,先后共引进荷兰黑白花牛7 757头,其中公牛750头。

在美国,1871年成立"纯种荷斯坦牛繁育者协会"。1872年出版第一卷荷斯坦牛登记簿。1877年成立"荷兰弗里斯繁育者协会"。1899年两协会合并,称"美国荷斯坦弗里斯协会"。1977年协会有会员37 312名,登记牛330 615头。至今累计登记牛1 900万头。美国荷斯坦牛协会是全球最大的乳牛育种组织。

20世纪50年代初荷斯坦牛主要分布在纽约、威斯康星、宾夕法尼亚、密执安等州,现在已向西部、南部推广。近几十年来,许多国家,包括荷兰都引入美国荷斯坦种牛及其冷冻精液,用以改良本国乳牛品种。

　　荷斯坦牛特点是产乳量高,体格大,乳用型明显,乳房发达,适于机器挤奶,而且饲料报酬率高。有一头名为 Muranda Oscar Lucinda 的胚胎移植所产母牛,1997 年 365 天每日两次挤奶的总产奶量 30 833 千克(二胎),创造了新的世界纪录。至今,美国已有 37 头年产奶量超过 18 000 千克的荷斯坦牛;一头终身泌乳 4 796 天,创造共产乳 189 000 千克的最高纪录。荷斯坦登记牛的产乳量、乳脂率列入表 2-1。

表 2-1　美国荷斯坦登记牛的产奶性能

年份	头数	头产乳量(千克)	乳脂率(%)
1955	58 697	5 888	3.67
1965	133 391	6 862	3.67
1973	113 200	7 233	3.70
1977	119 381	7 945	3.65
1979	128 570	8 096	3.64

　　加利福尼亚州某农场饲养 197 头成母牛,平均头年产乳量达 12 475.5 千克,乳脂率 3.8%。据联合国粮农组织资料报道,美国奶牛 2000 年头均产奶已达 8 388 千克,2006 年 904 万头单产 9 100 千克。

　　联合国粮农组织(FAO)1974 年在波兰进行荷斯坦牛对比试验。10 个国家的荷斯坦牛种公牛与波兰荷斯坦牛母牛杂交,其杂种一代产乳量及乳脂率列入表 2-2。

表 2-2　各国荷斯坦牛公牛与波兰荷斯坦牛母牛的杂交效果

国家	头产乳量(千克)	乳脂率(%)
美国	4 178	3.87
以色列	4 097	3.94
新西兰	4 018	4.03
加拿大	3 979	3.92
瑞典	3 860	3.98
丹麦	3 726	4.01
英国	3 712	3.98
德国	3 625	3.97
荷兰	3 625	4.04
波兰	3 393	4.05

荷斯坦牛饲料转化率较高,每产 1 000 千克乳所需要的能量(TDN)如下:

荷斯坦牛　　　　　586.6 千克

荷兰牛　　　　　　634.14 千克

红荷斯坦牛　　　　637.6 千克

现在,美国对荷斯坦牛的毛色选择已不甚严格。最好是白底上有大而轮廓清晰的黑片,黑白花片各占一半。红白花允许登记,但全白、全黑、黑尾帚、全黑腿以至蹄或黑白碎花呈灰点的牛不予登记。

我国的荷斯坦牛奶牛品种,以美国荷斯坦牛的影响较大。近年来,北京、天津、上海、黑龙江、陕西、广东、江苏、江西、四川等省市又引进了荷斯坦公牛和母牛,以提高当地荷斯坦牛的乳用性能。

(二)加拿大荷斯坦牛

加拿大荷斯坦牛也属荷斯坦牛。近几年来,以其高产和长寿而著称于世。加拿大每年向世界 50 多个国家出口 3.6 万头荷斯坦牛和 150 万份冷冻精液及胚胎。

加拿大育种专家重视体型和产乳量的选择,两者处于同等重要的地位。体型选择的重点有乳用型、乳房和肢蹄特征。近年来,成年母牛平均活重 680 千克,体高 147 厘米,与美国荷斯坦牛相似。

加拿大荷斯坦牛 305 天泌乳期(每天挤奶两次)的产乳量为 7 200 千克,乳脂率 3.7%,乳蛋白率 3.2%。加拿大荷斯坦牛适应性良好,在世界各地不同气候和管理条件下均可饲养。现今,加拿大荷斯坦牛存栏 107.5 万头,其中注册牛 55 万头。2002 年统计各胎次 271 531 个纪录,年平均单产 9 717 千克,乳脂量 354 千克,乳蛋白量 312 千克。

1976 年初,天津市首次引入加拿大乳牛冷冻精液。我国多个省市已有一定数量含加拿大荷斯坦牛血统的高产荷斯坦牛。

(三)新西兰荷斯坦牛

新西兰荷斯坦牛在其本国叫弗里斯-荷斯坦牛(Friesian-Holstein)。这种牛的特点是具有高乳脂率。联合国粮农组织(FAO)在波兰进行 10 个国家奶牛乳中固体物质含量改良的对比试验,以新西兰荷斯坦牛为最高。有人认为,新西兰荷斯坦牛含有娟姗牛(Jersey)基因。

新西兰位于南太平洋,与其相邻的国家相距在 2 000 公里以上,所以它是一个天然免疫国。当地气候温和,水草充足,具有广阔的天然草原。乳牛终年放牧,很少舍饲。每天最少在草原上游牧 4 公里,故牛体四肢特别发达,体质健壮。

新西兰荷斯坦牛体型中等,年产乳量 3 300~4 000 千克,乳脂率为 4.2%~5.6%,具有饲料转化率高、耐炎热的特点。据报道,2007 年荷斯坦牛年单产 4 043 千克,乳脂量 174 千克,乳蛋白量 144 千克。1980 年,我国广东省从新西兰北部地区引进 1 238 头新西兰荷斯坦牛,现饲养在广东省深圳光明畜牧场。经测定,新西兰荷斯坦牛产乳量比当地荷斯坦牛高 15.48%。在一个泌乳期内,新西兰荷斯坦牛泌乳高峰期后各泌乳月产乳量下降速度平稳。

2007 年,新西兰共有奶牛 400 多万头,总产乳量 1 470 万吨,平均单产 3 987 千克。其乳牛群结构为:荷斯坦牛占 44.7%,娟姗牛占 14.2%,爱尔夏牛占 0.9%,荷斯坦与娟姗杂交牛占 32.8%。

(四)丹麦荷斯坦牛

丹麦荷斯坦牛在丹麦乳牛品种中为数最多,约占 54%。近年来,丹麦荷斯坦牛头数逐渐上升,总头数达 95.5 万头。同时还引入美、加荷斯坦牛冷冻精液,以求改良和提高本国荷斯坦牛的产乳性能。丹麦还有一定数量的红白花牛,它和荷斯坦牛是同一来源。

丹麦荷斯坦牛体质结实,结构匀称,体型整齐,后躯发育丰满,尻长平宽,乳房附着良好,前伸后延,不下垂,是理想的盆状乳房。

丹麦荷斯坦牛登记牛(1976—1978)的产乳性能为:泌乳期 311 天,产乳量 5 511 千克,乳脂率 4.12%,蛋白质 3.39%。1977 年 88 号母牛年产乳 10 979 千克,乳脂率 4.49%。

丹麦设全国养牛业委员会,下属有全国和地方育种委员会、牛乳记录委员会、人工授精委员会和种牛测定站、人工授精站等。通过良种登记、产乳测定、后裔测定等措施,对种牛进行选择,合格的发给证书,作为良种繁育;不合格的逐步淘汰,使牛群质量不断提高。此外,为了促进农民对乳牛改良的积极性,每年由政府或农民协会、育种协会举办优良种牛展览会。农民选送种牛在会上由专家鉴定,进行评比,中选的给予物质和荣誉奖励。牛乳收购时,进行取样测定,以乳脂和蛋白质含量为依据,实行优质优价。

近几年来,我国黑龙江、吉林、北京、陕西、甘肃、宁夏、青海、江苏、安徽、河南、广东、贵州、内蒙古等省、市、自治区,均引入丹麦荷斯坦牛,总数达 1 000 余头。据报道,丹麦荷斯坦牛在我国各地适应性良好。

(五)德国荷斯坦牛

德国荷斯坦牛体躯较大,近乳肉型(含红白花),具有胸宽而深,骨骼结实,背腰平直,臀部较宽而平,乳房发育发好,多呈盆状,排乳速度快,耐粗饲,耐热以及乳脂率高等特点。德国荷斯坦牛三胎平均体重为 600 千克,305 天产乳量:一胎牛 4 805 千克(乳脂率 4.23%,牛乳干物质含量 12.25%);二胎为 4 949 千克(乳脂率 4.12%,牛乳干物质含量 12.25%)。

近几年来,我国北京、黑龙江、山东、甘肃、江西、青海、宁夏、河南等地引进一批德国荷斯坦牛,约 500 多头。据各地反映适应性良好。

(六)日本荷斯坦牛

日本荷斯坦牛也叫荷斯坦黑白花牛。主要分布于北海道和关东地区。

日本荷斯坦牛,主要来源于美国。体型外貌基本上同于美国荷斯坦牛。体型整齐,乳房结构良好,四肢结实,乳用特征明显。据 FAO 统计,日本 2003 年存栏 121 万头,头年产乳量为 6 909 千克,乳脂率为 3.2%～3.8%。日本标准乳的乳脂率为 3.2%,每超过 0.1%,每千克乳加价 0.8 日元。

日本全国荷斯坦牛乳牛协会从事良种登记,包括血统登记和高等登记。1977 年高等登记良种牛平均胎次产乳量为 8 898 千克,乳脂率为 3.78%。

农林水产省是日本乳牛改良的领导机构,省下有 7 个畜牧试验场。他们购入待测公牛女儿,饲养在相同的条件下,进行后裔测定,从中选出优良乳用种公牛。

我国自 20 世纪 30 年代到 80 年代曾多次引入日本荷斯坦牛。

二、娟姗牛(Jersey)

娟姗牛是英国培育的专门化乳牛品种。本品种以乳脂率高、乳房形状好而闻名。其数量分布是世界上仅次于荷斯坦牛的专门化乳用品种。

娟姗牛原产于英吉利海峡南端的哲尔济岛(娟姗岛)。岛上气候温和,冬季短,夏无酷热。但冬天有大风,湿度大。沿海一带杂草丛生,各处均有岩层,土壤差异很大,较好的土地实行牧草大田轮作,供作放牧和刈制干草;较差的土地供作放牧。

娟姗牛体格较小,毛色深浅不一,由银灰色至黑色,以栗褐色毛最多。鼻镜、舌与尾帚为黑色,鼻镜上部有灰色毛圈,一般公牛毛色比母牛深。

娟姗牛体型清秀,轮廓清晰(图 2-3)。其外貌特征是:头轻而短,两眼间距宽,额部凹陷,耳大而薄,鬐甲狭窄,肩直立,胸浅,背线平坦,腹围大,尻长宽,尾帚细长,四肢较细,蹄小,全身清瘦,皮肤柔薄,乳房发育良好。

1844 年制定该品种体型标准,1866 年出版良种登记簿,1878 年英国成立品种协会。

娟姗牛初生重为 23～27 千克,成年母牛活重 340～450 千克,公牛为 540～700 千克,体高为 113.5 厘米。

图 2-3　娟姗牛

本品种牛性成熟早,通常在 24 月龄产犊。平均年产乳量 3 000～3 500 千克,乳脂率高,平均为 5.3%,是乳用品种中高脂品种。乳脂黄色,脂肪球大,适于制作黄油。

近年来,娟姗牛产乳量稳定提高。据英国娟姗牛协会 2007 年报道,高产个体前 4 个泌乳期平均单产达 8 286 千克,乳脂率 5.67％,乳蛋白率 4.1％。2008 年,美国娟姗牛品种平均单产达 8 390 千克,乳脂量 385 千克,乳蛋白量 300 千克;最高产个体,一个泌乳期产乳达 22 727.3千克,乳蛋白量 795.5 千克,创造了该品种的最高纪录。

该品种在美、英、加、日本、新、澳大利亚等国均有饲养,总计 500 万～600 万头。新西兰在 1980 年存栏奶牛 330 万头,其中娟姗牛占 80％,后来大量用荷斯坦牛杂交,到 2005 年娟姗产乳母牛为 58 万头。我国过去饲养的娟姗牛,年产乳量为 2 500～3 500 千克。因其乳脂率高,适应于热带气候。所以,近年来广州等地曾少量多次引进娟姗牛,改良当地乳用品种。印度近年来大量引进娟姗公牛及其冻精,级进杂交当地瘤牛 2 500 多万头,对提高产奶量和乳质量起了很大促进作用。

三、瑞士褐牛(Brown Swiss)

瑞士褐牛原产于瑞士阿尔卑斯山东南部。

瑞士褐牛是一个古老品种,体格粗壮,为乳肉兼用牛品种(图 2-4)。全身毛色为褐色,由浅褐、灰褐色至深褐色。其特征为:鼻、舌为黑色,在鼻镜四周有一浅色或白色带,角尖、尾尖及蹄为黑色。角长中等。

本品种成年公母牛体重分别为 900～1 000 千克和 500～550 千克。成熟较晚,通常满 2 岁时配种。耐粗饲,适应性强。

本品种分布较广。美国、加拿大、俄罗斯、德国、波兰等国均有饲养,全世界约有 600 万头。

图 2-4　瑞士褐牛

1879 年瑞士开始出版该牛登记簿,1888 年成立育种者协会;美国 1880 年成立该品种协会。瑞士褐牛的产乳性能如下:

	产乳量(千克)	乳脂率(%)	乳脂量(千克)
美国瑞士褐牛(1972)	5 785.3	3.98	230.3
美国瑞士褐牛(2004)	9 435.0	3.99	376.5
俄罗斯瑞士褐牛	3 900.0	3.77	147.0

我国新疆 20 世纪初曾多次引进瑞士褐牛。1977 年由德国、奥地利引进瑞士褐牛数十头,现在饲养在昭苏马场和乌鲁木齐种畜场、塔城种牛场。德国瑞士褐牛体型较大,外貌细致清秀,偏乳用型,产乳量较高。在我国具有良好的适应性。其体尺、体重如下:

体高　　　　　　134 厘米
体重　　　　　　575.6±32.6 千克
第一胎产乳量为 3 346.34 千克±386.3 千克(305 天)。

四、短角牛(Shorthorn)

短角牛原产于英格兰东北部达亨县、约克县等地。产区气候温和,土壤肥沃,牧草茂盛,有良好的放牧地。短角牛是由英国本地长角牛改良而来,因改良后的品种牛角较短,故称短角牛。1822 年出版第一册良种登记簿,1875 年成立品种协会,是世界上第一个建立品种协会的品种牛。

短角牛在 18 世纪初开始有计划的育种,由伯克尔主持,向肉用型改良,以供城市牛肉的需要。尔后由柯林兄弟利用"古巴克"公牛进行近亲繁殖,并由白蒂斯培育乳肉兼用牛。克鲁耶克钦在改良短角牛的产乳性能,提高其饲料利用率等方面做出较大的贡献。

短角牛现有三个类型:乳肉兼用型、肉乳兼用型及肉用型。

短角牛毛色为红、白混斑色或全身呈赤褐色。但以红毛最多(有深浅之分),腹下多有白毛块;由红毛与白色混生而成的红斑毛,多在背部两侧。鼻镜呈玫瑰色,全身皮肤呈橙黄色。

乳肉兼用型短角牛乳房容积大,发育匀称,体型清秀,耐寒力强,适于在各种气候条件下饲养。

乳用短角牛在加拿大泌乳期平均产乳量 3 538 千克,乳脂率 3.82%;在美国产乳量为 4 020千克,乳脂率为 3.58%(1969—1970)。2004 年度,注册牛平均产奶量达 7 847 千克,乳脂率 3.57%。产乳量最高的个体为 10 788.6 千克,乳脂率为 3.7%(1966)。肉乳兼用型牛产乳量仅为 2 500～3 500 千克,乳脂率 3.4%～3.9%。

短角牛具有早熟易肥的特性。经育肥后,屠宰率可达 65%。

短角牛在世界上分布较广,以美、澳、新西兰及欧洲等国最多。我国于 1913 年、1947 年先后从新西兰、加拿大、日本引进少量乳肉兼用短角牛。目前,短角牛主要分布在内蒙古、辽宁、黑龙江、吉林、新疆等地。

我国短角牛的毛色主要为紫红色或红白花色,沙毛较少,个别牛全白。据报道,在内蒙古,短角牛发育较快,成熟较早,耐寒,抗病力较强,但个体大小、产乳量较原产地稍有降低。

短角牛成年公牛体重 900 千克,成年母牛 550 千克。产乳量为 3 500～3 800 千克(305)天,在放牧饲养条件下,产乳量为 2 000～2 500 千克,乳脂率 4.0%～4.2%。初生公母犊体重分别为 34.2 千克和 32.3 千克。

五、西门塔尔牛(Simmentai)

西门塔尔牛(原名红花牛)产于瑞士阿尔卑斯西北部伯尔尼地区的西门河流域,其中以西门塔尔平原牛最为著名,因此称西门塔尔牛。

西门塔尔牛原产地气候寒冷,有广阔的天然牧草场和山地牧场。西门塔尔牛原为役牛,由于市场对乳肉的需求,经长期选育,培育成现代的大型乳肉兼用牛(图 2-5)。

图 2-5　西门塔尔牛

早在 1806 年伯尔尼地区就开办了牛的展览会,进行比赛。本品种于 1862 年育成,1878年出版良种登记簿,1890 年成立品种协会。19 世纪中期,开始输入欧洲邻近国家,现在已有30 多个国家饲养西门塔尔牛。这些国家自然条件极不一致,有阿尔卑斯山谷的寒冷地区,有很炎热的南美、非洲和中东地区,也有酷寒或潮湿的俄罗斯和加拿大地区。

西门塔尔牛具有适应性强,耐高寒,耐粗饲,寿命长,产乳、产肉性能高等特点。1974 年成立世界西门塔尔牛联合会,会员国 22 个,现扩大到 25 个国家。由于要求不一,各国育种方向也不同。在瑞士、德国、奥地利和法国,其育种方向是提高乳用性能,所以现在大量引入红色荷斯坦牛改良。美国自 1967 年引入西门塔尔牛精液以来,1971 年又引进公牛,至 1974 年全国已有登记牛 15 万头。美国西门塔尔协会(ASA)通过电子计算机中心,提出改良方案,汇总全国母牛资料,建立档案,监控全国牛的动向。据报道,美国西门塔尔牛的育种是向瘦肉型和生长快的方向发展。俄罗斯是世界上饲养西门塔尔牛最多的国家,总数已达 1 000 万头以上。为了纠正西门塔尔牛的乳房缺陷,提高其产乳和产肉能力,曾多次引入法国、德国、瑞士等国的西门塔尔牛进行改良;近年来,又从美国引入红色荷斯坦公牛,以提高产乳量,改进乳房形状,使之适应机器挤奶。

西门塔尔牛多为黄(红)白花,头尾与四肢为白色毛,皮肤粉红色。在不同国家,体型和生产性能有差异。在原产地瑞士,向乳用型发展。据对 164 000 个标准泌乳期资料统计,平均产乳量为 4 074 千克,乳脂率为 3.9%;德国为 3 946 千克,乳脂率为 3.97%;苏联为 4 410 千克,最高产乳量为 14 584 千克,乳脂率为 3.8%。到 2000 年,全世界有西门塔尔牛 5 000 多万头,西欧主产国瑞士、法国、德国等注册牛群平均泌乳期产乳 6 000～7 000 千克,乳脂率 4.0%;最高个体泌乳期产量达 19 664 千克。据测定,西门塔尔牛乳脂肪球密度小、直径大、易分离,乳脂碘值低,皂化值高,低级挥发性脂肪酸高。

西门塔尔牛肉质好,屠宰率为 65%。周岁内平均日增重 900～1 000 克,生长速度快。

我国从 20 世纪初已引入西门塔尔牛,1957—1960 年曾多次从苏联引入该牛。1976 年以来,又先后从德国、瑞士、奥地利等国引进。现在,该品种在我国已分布 21 个省、市、自治区。从北方到长江流域的四川、湖北等地,以及西藏高原均有饲养。据统计,1988 年全国西门塔尔纯种牛及高代杂种改良牛已有 35 万头。各代杂种有 600 万头以上;分布最多的省区为内蒙古、黑龙江、新疆、四川、山西、河北等。

农业部对西门塔尔牛发展极为重视,并于 1981 年成立西门塔尔牛育种委员会。联合全国力量,开展纯种西门塔尔牛生产性能测定、良种登记和后裔测定工作,因而使西门塔尔牛产乳性能有了较快的提高。根据 1985 年第二册良种登记簿的统计,197 头母牛混合胎次平均每头产乳量为 4 418 千克,比 5 年前第一册良种登记簿中 161 头母牛平均高出 1072 千克。西门塔尔牛在不同地区饲养,其产乳性能有较大差异。

	产乳量(千克)			乳脂率(%)
	一胎	三胎	五胎	
新疆(舍饲)	3 420	4 991	~~	~~
四川(舍饲)	3 872	4 442	~~	3.91
黑龙江(半舍饲)	3 076	4 222	3 952	4.13
内蒙古(补饲)	2 856	3 636	3 670	~~

近几年来,西门塔尔牛出现了不少高产个体。例如,四川省阳坪种牛场 77 号母牛第五胎 365 天产乳量已达 9 600 千克;新疆呼图壁种牛场 005 号母牛第四胎 305 天产乳量达 8 207 千克。据史荣仙报道,西门塔尔牛脱脂粉中氨基酸总含量高于荷斯坦牛。

西门塔尔牛在当前饲养条件下,纯种成年公牛体重 1 015 千克。各龄母牛的体重变化如下:

初生	39.5 千克
6 月龄	190.0 千克
1 岁	311.0 千克
1.5 岁	405.0 千克
2 岁	476.0 千克

2.5 岁	529.0 千克
3 岁	567.0 千克
3.5 岁	595.0 千克
4 岁	615.0 千克

西门塔尔牛及其杂种在各种气候条件下均能饲养,是一个具有发展前途的乳肉兼用牛品种。各地应结合当地条件在乳肉方面发挥其优势,如以提高产乳性能为主,西门塔尔杂种牛可与红色荷斯坦牛杂交;如以提高产肉性能为主,则可用夏洛来公牛进行杂交。

为了提高西门塔尔杂种牛的生产性能,内蒙古哲里木盟最近从法国引入蒙贝利亚牛进行杂交改良。

第三节　我国育成的乳用及兼用牛品种

我国乳牛包括奶牛及改良奶牛,即中国荷斯坦牛、中国西门塔尔牛、三河牛、中国草原红牛、新疆褐牛。

一、中国荷斯坦牛(The Chinese Holstein Breed)

据记载,远在 1840 年已有荷兰牛引入我国。最早由荷兰、德国及俄国引入,后由美、日引入。20 世纪 50~80 年代又相继由日、美、荷兰等国家引进,引入的荷斯坦牛包括荷斯坦(Holstein)和小荷兰(Holland)。由于各种类型荷斯坦牛在我国经过长期选育、驯化,特别是与各地黄牛进行杂交,从而逐渐形成了现代的荷斯坦牛品种。目前,该品种总数 350 万~400 万头,加上不同代数的杂种牛约有 800 万头。

100 多年来,从不同国家引入的荷兰牛,由于各地条件不同,又缺乏统一的育种方法,因而中国荷斯坦牛的育成,很难用一个简明的模式描写出一个系统而完整的育种方法。据部分省、市、自治区育种史和品种志资料记载,概括起来,除少部分纯种繁殖外,一般是经过如下过程:

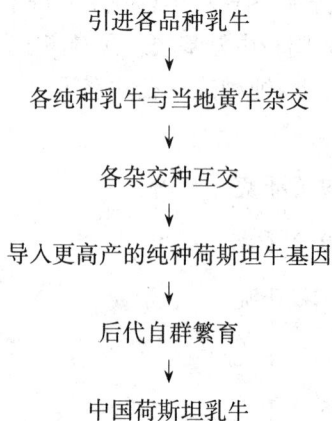

引进各品种乳牛

↓

各纯种乳牛与当地黄牛杂交

↓

各杂交种互交

↓

导入更高产的纯种荷斯坦牛基因

↓

后代自群繁育

↓

中国荷斯坦乳牛

中国荷斯坦乳牛繁育过程,以下列示意图表示(图 2-6)。

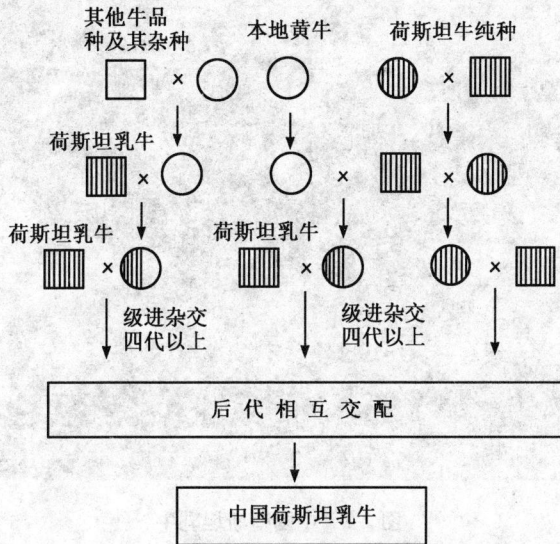

图 2-6　中国荷期坦乳牛繁育方法示意图

注:其他品种牛包括:三河牛、爱尔夏、娟姗、更赛、西门塔尔、瑞士褐牛、
短角牛、雅罗斯拉夫、柯斯特罗姆、俄国改良牛等

　　中国荷斯坦牛在我国乳牛品种中数量最多,主要集中在黑龙江、内蒙古、河北及各大城市郊区和交通沿线。由于各地引用的荷斯坦公牛和本地母牛类型不同,以及饲养环境条件的差异,我国荷斯坦牛的体格不够一致,但基本上可划分为大、中、小三个类型。

　　大型:主要引用美国荷斯坦公牛与北方母牛长期杂交和横交而培育形成,成年母牛体高136 厘米以上。

　　中型:主要引用日本、德国等体型中等的荷斯坦公牛与本地牛杂交及横交培育而来,成年母牛体高 133~135.9 厘米。

　　小型:主要引用荷兰等国欧洲类型荷斯坦公牛与本地牛杂交,或引用荷斯坦公牛与体型小的本地母牛杂交而形成。成年母牛体高 130 厘米左右。

　　10 多年来,由于冷冻精液人工授精技术的应用,以及多次从欧、美洲和澳、新、日本等国引进种牛和冻精(1983 年引进近万头,良种公牛 400 余头,冻精 4 万多支),种公牛站的建立与完善,饲养条件的不断改善,各类型之间的差异开始逐渐缩小。目前,中国荷斯坦奶牛体型外貌(图 2-7)多为乳用型(有少数个体稍偏兼用型),具有明显的乳用特征。毛色多呈黑白花片或白黑花片。体质细致结实,体躯结构匀称。泌乳系统发育良好,乳房附着良好,质地柔软,乳静脉明显,乳头大小、分布适中。肢势端正,蹄质坚实。

　　在正常饲养条件下,母牛在各生长发育阶段的体高、体斜长、胸围和体重均超过育种指标的要求,详见表 2-3。

图 2-7　中国荷斯坦乳牛

表 2-3　中国荷斯坦母牛的体尺、体重(厘米、千克)

生长阶段	体高	体斜长	胸围	体重
初生	73.1	70.1	78.3	38.9
6 月龄	99.6	109.3	127.2	166.9
12 月龄	113.9	130.4	155.9	289.8
18 月龄	124.1	142.7	173.0	400.7
1 胎	130.0	156.4	188.3	517.8
2 胎	132.9	161.4	197.2	575.0
3 胎	133.2	162.2	200.0	590.8

据各地大群测定,我国荷斯坦成年公牛的平均体高为 150 厘米,平均体重为 1 020 千克。产乳性能:据 21 905 头品种登记牛的统计,305 天各胎次平均产乳量为 6 359 千克,平均乳脂率为 3.56%。全国良种登记牛平均单产 7 022 千克,乳脂率 3.57%。各胎次产乳量见表 2-4。

表 2-4　中国荷斯坦乳牛各胎次产乳量

胎次	头数	305 天产乳量(千克)	乳脂率(%)
1	5 818	5 693	3.57
2	5 370	6 530	3.53
3	3 576	6 919	3.57
4	1 701	7 081	3.56
5 胎以上	1 930	7 151	3.55

在品种登记牛中,全国各胎次产乳量以上海为最高,达 7 550 千克;2000 年,上海光明乳业成年母牛平均单产达 8 029 千克,其中 800 多头牛 305 天产乳量超过 10 000 千克。北京、天津、辽宁、吉林、河北、山西、宁夏、内蒙古、新疆、江苏、广东等 11 个省、市、自治区均超过 6 000 千克。黑龙江、山东、陕西、青海、浙江、江西、四川、云南等 8 省、自治区均超过 5 500 千克。含脂率较高的有黑龙江、青海、宁夏、江苏、浙江、云南等 6 省、自治区,均超过 3.7%。河南、甘肃、新疆、安徽、江西等 5 省、自治区均在 3.6% 以上;其余各省、市、自治区除上海外,均在 3.4% 以上(上海市为 3.2%)。

在饲养条件较好、育种水平较高的京、沪及西安等市,个别乳牛场全群平均产乳量已超过 8 000 千克;超万千克乳牛个体不断涌现。北京市在群牛中产乳量万千克以上的高产个体有数百头。如北京东郊农场 71089 号母牛,300 天产乳量为 16 090 千克,创全国产乳最高纪录。

繁殖性能:该牛性成熟早,具有良好的繁殖性能。据调查,全国 105 035 头配种母牛,年平均受胎率为 88.8%;情期受胎率为 48.9%;全国各地所调查的 105 802 头可繁殖母牛,年内产犊 94 207 头,繁殖率为 89.1%。

产肉性能:据测定,未经肥育的淘汰母牛屠宰率为 49.5%～63.5%,净肉率 40.3%～44.4%。经肥育 24 月龄的公牛犊屠宰率为 57%,净肉率为 43.2%。6、9、12 月龄牛屠宰率分别为 44.2%、56.7%、64.3%。

1987 年 3 月 4 日,在农业部科技司和中国奶牛协会的主持下,对中国荷斯坦牛品种进行了鉴定验收。与会专家一致认为,该品种在产乳性能和体型外貌方面的指标都超过了原规定的指标。各项指标均已达到了国际同类品种的水平。它的育成不仅改变了我国乳牛生产长期处于落后的状况,同时对我国乳牛业的大发展也将起到重要的促进作用。

二、中国西门塔尔牛(The Chinese Simmental Breed)

中国西门塔尔牛是我国培育的乳肉兼用牛新品种,2001 年经农业部组织专家组鉴定验收,2002 年报经全国动物遗传资源与品种审定委员会批准并向国内外公布。

中国西门塔尔品种公母牛逾 3 万头,其各代杂交改良牛 500 多万头,以内蒙古、新疆、四川、吉林、山西、河北等省、自治区为主,遍布全国 28 个省、区。

该品种培育经历了长期的多血缘育成杂交过程。早在 20 世纪初就有西门塔尔牛引入;到 20 世纪 50～70 年代,又从苏联、瑞士、德国多次引入种牛;80 年代,又大量从北美和法国较多购进种公母牛,用以大面积开展杂交,改良本地黄牛。

"六五"、"七五"期间(1980—1990),培育中国西门塔尔牛新品种的科技任务,由农业部下达中国农业科学院(畜牧研究所)组织实施,"八五"、"九五"继续得到国家科技部、农业部多方资助。1981 年在农业部(畜牧局)支持下成立了中国西门塔尔牛育种委员会,设在中国农科院畜牧研究所。育种委员会吸收各地的管理与技术专家,提出统一的选育标准和种牛培育方案,定期召开大范围的经验交流会,出版技术刊物《中国西门塔尔牛》和发布"良种登记簿"(1982,1985 年和 1991 年)。

中国西门塔尔牛的培育地区广泛,按照各地生态条件和原当地牛只特点不同,在其品种群体内形成了三个地方类型,即中国西门塔尔牛平原型、草原型和山地型(表 2-5)。中国西门塔

图 2-8　中国西门塔尔牛

尔牛具有国外西门塔尔牛的典型毛色特征,体躯被毛为红(黄)白花片,头部、尾梢、腹部和四肢下部为白毛;鼻镜粉红色。一般角型外展;体躯深宽,结构匀称,肌肉发育良好,乳房发育充分,质地良好。该品种牛适应性广泛,耐粗放饲养,在我国广大地区均表现出良好的乳肉性能,出现了一批高产乳量个体和小群体,如四川宣汉地区测定 725 头次,按 4% 乳脂率标准乳计,产乳量 5 314～7 240.8 千克的占到 8.3%;新疆呼图壁种牛场西门塔尔产乳牛 100 多头,2001 年头均产奶 7 154 千克;该场 1994—1995 年有一头 900302 号母牛第二胎次产奶量高达 11 740 千克,创造了该品种内最高泌乳期单产纪录。

表 2-5　中国西门塔尔三个地方类型母牛性能简况

类型	平原	草原	山地
活重(千克)	501.4(1.59)	460.3(1.82)	432.5(1.60)
体高(厘米)	130.8(0.3)	128.3(0.29)	127.5(0.15)
体长(厘米)	165.7(0.39)	147.7(0.44)	143.1(0.48)
胸围(厘米)	178.8(0.34)	176.9(0.36)	171.8(0.26)
泌乳期乳量(千克)	4354.1(16.8)	3907.6(7.0)	3401.3(11.9)

注:①表中括号内数字为标准误;
　　②平均乳脂率为 4.1%～4.81%;
　　③种公牛成年活重 900～1 100 千克。

该牛肉用性能突出。据吉林白城地区查干花种畜场测定,在良好饲养下,其核心群平均公母初生重分别为 39 千克和 38 千克,6 月龄为 187 千克和 182 千克,12 月龄为 303 千克和 285千克,18 月龄为 443 千克和 365 千克。另据河北省在承德和石家庄地区测定,与当地黄牛相比,西杂一代公母牛初生重分别比当地牛高出 50% 和 60%,6 月龄体重高出 47% 和 39.2%, 18 月龄则分别高出 67.3% 和 41.6%,24 月龄高出 36.8% 和 48.5%;其 16～20.5 月龄育肥牛平均日增重达 1 100～1 252 克,屠宰率 55% 以上,净肉率 45% 以上,每千克增重消耗精料 2.0～3.1 千克。

该品种牛抗逆性强,适宜我国广大地区饲养,改良当地黄牛效果显著,是农业部向全国重点推广的乳肉用品种。由于该品种育成时间不长,特别是对所形成的三大类型牛群,在各自核心群的完善和其种公牛培育方面还应继续努力,以推动该品种的稳步发展。

三、三河牛

三河牛是内蒙古地区培育出的优良的乳肉兼用牛品种,因比较集中分布在呼伦贝尔盟大兴安岭西麓的额尔古纳右旗的三河(根河、得尔布尔河、哈布尔河)地区,故得此名。现在主要分布在呼伦贝尔盟,约占品种牛总头数的 90% 以上;其次在兴安盟、哲里木盟和锡林郭勒盟等地也有分布。

三河牛品质优良,30 多年来,从产区输出到外地的牛已达 10 万多头。除台湾省外,全国各地均有饲养,并出口到蒙古、越南等国。

三河牛原产地气候寒冷,冬季最低气温可达-50 ℃。夏季最高气温可达 35 ℃;全年有 6 个月气温平均在 0 ℃以下。枯草期长达 7 个月之久,积雪期为 200 天左右。夏秋季节(6～9 月份)气候凉爽,土壤肥沃,水草丰美,是养牛的好季节。

三河牛产区饲养乳牛已有 100 年的历史,远在 1898 年帝俄修建中东铁路时,俄国的铁路员工就已带入少量乳牛,分布在滨州铁路沿线。1917 年后,部分白俄人定居三河时,又带来不少乳牛。其品种主要是西伯利亚改良牛、西门塔尔牛、霍尔莫格牛、雅罗斯拉夫牛和瑞典牛等品种,这些牛均参与了当地蒙古牛的杂交改良,其中西门塔尔牛的影响最大。日伪时期,日本曾引进一批荷斯坦牛,也参与了该品种的杂交改良。由此可见,三河牛来源复杂,含有多品种牛血统。

三河牛正规的选育工作开始于 20 世纪 50 年代初。当时,在收购离境俄侨乳牛的基础上,在呼伦贝尔盟建立了一批以饲养三河牛为主的国营农场,如谢尔塔拉种畜场,在三河品种形成过程中起了重要作用。1976 年呼伦贝尔盟成立三河牛育种委员会,重新修订三河牛育种方案。

三河牛经过多年的多品种相互杂交和选育,逐步形成了一个体大结实、耐寒、易放牧、适应性强、乳脂率高、产乳性能好、体型趋于一致的新品种。该品种于 1986 年 9 月 3 日通过验收,鉴定会由王福兆教授担任主任委员,并由内蒙古自治区人民政府批准正式命名。

三河牛体躯高大,结构匀称,骨骼粗壮,体质结实,肌肉发达(图 2-9)。头清秀,眼大明亮,角粗细适中,稍向上向前弯曲,颈窄、胸深、背腰平直,腹围圆大,体躯较长,四肢坚实,肢势端正,乳房发育良好,但乳头不够整齐。毛色以红(黄)白花占绝大多数。

三河牛体重体尺(千克、厘米)如下:

	体高	体斜长	胸围	管围	体重
成公牛	165.8	205.5	240.1	25.7	1 050
成母牛	131.32	167.7	192.5	19.4	547.9

三河牛初生公犊重为 35.8 千克,母犊为 31.2 千克。

图 2-9　三河牛

产乳性能:在良好的饲养管理条件下,即夏秋季在天然牧场放牧,冬春季舍饲,成年母牛日喂干草 15 千克,青贮饲料 10 千克,每产乳 1 千克补精料 0.2 千克。据 1974—1984 年重点场、队调查测定的 7 054 头次产乳资料分析,每头泌乳期平均产乳量为 2 868 千克。

其中一、三、五胎 305 天产乳量分别如下:

一胎　　1 767 千克
三胎　　2 497 千克
五胎　　2 693 千克

育种核心群母牛 4 320 头,每头各胎 305 天平均产乳量为 3 205 千克。其中一、三、五胎 305 天平均产乳量分别为:

一胎　　2 308 千克
三胎　　3 335 千克
五胎　　3 678 千克

平均乳脂率在 4.1％以上(1982 年 5～12 月,呼盟地区畜牧兽医研究所测定 575 头次平均乳脂率为 4.17％),牛乳干物质 12.5％。

谢尔塔后种畜场 3 144 号母牛,1977 年第五胎 305 天产乳 7 702.5 千克,360 天产乳 8 416.6 千克,乳脂率为 4.13％,创三河牛单产最高纪录。

三河牛产肉性能好,在放牧肥育条件下,阉牛屠宰率为 54.0％,净肉率为 45.6％。在完全放牧不补饲的条件下,2 岁公牛屠宰率为 49.5％,净肉率在 40％以上,产肉量比当地蒙古牛增加 1 倍左右。

三河牛是适应高寒牧场条件且乳脂含量高的乳肉兼用牛品种,今后应继续有计划地、系统地开展三河牛的选育工作。

四、中国草原红牛

中国草原红牛是引用乳肉兼用短角牛与蒙古牛杂交而育成的一个新品种。1986 年命名为中国草原红牛。在原农林部科教局组织协调下,由吉林、辽宁、内蒙古、河北四省区组成草原红牛育种协作组,1979 年成立草原红牛育种委员会。

草原红牛为乳肉兼用型,主要产于吉林白城地区,内蒙古赤峰市锡盟南部县(旗)和河北省张家口地区。白城和赤峰市(原属辽宁)地势平坦、坨甸相间,海拔 150～300 米,气候干旱,冬季长,严寒少雪,无霜期仅有 110～145 天,作物生长期很短。土壤多为淡黑钙土、草甸土、盐碱土和风沙土。张家口和锡盟南部县(旗)属于坝上高原低山丘陵地区,海拔 1200～1500 米,气候寒冷干旱,无霜期 85～110 天,土壤多为栗钙土。

草原红牛终年放牧,对风雪、酷热气候均有良好的抗逆性。

草原红牛育种核心牛群,主要在吉林省通榆县三家子种牛繁育场、良井子牧场、内蒙古翁牛特旗海金山种牛场、五一种畜场、河北省沽源牧场。

该品种育成采用的方法是育成杂交,即用短角公牛与蒙古母牛杂交,级进二、三代后选择理想公母牛进行横交固定,自群选育而成(图 2-10)。

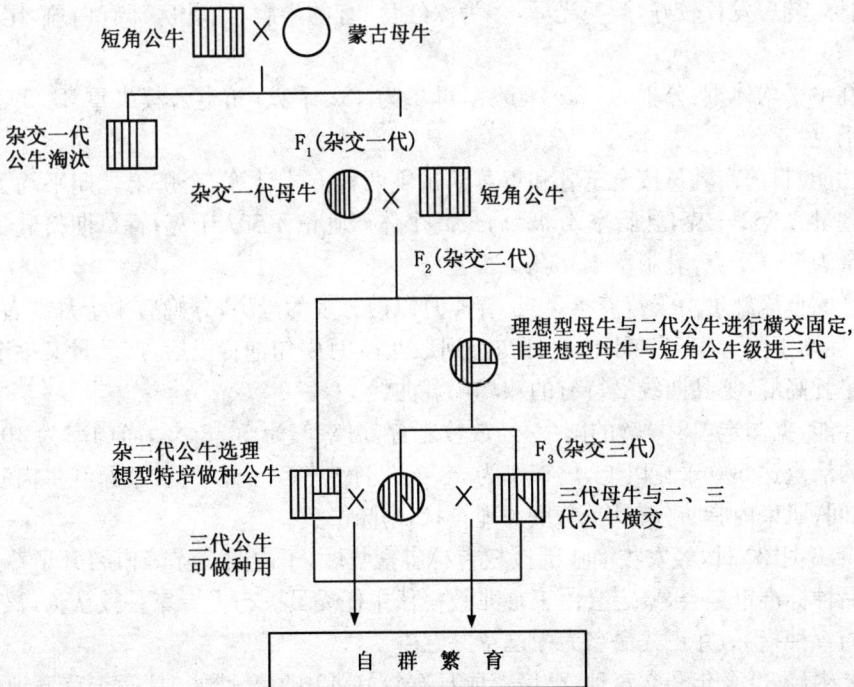

图 2-10　中国草原红牛育种模式图

草原红年育种工作可分如下三个阶段：

1. 杂交改良阶段(1952—1972年)　这一阶段主要是利用短角公牛与当地母牛杂交,繁殖了大量的级进二代和三代杂种牛。

2. 横交固定阶段(1973—1979年)　这一阶段主要是进行横交固定,选择理想型,二、三代杂种公母牛横交,按等级进行选配。

3. 自群选育阶段(1980—1985年)　从1980年开始自群选育,提高生产性能,稳定遗传性;按血统继代选种,应用综合等级评定法,选留优秀种牛;采用同质亲缘、异质远缘进行个体选配。同时进行种公牛后裔测定,选育优良种公牛。自成立草原红牛育种协作组以来,推广冷冻精液人工授精,加速了本品种育成与提高。

在选育过程中,由于选择方向不尽相同,目前各主要育种场种牛各具特点:吉林三家子种牛繁育场的种牛,体格较大,骨骼圆润,肌肉丰满,偏于肉用;内蒙古海金山种牛场的种牛体格稍小,乳房发育较好;五一种畜场种牛体格较大,趋向乳用型;河北省沽源牧场的种牛,产乳量较高,因而形成了各具特点的4个品种群。

草原红牛一般外貌清秀匀称,体质结实,头较轻,角向上方弯曲(有的无角),呈蜡黄色,角尖呈黄褐色;眼中等大,眼球不突出,鼻镜多呈粉红色,颈肩宽厚,结合良好,胸宽深,背腰平直,中躯发育良好,后躯略短,尻宽较平,四肢端正,蹄质结实,体躯略呈长方形,骨骼圆满,肌肉丰满,结构匀称,乳房发育较好,被毛光泽,多为深红色;有的牛腹下、乳房部有白斑,尾帚杂有白色毛。

草原红牛平均体重:公牛为825.2千克,母牛为482千克;初生公犊牛重31.9千克,母犊为30.16千克。

产乳性能:目前产乳量按全挤乳和青草期挤乳两种方式计算,全挤泌乳期平均为220天,平均头产乳量1 662千克,乳脂率4.02%,最高个体产乳量4 507千克;青草期挤乳100天,平均头产乳量为849千克,乳脂率4.03%。

在牧区的草原红牛由于营养不足,早春4月以前分娩的母牛,分娩后1个月左右出现泌乳高峰,以后逐渐下降。直到4月末、5月初降到最低;5月中旬饱青以后,产乳量又逐渐上升,出现第二个泌乳高峰,泌乳曲线呈特有的双峰泌乳曲线。

产肉性能:据测定,18月龄的阉牛,经放牧肥育,屠宰率为50.84%,净肉率为40.95%;短期催肥牛的活重达500千克以上,屠宰率为58.1%,净肉率为49.5%。草原红牛肉质良好,纤维细嫩,肌间、肌束内脂肪分布均匀,呈大理石状,肉味鲜美。

1985年8月20日,经农牧渔业部授权吉林省畜牧厅,于内蒙古赤峰市召开了草原红牛品种验收及品种标准审定会,鉴定会由王福兆教授任主任委员。与会专家一致认为,该品种已达到了预期的育种指标,并正式命名为中国草原红牛。

草原红牛经30余年杂交育种,已培育成具有较好乳肉生产性能,且适于草原地区放牧饲养的乳肉兼用型品种。但在产乳性能上由于饲养管理条件差,母牛产乳量比较低。乳量体重指数为3.6∶1,低于一般乳肉兼用牛水平。

为了提高草原红牛的产乳性能,曾引用丹麦红牛进行导入杂交。试验表明,导血效果良好,产乳性能明显提高。

五、新疆褐牛

新疆褐牛是草原乳肉兼用牛品种,如图 2-11。

图 2-11　新疆褐牛

新疆褐牛主要分布于新疆北疆的伊犁、塔城等地区,南疆也有少量分布。产区海拔 2 500 米,气候温和、湿润,昼夜温差大,年平均降雨量 320～550 毫米。冬季严寒,温度在 -40 ℃,积雪 20 厘米以上。草原辽阔,土地肥沃,水草繁茂,当地早有饲养乳牛的习惯。

该品种育种工作早在 20 世纪初就已开始。1935—1936 年曾引进瑞士褐牛与当地哈萨克母牛进行杂交。1951—1956 年又从苏联引进阿拉塔乌牛、科斯特罗姆牛与当地黄牛杂交改良。1977 年和 1980 年,又从德国、奥地利引进三批纯种瑞士褐牛进行杂交。由于多次引入瑞士褐牛血液,从而稳定了新疆褐牛的优良遗传品质,提高了产乳性能。新疆褐牛经过多年的繁殖与改良,1983 年经新疆畜牧厅评定,批准新疆褐牛为一个独立乳肉兼用型品种。目前,该品种牛有约 40 万头。

本品种牛体格中等,体质结实,结构匀称,肌肉丰满。头清秀,角中等大小,向侧前上方弯曲,呈半椭圆形,头颈适中,颈肩结合良好,背腰平直,胸较宽深,腰丰圆,尻方正,四肢较短而结实,乳房良好,毛色主要为褐色,浅褐色或白褐色为数较少。多数有白色或黄色的口轮和背线。

体重:成年母牛平均体重为 430～520 千克,成年公牛平均体重为 700～900 千克。

初生公犊重 30 千克,母犊 28 千克。180 天喂乳量 650～700 千克,日增重 650～800 克,断乳体重为 180～200 千克。

体尺:成年母牛平均体高 121.6±4.5 厘米,体斜长 154.39±13.45 厘米,胸围 173.68±7.93 厘米。

生产性能:在粗放管理条件下,6～9 月 100 天平均产乳 1 000 千克,乳脂率 4.43%±1.06%。屠宰率为 42.3%,净肉率为 36.6%。在城郊良好舍饲条件下,每天挤乳 2 次,成年母

牛各胎次产乳量为:

一胎	208 天	1 788 千克
二胎	284 天	2 252.6 千克
三胎及三胎以上	269 天	2 646.68 千克

据新疆育种场纪录,7153 号母牛第三个泌乳期 305 天产乳量为 5 162 千克,7414 号母牛第一泌乳期 268 天产乳量为 5 212 千克。

据反映,各地用新疆褐牛改良本地黄牛,产乳性能有显著提高,杂种一代可提高 42%,杂种二代可提高 80%。由此可见,新疆褐牛是一个很有发展前途的优良品种。

第四节　水牛品种

一、国外乳水牛品种

(一)摩拉水牛(Murrah)

摩拉水牛主要产于印度,属于著名乳用水牛品种。在印度水牛乳占全国总奶产量的 55%,而在巴基斯坦则占到 75%。由于产乳量高,除遍布印度西北部的大小城郊及农村外,在菲律宾、印度尼西亚、巴基斯坦、马来西亚、越南等国饲养也较普遍。在南美的巴西,东欧的保加利亚、南斯拉夫、阿塞拜疆和高加索、土耳其、希腊、中国和南部非洲等国家也有少量饲养,主要是用来改良本地水牛。我国广东省在 20 世纪 20 年代曾引入过,但不能很好适应。1957 年再次引进,饲养效果良好,分布区域逐渐扩大,现在已遍布南方诸省。

摩拉水牛体格比我国水牛大,四肢粗壮,体型呈楔形,尻偏斜,皮肤、被毛黝黑,少数为棕色或褐灰色,尾帚白色或黑色。头较小,角如绵羊角,呈螺旋形,耳薄下垂;摩拉水牛乳房发育良好,乳静脉弯曲明显,乳头粗长。

体重:成年公牛 800～1 000 千克,成年母牛 550～700 千克;初生公犊 34.8 千克,母犊 32.0 千克。

体尺:摩拉水牛平均体高公牛 147.5 厘米±4.4 厘米,母牛 140.2 厘米±4.4 厘米。

产乳性能:摩拉水牛泌乳性能较高,一个泌乳期产乳量为 2 200～3 000 千克,经过选育的个体产乳量达 4 300～5 337 千克,乳脂率为 7.6%;日产乳量可达 16 千克。据中国广西畜牧研究所资料,摩拉水牛在我国平均泌乳量为 1 975.5 千克±753.1 千克(泌乳期 272.1 天±61.9 天),乳脂率 6.7%,条件好的牛群平均乳量 2 700～3 600 千克,个别优秀的个体达 5 000 千克,乳脂率为 7.5%。水牛乳在欧美售价很高,每磅售 15～20 美元。

据报道,引入我国的摩拉水牛,成年母牛平均体重为 628.3 千克,体高为 138.8 厘米;母犊初生重为 33.05 千克±4.91 千克。成母牛一个泌乳期平均产乳量为 1 387.9 千克,最高为 3 265 千克,乳脂率 6.3%。

繁殖性能:摩拉水牛产犊间隔比奶牛长,可达 381～570 天,产后出现第一次发情时间亦较晚(125 天左右),因此终生产乳量不如奶牛高,是值得研究的一个问题。妊娠期平均为 303.8

天±9.5天。有人报道,冬季发情的母牛受孕率最高,且产后在冬季第一次发情的母水牛受孕率亦较高。

(二)尼里·瑞菲水牛(Nili-Ravi)

尼里·瑞菲水牛简称尼里水牛。

尼里水牛产于巴基斯坦的萨特里基(Sutlej)河沿岸,瑞菲牛产于巴基斯坦的瑞菲(Ravi)河沿岸,两种牛外貌和生产性能极为相似。由于两地相距较近,经常相互杂交,因而形成尼里·瑞菲水牛。

尼里·瑞菲水牛外貌近似摩拉水牛,其皮肤、被毛为黑色或棕色。本品种头长,角短,角基粗,自基部向后方卷曲;少数牛有松动下悬的角。体躯深厚,前躯较窄,中躯呈桶状,后躯宽广,乳房发达、乳头长、分布均匀,乳静脉明显,体躯侧望呈楔形。

尼里水牛产乳量高。据报道,305天泌乳期平均产乳量为 2 000～2 700 千克,最高达 3 200～4 000 千克,乳脂率为 6.9%。

我国1974年从巴基斯坦引入尼里水牛。初步观察,其品质不亚于摩拉牛水,因而饲养尼里水牛的省分逐渐增加。现在广西、湖北两省区饲养较多,广东、云南、江苏、安徽等省也有饲养。

据中国广西畜牧研究所资料,在广西饲养的尼里水牛,平均泌乳量为 2 076 千克±843.5 千克(275 天±51.9 天),乳脂率为 7.2%。据保加利亚报道,用印度和巴基斯坦引进的尼里水牛与当地水牛杂交,杂种后代平均产乳量为 1 000 千克±1 600 千克,最高个体可达 4 190 千克。

目前,全世界有水牛 1.7 亿头,其中97%分布在亚洲。

二、中国水牛

中国水牛(图 2-12)分布广、头数多,仅次于印度。由于各地自然、生态条件有差异,致使水牛体格有较大差别。中国水牛可分为大、中、小三个类型。大型水牛如江苏的海子水牛和上海水牛;中型水牛如湖南的滨湖水牛和四川的德昌水牛;小型水牛有广西的西林水牛和广东的兴隆水牛。体高分别为:大型公水牛平均在 140 厘米以上,母水牛在 130 厘米以上;中型公水牛为 130 厘米以上,小型公、母水牛在 130 厘米以下。三个类型的水牛外貌特征大致相同。

产乳性能:在我国浙江的温州、瑞安以及广东的揭西等地区,由于人们早有挤乳的习惯,并且利用牛乳制作奶豆腐、奶饼以及炼乳等,因此产乳量较高。据报道,温州水牛一个泌乳期(7～8 个月)除喂犊牛外,可产乳 500 千克,最高可达 1 250 千克,乳脂率 9%,干物质 21.0%。由于水牛乳汁浓稠,适于乳品加工,在国内外享有盛名,工商业者吴百亨创建一座炼乳厂,其奶源即来自温州水牛。但我国水牛一般来讲泌乳期短,产乳量也较低。我国地方品种水牛的产乳性能列入表 2-6。

图 2-12　中国水牛

表 2-6　中国地方水牛产乳性能

品种	类型	泌乳天数(天)	平均产乳量(千克)	乳脂率(%)
上海水牛	大型	240	600~960	5.5~9
四川水牛	中型	235.9	441.4	9.57
广东水牛	小型	300	751	9.89

　　经过与摩拉水牛、尼里·瑞菲水牛的多年杂交,到目前杂交水牛已达 15 万头以上。杂种一、二代除体型改善、体重增大、役力增强外,在一个泌乳期内产乳量分别为 1 153 千克±397.5 千克(270.8 天±82.7 天)和 1 540 千克±687.2 千克(291.7 天±66.1 天),乳脂率平均为 7.5%。1977 年开始引用尼里·瑞菲水牛对摩杂一代进行了三品种杂交,据广西畜牧研究所资料,三品种杂交后代 311 天平均产乳量为 2 662 千克。其中有些初胎母牛 305 天产乳量达 3 000 千克,最高日产乳量达 12.5 千克。由此可见,杂种牛产乳量比我国水牛有较大提高。

第五节　中国牦牛品种

　　牦牛是藏族区居民食乳的主要来源。在少数民族农牧业发展中占有重要地位。

　　中国牦牛(图 2-13)通过长期的自然和人工选择,特别是近多年来我国畜牧工作者深入生产第一线,对牦牛的遗传繁育特性以及生态和习性进行了大量的研究,取得了一批科研成果,对牦牛改良奠定了基础。根据《中国牛品种志》有以下几个主要品种。

一、青海高原牦牛

　　青海高原牦牛主要分布于青海南部及北部的高寒地区。海拔为 3 700~4 000 米,年平均

图 2-13　中国牦牛

气温－2～5.7 ℃,年降雨量282～774毫米,年相对湿度50%以上。多数为高山草甸草场,以莎草科、禾本科的矮生牧草为主,青草期4个月。

由于这个地区自古以来就是野牦牛和家牦牛混群活动的地区,现有的部分家牦牛不断有野牦牛的血液渗入,故体型、外貌、特征特性等方面近似野牦牛。据玉树州牧研所的调查,在海拔4 000米以上的巴塘高山草甸草场上,家牦牛日挤乳2次,头胎牛日产乳量为1.25千克±0.23千克;4～5胎牛日产乳量可达1.77～1.79千克±0.03～0.04千克,乳脂率为6.37%。屠宰率平均为52.96%。

二、青海环湖牦牛

青海环湖牦牛主要分布于环绕青海湖的农牧区,海拔为2 000～3 400米,年平均气温0.1～5.1 ℃,年降雨量269～380.3毫米,以半干旱的草原草场和草甸草场为主。

据考证,这一类群牦牛是距今一万年前,由西藏高原藏族前身羌族、吐番族将野牦牛驯化,随民族迁徙移至青海东南部和环湖周围。据报道该类型的形成还含有蒙古黄牛血液,所以在外貌、生产性能方面与高原型牦牛有差异。据大通牛场(海拔3 300～3 700米)调查资料,该品种的产乳性能,在夏、秋草场上日挤乳1次,头胎牛153天可产乳104千克,经产牛为192.13千克,乳脂率为7.2%。屠宰率为51.5%。兰州牧药所经三代科技人员25年杂交与选育成功培育出大通牦牛新品种,2005年被科技部列为科技推广项目。

三、甘肃天祝白牦牛

天祝白牦牛产于甘肃省天祝藏族自治县,海拔2 000～4 843米。年平均气温0～0.1 ℃,年降雨量为300～416毫米。该县水源丰富,水质良好。

天祝白牦牛(除青藏高原的北缘产区外)与青海的门源、互助的白牦牛有一定的血缘关系,从而体型外貌、生产性能也大体相似。

白牦牛类群的形成主要是因为白色牦牛毛和牛尾经济价值高,农民重视白牦牛选育的缘故。

天祝白牦牛产乳母牦牛常带犊自然哺乳。挤乳期为每年的 6~9 月份,挤乳期平均产乳量为 81.44 千克,平均乳脂率为 6.82%。产肉屠宰率为 52%。

四、西藏亚东牦牛

亚东牦牛产于西藏的亚东县,海拔 4 300 米,年平均气温为 1.7 ℃,年降雨量为 468.6 毫米,属藏南的半农半牧区天然草场,以莎草科和禾本科牧草为主。

亚东牦牛体躯呈长方形,肌肉丰满,屠宰率为 55.63%,据抽测,产乳母牛 5~9 月份产乳期内平均产乳量为 145 千克。

五、西藏斯布牦牛

斯布牦牛产于拉萨市东南墨竹工卡县念青唐古拉山南缘,海拔 4 000 米,夏季牧场 5 500 米以上,属高山草甸草场和灌丛草场。水源丰富、牧草繁茂。

斯布牦牛体型呈矩形,屠宰率 53.15%。产乳性能全年产乳(每年 6~9 月份日挤乳 2 次,10 月~翌年 5 月份日挤乳 1 次),全乳牛和半乳牛平均年产乳 200 千克,是西藏牦牛单产最高的一个类群。

六、西藏嘉黎牦牛

嘉黎牦牛产于念青唐古拉山山脉南缘的嘉黎县,属藏东南山地,海拔 4 497 米,长年积雪,年平均温度为 0 ℃,年降水量为 694 毫米,牧草生长期 120 天,属纯牧区,草场为高山灌丛草场,以杂草为主,其次为莎草科和禾本科。

嘉黎牦牛体型近似于矩形、屠宰率为 49.52%。据测定 92 天产泌期平均单产为 84.8 千克。

七、新疆巴州牦牛

巴州牦牛产于新疆东南部,该地草原辽阔,属大陆性气候。

巴州牦牛体格硕大,偏肉用型,屠宰率平均为 48.37%,产乳期 4 个月(6~9 月),日挤乳 2 次,平均日产乳量为 2.56 千克±0.08 千克。酥油率为 8%~12%。

八、云南中甸牦牛

中甸牦牛产于云南西北高原横断山脉地区,属青藏高原南缘部分。海拔 5 000 米以上,年平均温度为 5.4 ℃,年降水量为 620 毫米。产区属高山草甸草场,牧草主要为禾本科、莎草科、豆科、菊科等。

中甸牦牛体格粗短,公母都有角。屠宰率为 45.18%~55.06%。日挤乳 1 次,泌乳期 210~220 天,平均头产乳量为 201.6~216 千克,平均乳脂率为 6.17%±0.32%。

九、四川九龙牦牛

九龙牦牛产于四川甘孜藏族自治州的东南部,属青藏高原的东部边缘,海拔为 2 987.3 米,年平均温度为 8.7 ℃,年降水量为 878 毫米。该地属高山灌丛草甸草场,以杂草类为主,禾本科、莎草科次之。

九龙牦牛体型高大,屠宰率为 52.25％,产乳期一般为 5 个月,日挤乳 1 次,日产乳量为 1.73 千克,乳脂率为 5.65％。

十、四川麦洼牦牛

麦洼牦牛主要分布于四川阿坝藏族自治州的红原、若尔盖及阿坝草原牧区,其中以红原县为中心产区。该地海拔为 3 504 米,年平均温度为 1.1 ℃,年降水量为 587.6 毫米,草场属亚高山草甸草地。牧草以禾本科、莎草科、苔草、蒿草为主。

麦洼牦牛体格较大,屠宰率为 50％左右。产乳期为 5 个月,日挤乳 1 次,年均单产为 179.95 千克,乳脂率为 6.77％。

思考题

1. 简述牛在动物分类学中的地位。
2. 引进的国外乳牛品种各有何特点,请比较说明。
3. 我国乳牛品种有何特点,是怎样育成的? 有何优缺点,提出改良的方向与提高的措施。

参 考 文 献

1. 王福兆 . 乳牛学(第 3 版). 北京:科学技术文献出版社,2004.
2. 中国牛品种志.《中国牛品种志》编写组(邱怀,秦志锐,陈幼春等). 上海:上海科学技术出版社,1988.

第三章 乳牛体型外貌与生产性能测定

第一节 乳牛体型外貌特征

外貌古代称"相",外貌是体躯结构的外部表现,也是品种的特征。外貌与生产性能密切相关,不同生产类型的牛,都有与其生产性能相适应的外貌。例如,肉牛具有宽深而肌肉丰满的体躯;役牛具有骨骼结实,肌肉发达,利于役力发挥的前驱和四肢;乳牛则具有发育良好的泌乳器官,而且产乳性能高的乳牛,乳房发育良好,体型外貌优良的乳牛,其产乳性能也较高(表3-1)。

表3-1 加拿大乳牛外貌与产乳量的关系

外貌评分(等级)	305天产乳量(kg)日挤乳2次	乳脂率%	乳脂量
90分(E)	8 549	3.98	325
85~89分(VG)	7 575	3.78	288
80~84分(G+)	6 925	3.73	258
75~79分(G)	6 601	3.70	244
65~74分(F)	6 060	—	—

外貌不仅与产乳性能,而且与乳牛健康、利用年限、寿命、经济类型及其种用价值等均有密切关系。因此,无论是过去或现在,人们对乳牛,特别是对高产乳牛的外貌鉴定非常重视。实践证明,外貌上的某些缺陷,除影响乳牛本身外,还会影响其后代。一旦遗传下去,是很难纠正的。所以,外貌鉴定技术已成为评定乳牛最普遍、最常用的一种方法。我们研究体型外貌的目的在于揭示体型外貌与生产性能、健康程度之间的关系,以便选出生产性能高、健康的乳牛。

根据乳牛外貌与生产性能进行选种是培育高产、健康、长寿、乳房结构适应机械化挤乳优良牛群的一项基础性工作,也是当前国内外选种、育种工作普遍采用的方法。乳牛鉴定人员,生产人员必须熟练掌握,并应用于生产。

一、乳牛体型外貌及其各部位特征

(一)从局部观察各部位特征

学习乳牛外貌鉴定,首先要了解乳牛外貌的基本特点,熟悉牛体各部位名称及其特征。

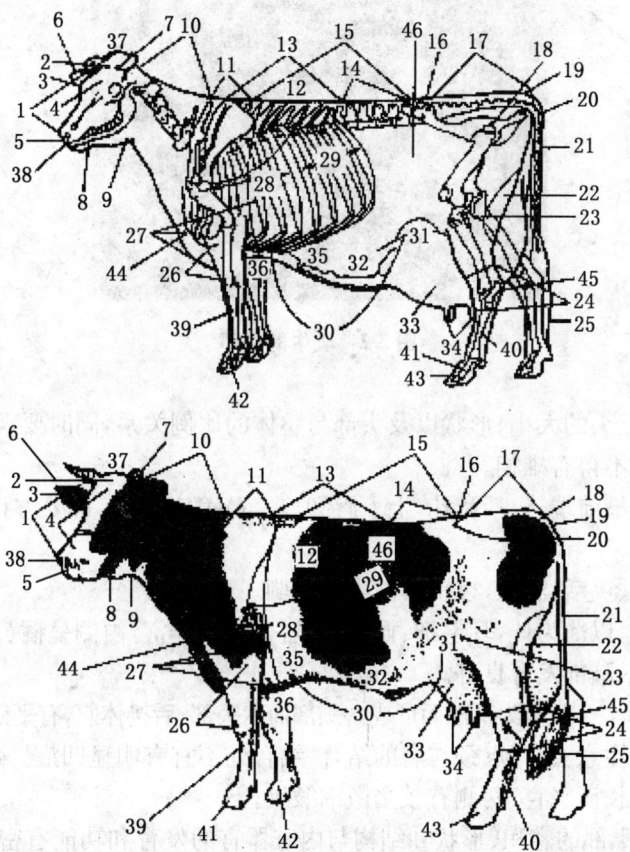

图 3-1　乳牛骨骼及部位名称

1. 头　2. 额　3. 眼　4. 脸　5. 鼻梁　6. 耳　7. 角　8. 下颌　9. 喉　10. 颈　11. 肩(鬐甲)　12. 第一背椎区　13. 背　14. 腰　15. 背腰　16. 腰角　17. 荐　18. 髋关节　19. 尾根　20. 坐骨结节　21. 尾　22. 乳镜　23. 膝关节　24. 第一跗关节区　25. 尾帚　26. 前臂区　27. 胸部　28. 胸椎区　29. 背椎区　30. 腹线　31. 腹股沟　32. 乳静脉　33. 乳房　34. 乳头　35. 乳井　36. 胸围　37. 枕骨　38. 鼻镜　39. 管骨　40. 胫骨　41. 第一趾关节　42. 系部　43. 蹄　44. 垂皮　45. 跗关节　46. 饥饿窝

从局部观察牛体各部位,可将乳牛体躯分为头颈部、躯干部、乳房部和四肢部四大部分。

1. **头颈部**　头颈部在躯体的最前端,它以鬐甲和肩端的联线与躯干分界,又分为头和颈两部分。

(1)头部:头部是以整个头骨为基础,并以枕骨脊为界与颈部相连。头部有长短、宽窄、轻重、粗细之分,表现出明显的品种特征。乳牛头一般较清秀、狭长。

图 3-2　乳牛的头部

鉴定头部要注意头的大小、形状以及头部与整体的比例关系,同时要观察鼻镜、眼、角、耳、额等部位特征,母牛不得有雄相。

鼻镜:位于鼻的最前端,包括鼻孔,上下唇和口。鼻镜宜宽广,口要方正,以示其有良好的采食、呼吸能力。

眼:两眼宜明亮、灵活、温顺,以示其健康与温驯。

耳:宜大小适中,以薄为佳,耳毛细、血管明显,分泌物丰富,内侧呈橘黄色者更佳。

额:宜宽阔,以示脑部发育良好。

(2)颈部:颈部由 7 个颈椎为基础而形成。颈部前承头部,后接体躯,有平衡牛体重心的作用。

鉴定颈部,特别注意头与颈、颈与肩的结合,结合处不宜有明显凹痕。颈有长与短,粗与细之分。乳牛颈宜薄、长而平直、两侧有较多微细皱纹。

2. 躯干部　躯干部的容积、形状和结构与内脏器官的发育和功能有密切关系。它包括鬐甲、胸、背、腰、腹、尻及尾等部位。

(1)鬐甲:鬐甲是以第 2 至第 6 个背椎棘突与肩胛软骨联合而构成,它是颈肩、前肢和体躯的连接点,也是躯体运动的一个支点。鬐甲类型有:长和短、窄和宽、低和高、尖和分岔。

通过鬐甲可以鉴定乳牛的生产性能和健康状况。乳牛鬐甲宜长平而较狭。多与背线呈水平状态。若营养不良,肌肉不发达,则会形成尖鬐甲;有时背椎棘突发育欠佳,胸部两侧韧带松弛,体躯下垂,形成双鬐甲。尖肩、圆肩、双鬐甲均为胸部发育不良或过度发育的表现。

(2)胸部:胸部位于鬐甲下方和两前肢之间,胸腔内有血液循环器官和呼吸器官。所以,胸腔大小关系到心、肺发育。胸有深浅、宽窄、长短之分。乳牛胸部宜深而宽(胸深应占体高 1/2以上),肋间宜宽、长而开张。

(3)背部:背部是由最后七八个背椎为基础而形成的。根据背部结构可以鉴定乳牛的体质强弱和生产性能。背有长和短、宽和窄、平和凹之分。背部宜长宽、平直,凹背和鲤鱼背均为严重缺陷。

(4)腰部:腰部的基础是 6 个腰椎,背腰和腰尻必须结合良好,背腰宜平直。凹腰及长狭腰均属体弱表现。

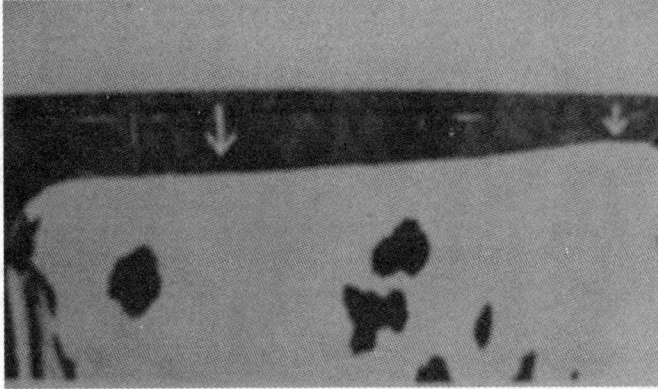

图 3-3　乳牛背腰部

(5)腹部:腹部位于背腰下方,腹腔内有消化器官,腹部与生产性能有密切关系。乳牛腹部宜宽、深、大而圆(图 3-4),腹线与背线平直。卷腹及垂腹都是不良的表征。老龄牛、经产牛,往往因消化力弱、营养不足而形成垂腹。

图 3-4　乳牛腹部

胁:位于肋骨后、腰椎横突之下和腰角之前的部位。胁有大小、充满与凹陷和左右之分。饱食后左胁(草胁)丰满,饮水后右胁(水胁)丰满。乳牛胁多为凹陷状态。

(6)尻部(臀):尻部由骨盆荐骨及第 1 尾椎连接而成。尻部下方有乳房和生殖器官。尻的大小和形状决定骨盆腔的容量。尻分平尻、斜尻、尖尻三类。

尻部形状与生产性能、繁殖性能均有密切关系。尻部宜长、宽、平、方,并附有适量肌肉(图 3-5)。长度为体长的 1/3,两腰角距离应宽。尻短、窄、尖、斜均属严重缺陷。

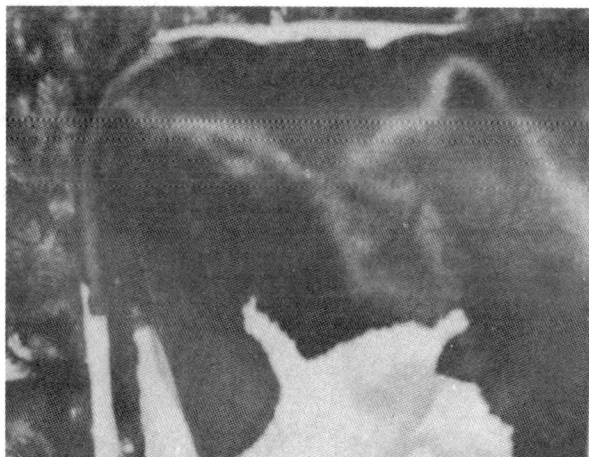

图 3-5　乳牛尻部

　　鉴定时要注意生殖器官发育情况,公牛的两个睾丸要对称,大小及长短要一致;副睾发育良好,包皮整洁、无缺陷。如有隐睾,则不能留作种用。母牛阴唇应发育良好,外形正常,阴户大而明显,以利于分娩。

　　尾:位于躯干最末端,其与荐椎相连部分称尾根;其末端的长毛,称尾帚。尾宜垂直,尾帚宜细长(超过飞节)。

　　3. 乳房部　乳房是母牛的主要器官之一,对乳牛则显得更为重要。

　　乳房形状的大小、固定韧带及腹壁的坚固程度不同,其位置不一。乳房宜大,质地好、形状好、附着好,即乳房容积大、呈方圆形、底线平坦呈浴盆状、乳腺发达、柔软而有弹性、四乳区发育匀称,前伸后延,附着良好。常见的乳房有浴盆状、圆形和悬垂状。以浴盆状为理想(图 3-6)。

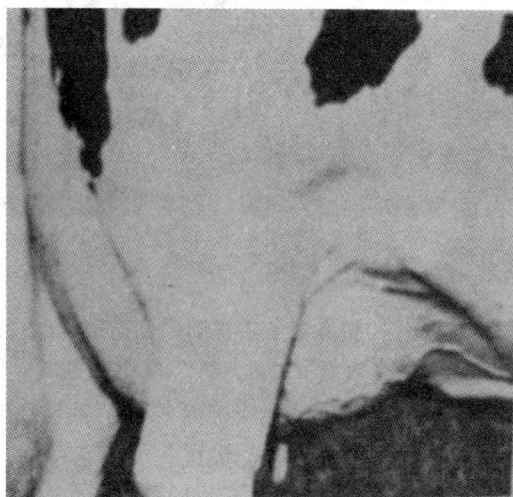

图 3-6　浴盆状乳房

乳头:位于乳房体下方,乳头分基部、体及顶端三部分;乳头距离应均匀,大小、长短适中,垂直呈柱形;乳头孔松紧适度。

乳静脉:从乳房沿下腹部,经过乳井到达胸部,汇合胸内静脉,再穿过胸壁而入心脏的静脉血管,分为左右2条,是由乳房内部向心脏输送大量血液的主要脉管。乳静脉应粗大、明显、弯曲,而且分支多。

乳井:乳井是乳静脉在第八、九肋骨处进入胸腔所经过的孔道。它的粗细是说明乳静脉大小的标志。一般乳井在腹下左右两侧各1个,个别乳牛有3个或者更多。乳井应粗大而深。

乳镜:是指乳房后面沿会阴向上夹于两后肢的稀毛区。乳镜宜宽大(图3-7)。

4. 四肢部　包括前肢(图3-8)和后肢(图3-9)。它是支持牛体重量和运动的重要器官,鉴定时要特别注意四肢的姿势。正确的姿势是:从前面看,前肢应遮住后肢,前蹄与后蹄

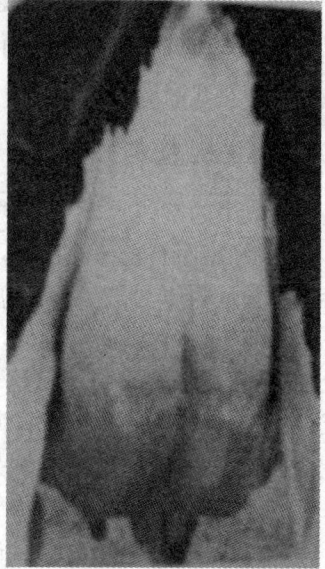

图 3-7　乳房的乳镜

的连线和体躯中轴平行。两前肢的腕关节与两后肢附关节均不应靠近,"X"或"O"状肢势,是严重缺陷。后肢飞节内向严重者,应予淘汰。

图 3-8　乳牛前肢

图 3-9　乳牛后肢

此外,四肢的各个关节应结实,轮廓明显,结构匀称。筋腱发育良好,系部有力,蹄形正、质地坚实,蹄形呈圆形,无裂缝。

除上所述,在乳牛外貌鉴定时,还应考虑乳牛的皮肤及被毛等特征。全身皮肤及被毛与品种特征有关。乳牛皮肤应薄而富有弹性;被毛细、平整而具有光泽;换毛宜快而均匀,病弱牛被毛粗乱而无光泽。

(二)从整体观察

从乳牛的整体看,乳牛外貌上的基本特点是体格高大、清秀,皮薄骨细、血管外露、棱角明显,被毛细短而有光泽,肌肉不甚发达,皮下脂肪少,胸腹宽深、后躯和乳房发达,呈明显的细致紧凑型。从侧望、前望、上望均呈"楔形"即三个"三角形"。

从侧望:将背线向前延伸,再将乳房腹线连成一条长线,延长到牛头前方,而与背线的延长线相交,构成一个楔形。从这个体型可以看出乳牛的躯体是前躯浅后躯深,这表示其消化系统、生殖器官和泌乳系统发育良好、产乳量高。

从前望:由鬐甲顶点作起点,分别向左右两肩下方作直线并延长之,而与胸下水平线相交,又构成一个楔形。这个楔形表示鬐甲和肩胛部肌肉不多,胸廓宽阔,肺活量大。

从上望:由鬐甲分别向左右两腰角引两根直线,与两腰角的连线相交,亦构成一个楔形。这个楔形表示后躯宽大,发育良好。

二、兼用牛的体型外貌特点

在同一兼用牛品种中,由于培育方法的不同和市场的需求,有的体型外貌偏重于乳用,有的则偏重于肉用。因此,兼用牛又分为乳肉兼用牛和肉乳兼用牛。乳肉兼用牛其用途是以产乳为主,产肉为辅;肉乳兼用牛则以产肉为主,产乳为辅。其外貌特征,一般介于乳用、肉用之间,体型结构与生理功能,既适合牛乳的形成,也适用于脂肪的蓄积。不像乳牛那样清秀,又不像肉牛那样肥胖。

一般兼用牛的头中等大小,较乳牛宽,颈较乳牛的稍短而粗,肌肉不及肉牛的肥厚丰满。鬐甲平宽,背腰平直且较肉牛长,胸部宽深,腹部圆大,骨骼坚实。肢势端正,四蹄中等大小。乳房发育良好。整个体躯较肉用牛稍长,前后躯发育均衡,三角形不明显。例如,西门塔尔牛、瑞士褐牛、短角牛既有乳肉兼用牛,又有肉乳兼用牛。我国的三河牛、新疆褐牛为乳肉兼用牛;分布在吉林、河北的草原红牛为肉乳兼用牛;分布在内蒙古的草原红牛为乳肉兼用牛。我国水牛品种中,温州水牛具有乳役肉兼用的体型;广西水牛研究所利用尼里/瑞菲或么拉水牛与本地水牛杂交改良水牛为乳肉兼用型水牛;分布在我国横断山地型的牦牛为肉乳兼用牛。

在鉴定兼用牛时,应根据其经济用途的主辅,对其体型外貌的要求也应有所差别。

第二节　体尺、体重测量鉴定

一、体尺测量

测量也是牛外貌鉴别的重要方法之一,其目的在于辅助肉眼鉴别和评分鉴别的不足。体型线性鉴定实际上是综合了评分鉴定和测量鉴别的特点,并加以深化。测量鉴定可将测得数据加以分析整理求出平均数、标准差，以代表牛群品种或品系的平均值。

测量仪器：体尺测量常用的仪器有测杖、卷尺、圆形测定器、测角器，体重测量最好用平台式地秤。

测量方法：被测牛的正确姿势　端正地站在平坦的地上，四肢垂直，左右两侧的前后肢均在同一直线上；牛的侧面，前后肢也应成一直线；头自然前伸，不左右偏，不高仰或下俯，后头骨与鬐甲近于水平。

体重测量　被测牛站在平台式地秤进行实测。

测量部位　一般根据需要而定。如为估测体重，只需测量体长与胸围；如为辅助外貌鉴定，则应测体高、体斜长、胸围、胸宽、胸深、尻长、腰角宽、坐骨端宽和管围等。

1. 体高　从鬐甲最高点到地面的垂直高度，因线性外貌鉴定需要可改为十字部高（指两腰角连线的中点到地面的垂直距离）。用测杖量。

2. 体斜长　由肱骨突最前缘（肩端）到坐骨结节最后缘之间的距离。用测杖或卷尺需注明。

3. 体直长　切于肱骨突（肩端）的垂线到切于坐骨结节后突起（坐骨端）的垂线之间的直线距离。用测杖量。

4. 胸围　肩胛骨后缘处体躯垂直周径。用卷尺量。

5. 胸宽　肩胛骨后缘胸部最宽处。用测杖量。

6. 胸深　沿肩胛骨后方，从鬐甲到胸骨的垂直距离。用测杖量。

7. 尻长　从髋结节（腰角前隆凸）到坐骨结节最后突起间的距离。用测杖或圆形测定器量。

8. 腰角宽　在肠骨外角处测量，即后躯的最大宽度。用圆形测定器量。

9. 坐骨端宽　指两坐骨端之间的距离。用圆形测定器量。

10. 管围　前肢掌骨上 1/3 处的周径（即管骨最细处）。用卷尺量。

二、体重测量与估测

（一）体重实测

用地秤称量最准：犊牛每月测一次，育成牛每 3 个月称一次。成年牛在放牧期前后各测一次。奶牛在第一、三、五胎产后的 30～50 天内各测一次。测量时，应在喂饮前（空腹）挤奶之后进行。连续 2 天在同一时间称，取其平均数。

（二）体重估测

1. 奶牛估重公式

6～12 月龄：体重(kg)＝胸围^2(m)×体斜长(m)×98.7

16～18 月龄：体重(kg)＝胸围^2(m)×体斜长(m)×87.5

初产～成年：体重(kg)＝胸围^2(m)×体斜长(m)×90

2. 黄牛及肉牛（美国约翰逊法）

肥育的肉牛:体重(kg)＝胸围^2(cm)×体斜长(cm)÷10 800

未肥育的肉牛:体重(kg)＝胸围^2(cm)×体斜长(cm)÷11 420

6月龄的牛:体重(kg)＝胸围^2(cm)×体斜长(cm)÷12 500

18月龄的牛:体重(kg)＝胸围^2(cm)×体斜长(cm)÷12 000

要注意单位。一般估重与实重相差不超过±5%。估测系数＝胸围^2(cm)×体斜长(cm)÷体重(kg)。

第三节　体型线性鉴定

线性鉴定(Linear Classification)是 20 世纪 80 年代首先在奶牛中发展起来的新技术、新方法。此项技术是美国农业部和荷斯坦奶牛协会为合理有效解决奶牛育种工作中的体型评定问题,于 1977 年提出,经数年研究,于 1983 年 1 月正式实施的体型评定方法。随后日本、荷兰、德国、英国、加拿大等国家也相继采用了线性鉴定,作为荷斯坦牛体型评定的惟一方法。我国从 1987 年也开始研究,并开始试验性应用。1996 年由中国奶牛协会制定了《中国荷斯坦牛体型线性评定标准》,并于 2002 年在全国推广使用 9 分制评分法。

实践证明,具备良好体型的牛群,其生产性能较高、寿命长、经济效益好,同时随着奶牛业集约化程度的提高,越来越要求奶牛体型趋于标准化,以适应机械化挤奶和高效生产管理的需要;此外,通过体型评定,可以提早选育种牛,缩短育种年限。

体型线性鉴定是根据乳牛生物学特点,按线性尺度从一个生物学极端向另一个生物学极端来鉴定乳牛体型外貌性状。一个体型外貌性状可分为两个极端,极大或极小、极长或极短等。在一般情况下,不必用量具进行测量,按照统一标准,由鉴定人员观察和判断,在一个体型性状的两个极端范围内给予 1～9 分评分,把该线段分为 1～3 分、4～6 分、7～9 分三个部分,即两个极端和中间三个区段。先看该性状所表现的状态属于那个区段,再看其属于该区段中的那个评分。线性评分与性状的好坏无直接关系,线性分必须转化为功能分,便于计算、综合分析这些资料,可以对乳牛做出正确和详细的遗传预测,有利于公、母牛的矫正选配。

一、线性评定的个体条件

1. 奶牛体型线性评定的对象主要为母牛,也可应用于公牛,一般是根据母牛评定成绩再按亲缘关系进一步评价种公牛。

2. 处在干奶、产犊前后(围产期)、患病及 6 岁以上的母牛(5 岁时最好体型已表现出来)不宜作为鉴定的对象。

3. 最理想的鉴定时间为分娩后 90～120 天。一般分娩后 30～150 天的母牛,挤奶前进行鉴定。

4. 第一胎母牛必须鉴定,2～4 胎母牛有要求时也鉴定。

二、中国荷斯坦牛线性鉴定的具体方法

鉴定部位为:体躯结构/容量、尻部、肢蹄、乳房、乳用特征 5 大部分。

（一）体躯结构/容量

1. **体高**　是牛体骨骼结构的综合表现,测定部位为十字部到地面的垂直高度,本性状为可度量性状。体高 130 cm 为极低个体,评 1 分;140 cm 属中等,评 5 分;150 cm 为极高个体,评 9 分。

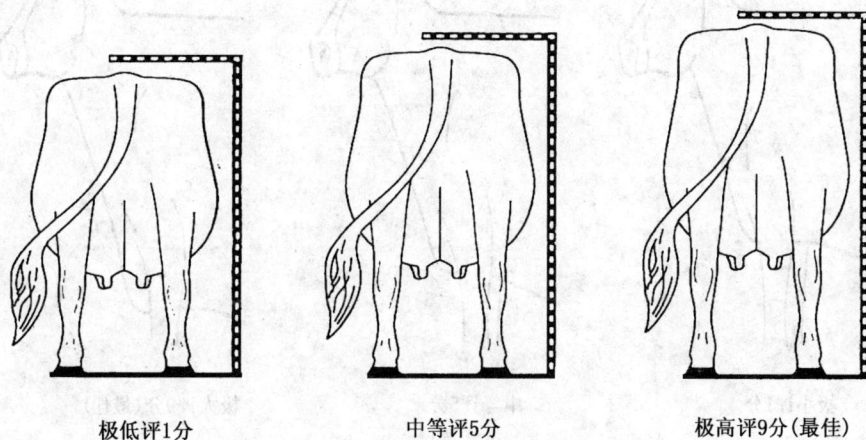

极低评1分　　　　中等评5分　　　　极高评9分(最佳)

图 3-10　体高评分示意图

2. **前段**　从生物学角度看,鬐甲与十字部的比过大,对心、肺、生殖系统均为不利。观察部位为奶牛的鬐甲部相对十字部的高度差。鬐甲部低于十字部 5 cm 为极低,评 1 分;高于十字部 5 cm 为极高,评 9 分。理想的是鬐甲比十字部高 3 cm,评 7 分。注意不应因奶牛的背腰不平而误判。

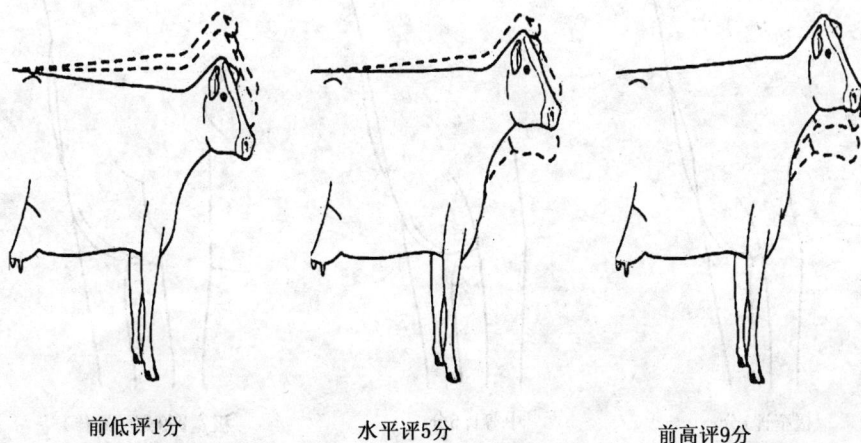

前低评1分　　　　水平评5分　　　　前高评9分

图 3-11　前段评分示意图

3. 体躯大小　一般来说,胸围大、体重大的牛只,采食量大,产乳多。主要根据体重进行评分,可依据被鉴定牛的胸围估计体重。一胎母牛胸围173 cm,估重为410 kg为极小个体,评1分;胸围188 cm,估重500 kg为中等,评5分;胸围200 cm,估重590 kg为极大,评9分。

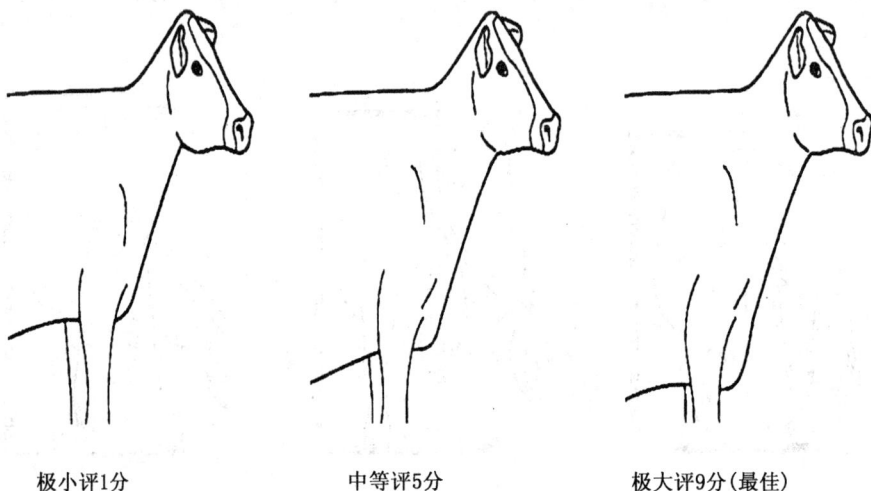

极小评1分　　　　　　　　中等评5分　　　　　　极大评9分(最佳)

图 3-12　体躯大小评分示意图

4. 胸宽　代表心肺功能强弱。胸宽肋骨开张,表示肺活量大、心力强、代谢旺盛、健康。胸宽37 cm以上为极宽,评9分;胸宽25 cm为中等,评5分;胸宽13 cm为极窄,评1分。

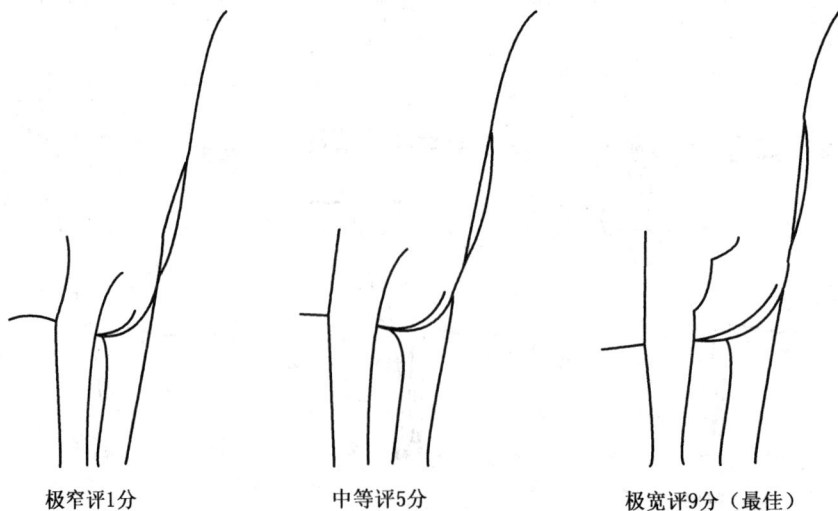

极窄评1分　　　　　　　　中等评5分　　　　　　极宽评9分(最佳)

图 3-13　胸宽评分示意图

5. 体深　大容积的体躯,表示具有庞大的瘤胃和消化系统,采食能力强,也利于胎儿发育,但不能过深或腹下垂。评分为奶牛体躯最后一根肋骨处腹下沿的深度。如腹下沿很深,呈下垂状,评 9 分;腹下沿比较深,但不下垂为理想的体深,评 7 分;中等评 5 分;腹深很浅,评 1 分。

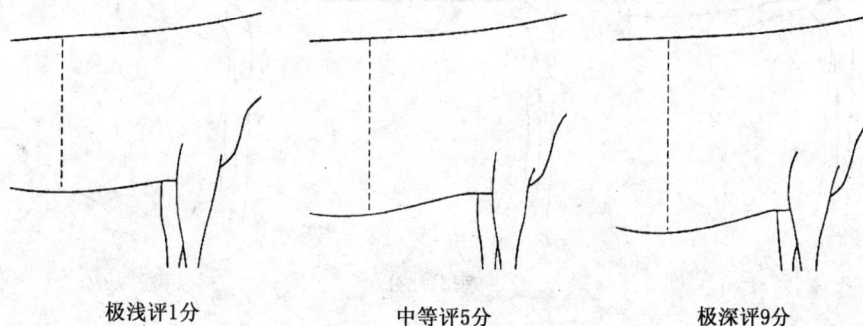

极浅评1分　　　　　　　中等评5分　　　　　　　极深评9分

图 3-14　体深评分示意图

6. 腰强度　主要观察被鉴定牛只的臀(十字部)与背之间腰椎骨的连接强度及腰椎两侧之短骨发育状态。背部之腰椎骨微有隆起,其短骨发育长、平者为极强个体,评 9 分;极弱个体腰部下凹,其短骨发育短而细,评 1 分;中等评 5 分。

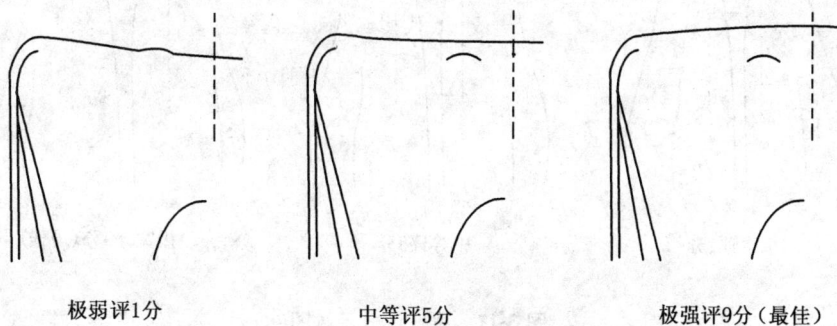

极弱评1分　　　　　　　中等评5分　　　　　　　极强评9分(最佳)

图 3-15　腰强度评分示意图

凡有以下性状者为缺陷性状:面部歪;头部不理想;双肩峰;背腰不平;整体结合不匀称;肋骨不开张;凹腰;窄胸;体弱。

(二)尻部

尻部是为乳房提供"支持",并与乳牛繁殖系统紧密相连,直接影响乳牛乳房的容积大小、产犊难易和繁殖效率。

1. 尻角度　指腰角至坐骨结节连线与水平线的夹角。与产道胎衣的排出有关,影响母牛的繁殖性能。评定时以腰角对坐骨结节的相对高度为指标。腰角高于坐骨结节端 8 cm 为极斜,评 9 分;腰角高于坐骨结节端 4 cm 为理想角度,评 5 分;腰角低于坐骨结节端 5 cm 为极逆斜,评 1 分。

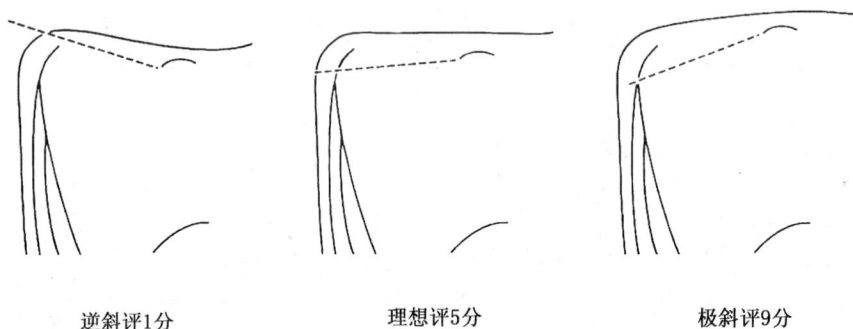

逆斜评1分　　　　　　　　　理想评5分　　　　　　　　极斜评9分

图 3-16　尻角度评分示意图

2. 尻宽　尻的宽窄与产犊难易、后乳房发育均有直接关系。以坐骨结节间的宽度为评分标准。两坐骨结节间宽 10 cm 为极窄,评 1 分;每增加 2 cm 加 1 分,18 cm 为中等,评 5 分;26 cm 为极宽,评 9 分。

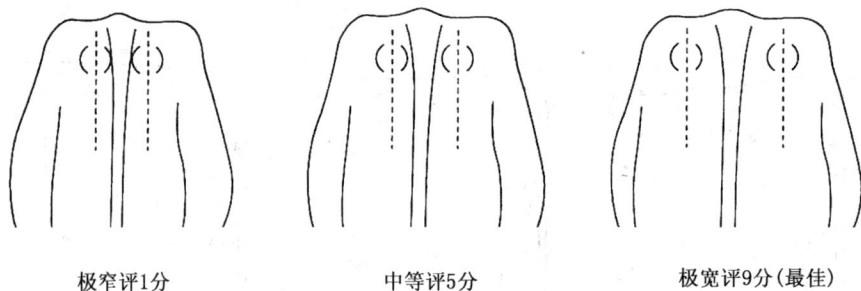

极窄评1分　　　　　　　　　中等评5分　　　　　　　极宽评9分(最佳)

图 3-17　尻宽评分示意图

凡有以下性状者,为缺陷性状:肛门相对阴门位置靠前;尾根凹;尾根高;尾根靠前;尾歪;髋位偏后。

(三)肢蹄

1. 蹄角度　指后蹄外侧蹄壁与地面所形成的夹角。夹角小的牛,蹄冠薄使蹄壁变得长而平展,蹄子易于损伤,引起蹄变形和蹄病,并影响运动、采食和产乳性能。评分方法是依蹄壁上沿的蹄线做一条延长线,看其达到乳牛前肢的部位进行评分。如延长线达到前肢的肘部,即表示蹄角度很小(15°),评 1 分;达到前肢膝关节处(45°)为中等,评 5 分;达到前肢膝关节以下,管骨中段下,蹄角度大(75°),评 9 分;以 65°,评 7 分最佳。

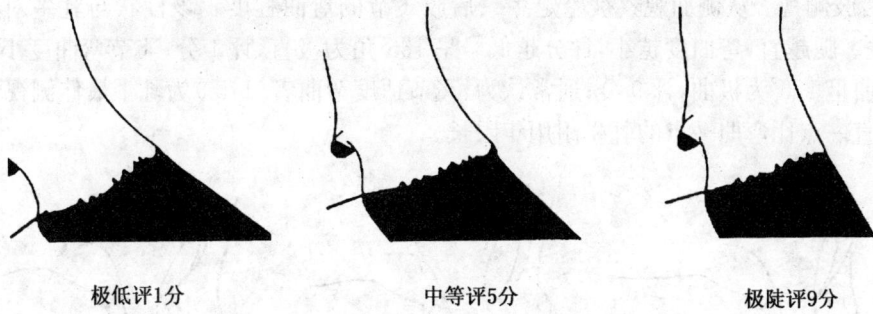

极低评1分　　　　　　中等评5分　　　　　　极陡评9分

图 3-18　蹄角度评分示意图

2. 蹄踵深度　主要观察鉴定牛只的后蹄之蹄踵上沿与地面之间的深度。蹄踵深度极浅，蹄后部易受伤、发生蹄感染和炎症。评分方法是蹄踵深度 0.5 cm 为极浅，评 1 分，每增加 0.5 cm，增加 1 分；蹄踵深度 2.5 cm 为中等，评 5 分；蹄踵深度 4.5 cm 为极深，评 9 分。

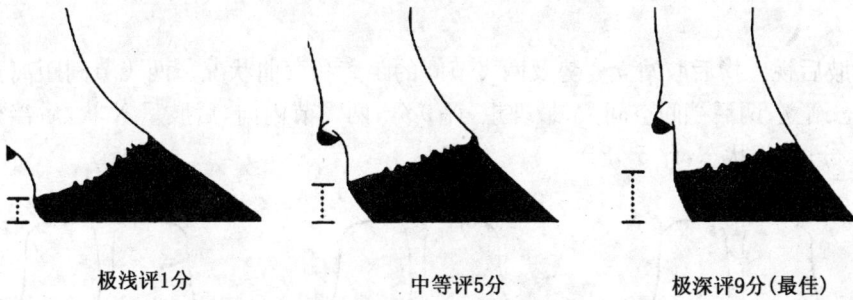

极浅评1分　　　　　　中等评5分　　　　　　极深评9分(最佳)

图 3-19　蹄踵深度评分示意图

3. 骨质地　主要观察牛只的后肢骨骼的细致程度与结实程度。后肢骨骼粗圆疏松，评 1 分；后肢骨骼宽、扁平、细致为好，评 9 分；中等评 5 分。

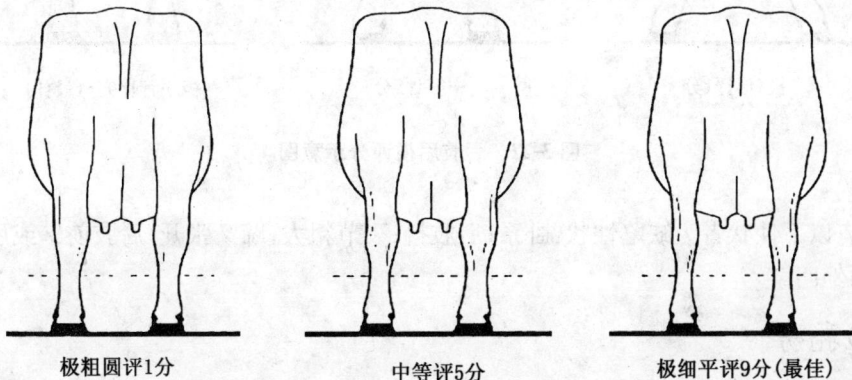

极粗圆评1分　　　　　　中等评5分　　　　　　极细平评9分(最佳)

图 3-20　骨质地评分示意图

4. 后肢侧视　从侧面观察被鉴定牛只后肢飞节的弯曲程度。该性状与乳牛对肢蹄部的耐力有关。腿越直,弯曲度越小,评分越低。呈165°角为极直,评1分;飞节弯曲度小于145°为曲飞,弯曲呈125°为极曲,评9分;通常认为,飞节适度弯曲者(145°)为乳牛最佳侧视姿势,评5分,且偏直一点比弯曲一点的乳牛耐用年限长。

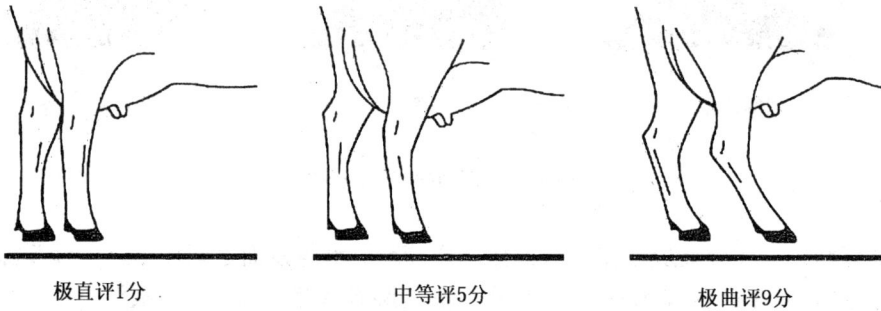

极直评1分　　　　　　　　中等评5分　　　　　　　　极曲评9分

图3-21　后肢侧视评分示意图

5. 后肢后视　指后肢站立姿势及两飞节间的距离和弯曲状况。两飞节间距离宽,两后肢呈平行状态站立,两后档间空间大,最理想,评9分;两飞节内向,后肢呈X状,后档狭窄,最不理想,评1分;中等状态,评5分。

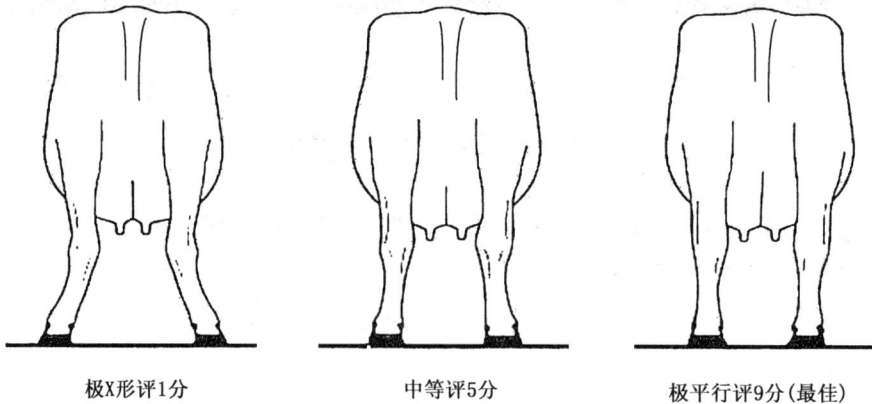

极X形评1分　　　　　　　中等评5分　　　　　极平行评9分(最佳)

图3-22　后肢后视评分示意图

凡具有以下性状者为缺陷性状:卧系;后肢抖;飞节粗大;蹄叉张开;后肢前踏或后踏;过于纤细;前蹄外向。

(四)乳房

1. 泌乳系统

(1)乳房深度:指牛只乳房底部到飞节的距离。若乳房倾斜状态,则以最低点到飞节的距离。乳房过浅,乳房容积小,则泌乳量低;乳房过深,虽容积大,但乳房易受伤或感染。一胎乳牛乳房底部距飞节 12 cm 最理想,评 5 分;距飞节 20 cm 为极浅,容积小,评 9 分。三胎以上乳牛乳房底部距飞节 5 cm 最理想,评 5 分;距飞节 15 cm 为很浅,评 9 分;与飞节持平,评 4 分;低于飞节 6 cm 为极深,评 1 分。

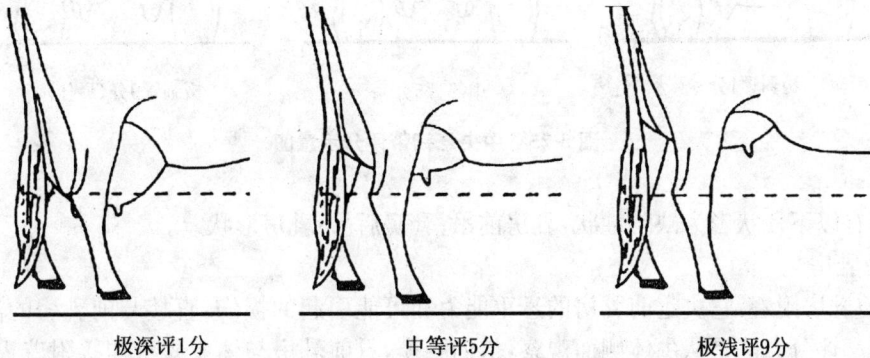

极深评1分　　　　　　　　中等评5分　　　　　　　　极浅评9分

图 3-23　乳房深度评分示意图

(2)乳房质地:通过观察和触摸牛只的乳房组织是以腺体组织或结缔组织构成进行评分。腺体组织乳房质地柔软细致,富有弹性,挤奶前后收缩明显,评最高分,9 分;半腺体组织乳房为中等,评 5 分;而结缔组织多的乳房,即肉乳房,评 1 分。

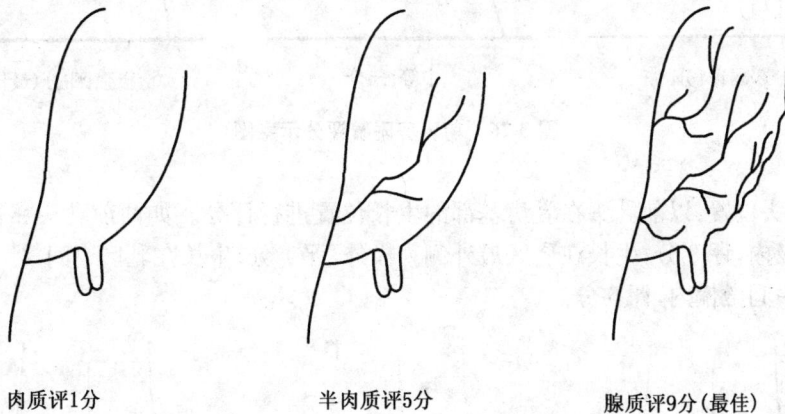

肉质评1分　　　　　　　　半肉质评5分　　　　　　　腺质评9分(最佳)

图 3-24　乳房质地评分示意图

(3)中央悬韧带:主要以乳房底部中隔纵沟的深度为衡量标准。它与乳房深度、乳头的分布和乳房受伤机会均有密切关系。中央悬韧带极强的个体很明显把乳房分为 4 个乳区。乳中沟很深达 6 cm,评 9 分;中等状态,即乳中沟呈钝角,深 3 cm,评 5 分;乳房底部呈圆形,乳中沟不明显,中央悬韧带极弱者,评 1 分。

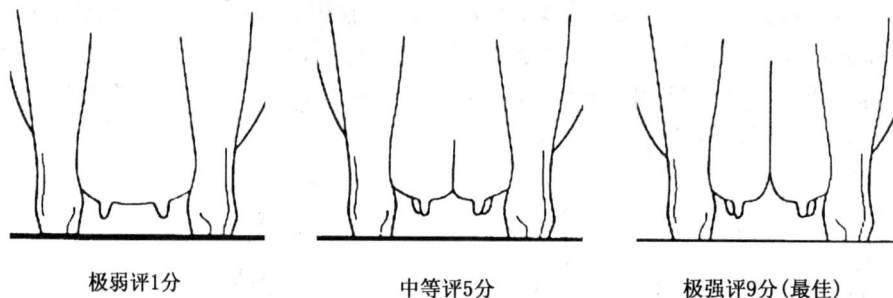

极弱评1分　　　　　　　中等评5分　　　　　　极强评9分(最佳)

图 3-25　中央悬韧带评分示意图

　　凡具有以下性状者为缺陷性状:乳房前吊;乳房后吊;乳房形状差。

　　2. 前乳房

　　(1)前乳房附着:它决定前乳房的悬重能力和可能引起的损伤,直接与前乳房的泌乳量和健康有关。评分方法是从牛体侧面观察,借助触摸,看前乳房与体躯腹壁连接附着程度(构成的角度)进行评分。连接极度松弛者(90°)评 1 分;连接附着中等者(110°),评 5 分;连接附着极强者(130°),评 9 分。

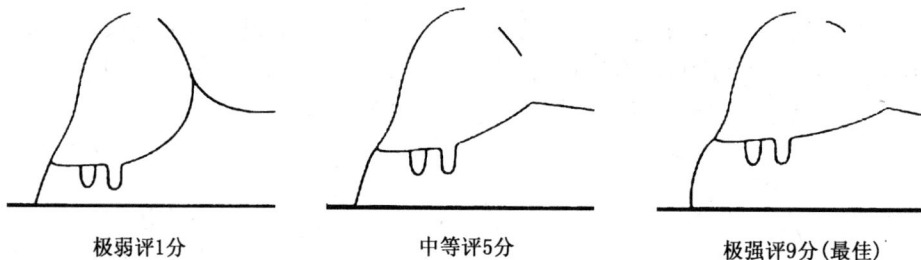

极弱评1分　　　　　　　中等评5分　　　　　　极强评9分(最佳)

图 3-26　前乳房附着评分示意图

　　(2)前乳头位置:以前乳头在乳房基部的生长位置进行评分。如两前乳头靠得近,生长在乳区内侧为极内,评 9 分;生长在乳区最外侧为极外,评 1 分;生长在乳区中间,评 5 分;理想位置是生长在中间微偏内,评 6 分。

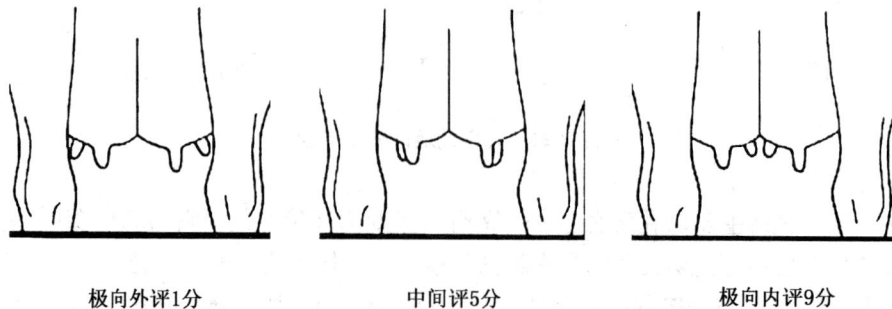

极向外评1分　　　　　　中间评5分　　　　　　极向内评9分

图 3-27　前乳头位置评分示意图

　　(3)前乳头长度:乳头长度与挤乳难易以及是否易受损伤有关。以前乳头之长度进行评分。乳头过长或过短均不理想。长度为 5 cm,手工和机械挤乳均适宜,评 5 分,10 cm 为极长,评 9 分;2.5 cm 为极短,评 1 分。

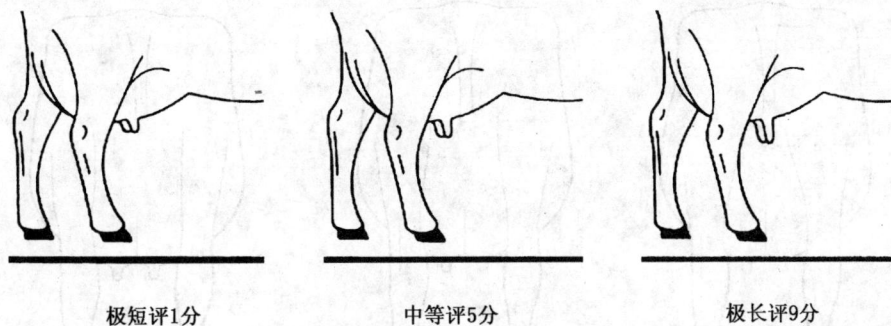

极短评1分　　　　　　　　　　中等评5分　　　　　　　　　　极长评9分

图 3-28　前乳头长度评分示意图

　　凡具有以下性状者为缺陷性状:前乳房膨大;前乳房肥赘;左右不均衡;前乳房短;前乳头不垂直;前乳头上有附乳头;有瞎乳区。

　　3. 后乳房

　　(1)后乳房附着高度:指后乳房乳腺组织之最上缘与阴门基底部之间的距离。后乳房高度可显示乳牛潜在的泌乳能力。乳腺上沿距阴门基部的距离越近越好,距离小于或等于 16 cm,评最高分,9 分;距 24 cm 为中等,评 5 分;距离大于或等于 32 cm,评 1 分。

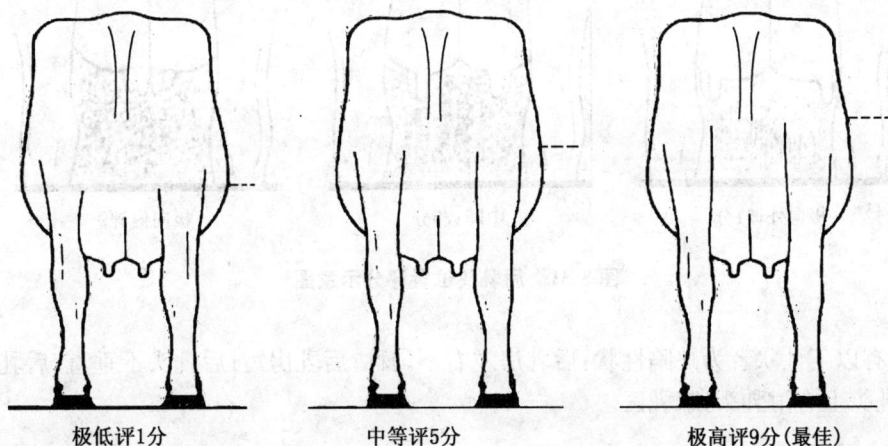

极低评1分　　　　　　　　　　中等评5分　　　　　　　　极高评9分(最佳)

图 3-29　后乳房附着高度评分示意图

(2)后乳房附着宽度:即后乳房乳腺组织的最上缘在后裆间的附着宽度。其也与潜在的泌乳能力有关,极宽者为最佳。附着宽度大于或等于 23 cm 为极宽,评 9 分;宽度 15 cm 为中等,评 5 分;宽度小于或等于 7 cm 为极窄,评 1 分。

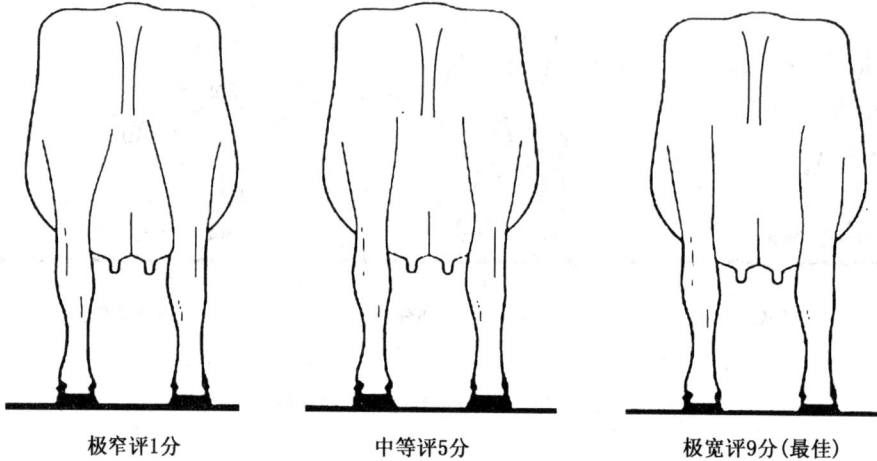

极窄评1分　　　　　　　　中等评5分　　　　　　　极宽评9分(最佳)

图 3-30　后乳房附着宽度评分示意图

(3)后乳头位置:以后乳头在乳房基部的生长位置进行评分。评分方法与前乳头位置基本一致。最佳评分为 5 分。

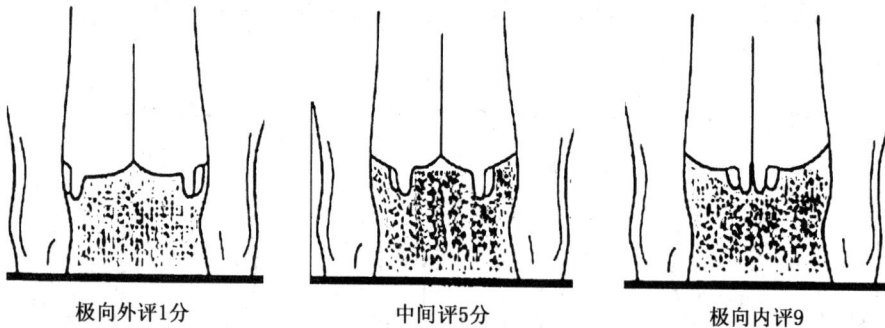

极向外评1分　　　　　　　中间评5分　　　　　　　极向内评9

图 3-31　后乳头位置评分示意图

凡具有以下性状者为缺陷性状:后乳房左右不匀称;后乳房短;后乳头不垂直;后乳头位置靠后;后乳头上有附乳头;瞎乳区。

(五)乳用特征

棱角性

棱角性与产奶量的相关系数高达 0.6,是乳牛泌乳能力的一个指示性性状。主要观察奶牛整体的 3 个"三角形"是否明显,骨骼的轮廓是否清晰,平直、肋骨开张程度和肋间距之大小,尾巴的粗、细,股部大腿肌肉的凸凹程度,以及鬐甲棘突的高低、皮肤厚薄等。三个"三角形"极明显,整体匀称,评 9 分;中等评 5 分,极差的个体评 1 分。可用最后两肋骨间距衡量开张程度,两指半宽为中等,三指宽为较好。

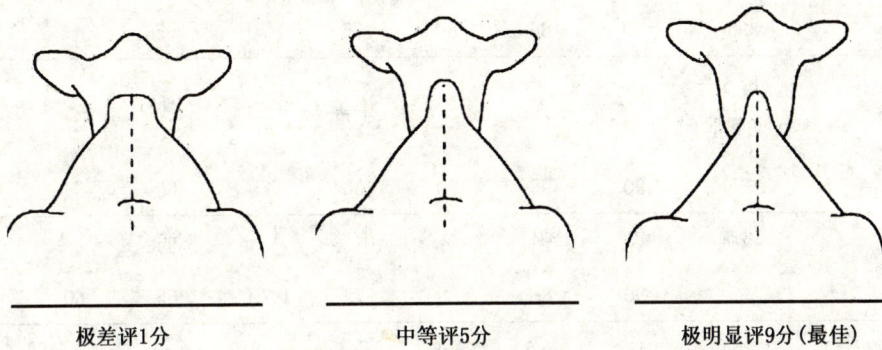

极差评1分　　　　　　　中等评5分　　　　　　极明显评9分(最佳)

图 3-32　棱角性评分示意图

三、线性评分与功能分的转换

线性评分与功能分转换方法见表 3-2。

表 3-2　线性评分与功能分转换表

评分	9	8	7	6	5	4	3	2	1
1. 体高(cm)	高				中				低
30 月龄以下	≥150	147	145	142	140	137	135	132	≤130
30 月龄以上	≥152	150	147	145	142	140	137	135	≤132
功能分	95	100	95	90	85	75	70	64	57
2. 前段(cm)	极高	高		平		低		极低	
	后低 5	后低 3				前低 3		前低 5	
功能分	85	90	100	90	80	76	68	64	56
3. 体区大小 (kg/cm)									
一胎	590/200	566/197	544/194	522/191	500/188	478/184	451/181	434/178	410/173
三胎	635/206	612/203	590/200	576/197	544/194	522/191	500/188	470/184	454/181
功能分	100	95	90	80	80	75	65	60	55

续表

评分	9	8	7	6	5	4	3	2	1
4. 胸宽(cm)	极宽		宽		中等		窄		极窄
	37		31		25		19		13
功能分	95	90	85	80	75	70	65		55
5. 体深	极深(腹下垂)		深		中等		浅		极浅
功能分	85	90	95	90	80	75	68	64	56
6. 腰强度	极强		强		中等		弱		极弱
功能分	95	90	85	80	75	70	65	60	55
7. 尻角度(cm)	+8腰角高	+7	+6	+5	+4	0	−1	−3	−5
功能分	65	70	75	80	90	80	70	62	55
8. 尻宽(cm)	26	24	22	20	18	16	14	12	10
功能分	95	90	82	79	75	70	65	60	55
9. 蹄角度	75°(到前膝关节以下)	70°	65°	55°	45°(到前膝关节)	40°	35°	25°	15°(蹄上延伸线到前肢肘部)
功能分	85	95	100	90	81	76	70	64	56
10. 蹄踵深度(cm)	4.5		3.5		2.5		1.5		0.5
功能分	100	95	90	85	80	75	69	64	57
11. 骨质地	极宽扁平细致		宽扁平细致		中等		粗圆疏松		极粗圆疏松
功能分	100	95	90	85	80	75	69	64	57
12. 后肢侧视	125°(极曲飞节)		135°(较曲飞节)		145°		155°		165°(直飞节)
功能分	55	65	75	80	95	80	75	65	55
13. 后肢后视	飞节间宽、后肢平行				中等				飞节内向后肢X状
功能分	100	90	85	81	78	74	69	64	57

续表

评分	9	8	7	6	5	4	3	2	1
14. 前乳房附着	极强		强		中等		弱		极弱
功能分	95	90	85	80	75	70	65	60	55
15. 前乳头位置	极内		偏内		中间		偏外		极外
功能分	75	80	85	90	85	80	75	65	57
16. 前乳头长度(cm)	极长 10		长 7.5		适中 5		短 4		极短 2.5
功能分	55	65	70	75	80	75	65	60	55
17. 乳房深度	极高,飞节上	飞节上	高,飞节上	飞节上	适中,飞节上	飞节上	飞节上	飞节上	极低
一胎(cm)	20	18	16	14	12	8	6	3	飞节平
三胎(cm)	15	12	9	7	5	飞节平	低飞节 2	低飞节 4	低于飞节 6
功能分	55	65	75	85	95	85	75	65	55
18. 乳房质地	全腺体组织				半腺体组织				结缔组织
功能分	95	90	85	80	75	70	65	60	55
19. 中央悬韧带(cm)	乳中沟极深 6	5.2	深 4.5	3.7	3	2.1	浅 1.5	0.6	乳中沟极浅 0
功能分	95	90	85	80	75	70	65	60	55
20. 后乳房附着高度	极高 16		高 20		中等 24		低 28		极低 32
功能分	100	95	90	85	80	75	70	65	55
21. 后乳房附着宽度	极宽 23		宽 19		中等 15		窄 11		极窄 7
功能分	100	95	90	85	80	75	70	65	55
22. 后乳头位置	极内		偏内		中间		偏外		极外
功能分	100	65	70	75	90	75	65	60	55
23. 棱角性	极明显		明显		中等		差		极差
功能分	95	90	85	81	78	74	69	64	57

四、计算各部得分及体型外貌总分

根据线性评分与功能分转换表,查得被评定牛该项的功能分,乘以该项的权重,计算出加权分,其各部位合计值减去缺陷性状扣分,即:部位评分＝Σ_1(功能分 ×权重)－Σ_2(缺陷性状扣分)＝Σ_1(加权分)－Σ_2(缺陷性状扣分)。最后将各部位评分乘以各自加权值,计算总分。

表 3-3　各部加权得分及体型外貌总分

1. 体躯结构/容量

体型性状	体高	前段	体躯大小	胸宽	体深	腰强度	合计
权重(%)	15	8	20	29	20	8	100
线性评分							
功能分							
加权分							

2. 尻部

体型性状	尻角度	尻宽	腰强度	合计
权重(%)	36	42	22	100
线性评分				
功能分				
加权分				

3. 肢蹄

体型性状	蹄角度	蹄踵深度	骨质地	后肢侧视	后肢后视	合计
权重(%)	20	20	20	20	20	100
线性评分						
功能分						
加权分						

4.1 前乳房

体型性状	前乳房附着	前乳头位置	前乳头长度	乳房深度	乳房质地	中央悬韧带	合计
权重(%)	45	20	5	8	12	10	100
线性评分							
功能分							
加权分							

4.2 后乳房

体型性状	后乳房附着高度	后乳房附着宽度	后乳头位置	乳房深度	乳房质地	中央悬韧带	合计
权重(%)	23	23	14	12	14	14	100
线性评分							
功能分							
加权分							

4.3 乳房

体型性状	前乳房	后乳房	合计
权重(%)	45	55	100
评分			
加权分			

5. 乳用特征

体型性状	棱角性	骨质地	乳房质地	胸宽	合计
权重(%)	60	10	15	15	100
线性评分					
功能分					
加权分					

体型外貌总评分

鉴定部位	体躯结构/容量	尻部	肢蹄	乳房	乳用特征	合计
权重(%)	18	10	20	40	12	100
各部得分						
加权分						

总分：

五、等级评定

等级说明一头乳牛外貌的完美程度，获得的整体评分可按以下标准划分等级。

普遍采用优、良、佳、好、中和差 6 个等级。

90～100	E(优)	excellent
85～89	V(良)	very good
80～84	＋(佳)	good plus
75～79	G(好)	good
65～74	F(中)	Fair
65 以下	P(差)	poor

第四节　年龄鉴定

乳牛的年龄、胎次对生产性能和经济性有着重要的关系。随年龄胎次的增加产乳量呈规律性变化。头胎牛产乳量较低，仅相当于成母牛的70%～80%，而老龄牛7～8胎后，随着机体衰老，产乳量也逐渐下降。所以乳牛年龄鉴定是评定其经济价值和种用价值的重要指标，也是改进饲养管理、配种繁殖的重要依据。确定牛年龄最准确的方法是查出生记录，如缺乏就要根据外貌、角轮和牙齿的变化情况来鉴别年龄，以牙齿鉴定最为准确。

一、按外貌鉴定年龄

老龄乳牛一般四肢站立姿势不正，营养欠佳，被毛乱而无光泽，颜面混生白毛，眼睑下陷，有较多的皱纹，且塌腰、凹背、肢前踏、举动迟缓；青年牛一般被毛有光泽，粗硬适度，皮肤柔润而富有弹性，眼盂饱满，目光明亮，举动活泼有力。幼牛眼神活泼，被毛光润，体躯浅窄，四肢较高，后躯高于前躯。

根据外貌鉴别年龄，只能鉴定乳牛的老幼，而不能判断准确年龄。

二、按角轮鉴定年龄

角轮是在饲料贫乏季节或在怀孕期间，由于营养不足而形成的凹轮。母牛每分娩一次即出现一个角轮，公牛一般是不出现角轮的。从理论上讲，母牛每年分娩一次，形成一个角轮，则母牛的年龄等于第一次产犊年龄(一般为2.5岁)，加上角轮数目。

但这种方法并不十分准确。因为，有的牛产犊间隔并不是一年，可能稍长或空怀。并且牛的角轮深浅、有无，受营养条件的影响。营养条件好，则角轮浅，界限不清，相对不易判断；营养条件差，则角轮深，易判断。

犊牛生后2周即出现角，生后2个月约生长1 cm，此后直到20月龄为止，每月大约生长1 cm。因此，沿角外缘测量角的长度，其厘米数加一，即为此牛大致年龄。20月龄后无法判断。

三、按牙齿鉴定年龄

(一)门齿的解剖构造

1. 外形　从牙齿的外形看，门齿分为齿冠(露出的部分)，齿根(埋藏在齿龈内)，齿颈(齿冠与齿根中间的收缩部分)三部分(图3-33)。

2. 纵剖面　从牙齿的纵剖面看，牙齿结构分为釉质、垩质、齿质和齿髓四部分。齿髓位于牙齿中心，有腔，其中分布有血管和神经；齿质在髓腔的外层，质硬，呈黄色；釉质是包围在齿冠部分的齿质外面，色白、最坚硬；垩质存在于齿龈部的外面，使齿固定而附着在齿槽内，呈黄色(图3-33)。

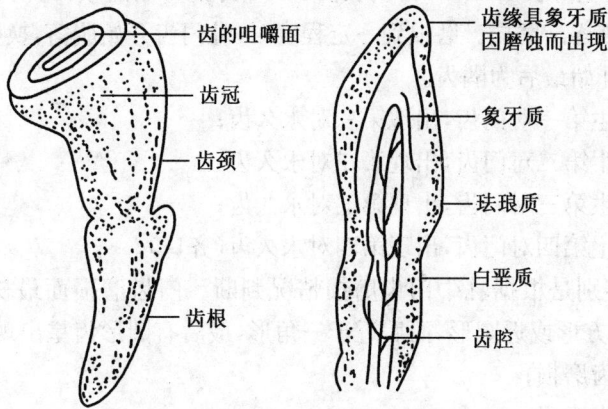

图 3-33　牙齿的构造

(二)乳齿与永久齿的区别

牛的牙齿,依据出生的先后次序,有乳齿与永久齿之分。最初出生的是乳齿,以后随着年龄的增长,由于磨损、脱落而换生永久齿。二者的区别见表3-4所示。

表 3-4　牛乳齿与永久齿的区别

特征	乳齿	永久齿
色泽	乳白色	稍带黄色
齿颈	有明显的齿颈	齿颈不明显
形状及大小	小而薄、舌面平展	大而厚、齿冠长
生长部位	齿根插入齿槽浅	插入深
排列情况	不整齐、空隙大	排列整齐、无空隙

(三)牛齿的数目和排列方式

奶牛无上门齿和犬齿,上门齿的位置被角质化的齿垫所代替。乳齿还缺乏后白齿。牛的下腭门齿为四对,中间的一对称钳齿,它外面的一对叫内中间齿,再外面的一对叫外中间齿,最外面的一对叫隅齿。乳齿一共为 10 对 20 枚,永久齿一共为 16 对 32 枚。

乳齿的齿式为:$2 \times ($门齿 0/4,犬齿 0/0,前白齿 3/3$); \dfrac{300\ 003}{304\ 403} = 20$

永久齿的齿式为:$2 \times ($门齿 0/4,犬齿 0/0,前白齿 3/3,后白齿 3/3$); \dfrac{3300\ 0033}{3304\ 4033} = 32$

(四)牙齿鉴定的依据和方法

牙齿的年龄鉴定主要依据门齿的发生,脱换和磨蚀程度的规律变化。初生犊牛有乳门齿

1~2对,一般3周龄全部长出,3~4月龄长齐,4~5月龄开始磨损,钳齿和内中间齿稍磨。以后依次由中央到两侧逐渐磨损。磨损到一定程度时,乳门齿开始脱落,换生永久齿。更换的顺序是从中间的钳齿开始最后为隅齿。

1.5~2岁　换生第一对门齿,出现第一对永久齿;

2.5~3岁　换生第二对门齿,出现第二对永久齿;

3~3.5岁　换生第三对门齿,出现第三对永久齿;

4~4.5岁　换生第四对门齿,出现第四对永久齿(齐口)。

5岁以后年龄鉴别是根据乳牛门齿磨损情况判断。门齿磨损面最初为长方形或横椭圆形,以后逐渐变为近方形或近圆形,而后近于三角形,最后有圆形齿星出现。

5岁:第一对门齿磨损;

6岁:第二对门齿磨损;

7岁:第三对门齿磨损;

8岁:第四对门齿磨损;

9岁:第一对门齿凹陷,出现齿星,近圆形;

10岁:第二对门齿凹陷,出现齿星,近圆形;

11岁:第三对门齿凹陷,出现齿星,近圆形;

12岁:第四对门齿凹陷,出现齿星,近圆形;

13~14岁:门齿变短,磨损变大,齿间隙变宽,有的已脱落,年龄则不易鉴别。乳牛各年龄变化见表3-5所示。

表3-5　牛齿变化简表

年龄	门齿	内中齿	外中齿	隅齿
出生	乳齿已生	乳齿已生	乳齿已生	
2周				乳齿已生
6月龄	磨	磨	磨	微磨
1岁	重磨	较重磨	较重磨	磨
1岁半~2岁	更换			
2~3岁		更换		
3~3岁半	轻磨		更换	
4~4岁半	磨	轻磨		更换
5岁	重磨	磨	轻磨	
6岁	横椭	重磨	磨	轻磨
6岁半	横椭(大)	横椭	重磨	磨
7岁	近方	横椭(大)	横椭	重磨
7岁半	近方	横椭(大)	横椭(大)	横椭

续表

年龄	门齿	内中齿	外中齿	隅齿
8 岁	方	近方	横椭(大)	横椭(大)
9 岁	方	方	近方	横椭(大)
10 岁	圆	近圆	方	近方
11 岁	三角	圆	方	方
12 岁	近椭圆	三角	圆	圆

以上是牙齿脱换磨损的大致规律,但牛齿的出生、更换和磨损的快慢,也受乳牛所处的环境条件、饲养管理状况、营养水平以及畸形齿等各种因素的影响,牙齿常有不规则的磨损。在进行年龄鉴定时,必须根据具体情况,结合年龄鉴别的其他方法,综合进行判断。

第五节　产乳性能及其评定方法

乳牛产乳性能主要指乳牛产奶量、乳脂率、乳蛋白率、排乳速度和饲料转化效率等。它是衡量乳牛优劣的主要指标,是牛群遗传改良的基础,是实施牛群选育、公牛后裔测定、乳房炎防治、改进饲养管理、提高产乳性能等关键技术措施的主要依据。

一、影响乳牛产乳性能的因素

影响乳牛产乳性能的因素,归纳起来有三方面,即遗传因素、环境因素和生理因素。乳的产量和组成是乳牛的遗传基础与外界环境相互作用的结果。内因是变化的根据,外因是变化的条件,外因通过内因而起作用。乳牛产乳量的高低是受其遗传基础,即品种的制约,品种的育种工作是创造高产乳牛的前提,而饲养管理和后备牛培育等技术又是发挥乳牛品种产奶能力的关键,两者相辅相成,缺一不可。若没有正确的饲养管理及良好环境条件,品种再好,也不能充分发挥其固有的产奶潜力。因此,两者必须有机地结合起来,才能达到高产、稳产。

(一)遗传因素

1. 品种　品种不同,产奶量和奶的组成也不同,这是各品种特征。如荷斯坦牛产奶量高,但乳脂率低,而娟姗牛恰好相反。在各品种间乳的组成上,差异最大的是乳脂肪,其次是乳蛋白质和非脂固形物,而矿物质和乳糖的差异最小。见表 3-6。

表 3-6　主要乳用品种的产乳量和乳成分

品种	产乳量(kg)	乳脂肪(%)	乳蛋白质(%)	非脂固形物(%)	乳糖(%)	灰分(%)
荷斯坦牛	9 606	3.7	3.1	8.5	4.6	0.73
娟姗牛	4 489	4.9	3.8	9.2	4.7	0.77
爱尔夏牛	5 256	3.9	3.3	8.5	4.6	0.72
更赛牛	4 720	4.6	3.6	9.0	4.8	0.75
瑞士褐牛	5 814	4.0	3.5	9.0	4.8	0.72

（引自 D. L. Bath, F. N. Dickinson, H. A. Tucher et al. ,1978）

2. 个体　同一品种内,不同群体或个体间,由于遗传基础的差异,其产奶量、乳脂率、蛋白质率也不一致。例如,荷斯坦牛产奶量高的个体 9 000 kg,而低产的个体 4 000 kg,乳脂率变异范围在 2.6%～6%。这种个体间的差异,给选择育种提供了基础。

3. 体型大小　同一品种、年龄的奶牛,一般而言,体型较大的牛,消化器官容积相对较大,采食量也多,因而产奶量也高,即体型与产奶量有正相关的趋势,但超过 750 kg 体重的奶牛,产奶量不再随体型增加而增长。且体型大的奶牛,维持需要也多,经济上不一定划算。根据国内外经验,荷斯坦牛体重以 600～700 kg 体重适宜。

4. 排乳速度　排乳速度与品种、个体有关,遗传力为 0.3～0.4。例如,西门塔尔牛的排乳速度高于荷斯坦牛;美国荷斯坦牛每分钟为 3.61 kg,德国荷斯坦牛为 2.5 kg。排乳速度与产奶量呈正相关,排乳速度快的牛有利于机械化挤乳和劳动效率的提高。

(二)环境因素

母牛产奶量的遗传力较低,为 0.25～0.3,外界环境因素影响较大,可占 70%～75%。在环境因素中,饲养管理又是影响奶牛生产能力最重要的因素,特别是饲料条件对提高母牛产奶量和奶成分起着决定性作用。

1. 饲养管理　牛奶中的各种成分是由饲料中的营养物质转化而来的。长期饲料不足,营养不全,不仅影响产奶量,也影响奶成分。①数量变化:例如某牛场荷斯坦牛平均日产奶量是 10.7 kg,由于把带穗玉米青贮料由 32.8% 提高到 57.1%,精料中蛋白质含量由 6.7% 提高到 15.06%,所以奶日产量增加到了 18.78 kg,提高 75.5%。可见饲料条件对奶产量影响之大,尤其是蛋白质饲料和多汁饲料对奶牛产奶量的提高具有重要作用。②质量变化:在饲料配合不恰当与给量不足时,都会引起奶产量与牛奶质量下降,特别对非脂固体更为明显。在采用精料比例过高,粗料不足或谷类饲料加工过度粉碎或不恰当的进行蒸煮后,经瘤胃发酵,促使低级脂肪酸中的乙酸与丙酸的比例发生变化,当下降到 2∶1 以下时,牛奶中含脂率就显著下降。在饲料配合中,能量饲料不足时,非脂固体与乳蛋白就会下降,配合饲料中可消化蛋白质不足时对牛奶产量影响较大,对非脂固体影响不大,相反过多时对产奶量及非脂固体都不能提高。

饲喂碳酸氢钠、碳酸镁、氧化镁、氢氧化钙和部分脱糖乳清也可提高乳脂率。所以在泌乳期中,必须根据体重、产奶量、乳脂率及体况进行合理全价饲养。

在管理方面：合理的喂饲方法，适当的运动、刷拭、修蹄能促进血液循环，有利健康和产奶量的提高。

2. 产犊季节及外界温度

(1)产犊季节：产犊季节和月份对泌乳量有一定的影响。在我国目前条件下，母牛最适宜的产犊季节是冬季和春季，因为母牛分娩后的泌乳盛期，恰好处于青绿饲料丰富和气候温和的季节，此期母牛体内催乳素分泌旺盛，又无蚊蝇侵袭，有利于产奶量的提高。产奶量最高是在冬季和早春(12、1、2、3月份)，其次是春季和秋季(4、5、6、9、10、11月份)，最低是夏季(7、8月份)，因为夏季虽然饲料条件好，但气候闷热，食欲不振，影响泌乳量，所以在夏季要采取防暑降温措施。并使产犊尽量错开7—8月份，即10～11月份少配种或不配种。

(2)外界温度：荷斯坦成年牛对温度适应范围是0～20 ℃，最适宜气温是10～16 ℃。外界温度升到27 ℃时，乳牛则呼吸频率加快，产奶量开始下降，升到41.5 ℃时，呼吸频率加快5倍，且采食停止，对高产奶牛泌乳盛期则更明显。实际上食欲下降是产乳量减少的主要原因，所以夏季要设法使牛只多采食饲料，如增加早、晚两班的饲喂。在冬季，荷斯坦牛－13 ℃产奶量开始下降，荷斯坦牛耐寒而不耐热。因此，要注意夏季的防暑降温，北方冬季注意保暖御寒工作。

另外，空气相对湿度以50％～70％为宜，夏季湿度超过75％时，产奶量明显下降；冬季风力达到5级以上，产奶量则下降明显。

外界温度对乳品质也有影响，乳中脂肪和非脂固体在冬季最高，夏季最低。在秋、冬产犊的母牛比在春、夏产犊的母牛所产奶含有较多的脂肪和非脂固体物。当气温在30 ℃以上时，产奶量常比产脂量减少的比例多，以致乳中脂肪率可能略有增加、乳中氯的含量增加，而乳糖和乳蛋白含量则有所下降。当温度降到23 ℃以下时，乳脂肪和非脂固体的百分率又开始增加。

3. 噪声与突发事件受惊　相同间隔时间，夜间比白天产奶多，因为夜间安静。例如，某奶牛场300米外有一摩托竞赛场，竞赛日产奶量下降15％～20％，噪声到达68～74分贝时，减产885 g/(头·日)。因此，牛场选址应避开工厂和喧闹的机场等地。但在挤奶厅，播放轻音乐能增加产奶量。

(三)生理因素

1. 年龄和胎次　乳牛产奶能力随年龄和胎次增加而发生规律性变化。因为乳牛的产乳量总是随着有机体生长发育程度，特别是随乳腺的发育程度而增长的。当产奶量达到最高峰时，由于机体的衰老而产奶量开始下降。据统计荷斯坦牛以7岁五胎产奶量最高，一胎为68％～75％，二胎为81％～85％，三胎为88％～90％，四胎为95％以上。但早熟的娟姗牛到第四胎(5～6岁)产奶量最高。牛的乳脂肪和非脂固体的含量，似有随年龄增长而略有降低的趋势。在第一至第五个泌乳期之间，乳脂肪和非脂固体物分别减少0.2％和0.4％，此后则无多少变化，乳糖占减少的非脂固体的大部分。因此，根据年龄和胎次，在牛群组成上应合理安排，使三～四胎泌乳牛占大多数，六、七胎后多淘汰。

2. 初次产犊年龄　育成母牛初次产犊年龄的迟早，对产奶量也有影响。第一次产犊年龄过早,除影响乳腺组织和身体发育以及产奶量外,也不利于身体健康;相反,第一次产犊年龄过晚,则减少了终生产犊次数和终生产奶量。初次适宜产犊年龄应根据乳牛品种和当地饲料条件而定。一般荷斯坦牛年龄达 16～18 月龄,体重达到成年牛体重的 70%(370～400 kg)即可配种,这样在 25～27 月龄首次产犊。在饲料缺乏的情况下,这样利用母牛是比较合适的,如在合理的饲养条件、育成母牛发育正常,凡达到 370～380 kg 体重的牛也可提前配种,到 24 月龄或更早时间产犊。这样不但不会影响牛体的正常生长发育,而且对其产奶量和繁殖力有良好的影响,并且还能增加整个一生的产奶量,比晚期产犊的母牛可多获得 1～2 头犊牛。

3. 产犊间隔   母牛的平均孕期是 282 天(约 9 个月),一年中泌乳 10 个月,干乳 2 个月,使之一年一产是最理想的。这样需要在 45～90 天内抓紧配种。如果久配不孕或不及时配种,使产犊间隔超过 380～400 天,这样不仅使年产奶量大大降低,而且母牛不能每年产一犊,降低了繁殖率,同时还容易造成不孕症。Spicher 研究证明:14 个月间隔比 12 个月的少产奶 511 kg,每延长 1 天间隔减少 6.49 kg 奶,产犊间隔 12 个月终生可达 4.9 胎,而 15 个月间隔仅 3.8 胎。

4. 泌乳期各阶段   母牛从产犊后开始泌乳,到下次分娩前停止泌乳,这段时间称泌乳期。产犊后前 15 天为泌乳初期,产后第 15～100 天称为泌乳盛期,产后 101～200 天称为泌乳中期,产后 201 天到停奶为泌乳后期。

(1)量的变化:低产牛在产后 20～30 天,高产牛在产后 40～50 天产奶量达到高峰,高峰期一般维持 20～60 天左右,以后便开始下降。下降速度依母牛营养状况、饲养水平、妊娠期、品种及其生产性能而不同,高产品种每月大约下降 4%～5%,低产品种下降 8%～10%。最初几个月下降速度较慢,到泌乳末期(妊娠 5 个月以后)由于胎儿的迅速发育,胎盘激素和黄体激素分泌加强,抑制脑垂体分泌催乳素,因此泌乳量迅速下降。表现出明显的曲线变化,称为泌乳曲线。见表 3-7。

表 3-7   泌乳期各月产奶量变化表

泌乳月	1	2	3	4	5	6	7	8	9	10
比例%	11.58	12.78	11.96	11.18	10.43	9.79	9.12	8.56	7.80	6.80

注:根据上海 483 例 305 天总产奶量计算。

(2)质的变化:奶牛在泌乳期中,乳脂肪与泌乳量成反比,即在泌乳头 2～3 个月内,产奶量增高,乳脂率略有下降,随泌乳期进展,产奶量下降,含脂率则逐渐升高;乳蛋白含量也随着泌乳期的进展逐步增加;乳糖和矿物质一般比较稳定,到泌乳后期氯的含量显著增加。

5. 干乳期长短   母牛在妊娠期最后的 2 个月内,胎儿生长非常迅速,乳腺的结构和功能也发生很大变化,产奶量下降,低产牛到此甚至自动停止泌乳,高产牛则一直到分娩前仍产奶,但是为胎儿的营养需要,使乳腺组织获得休息和整复,并使母牛在体内蓄积必要的营养物质,为提高下期产奶量创造条件和满足胎儿,必须有 2 个月的干乳期,特别是对头、二胎牛非常重要,在干乳期休养中,对尚未成熟的体格发育得到补偿和下胎泌乳极为有利。头胎牛干奶期的重要性超过经产牛。其次干奶期长短与下胎产奶量密切相关。见表 3-8。

表 3-8　干奶期长短对下一泌乳期产奶量的影响

干奶天数	头胎牛经干奶后于二胎时增长(%)	经产牛经干奶后于下胎时增长(%)
25	21.8	11.8
45	33.0	18.5
55	37.6	21.1
65	41.3	23.3
75	44.3	25.2
95	48.9	28.1
115	52.2	30.0

由表 3-8 可看出,干乳期过短,则影响乳腺组织恢复和胎儿的营养供给,导致下一泌乳期产奶量下降,但干乳期过长,会由于该泌乳期缩短,而减少该泌乳期产奶量。适宜的干乳期为 45～75 天,平均 60 天。

6. 挤乳与乳房按摩　正确的挤奶和乳房按摩是提高产奶能力的重要条件之一。因为,挤奶是神经系统和内分泌的共同作用下完成排乳的。挤乳前用热水擦洗乳房,能引起血管反射性扩张,使血液流向乳房的数量增加,能增加乳脂的合成作用。据有关资料证明,挤奶前按摩奶牛乳房,不仅能提高产奶量 10%～20%,而且可使乳脂率增高 0.2%～0.4%。试验证明,在挤乳前不按摩乳房或按摩不充分,乳腺泡内的乳只有 10%～25% 进入乳池;较长时间按摩乳房,进入乳池的乳腺泡乳可达 70%～90%。试验还表明,在母牛乳房乳池中的乳脂肪含量为 0.8%～1.2%,输乳管的乳脂含量为 1.0%～1.8%,而乳腺泡中乳脂肪的含量则为 10%～12%。因此,每次挤奶前充分按摩乳房,挤得很净,使乳腺泡中的乳全部排出,无疑能增加乳牛泌乳量和含脂率。

7. 挤乳次数　生产中适当缩短挤乳间隔时间,增加挤乳次数,可加速乳的形成和分泌。因为,乳腺中乳的合成与分泌与乳房内压成反比。乳在乳腺中积存的越多,造成乳房内压越高,乳的分泌速度就越慢,及时将乳房内的乳挤出来,减低乳房内压,可促进乳的合成与分泌。研究表明,高产牛每天挤 3 次比 2 次可增加奶产量 10%～20%,4 次比 3 次可提高 5%～15%。产奶量 15 kg 的牛每天可挤 2 次,产奶量 15 kg 以上者每天应挤 3 次。但挤乳次数过度频繁,会减少母牛的休息时间,反而导致产奶量下降。

8. 激素　激素是牛体内产生的,通过体液和细胞外液送到特定作用部位,从而引起调节控制各种物质代谢或生理功能的微量有机化合物。

影响奶牛乳腺发育和泌乳的激素很多,主要有雌激素、孕酮、催乳素、生长激素、甲状腺素和胃上腺素及胎盘激素等。雌激素能促进乳腺导管系统的生长,孕酮与雌激素协同作用能促进乳腺泡的生长和发育,同时孕酮对增加每单位体积的分泌上皮表面积起着重要作用;垂体前叶分泌的催乳素,能发动泌乳,使母牛分娩后乳腺内形成大量乳汁。人工诱导泌乳就是利用利血平促使催乳素的分泌;生长激素促进乳腺的生长发育;甲状腺和肾上腺分泌的激素能促使物质代谢和营养的转化,以提高产奶量;胎盘激素内含生乳素,有类似垂体前叶激素的作用。此外,催产素作用于乳腺,能使腺泡肌上皮细胞收缩,有排乳之机能。总之,脑垂体前叶在内分泌中起主导作用,更直接或间接控制以上诸激素的分泌,脑下垂体又受大脑皮层的支配。所以泌乳是受神经和体液共同作用的结果。

9. 疾病与药物　乳牛在患病期间,其生理功能受到损害,因而影响乳的形成,产奶量随之下降,乳成分亦发生变化。特别是乳房炎、酮病、乳热症和消化道疾病时,泌乳量显著下降,奶中成分也发生变化。奶牛服药时的乳应禁止出售,应有休药期。

二、产奶性能的测定与计算

开展乳牛育种、饲养管理和经营现代化乳牛场,必须测定乳牛生产性能。目前,除进行产乳量测定外,特别重视乳脂率、蛋白质率、体细胞计数 SCC,以及饲料转化率、排乳速度、前乳房指数等指标的测定。

(一)个体产奶量

1. 产乳量的测定方法

(1)每天实测:目前乳牛场机械挤乳的情况下,产乳量一般是每头牛每次挤乳后计量记录,每天计算,每月统计,年终总结,统计繁琐,工作量大。可由计算机信息管理系统记录并储存。

(2)估测:每月测 3 天,每次间隔 8~11 天,以此为根据统计每月和整个泌乳期产奶量。

公式为:全月产奶量(kg)=$(M_1 \times D_1)+(M_2 \times D_2)+(M_3 \times D_3)$

M_1,M_2,M_3 为每月测定 3 天的产奶量;D_1,D_2,D_3 为当次测定与上次测定间隔日数。据研究,此种统计方法与实际产乳量存在极显著正相关,r=0.993。

目前,国内外在保证育种资料可靠的前提下,力争简化测定方法,许多国家每月测定 1 次或 3 个月测定 1 次产乳量,一般在产后 5 天开始测定。这样测定,其泌乳期总产乳量误差不超过 10%。

2. 个体产奶量的计算

(1)305 天产奶量:自产犊后,从第一天开始累加至 305 天止的总产奶量。如果不足 305 天者按实际产奶量计,并注明泌乳天数;如果超过 305 天,超出部分不计在内。

(2)校正产乳量:乳牛产乳量是受遗传和环境共同作用的结果,为了正确评定乳牛遗传性能,必须清除或尽可能减少诸如泌乳天数、挤奶次数、产犊月份、投产月龄和胎次等非遗传因素影响,因此有必要进行产乳量校正。

1)305 天校正产奶量:泌乳天数校正,以泌乳 305 天校正系数为 1,对泌乳不足或超过 305 天产乳的乳牛,乘以相应的系数,作为校正产乳量,见(表 3-9,表 3-10),计算时按 5 舍 6 进制,例如 285 天按 280 天计算,286 天按 290 天计算。

表 3-9　产乳小于或等于 305 天产乳量校正系数表

	240 天	250 天	260 天	270 天	280 天	290 天	300 天	305 天
1 胎	1.182	1.148	1.116	1.036	1.055	1.031	1.011	1.000
2~5 胎	1.165	1.133	1.103	1.077	1.052	1.031	1.011	1.000
6 胎以上	1.155	1.123	1.094	1.070	1.047	1.025	1.009	1.000

表 3-10　产乳超过 305 天产乳量校正系数表

	305 天	310 天	320 天	340 天	350 天	360 天	370 天
1 胎	0.987	0.965	0.947	0.924	0.911	0.895	0.881
2~5 胎	0.988	0.970	0.952	0.936	0.925	0.911	0.904
6 胎以上	0.988	0.970	0.956	0.939	0.928	0.916	0.903

2)投产月龄校正系数：以 25 月龄投产校正系数为 1，对不足或延长投产牛的校正系数见表(3-11)。

表 3-11　投产月龄的校正系数表

22	23	24	25	26	27	28	29
1.025 9	1.017 1	1.008 5	1.000 0	0.991 7	0.982 8	0.988 1	0.993 4

3)胎次校正系数：以 1 胎牛和 5 胎牛校正系数分别为 1 时的胎次校正系数表见表 3-12。

表 3-12　胎次校正系数表

	1 胎	2 胎	3 胎	4 胎	5 胎
校正为 1 胎	1.000 0	0.939 4	0.900 4	0.878 5	0.871 4
校正为 5 胎	1.147 6	1.078 1	1.033 3	1.008 2	1.000 0

4)产犊月份校正系数：以 12 月份产犊校正系数为 1 时的校正系数见表 3-13。

表 3-13　产犊月份校正系数表

1 月	2 月	3 月	4 月	5 月	6 月	7 月	8 月	9 月	10 月	11 月	12 月
1.014 0	1.016 4	1.020 6	1.026 5	1.034 4	1.045 5	1.032 0	1.026 8	0.989 3	0.973 0	0.976 4	1.000 0

在以上影响产乳因素校正时，较为好的校正方法是用最小二乘分析法，因为剔除了系统环境效应，得到了最佳线性无偏估计值(见《中国奶牛》1995 年 2 期，作者孙少华等)。

(3)全泌乳期实际产乳量：是指产犊第一天至干奶为止的累计总产奶量。

(4)终生产奶量：将每牛各胎次全泌乳期实际乳量累加即得。胎次产奶量应以全泌乳期实际产乳量为准。

(二)群体产奶量

群体产奶量是反映一个牛场、一个地区或一个国家对乳牛的饲养管理水平的一项综合指标。有 2 种统计方法。

1. 成母牛全年平均产奶量　反映乳牛群的饲料转化率和产品成本(其中,包括泌乳牛、干奶牛和空怀牛)。全群全年总产奶量是指从 1 月 1 日到 12 月 31 日止全群产奶总量,全年每天饲养成牛乳牛头数为全年每天饲养成乳母牛头数累加的总和除以 365 天(或 366 天)。其公式为:

$$成母牛全年平均产奶量(kg)=\frac{全群全年总产奶量(kg)}{全年每天饲养成母乳牛头数}$$

2. 泌乳牛全年平均产奶量　是实际产奶牛(不包括干乳牛)的全年平均产奶量,较前种方法产奶量高,可以反映牛群质量,供制定产奶计划用和选种用。全年每天饲养泌乳牛头数为全年每天饲养泌乳牛头数累加的总和除以 365 天(或 366 天)。其公式为:

$$泌乳牛全年平均产奶量(kg)=\frac{全群全年总产奶量(kg)}{全年每天饲养泌乳牛头数}$$

(三)乳脂率

1. 测定方法　在泌乳期内各泌乳月测定一次;为了简化手续,中国奶业协会规定乳牛每逢 1、3、5 胎进行乳脂率测定,每胎测定 2、5、8 泌乳月。经试验证明,采用一个泌乳期测定 3 次所得平均乳脂率与每月测定一次所得结果相比误差不显著,仅为 0.012%。

乳脂率测定,其奶样采集必须有代表性。奶样根据每天挤奶次数和产奶量按比例采集,并充分混合,搅拌均匀,然后测定。

测定乳脂率的方法有三种:①盖氏法;②巴氏法;③乳脂测定仪或乳成分测定仪。其中巴氏法测定结果偏低;乳脂测定仪的原理是基于乳中脂肪含量与脂肪球光的散布成正比,每一乳样 19 秒钟可获得结果,工作效率高。

2. 平均乳脂率的计算

(1)常规法:在一个泌乳期内,将每月测定的乳脂率与该月的实际产奶量相乘,其乘积累加,然后被该泌乳期总产奶量来除,即为平均乳脂率。其公式为:平均乳脂率(%)$=\sum(F_i \times M_i)/\sum M_i$

F_i 为每月测得的乳脂率;M_i 为各测定月的产奶量。

(2)泌乳期中 3 次测定所得平均乳脂率:采用 2、5、8 月测定乳脂率,一般产后第二个泌乳月所测得的乳脂率 F_1,代表产后 1~3 泌乳月的乳脂率,产后第 5 个月所测定的乳脂率 F_2 代表产后 4~6 泌乳月的乳脂率,产后第 8 个月测定所得的乳脂率 F_3 代表产后 7~10 泌乳月的乳脂率。其公式为:

$$平均乳脂率(\%)=\frac{F_1 \times 1~3泌乳月产乳量+F_2 \times 4~6泌乳月产乳量+F_3 \times 7~10泌乳月产乳量}{1~10泌乳月总产乳量}$$

3. 乳脂量计算　乳脂量=乳脂率×产乳量。

4. 4%标准乳的换算　由于不同个体牛所产的奶,其乳脂率高低不一。为了评定不同个体间产乳性能优劣,应将乳脂率校正同一水平上便于比较。因为,1 kg 4%的标准乳产生热量为 747.5 千卡,1 kg 乳脂所产生的热量大约等于 1 kg 4%标准乳的 15 倍;1 kg 非脂固体物所产生的热量大约等于 1 kg 4%标准乳的 0.4 倍。根据热能当量,其 4%标准乳校正(Fat correct milk,FCM)公式为:

$$(4\%)FCM = 0.4×泌乳量+15×乳脂量$$
$$= 0.4×泌乳量+15×泌乳量×乳脂率$$
$$= 泌乳量×(0.4+15·乳脂率\%)$$
$$= M×(0.4+0.15F)$$

(四)乳蛋白率

乳蛋白率测定的经典方法是凯氏定氮法,即先测定牛奶中含氮量,然后根据蛋白质的含氮量(系数)计算出该牛奶的蛋白质含量%。此法准确,但效率低。近年来,采用比色法和乳成分测定仪进行测定,工作效率大大提高。

(五)排乳性能

排乳性能的测定是评定乳牛产乳性能的重要指标之一。排乳性能的测定项目,一般包括一次挤乳量(kg)、一次挤乳时间(分钟)。产乳量(kg)和前后乳区挤乳量(kg)及挤乳后乳房中残留的乳量(kg)。

1. 排乳速度测定与校正　排乳速度与年龄、胎次、品种、个体、乳头管径、乳头形态和括约肌强弱有关。被测定的乳牛,一次挤乳量不应低于 5 kg。其测定时间通常在产后 4~6 周开始至 150 天之内,任何一天测定均可。由于测定时间不同,排乳性能准确性常受影响,而不便于比较。因此,应按下列公式进行校正:

校正后的排乳速度=0.1×(10−X)+V

公式中 0.1 为系数;10 为常数,以 kg 为单位;X 为实际挤乳量(kg);V 为实际排乳速度(kg/min)。

测定方法,多用弹簧秤悬挂在三角架上直接称取,以每 30 秒或每分钟排出的乳量(kg)为准。据估计,排乳速度的遗传力为 0.5~0.6,但与挤奶条件有很大关系。据研究,排乳速度与产奶量呈正相关。排乳速度快的牛有利于挤奶厅集中挤乳,提高劳动生产效率。

各国对不同品种母牛规定了如下的排乳速度指标:美国荷斯坦牛为 3.61 kg/min;德国荷斯坦为 2.50 kg/min;德系西门塔尔为 2.08 kg/min。经测定平均每分钟校正排乳量为 1.69 kg。

2. 前乳房指数的测定与计算　为了精确了解乳房 4 个乳区发育均匀程度,通常测定前乳房指数。其具体方法是用 4 个乳罐的挤乳机进行测定。4 个乳区分别流入 4 个罐内由自动记录秤或罐上的容量刻度,即可得到每个乳区的乳量。计算 2 个前乳区即前乳房的产量占全部产奶量的百分率,即为前乳房指数。

前乳房指数(%)=(前两个乳区奶量/总奶量)×100%。根据测定结果,乳用品种左右乳房产乳量基本相等,而前后乳区产乳量差别较大,后乳区的产乳量大大超过前乳区,而前乳区发育不如后乳区,故常用前乳房指数表示乳房对称程度。

一般地说,初胎母牛的前乳区指数大于二胎以上的成年母牛,如德国荷斯坦初胎母牛前乳房指数为 44%,成年母牛为 43%。品种不同,前乳房指数也不一样。奶牛前乳房指数的遗传力为 0.31～0.76,平均为 0.50。前乳房指数随胎次增加而减小。

(六)饲料转化率

饲料转化率,即饲料报酬,是鉴定乳牛品质的重要指标之一,也是育种工作的重要内容,在测定产乳性能的同时,应收集每头牛和全群牛的精料喂量、粗料消耗量,以计算饲料转化率。其方法有二:

1. 每千克饲料干物质生产若干千克牛乳数　其公式为:

$$饲料转化率\% = \frac{全泌乳期总产乳量(kg)}{全泌乳期喂各种饲料干物质总量(kg)}$$

2. 每生产 1 kg 牛乳需要消耗若干千克饲料干物质数　其公式为:

$$饲料转化率\% = \frac{全泌乳期喂各种饲料干物质总量(kg)}{全泌乳期总产乳量(kg)}$$

据研究,饲料转化效率的遗传力为 0.5 左右。由于该性状与产乳量之间存在很高的遗传相关,因此对产乳量直接选择,饲料转化效率也会相应提高,可达到直接选择效果的70%～95%。

三、DHI 及其应用

(一)DHI 测定意义

DHI,即乳牛生产性能测定是奶牛育种工作和牛群管理的基础。DHI 为英文 Dairy Herd Improvement 的缩写,原意为乳牛群改良,由于乳牛群改良计划的核心基础工作是对乳牛群中个体的生产性能指标(泌乳量、乳脂率、乳蛋白率和体细胞数等)进行测定,DHI 数据主要作为种牛个体遗传评定的基础,同时也作为牛群生产管理的依据,因此人们将 DHI 作为奶牛生产性能测定的代名词。DHI 技术自 1906 年诞生以来,经过 100 多年的发展,已经在世界范围内得到广泛应用。

奶牛 DHI 测定是奶牛遗传改良的基础工作,一方面 DHI 测定可以获得准确、可靠的乳牛个体产奶性能资料,保证乳牛遗传评定的正确性和准确性,提高选育优秀种公牛和优良母牛的遗传优势;另一方面,利用 DHI 测定数据进行分析,可以科学指导奶牛场的生产管理,提高奶牛生产水平和牛群健康,增加牛场经济效益。总之,DHI 测定是加快牛群遗传改良和提高奶牛场管理水平的一项有效措施,先进的奶牛业国家均实施严格的生产性能监测制度和体系。通过 DHI 测定能够及时了解乳牛群体及个体的生产性能,为遗传评定、选种选配、饲养管理、繁殖管理、牛群保健提供科学管理依据,其最终的受益者是奶牛场。自 1992 年首先在天津开展生产性能测定以来,红光奶牛二场成母牛 493 头,平均单产由 1998 年 7 478.62 kg 到 2002 年已增加到 8 186.46 kg,增产 706.84 kg。我国北京、上海、西安、杭州自 1995 年开展生产性能测定以来,5 年内牛群平均产乳量增加 1 924 kg,每年平均 385 kg,效果十分显著。由此可见,开展生产性能测定,势在必行。为了促进这一技术在我国推广应用,1999年5月中国奶业协会已成立全国DHI工作委员会。

(二)测定项目及方法

1. 测定项目　乳牛个体生产性能测定的主要项目包括:产奶量(M)、乳脂率(F%)、乳蛋白率(P%)、乳糖率(G%)、乳固体含量、体细胞数(SCC)。

2. 测定方法及条件　每头产乳牛在一个泌乳期中的产奶性能测定,是通过对其间隔一定天数的泌乳日产奶成绩的抽测而得到,这种对某个泌乳日的抽测,称为测定日(Test Day)。在每个测定日中计量奶牛24小时的产奶量作为测定日产奶量(中国通常为每日3次挤奶的产奶量);同时用乳样采集瓶按每次挤奶的奶量比例(早、中、晚3次挤乳,一般为4∶3∶3;一天早晚2次挤乳按6∶4)采集乳样,采集乳样时必须充分搅匀,有代表性。每个测定日采集的奶样量应不少于40 ml。采集的奶样经低温(2~7 ℃)保存或重酪酸钾处理后,及时(夏季不超过48小时,冬季不超过72小时)送到指定的DHI检测实验室(或中心)进行乳成分分析。

对每头泌乳牛每个泌乳月测定一次,一年测定10次,测试期为产后6天至干乳前6天。两个相邻测定日之间的间隔天数称为测定间隔。根据中国奶业协会的DHI测定技术规程,测定间隔应在26天至33天,平均每30天测定一次(即每月测定一次)。第一个测定日通常必须在奶牛产犊6天以后进行。

为了保证每个测定日的所有测定工作的公正性,产奶量测定和奶样采集通常由第三方专职监测人员进行,国外多用此方法。仪器设备包括远红外线乳成分分析仪和体细胞计数仪,流量计及电脑(配有牛场管理软件DQIRY CHAMP)数据处理软件DIGITALLAB和其他配备软件。

另外,测定的牛只必须具备完整的标识(如耳号)、系谱和繁殖记录,以及出生日期、父号、母号、外祖父号、外祖母号、近期分娩日期、胎次和留犊情况(犊牛号、性别、初生重)等信息,在测定前随样品同时送达测定中心。

(三)DHI报告及其应用

1. 报告内容

(1)分娩日期:母牛产犊的年月日。

(2)泌乳天数:指本胎次泌乳天数。

(3)胎次:母牛现在胎次。

(4)HTW:测定日奶量,是以千克为单位的牛只日产奶量。

(5)HTACM:校正奶量,是以泌乳天数和乳脂率校正后计算奶量。即将实际产奶量校正到产奶天数为150天,乳脂率为3.5%,以便比较不同泌乳阶段牛只的泌乳性能。

(6)PREV. M:上次奶量,是以千克为单位的上个测奶日该牛的产奶量。

(7)产奶持续力(%):当前产奶量/上次产奶量×100

(8)平均泌乳天数:泌乳牛群的平均泌乳天数。

(9)F%:乳脂率,是指测定日送检乳样的乳脂率。

(10)P%:乳蛋白率,是指测定日送检乳样的乳蛋白率。

(11)F/P:乳脂与蛋白比例,是指该牛测定日的牛奶中乳脂率与乳蛋白率的比值。

(12)SCC:体细胞计数,单位为1000,是每毫升乳样品中体细胞数量。

(13)MLOSS:牛奶损失,这是计算机产生的数据,用于确定奶量的损失。

(14)PRESCC:上次体细胞计数,单位1000,上次乳样品中体细胞数。

(15)LTDM:累计奶量,这是计算机产生的数据,以千克为单位。基于胎次及泌乳天数,用于估计该牛只本胎次产奶的累计总量。

(16)LTDF:累计乳脂量,这是计算机产生的数据,以千克为单位。基于胎次和泌乳天数,用于估计该牛只本胎次生产的乳脂肪总量。

(17)LTDP:累计蛋白量,这是计算机产生的数据,以千克为单位。基于胎次和泌乳天数,用于估计该牛只本胎次的乳蛋白总量。

(18)PEAKM:峰值产奶量(高峰奶),以千克为单位的最高日产奶量,是以本胎次前几次产奶量比较得出的。

(19)PEAKD:峰值日,表示产奶峰值出现在产后的多少天。

(20)305M:305天奶量,这是计算机产生的数据,以千克为单位。305天乳量对于泌乳未满305天的乳牛,指期待乳量(或预测乳量),当泌乳天数达到或超过305天时,指305天的实际乳量。

(21)DueDate:预产期,根据牛场提供的繁殖信息,计算出的下胎预产期。

(22)牛奶尿素氮:测定每升牛乳中尿素氮的含量。

表3-14　奶牛生产性能测定(DHI)报告其一

| 牛奶记录报告 | | | | | | | | | | | | | | | |
牛号	产犊日	泌乳天数	胎次	日产奶量(kg)	校正奶量(kg)	前次奶量(kg)	F%	P%	F/P	SCC	奶量损失(kg)	前次SCC	累计产奶(kg)	高峰日产量(kg)	高峰日	持续力(%)
1023	.	234	4	26	28	29	3.1	3.2	0.97	156	0.4	104	7 702	31	175	88.9
1054	.	124	3	36	28.3	39	3.0	3.1	0.97	646	1.4	1382	44 87	39	96	91.0
1077	.	374	3	12	15.9	13	3.4	3.2	1.06	1863	1.7	438	5 763	19	215	101
1226	.	284	4	25	33.1	26	3.7	3.7	1.0	247	0.4	3092	8 248	28	186	95.9
3046	.	201	3	28.5	28.8	29	3.2	3.3	0.97	1424	4.1	715	6 438	30	142	98.2
5037	.	371	1	18	32.6	19.2	4.1	3.6	1.14	540	1.1	287	8 376	34	171	87.4
…		…	…	…	…	…	…	…	…	…	…	…	…	…	…	…
平均	.	216	2.6	26.2	31.4	28.3	3.32	3.18	1.04	563	1.1	604	7 518	33.3	112	89.4

2. DHI 报告分析与应用

(1)泌乳天数:指从分娩第一天到本次测乳日的时间,是说明乳牛所处的泌乳阶段。根据泌乳天数可分析乳量和繁殖状况。在正常情况下,牛群平均泌乳天数应为 150～170 天。这样可使牛群产犊全年均衡。如果高于这一水平,说明繁殖有问题,应检查影响繁殖的因素,并加以改善。实践表明,对泌乳天数超过 340 天的牛只应逐头进行检查,分析原因。

(2)胎次:牛群平均理想胎次为 3.5 胎,是根据奶牛泌乳生理特点、胎次泌乳量的效益率和健康管理水平提出来的,可以作为衡量奶牛场管理水平的依据。若牛群平均胎次以 3.5 胎(其中 1～2 胎占成母牛 40%,3～5 胎占 35%～40%)有较高的产乳潜力和持续力,还有条件不断更新牛群,尽可能利用优良的遗传性能,提高群体生产水平。

(3)上次(月)乳量:指上次(月)测乳日的乳量。可说明该牛生产性能是否稳定。从牛群本月平均乳量与上月平均乳量比较可看出本月牛场生产情况,对群体牛依产乳量配制日粮。利用校正产乳量可以比较不同时期的生产情况。在分析过程中,如乳量降幅过大,应注意观察牛的采食状况,是否受到应激或发病,并及时采取补救措施。

(4)峰乳量和高峰日:指几次测乳中的最高乳量。高峰日到来的时间和高峰乳量的高低直接影响胎次乳量。据报道,高峰乳量每提高 1 kg,头胎牛就可能提高 400 kg 乳产量,二胎乳牛胎产量提高 270 kg,三胎乳牛产乳量可能提高 256 kg。理想产乳高峰日应为产后 45～60 天。但乳牛采食高峰到达日时间较晚,约为产后 90 天。因此,为了提高高峰产乳量,尽早达到产乳高峰,应从干乳期甚至上胎泌乳中后期加强饲养管理。如果 60 天内达到产乳高峰,但持续力较差,达到高峰后很快又下降,说明产后日粮配合有问题。如果达到产后高峰很晚,超过 70 天,说明干乳牛饲养不当或分娩时体况太差。一般牛群的峰值比(头胎牛的峰乳量与其他胎次的峰乳量之比)变化范围很窄 0.76～0.79,如果峰值比不在正常范围之内,则应找出其原因。如果头胎牛高峰乳量不理想,则应分析初配年龄、体重、体高是否适宜,上代公母牛选配是否妥当,以及饲养管理是否合理等。

表 3-15　峰值乳量与胎次乳量的关系

平均峰值奶量(kg)		平均 305 天	平均峰值奶量(kg)		平均 305 天
头胎牛	经产牛	产乳量(吨)	头胎牛	经产牛	产乳量(吨)
19	21	5.0	32	35	7.5～8.0
23	26	5.0～5.5	33	37	8.0～8.5
25	28	5.5～6.0	35	39	8.5～9.0
27	29	6.0～6.5	37	41	9.0～9.5
28	31	6.5～7.0	38	42	9.5～10.0
30	33	7.0～7.5	40	44	10.0～10.5

注:资料来源于上海市 1995—2001 年 DHI 测定实验室数据。

（5）泌乳持续力：主要用于比较牛只个体的产奶持续能力，泌乳持续力随胎次、泌乳阶段和营养状况而变化，通常一胎牛的泌乳持续力要好于经产牛。当期望的持续力未能达到时，则表明牛群营养状况存在问题，日粮营养不能满足奶牛需要，或奶牛健康出现问题。如果高峰日过迟到达，但持续性好，这可能是因为乳牛在分娩时体况差而不能按时达到峰值产量，一旦采食量上升足以维持产奶时，则表现出较好的持续性。这与乳牛体况、围产期管理及泌乳期营养有关。正常的泌乳持续力指标见表 3-16。

表 3-16　不同泌乳阶段下正常的泌乳持续力

持　续　力　＼　泌乳天数	0～65 天	65～200 天	200 天以上
一胎牛	106%	96%	92%
二胎以上	106%	92%	86%

（6）305 天乳量：305 天乳量是衡量乳牛厂生产状况的指标，也是生产者及早淘汰亏本乳牛的重要依据。查看前后 12 个月 305 天的期待量，即可发现同一头乳牛不同月份 305 天期待量有所差异，如果乳量增加，说明饲养管理有改进；如乳量下降说明乳牛的遗传潜力因饲养管理等诸因素的影响未能得到发挥。

（7）乳脂率、乳蛋白率和脂肪蛋白比：乳脂肪、乳蛋白的含量与比值，是衡量牛乳质量的重要指标，特别是牛乳以质论价时，对乳牛场显得更为重要。乳脂肪、乳蛋白的高低主要受遗传和饲养管理的影响，所以，除了选择优良种公牛外，必须加强乳牛饲养管理。如果乳脂率太低，可能是瘤胃功能不正常，存在代谢病、粗饲料搭配比例不当（日粮中缺乏纤维素的缘故）或饲料加工存在问题。如果在泌乳早期乳蛋白率太低，说明干乳期日粮配方不合理，产犊时体况差、泌乳早期饲料中蛋白质不足等。

在正常情况下，乳中乳脂率与乳蛋白率的比值，荷斯坦牛为 1.10～1.20。当脂蛋比低于 1.1 时，说明乳牛粗饲料在瘤胃中的发酵率下降，粗饲料质量差，精料比例过大，或是乳牛瘤胃处于亚临床或临床型酸中毒；当脂蛋比高于 1.2 时，说明乳牛日粮中蛋白质不平衡、品质差、缺乏必需氨基酸，或是日粮中能量不足造成瘤胃微生物蛋白质合成量不足，或是乳牛干物质采食量不足，或是饲料中添加了大量的油脂。

（8）体细胞计数（somatic cell count，SCC）：主要指每毫升牛乳中白细胞的含量，其白细胞的主要功能是排除病菌感染，修复组织。当乳牛乳房受到病菌侵袭或乳房损伤时，乳腺分泌大量白细胞进入其中，把细菌包围起来，并吞噬掉。随着炎症的加剧，体细胞数增加。牛乳体细胞计数与产奶量成反比关系，高体细胞数的牛乳中脂肪、蛋白、乳糖以及风味等都将发生变化，使乳质量下降。

在正常情况下，乳牛正常的体细胞数为：第 1 胎≤15 万/ml；第 2 胎≤25 万/ml；第 3 胎≤30 万/ml。按国际规定，对个体牛以 50 万/ml 以上的体细胞数定为乳房炎的基准。超过50 万/ml，即使没有乳房炎的临床症状，也要将其判定为隐性乳房炎，需要及时给予治疗。

奶牛体细胞数的高低与泌乳阶段有一定关系，针对 SCC 过高所发生的泌乳阶段，可以找出造成体细胞过高的原因。泌乳早期体细胞数偏高,预示着干奶牛治疗、牛舍或产房环境卫生太差;若泌乳中期 SCC 上升,可能是药浴无效、挤奶工艺、挤奶设备等有问题,应进行隐性乳房炎检测,并及时药物治疗。如果连续两次体细胞计数都持续很高,说明乳牛有可能感染了隐性乳房炎(如葡萄球菌或链球菌等),这种因挤乳方法不当导致的隐性乳房炎可相互传染,一般治愈时间较长。若体细胞计数忽高忽低,则多为环境性乳房炎,一般与牛舍、牛只体躯及挤奶员卫生问题有关。这种情况治愈时间较短,也容易治愈。

体细胞计数估计乳损失计算公式:乳损失(kg)=(产乳量×乳损失率/100)/(1-乳损失率/100)

体细胞计数(SCC)	乳损失率
<15 万	0
15 万～25 万	1.5
25 万～40 万	3.5
40 万～110 万	7.5
110 万～300 万	12.5
>300 万	17.5

表 3-17　体细胞数与产奶量损失的关系

体细胞数(SCC)/ml	SCC 引起的潜在 305 天奶量损失(kg)	
	一胎牛	二胎以上
小于 15 万	0	0
15 万～30 万	180	360
30 万～50 万	270	550
50 万～100 万	360	725
大于 100 万	454	900

体细胞线性评分(somatic cell score,SCS)是将体细胞计数通过数学的方法线性化而产生的数据。

体细胞计数的线性评分计算公式:$SCS=\log_2(SCC/100\ 000)+3$

体细胞线性分也是反映乳房健康程度的指标。线性分与体细胞计数之间的关系列入表 3-18。

表 3-18　体细胞数线性评分与体细胞数的关系

	每毫升牛乳中体细胞数×1 000								
体细胞数	25	50	100	200	400	800	1 600	3 200	6 400
线性评分	1	2	3	4	5	6	7	8	9

　　线性评分的优点在于它的直观性和其与奶损失的直线关系,另外当用它来估计乳牛一个泌乳期的牛乳损失时不容易受一、二次高量计数的影响,可能反映牛乳的真实奶损失。

　　当体细胞升高时,应检查:①挤乳机工作是否正常;②挤乳消毒程序是否合理;③牛舍运动场是否干净卫生;④牛体是否卫生,乳房有无损伤。

　　(9)牛奶尿素氮:研究表明,牛奶尿素氮的平均正常值为 140～180 mg/L,每月测定一次。它能反映乳牛瘤胃中蛋白代谢的有效性。如果牛奶尿素氮数值过高,直接反映饲料中蛋白质没有有效利用,可引发乳牛繁殖、饲料成本、生产性能的发挥。据报道,夏季产犊母牛在产后第一次配种前 30 天的尿素氮大于 180 mg/L 时,其不孕率是冬季产犊且尿素氮值低的母牛的 10 倍以上。因此,乳牛尿素氮过高与繁殖率低下有很大关系。

　　(10)指导选种选配:DHI 网络可开展选种、育种,并提供真实可靠的资料。通过 DHI 资料,可很快查出所用种公牛的有关资料,并计算出其后裔测定的表现,以及通过动物模型 BULP 评定所有牛的种用价值。从而对选配方案提供可靠依据。避免盲目引种,缩短遗传改良进程。

思考题

1. 概述乳用牛体型外貌特点。
2. 试述乳牛线性体型鉴定的特点和方法。
3. 如何根据牙齿鉴定乳牛年龄?
4. 叙述影响乳牛产乳性能的因素。
5. 简述 DHI 报告及应用对乳牛生产的指导意义。

参 考 文 献

1. 王福兆. 乳牛学(第三版). 北京:科学技术文献出版社,2004.
2. 学生饮用奶计划部际协调小组办公室. 中国学生饮用奶奶源管理技术手册. 北京:中国农业出版社,2006.
3. 王根林. 养牛学(第二版). 北京:中国农业出版社,2006.
4. 昝林森. 牛生产学(第二版). 北京:中国农业出版社,2007.
5. 全国畜牧总站,中国奶业协会. 奶牛生产性能测定科普读物. 北京:中国农业出版社,2007.
6. 中国奶业协会. 中国荷斯坦牛体型线性鉴定规程. 2005.

第四章　乳牛育种

乳牛育种,主要是采取系统的组织和长期有效的技术措施,在不断降低成本的情况下改进乳牛的遗传品质,进而提高乳牛生产能力。乳牛育种对于提高乳牛的生产能力极为关键和有效。例如美国 1960 年奶牛数量为 1 751.5 万头、每头产奶量 3 188.3 kg、总产奶量 5 584.1 万吨,到 2008 年奶牛降至 931.50 万头、每头产奶量为 9 251.5 kg、总产奶量为 8 617.9 万吨。对比可见,奶牛头数减少了 820 万头,而总产奶量却增加了 3 033.8 万吨。究其原因,在于单产水平提高了 6 063.2 kg。而据美国农业部的研究,在各项技术因素中,遗传育种对乳牛生产效率提高的贡献率最高,达 40%。可见只有正确地组织育种,才能尽快地提高乳牛的生产性能。近几十年来,随着生物科学的进步,乳牛育种工作已进入了新的历史发展阶段。

我国的乳牛育种工作,自 20 世纪 70 年代以来,由于人工授精、遗传评估、杂交改良和胚胎移植等技术的应用与推广,育种工作进展明显加快,已先后育成了 5 个乳用和乳肉兼用品种,并且对黄牛、牦牛及水牛进行了大量的杂交改良。这些新品种以及杂种改良牛,尤其是中国荷斯坦牛的单产水平不断提高,奶牛养殖效益不断增加,有力地促进了奶业持续快速发展,为农业和农村经济结构调整、粮食转化增值和增加农民收入做出了重要贡献。实践证明,品种改良是无止境的,为了继续提高各牛种及品种的生产性能、体型外貌,以及其适应性,必须合理规划,采用现代育种新技术,进一步开展乳牛育种工作。

国务院《关于促进奶业持续健康发展的意见》中指出,"加强奶牛良种繁育,加大良种推广力度,优化奶牛群体结构,不断提高奶牛单产水平。有关部门要抓紧制定奶牛品种改良计划,切实做好良种登记和奶牛生产性能测定等基础性工作。"《意见》中还指出,到 2012 年,力争奶牛良种覆盖率提高到 60%,奶牛平均单产水平提高到 5.5 吨。

第一节　育种基础工作

一、个体编号与标识

乳牛生产,要求信息资料必须完全。为此,做好个体编号并且给予可识别的标记是生产中最基本的工作内容之一,也是育种、繁殖、饲养、管理、疫病防治所必不可少的前提。

(一)个体编号

牛号所包含的内容必须全面、简单、易行、便于使用,并在一定历史阶段之内保持不变,在一定的时间和范围内没有重号。

根据中国乳业协会(1998)所制定的中国荷斯坦牛编号方法,每个母牛个体共有 10 位数码,公牛 8 位数码,分四部分组成:第一部分是省、市、自治区编号,两位数;第二部分是牛场编号,母牛 3 位数,公牛 1 位数;第三部分是出生年度,2 位数,;第四部分是年度内出生顺序号,3 位数。例如,母牛编号有 10 位数、由四部分组成。

(省、市、自治区)		(乳　牛　场)			(年　　　度)		(牛　　序　　号)		
1	2	3	4	5	6	7	8	9	10

例如,公牛编号有 8 位数、由四部分组成。

(省、市、自治区)		(牛场)	(年　　度)		(牛　　序　　号)		
1	2	3	4	5	6	7	8

(二)个体标识

个体标识原则是易识别、耐磨损。标记方法有戴耳标、戴颈链、烙印、书写、电子标记等多种。

1. 戴耳标　这种方法是用打耳标钳将一印有组合数字的一凹与一凸的组件永久地穿戴于乳牛的耳上。大多数的组合数字,不论是从前面看,还是从后面看,都一目了然。远达 30 m,也可清楚看到。塑料耳标佩戴在牛的左耳上,正面写后 5 位数码,反面写前 5 位数码。

2. 戴颈链　在牛的颈脖上套一个皮制或塑料制的项链,在该链上标有个体编号。

3. 冷冻烙印　冷冻烙印是永久性的标记。冷冻剂可为液氮(-196 ℃)或干冰(-79 ℃)。冷冻烙印的方法和步骤如下:

(1)乳牛自然站立于牛床,助手在一侧用一手拉住牛尾,另一手推在髋结节处作徒手保定。

(2)在乳牛体左(或右)侧尻部肌肉肥厚平坦处,用浓肥皂水涂擦,然后用手术刀片剔毛,并清洗干净。

(3)将铜制字码置入桶内,倒入少许液氮进行预冷,然后继续倒入液氮直至浸没铜制字码。在操作时应谨防液氮"沸腾"而溅出桶外。

(4)用 95% 酒精纱布将打号部位涂湿,然后用冻制的铜制字码在皮肤上按压烙印,其压力为 10 kg,各龄乳牛烙印时间为:

初生~1 月龄	5 秒	10~12 月龄	12 秒
2~5 月龄	7 秒	13~18 月龄	15 秒
6~9 月龄	10 秒	18 月龄以上	20 秒

如在黑毛部位烙印,按压时间可略短,白毛部位则略长。按压烙印用力要均匀,达到其所需时间即可取下。

经烙印过的乳牛,在烙号部位即出现凹进皮肤的字样,手触发硬,呈冻僵状态。皮肤解冻后呈现红肿,大约经过 40 天,被毛随皮肤结痂而脱落,冷冻烙号部位形成光秃伤疤。大约在 70 天开始在伤疤处长出白色被毛,形成与其他部位被毛长短相同的白毛字样明显清晰,永不消失。

4. 书写　在乳牛生产中,临时性标记,常用 10％的氢氧化钠溶液在尻部皮肤上书写。

5. 电子标记　电子标记是一种新的标记方法。是将一种体积很小的携带有个体编号信息的电子装置,如电子脉冲转发器,固定在牛身上的某个部位,它所发出的信息可用特殊的仪器接受并读出。

二、育种记录及统计

育种资料是育种工作必不可少的依据。完整的育种资料来源于平时认真记录与累积。这是一件平凡而艰巨的工作,但绝不能有半点疏忽。此外,常用的乳牛育种记录包括:牛的品种、出生日期、特征、系谱;体尺与增重记录、体型外貌线性评分;繁殖记录;DHI(dairy herd improvement)测定记录;饲料与饲养记录;兽医诊疗记录等。通常,每一头乳牛均应有一张卡片(表 4-1)。此卡片上,应记录上述资料。此外,为了便于日后考查和总结经验,乳牛场每天必须撰写乳牛场日记,把重要的工作事项(如牛群变动、转群、调出调入、死亡及出售等)进行认真记录(表 4-2)。

育种记录可以使用纸质形式保存。但是随着计算机与网络的普及,应提倡在纸质保存的同时采用计算机保存、统计以及传递。

表 4-1　个体牛登记卡片

牛号＿＿＿＿　　良种牛编号＿＿＿＿　　品种＿＿＿＿
生日＿＿＿＿　　出　生　地＿＿＿＿　　特征＿＿＿＿

牛体左侧图　　　　头型图　　　　牛体右侧图

A. 血统登记

父

父本牛号		品种		体重(年龄)	
外貌等级		育种值(％)			

母

母本牛号		年龄(胎次)		体重	
外貌等级		305 天产乳量(kg)		乳脂率(％)	

B. 产乳性能

年代	年龄(胎次)	泌乳天数	总产乳量 （kg）	高产日产量 （kg）	305 天产 乳量(kg)	乳脂率 （%）	乳蛋白率 （%）

C. 繁殖记录

年龄 (胎次)	配种 日期	与配 公牛号	产犊 日期	妊娠 天数	犊牛情况					备注
					性别	毛色	出生重(kg)	编号	处理	

D. 外貌线性鉴定

性状	体重	胸宽	体深		后肢 侧视	蹄 角度	前房 附着	后房 高度	后房 宽度	悬 韧带	乳房 深度	乳头 位置	乳头 长度

E. 兽医诊断与治疗

		繁殖疾病	乳房疾病	其他疾病
	日期			
	病因病况			
	诊断与治疗			

表 4-2　牛场日记表

日期	产　犊					备注 （包括转群、调出、调入、出售、死亡）
	母	父	犊牛性别	编号	初生重(kg)	

（一）繁殖记录

繁殖记录的内容包括：①母牛号；②与配公牛号；③交配日期；④配种次数与方法；⑤预产日期、实产期、怀孕天数；⑥初生犊牛毛色、体重、性别、编号等。此外，进行胚胎移植的母牛，还应记录胚胎及胚胎移植的情况、移植日期、产犊日期及产犊情况等。

（二）体尺与增重记录

此项记录应按不同年龄定期测量。其评定方法详见第三章。

（三）体型外貌评分记录

每头乳牛应有一张体型外貌线性评分表，其表格形式详见第三章。

（四）DHI 测定记录

DHI 测定，即每月测定一次个体牛的产乳量、乳蛋白率、乳脂率、乳糖率、乳中干物质含量和体细胞数。这种测定记录也称牛奶记录体系，是国际上衡量乳牛育种水平的一种通用标准体系。在世界乳业发达国家，如美国、加拿大、荷兰、日本等，都有类似的组织。DHI 报告可以为乳牛场饲养管理提供决策依据，为育种工作提供完整而准确的资料。对 DHI 测定结果进行分析，并及时反馈给乳牛场指导生产，如调整牛群结构、日粮配制、疾病预防（特别是乳房炎），有利于选择高产乳牛、培育良种、改良核心群。其内容详见第三章。

（五）兽医诊断与治疗记录

兽医诊断与治疗包括繁殖疾病、乳房疾病和其他疾病。应记录其发病日期、诊断日期、病因病况、临床表现、病理解剖、治疗方法及结果等。

（六）饲料与饲养记录

饲料与饲养记录包括犊牛、育成牛、初孕牛、产乳牛，每日、每月、每年实喂的饲料（包括喂奶量）种类和喂量，对育种和饲养工作均可提供可靠的参考依据，有了饲养记录，才能较准确地分析育种资料。饲料种类及喂量必须如实记录。

第二节　乳牛选种

一、选种基本原理

（一）育种目标性状

乳牛生产性能是个综合指标，涉及许多性状。究竟应选哪些性状作为育种目标性状应视具体情况而定。不过，最常考虑的不外乎产乳性状、生长发育与肉用性状、体型外貌性状以及次级性状(secondary traits)。所谓次级性状,是指在乳牛育种中具有较高经济意义而本身遗传力偏低的一类性状。

1. 产乳性状

(1)产乳量:产乳量的遗传力偏低,一般为 0.21~0.35(平均 0.29),但重复力较高,为 0.50。因此,影响产乳量的主要因素为饲养管理和环境条件。为了便于育种和比较产奶量的高低,母牛泌乳期长短、每天挤奶次数、胎次或年龄、产犊季节可用线性模型法校正到同一水平上。从育种的角度,在估计产奶性能遗传参数时应尽量选用第一泌乳期的数据,一则其受环境影响较小,二则可以缩短世代间隔。另外,一些学者根据 90 天、100 天、200 天产奶量与 305 天产奶量的相关系数较高(分别为 0.745、0.814 和 0.939),来预测其生产性能,可达到早选的目的。

(2)乳的品质:除乳脂率外,近年不少国家对蛋白质的选择也很重视。由于乳脂率的遗传力为 0.5~0.6,重复力为 0.70;乳蛋白的遗传力为 0.45~0.55,非脂固体物亦为 0.45~0.55;可见这些性状的遗传力都较高,通过选择容易见效。而且乳脂率与乳蛋白含量之间呈 0.5~0.6 的中等正相关,与其他非脂固体物含量也呈 0.5 左右的中等正相关。这表明,在选择高乳脂率的同时,也相应地提高了乳蛋白及其他非脂固体物的含量,达到一举两得之功效。但在选择乳脂率的同时,还应考虑乳脂率与产乳量呈负相关(-0.43),二者要同时进行,不能顾此失彼。

(3)排乳速度:排乳速度快的牛,有利于在挤奶厅中实施机械化集中挤乳,可提高劳动生产率。目前已列入各国选择的性状。排乳速度与总产奶量之间为正相关。排乳速度随年龄、胎次的增长而加大。排乳速度与乳头长度、乳头外径的大小相关不高,而与乳头管直径及乳头括约肌的强弱有关系。排乳速度有品种、个体之间的差异,荷斯坦牛为 3.61 kg/min,西门塔尔牛 2.08 kg/min。排乳速度具有较高的遗传力(0.56~0.81),通过选择很容易改进,但对排乳速度过大的选择往往易导致易患乳房炎。

(4)前乳房指数:前乳房指数即两个前乳区泌乳量占总泌乳量的百分数。它是表示乳房前后均匀性的一个指标。正常情况下,前乳房指数为 40%~45%,低于 40%的表明泌乳不均匀。初胎母牛前乳房指数比二胎以上的成年母牛大。据瑞典研究,乳牛前乳房指数的遗传力为 0.32~0.76,平均为 0.50。

(5)泌乳期内的泌乳均匀性:产乳量高的母牛,在整个泌乳期中泌乳稳定、均匀、下降幅度不大,产乳量能维持在很高的水平上。这种母牛所生的后代公牛,在育种上具有特别重要的意义。因为它在一定程度上能将此特性遗传给后代($h^2=0.20$)。故泌乳均匀性的选择对乳牛具有一定意义。

乳牛在泌乳期中泌乳的均匀性,一般可分为以下三个类型:

一是剧降型。这一类型的母牛产乳量低,泌乳期短,但最高日产量较高。一般从分娩后 2~3 个月泌乳量开始下降,而且下降的幅度较大;大约最初三个月产乳量为 305 天总产乳量的 46.4%;第 4、5、6 三个月为 29.8%;以后几个月为 23.8%。

二是波动型。这一类型牛泌乳量不稳定,呈波动状态。最初 1、2 个月内泌乳量很高;3、4 两月泌乳量变低;5、6 两月泌乳量又升高,尔后又下降。此类型牛产乳量也不高,繁殖力也较低,适应性差,不适于留作种用。

三是平稳型。本类型牛在牛群中最常见,泌乳量下降缓慢而均匀,产乳量高。一般在最初三个月泌乳量为305天总产乳量的36.6%,第4、5、6三个月为31.7%,最后几个月为31.7%。这一类型牛健康状况良好,繁殖力也较高,可留作种用。

2. 生长发育与肥育性状　不论是对乳肉兼用还是乳用品种,生长发育与肥育性状都很重要。生长发育性状主要是各生长阶段的体重,包括初生重、6月龄重、12月龄重、18月龄重和24月龄重等。有条件的还可以考虑饲料转化率、胴体组成和肉质等性状。饲料转化率是乳牛的重要选择指标之一。饲料报酬较高的乳牛,每100 kg饲料单位能产乳100~125 kg。据估计,饲料报酬率的遗传力为0.5,它与产奶量之间的遗传相关性很高(0.88~0.95),因此通过产奶量的选择,就可间接提高饲料报酬率。

3. 体型外貌性状　在乳牛育种中考虑体型外貌性状,主要是为了防止对发挥生产性能不利的,以及影响生产效益的那些身体缺陷,如悬垂乳房易引起乳房炎、分叉蹄影响乳牛正常运动等。研究证明,乳牛体型外貌与生产性能之间没有明显的直接相关关系,但与乳牛的利用年限、终生效益关系密切。尤其是泌乳系统、后躯发育情况,以及四肢和乳房形状与生产寿命有较高的相关性。

乳牛体型外貌主要采用乳牛体型外貌线性综合评分(参见第三章)。

4. 次级性状

(1)繁殖性状:主要包括早熟性、受胎率、配妊时间、产犊间隔、产犊难易、多胎性等。繁殖性能在乳牛生产中是十分重要的,而在育种中往往被忽视。由于繁殖性状与生产性状存在着一定的负相关,忽视了繁殖性状的选择,会导致综合选择效果的下降。牛的繁殖性状遗传力都较低,一般小于0.2,故要提高繁殖力,除了使用本身、半同胞和后裔记录扩大测定范围及提高选择地准确性外,主要应加强饲养管理和提高繁殖技术水平。

(2)长寿性:乳牛的利用年限(或终生效益)长,是许多饲养者期望的性状。乳牛利用年限长具有三方面的意义:一是可减少每年每头乳牛的培育费用;二是可减少后备母牛的需要量和培育费;三是可增加牛群内高胎次母牛的比例,产乳量可相应增加。我国乳牛生产群中,母牛的淘汰年龄是第三、四胎左右,都没有达到最高胎次的年龄,是很不经济的。其淘汰的主要原因是低产、繁殖障碍,以及乳房、肢蹄不良。

对乳牛利用年限的选择,通常从以下四个方面入手:

一是对第一泌乳期产乳量的选择。乳牛第一泌乳期产乳量与利用年限的关系最密切,二者间的表型相关为0.43、遗传相关为0.76,而头胎产奶量与终生产奶量之间的表型相关、遗传相关分别为0.48和0.85;这说明头胎产奶量高的母牛,其生产寿命也长,终生产奶量也高。保留率指公牛女儿在牛群中生产年龄达到36、48、60、72及84月龄时的数量占该公牛全部女儿数的百分率。研究发现,凡是第一个泌乳期产奶量高的母牛,在以后各泌乳期保留率就高(表4-3)。保留率的遗传力较低(0.08),但与第一个泌乳期产奶量的遗传相关却较高(0.5左右)。所以选择第一泌乳期产奶量较高的母牛,对提高利用年限有效(表4-3)。

表 4-3　第一泌乳期产奶量与保留率的关系

第一泌乳期产乳组别	调查头数	以后泌乳期的保留率(%)				
		2	3	4	5	6
最高 25%	87409	84	67	50	35	22
第二 25%	83467	80	61	45	31	20
第三 25%	73211	75	52	36	25	16
第四 25%	73214	55	32	20	13	8

二是对保留率的选择。研究证明,48 月龄的保留率与 60、72 和 84 月龄的保留率之间的遗传相关性分别为 1.00、0.99、0.86,是相当高的。因此根据 48 月龄的保留率对长寿性进行选择较为恰当。

三是对体型的选择。研究和实践证明,母牛的体高、后肢、后乳房、乳房韧带及乳头与利用年限及终生产奶量的关系密切。凡是体高中等,肢蹄正常,后乳房高而宽,乳房韧带壮,乳区分明,乳头大小适中、分布好的母牛,其生产寿命就长,而且各性状遗传力也较高(表 4-4)。

表 4-4　与长寿有关的各体型性状的遗传力

体型性状	遗传力范围
乳房韧带强壮,乳区分明	0.17~0.27
乳房高而宽	0.17~0.28
乳头大小适中、垂直、位置好	0.30~0.45
后肢强壮、位置正	0.08~0.28
蹄壮、形正	0.16~0.39
体高	0.16~0.45

四是对高产性及利用年限进行综合选择,即对生产性能及体型特征等通盘考虑,以提高乳牛的终生效益。

(3)牛奶体细胞计数:国际奶牛联合会认为,体细胞数量(SCC)超过 50 万/毫升认为是临床型乳房炎阳性。Dekkers 等(1998)报道体细胞数与临床型乳房炎的相关性是 0.5~0.7,Lund 等(1994)研究估计两者的遗传相关性可高达 0.97。体细胞数的对数转化形式——体细胞评分(somatic cell score,SCS)的遗传力高于临床型乳房炎的遗传力(0.1)(Schutz,1990)。瑞士 Pilipsson 等(1980)报道,在 13 个公牛的后代中,最好的牛群与最差的牛群乳房炎的发病率相差 10%;Shook(1989)报道,在相同的环境下,最好的 5%公牛的后代与最差的 5%公牛的后代在乳房炎的发病率上相差 10%~15%,故利用育种手段可以抑制乳房炎发病率的提高。因此,许多国家都把测定 SCC 作为乳房炎抗性的选择性状。

(二)种用价值评估

育种工作,究其实质就是从众多的候选乳牛当中选出"优秀"个体作为种用,以使下一代在目标性状方面向着既定方向改变,进而提高群体生产性能。因为能够上下代遗传的主要是基因加性效应,即育种值,所以所谓"优秀"即育种值高。假设我们考虑 t 个性状,一个个体的综合育种价值可用下式表示:

$$H = w_1 a_1 + w_2 a_2 + \cdots + w_i a_i$$

在此,H 表示个体的综合育种值,a_i 表示个体第 i 个性状的育种值,w_i 表示第 i 个性状的经济重要性或育种重要性。

然而,由于个体各性状的育种值往往并不知道而且不能直接观测,知道或者可以观测的是该个体或该个体亲属的各种表型信息,所以我们通常需要依据这些表型信息估计个体各性状的育种值。这一工作,通常称为种用价值评估或称遗传评估(genetic evaluation)。

图 4-1 是估计个体育种值常用的各种信息。需要指出的是,对于乳牛而言,许多性状只在母牛身上表现(例如产奶性状),而且不同信息来源的可靠性不同。所以,为了提高估计的准确性,实践中常要求采用规范的测定制度。

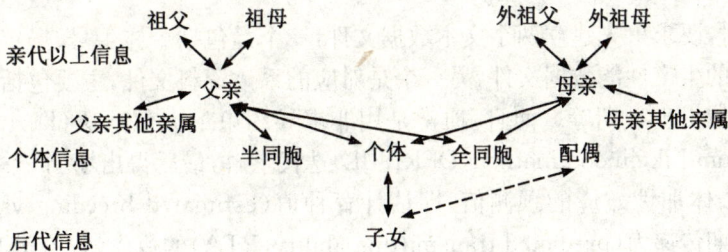

图 4-1　估计育种值常用的各种信息关系

对个体育种值的估计有很多方法,但近些年来世界上大多数国家采用的是动物模型 BLUP(best linear unbiased prediction,最佳线性无偏预测)。

在个体动物模型(即当一个模型中随机遗传效应为该个体本身的加性遗传值时称该模型为个体动物模型)下使用 Henderson 提出的混合模型方程组 BLUP 法,将系统、环境因子(如胎次、场、年、季等)作为固定效应,通过吸收个体随机效应求解。这种方法的优点在于同时考虑了所有的固定效应和所有的随机效应,并且加入了所有动物个体的遗传关系信息(包括亲本、个体本身、后裔和同胞的信息),通过对混合模型方程组求解,可以同时得到所有的固定效应的 BLUP 值和所有的随机效应的 BLUP 值(包括所有个体的育种值)。此值是对胎次、场、年、季、遗传组等固定效应校正后得到的,并且残差方差也最小,所以具有较好的可比性和较高的准确性。既可以评定成年公、母牛,又可以评定后备牛,扩大了遗传评定范围。从遗传学和统计学的角度看,个体动物模型是现有遗传评定模型中最好的。

应用动物模型 BLUP 法进行遗传评定时配合的线性混合模型如下:

$$Y_{ijkl} = \mu + hys_i + L_j + a_k + P_k + e_{ijkl}$$

其中:Y_{ijkl} 为性状观测值,μ 为总体均值,hys_i 为第 i 个场年季效应,L_j 为第 j 个胎次效应,P_k 为第 k 头母牛的随机永久环境效应,a_k 为第 k 个个体的加性遗传育种值,e_{ijkl} 为随机残差。上式表达为矩阵形式:

$$y = X\beta + Za + Wp + e$$

其中：y＝观察值向量；β＝包括场年季效应、胎次效应在内的所有固定效应向量；a＝动物的直接遗传效应向量；p＝母牛永久环境效应向量；e＝随机残差效应向量；X、Z、W 分别为对应 β、a、p 的关联矩阵。设：$E(a)=0$，$E(p)=0$，$E(e)=0$，$E(y)=X\beta$。

$$Var(a)=A\sigma_a^2 ; Var(p)=I\sigma_p^2 ; Var(e)=I\sigma_e^2$$

相对应的混合模型方程组为：

$$\begin{bmatrix} X'X & X'Z & X'W \\ Z'X & Z'Z+A^{-1}k_1 & Z'W \\ W'X & W'Z & W'W+Ik_2 \end{bmatrix} \begin{bmatrix} \hat{\beta} \\ \hat{a} \\ \hat{p} \end{bmatrix} = \begin{bmatrix} X'y \\ Z'y \\ W'y \end{bmatrix}$$

其中，

$$k_1 = \frac{\sigma_e^2}{\sigma_a^2} = \frac{1-r_e}{h^2} ; k_2 = \frac{\sigma_e^2}{\sigma_p^2} = \frac{1-r_e}{r_e-h^2}$$

$$r_e = \frac{\sigma_a^2+\sigma_p^2}{\sigma_y^2} = 重复力 ; h^2 = \frac{\sigma_a^2}{\sigma_y^2} = 遗传力$$

具体求解时，要求事先建立两个文本数据文件：一个是包括个体牛号、场年季水平信息、胎次、性状记录值的生产性能数据文件，另一个是对应的系谱资料文件，主要包括个体牛号、父亲号、母亲号和个体出生日期等。而且，通常是用非求导约束最大似然法(Derivation Free Restricted Maximum Likelihood method，DFREML)迭代求解，最后得出场-年-季、胎次等固定效应的估计值和个体加性效应的预测值，即估计育种值(estimated breeding value，EBV)。有时，人们也用预期传递力(predicted transmitting ability，PTA)的概念，它等于 1/2 的估计育种值。根据 BLUP 值的大小排队，即可进行种公牛和核心群母牛的选择。

PTA 值是衡量种公、母牛优劣的主要指标，也是计算其他评定指标如 TPI(Total Performance Index，总性能指数)的基础。在一次评定中，性状评分的 PTA 值愈高愈理想，这也是选种的依据。但需注意的是 PTA 值是一个相对值，其高低随着比较的遗传基础和评定方法不同而不同，除非经过有效的转换处理。否则，不同的方法、地区、时期计算的 PTA 值是不能直接比较的。

以上介绍的是单性状的 BLUP 育种值的估计，也可利用一个多性状模型对多个性状的 BLUP 值同时进行估计。由于同时进行估计时考虑了性状间的相关，利用了更多信息，同时可校正由于对某些性状进行了选择而产生的偏差，因而提高了估计的准确度，尤其对低遗传力性状。提高的程度取决于性状的遗传力、性状间的相关性和每个性状所包含的信息量。

需要指出的是，BLUP 在乳牛育种值估计中的应用是个不断发展的过程。除了单性状重复度量的动物模型 BLUP 之外，还有多性状模型、测定日模型(test-day model)和随机回归模型(RRM)等。但是，不论哪种方法，原理基本都是一样的，过程也都是建方程和解方程的过程，只是求解过程难易的问题。

此外，对于一个个体而言，其信息来源(图 4-1)是逐渐增多的、信息量是不断丰富的。因此，其估计育种值的可靠程度(reliability)也是不同的。可靠性的基本计算公式为：

$$REL = \frac{n}{n + \dfrac{(1-r_e)}{h^2}}$$

其中,n是由所有信息来源换算成的女儿当量数。一个女儿当量是指个体的一个女儿的第一泌乳记录所提供的信息量。

(三)总性能指数法——TPI

总性能指数(Total Performance Index,TPI)是目前常用的一个指数,它是将产奶量、乳脂率、乳蛋白率和体型性状整体评分各自的PTA值(预期传递力),根据相对经济重要性加权构成的一个综合指数,然后按 TPI 值的大小顺序排列选择种公、母牛。TPI 值反映了种公牛、母牛上述多个性状的综合遗传能力,克服了单性状选择时顾此失彼的现象发生。它把综合选择指数法中的多性状和个体动物模型法中的所有个体遗传信息(亲本、本身、后裔和同胞)的 BLUP 值所包含的优点集中在一个公式中。在目前来说,是一个较好的选择方法,赢得了许多国家的普遍采用。

1. 中国总性能指数公式　目前我国评定乳用种公牛使用的 2 个总性能指数公式:

$$TPI_1=\left[\frac{5(PTAM)}{250}+\frac{3(PTAF)}{0.09}+\frac{2(PTAT)}{0.7}\right]\times50$$

$$TPI_2=\left[\frac{5(PTAM)}{250}+\frac{1.5(PTAF)}{0.09}+\frac{1.5(PTAP)}{0.09}+\frac{2(PTAT)}{0.7}\right]\times50$$

在此,$TPAM$ 代表产奶量的预期传递力,$PTAF$(%)代表乳脂率的预期传递力,$PTAP$(%)代表乳蛋白率的预期传递力,$PTAT$ 代表体型外貌的预期传递力。这里 TPI_2 公式比 TPI_1 公式多考虑了乳蛋白率性状,对提高我国乳牛乳蛋白率的育种具有重要作用。

2. 美国总性能指数公式　1992 年 1 月美国荷斯坦牛协会开始使用的 TPI,2002 年改进了一次,2005 年又公布了最新的公式如下:

$$TPI=\left[\frac{32(PTAP)}{19.4}+\frac{18(PTAF)}{23.0}+\frac{13(PTAT)}{0.7}-\frac{2(DF)}{1.0}+\frac{10(UDC)}{0.8}+\frac{5(FLC)}{0.85}+\right.$$
$$\left.\frac{8(PL)}{0.9}-\frac{5(SCS)}{0.13}+\frac{5(DPR)}{1.0}-\frac{2(DCE)}{1.0}\right]\times3.6+1548$$

式中,$PTAP$ 为乳蛋白量预计传递力,$PTAF$ 为乳脂量预计传递力,$PTAT$ 为体型预计传递力,DF 为乳用体型,UDC 为乳房综合项,FLC 为肢蹄综合项,PL 为生产寿命,SCS 为体细胞数评分,DPR 为女儿妊娠率,DCE 为女儿顺产性。

二、种公、母牛的选择

育种目标确定之后,首先应着重选出优良种公牛以加快育种进度;后备公、母牛能否被选留,首先是审查其系谱,其次是生长发育情况和体型外貌表现。公牛的遗传性是否稳定,则根据其后裔测定成绩。种母牛的选择主要根据本身的生产性能或与生产性能有关的一些性状。

(一)后备公、母牛的选择

后备公、母牛的选择,是指无产乳记录的幼龄母牛和未取得后裔测定结果的种公牛,它们主要根据系谱、生长发育和体型外貌情况来选择。

1. 系谱选择　按系谱选择后备公母牛,应重视最近三代祖先完整、可靠的系谱资料和生产性能资料。因为祖先愈近,对该牛的遗传影响愈大,反之愈小。据研究,影响遗传进展的 4 个米源:公牛的父亲约占总遗传进展的 39%,公牛的母亲约占 32%,母牛的父亲约占 26%,母牛的母亲仅占 3%。这个结果说明后备公牛的父母亲对遗传进展影响最大,达到 71%。母犊也是如此。因此,对后备种公、母牛的选择,首先是集中在它们的父母身上,只有证明其父母亲为最优秀的,才能作未来种牛的父母。但也不能忽视其他祖先的性状,以及各代祖先性状遗传的稳定性。

当具有完整的系谱资料,可按系谱指数计算后排队,较高者入选(父系育种值的可靠性必须达到 85% 以上)。

$$系谱指数(PI)=1/2 父亲育种值(EBV_s)+1/4 外祖父育种值(EBV_{mgs})$$

另外,也可利用兄弟、姐妹等旁系资料,从侧面证明一些由个体本身无法查知的性能,如后备牛产乳生产性能等。与后裔测定结果相比,利用同胞资料可以节省时间 4 年以上。根据半同胞信息选种的准确性与根据个体本身资料选种相比较,半同胞的数量越大则准确性越高。当性状的遗传力较低时,则根据 30 头以上半同胞选种就比根据个体本身选种的准确性要高。

系谱鉴定,最主要的是系谱的完整性和资料的可靠性。所以,长期保存育种记录是很重要的。

通过系谱鉴定,还可以了解个体间有无亲缘关系以及品种纯度。

表 4-5　乳牛一些性状的遗传力及其遗传相关

性　　状		遗传力	与产乳量有关的遗传相关
产乳性状	产乳量	0.25	1.00
	乳脂量	0.25	0.75
	乳蛋白量	0.25	0.82
	总固体量	0.25	0.92
	乳脂率	0.50	−0.40
	乳蛋白率	0.50	−0.22
体型性状	体型总评分	0.30	−0.23
	体尺	0.40	—
	肢(侧观)	0.16	—
	足踝骨	0.10	—
	乳房长度	0.25	—
	乳房附着	0.15	—
	乳头位置	0.20	—

续表

性 状		遗传力	与产乳量有关的遗传相关
其他性状	排乳速度	0.11	—
	体细胞数	0.10	—
	分娩难易度	0.05	—
	出生重	0.35	—
	繁殖力(空怀天数)	0.05	—

2. 按生长发育选择 按生长发育选种,主要以体尺、体重为依据,其主要指标是初生重,6月龄、12月龄体重,日增重及第一次配种及产犊时的年龄和体重,有的品种牛还规定了一定的体尺标准。

3. 按体型外貌选择 犊牛初生后,6月龄、12月龄及配种前按犊牛、青年牛鉴定标准进行一次体型外貌鉴定。对不符合标准的个体应及时进行淘汰。

(二)种公牛的选择

1. 青年公牛的选择 对每个青年公牛系谱资料进行分析,即可评定其遗传品质的优劣。结合外貌鉴定、生长发育,就可确定是否选留。凡经系谱鉴定入选者,每隔一定时间应进行一次称重和体型外貌鉴定。如果小公牛由外地购入,应隔离观察(30～60 天)和检疫。如属健康者,方可合群饲养。小公牛外貌鉴定的重点是四肢和骨骼发育。有的国家对小公牛眼睛、鼻子、关节、睾丸、腹围及消化道特别重视。近年来加拿大还审查小公牛的繁殖性能。其方法是根据小公牛阴囊围(周径)和睾丸硬度作为繁殖性能的指标。阴囊围大小与精液量呈正相关。睾丸硬度与精液品质呈正相关。

2. 后裔测定 由于公牛本身并不直接表现产乳性状,而其作用又相当大,尤其是在采用人工授精时,所以为了提高种公牛的遗传评估的准确性,必须进行后裔测定。要点如下:

首先,青年公牛在未证明是良种之前,当达到 24 月龄以前(美国 10～14 月龄),每头公牛需至少冷冻精液 600 份(美国 2 000 份)。一般可先在一个配种季节(集中 3 个月内)使其与选定的母牛进行配种,每头公牛至少配孕母牛 150 头(美国 1 000 头)以上,而后停配。

其二,每头后裔测定的公牛,其女儿分布必须跨越不同地区和不同牛场,并总共不少于 15个牛场(美国 30 个),所有被测公牛在所有的牛场女儿分布应有交叉,直到它的第一批女儿有产乳记录后进行测定,再决定是否可留作种用。

其三,与配母牛产犊以前以及试配公牛女儿未完成一胎产乳之前,不能随意淘汰、调出或出售。

其四,不同试配公牛的女儿,在同一单位内以及同期、同龄牛均需保持在同样饲养条件下饲养,以利比较。

其五,公牛女儿出生后,即进入后裔测定阶段,女儿的生长发育状态,均能反映公牛的遗传性能,必须按时测定,并详细记载,及时整理分析。

其六,公牛女儿满 16~18 个月龄进行配种,不可提前或延后,以便统一产乳年龄,做到同期同龄比较,公牛女儿产乳后应详细记载各泌乳月、泌乳期的产乳量和乳脂率、乳蛋白率等。

其七,公牛女儿泌乳期的产乳量、乳脂率、乳蛋白率及一胎体尺、体重和外貌鉴定,必须及时汇总。

其八,当公牛已有 10 头女儿完成 90 天产乳时,即可统计一次后裔测定成绩,完成一胎产乳时,再统计一次后裔测定成绩。

最后,后裔测定统计内容包括:公牛号、出生年月日、出生体重、出生地、毛色、近交系数、品种代数、所在单位,以及女儿头数、女儿分布牛场数、同期同龄牛头数、测定时间等。

采用上述方法,一般在 5 岁时即可证明该公牛是否为良种。所以,公牛的使用年限,比别的方法可延长 2~3 年。

中国奶业协会于 2006 年发布的《中国荷斯坦种公牛后裔测定实施方案》,其流程可参见图 4-2。

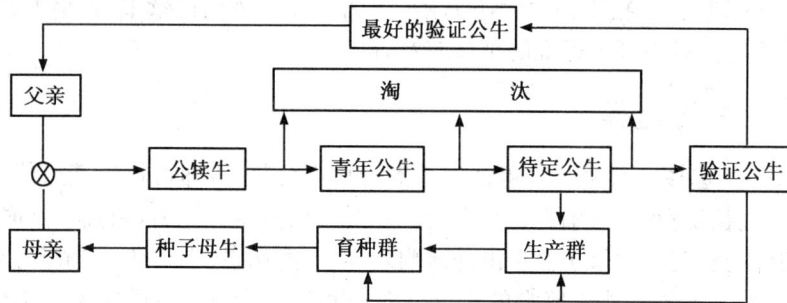

图 4-2 种公牛后裔测定流程

种公牛后裔测定用的遗传评估方法很多,主要包括以下几种:

(1)同期同龄比较法:同期同龄比较法(contemporary comparison)就是对若干头需要进行后裔测定的公牛,令其女儿在同一时期、同一年龄配种,比较其生产性能,以确定公牛的种用价值。同期同龄比较法计算较简单,但不能消除由地区、年度、季节的不同所造成的差异。

(2)改进同期同龄比较法:在同期同龄比较法的基础上,1974 年 Beltsville 等人提出了改进的同期同龄比较法(modified contemporary comparison,MCC),也称预期后裔差法(progeny difference,简称 PD_{74})。该法在美国一直沿用到 20 世纪 80 年代。MCC 法考虑了同龄牛和祖先的遗传值,即采用了系谱遗传值对乳牛系谱价值进行校正,并尽可能地消除环境因素的影响,使 PD 结果更准确。但由于各地区乳牛的资料和记录方法不齐全、不统一,不能将资料校正到同一水平上,使 MCC 法应用遇到困难。

(3)动物模型 BLUP 法及 TPI:如前所述,这是目前国际公认的选择种公牛的最先进方法,在北美和欧洲及发达国家普遍应用,我国也于 1986 年开始应用。

(三)种母牛的选择

1. 种子母牛的选择 种子母牛是从育种群中选出的最优秀母牛,通过它来创造、培育良种公牛。这是育种工作中一项重要的基本工作,对不断提高种公牛的质量,加速牛群改良有极为重要的作用。

1995 年,中国奶业协会育种专业委员会,对种子母牛提出如下要求:父母应为良种登记牛,三代血统清楚。系谱中包括血统,本身外貌、生产性能、女儿外貌以及历史上是否出现过怪胎、难产等,乳房、四肢等重要部位无明显缺陷者;第一胎产乳 9 000 kg 以上,乳脂率在 3.6%以上;体型评分在 80 分以上的母牛作种子母牛。

美国对后备公牛的母亲特别重视,对其母亲要求:①产乳量超过同期同龄牛;②其半同胞产乳量也得超过同期同龄牛;③其系谱中牛必须体型好、长寿、性情温顺、繁殖效率高。

2. 生产母牛的选择　我国乳牛育种工作者在经典育种理论与方法的基础上,应用系统工程方法,以计算机为手段,结合中国荷斯坦乳牛育种现状和发展目标,提出了我国乳牛选种时的乳用性状、生长发育性状和次级性状的三者间的经济重要性比例为 2∶1∶2(表 4-6)。

表 4-6　乳用性状、生长发育性状和次级性状的三者间的经济重要性比例

育种目标性状	性能测定性状	目标性状的重要性(%)
1. 乳用性状		38.32
(1)乳脂量	泌乳量、乳脂率	31.14
(2)生长能力(母牛)	体型测定	7.18
2. 生长发育性状		19.53
(1)日增重	平均日增重	8.24
(2)生长能力(公牛)	体型评定	8.18
(3)胴体价值	收购商业等级	3.11
3. 次级性状		42.01
(1)繁殖力	情期一次受胎率	12.67
(2)使用年限	保持力	17.84
(3)抗乳房炎	体细胞数	11.50

生产母牛主要根据其本身表现进行选择。母牛的本身表现包括:体型外貌、体重与体型大小、产乳性能、繁殖力及早熟性和长寿性等性状。而最主要的是根据产乳性能进行评定,选优去劣。主要采用动物模型 BLUP 和 TPI 法。

第三节　乳牛的选配

一、选配的意义和原则

选配是乳牛选种工作的继续,它是在明确育种目的的基础上决定公母牛之间的交配,以便将双亲优良性状的基因结合在一起,以期获得理想的后代或创造和培育出优秀的种公牛和种

母牛。实践证明,正确地选配不仅可以巩固选种的效果,而且可以提高选种效果。选配效果决定于所选配公、母牛的品质及其遗传性能。种公牛的价值不仅决定于它本身的遗传品质,而且决定于它与母牛群遗传性的结合。为了改进选配效果,必须注意所选配的乳牛要适合它所在地区的自然生态、社会经济条件。

选配必须有自己的方向。为此,必须研究牛群的结构、品种、每头乳牛的来源及其优缺点。例如产乳量的高低、乳中脂肪和蛋白质含量等。选配方向确定之后,要特别注意选配方向的长期性和稳定性,克服短期行为和盲目性。

种公牛对牛群的影响较大。所以,选配用的种公牛,其品质必须高于母牛群;同时,选配必须在深刻分析以往选配效果的基础上进行,包括公、母牛的后裔测定;公母牛的配种年龄对后代影响较大,避免幼龄、老龄牛的配种所造成的生活力弱、生产性能较低、遗传不稳定的缺点,选择青年或壮年母牛与壮年公牛交配最好;选配还必须根据公牛和母牛之间的亲缘关系,不断进行调整和完善,防止无意地近亲交配,牛群近交系数应控制在6.25%以下。

二、选配方式

(一)品质选配

1. 同质选配　同质选配就是选用体型外貌和生产性能相近,且来源相似的优秀公母牛进行交配。同质选配的原则是好的配好的,产生更好的后代。其目的是增加群体中纯合基因型频率,保持和固定优良性状,以期获得相似的优秀后代。

同质选配多在杂交育种的后期阶段,降低牛群在外貌、生产性能上的参差不齐,增加遗传稳定性时采用。另外,在原有品种牛群中建立某种品系或巩固和发展某一优良性状,如乳蛋白率高的性状,也实行同质选配。但是,同质选配决不允许所选的公母畜有共同的缺点,因为这样的选配,将会使缺点更加巩固。

同质选配的效果与亲缘选配有些相似,但纯合的速度比亲缘选配慢得多。

2. 异质选配　异质选配也就是利用体型外貌和生产性能不同的公母牛进行交配。其目的是获得兼有双亲不同优点的后代,或用一个亲本的优点去纠正另一亲本的缺点。因此,异质选配可以丰富和改变遗传结构,改良和提高后代的体型外貌、生活力、适应性和生产性能。例如,可以选择产乳量多的品种与具有乳脂率高的品种进行选配,以期获得产乳量多、乳脂率高的优良后代;再如使用背腰平直的公牛与背腰凹陷的母牛交配,以纠正母牛后代背腰凹陷的缺点。

同质选配和异质选配是相对的,二者在生产实践中是互为条件、相辅相成的。长期的同质选配能增加群体中遗传性稳定的优良个体,为异质选配提供良好的基础;而异质选配中创造的新品种或优秀后代,应及时转入同质选配,使新获得的优良性状得以巩固。所以同质选配和异质选配是不能截然分开的,而且只有将两者密切配合,交替使用,才能不断提高和巩固整个牛群的品质。

（二）亲缘选配

亲缘选配是指根据交配双方的亲缘关系远近来安排交配组合，以期提高牛群质量的选配方式。如果交配双方亲缘关系较近，即称近交；如果交配双方亲缘关系较远，即称远交。实践中，常把到共同祖先的总代数不超过 6 代的个体间的交配称为近交，即所生子女近交系数大于或等于 3.125％的属于近亲交配；而把不同群体间的远交称为杂交。

1. 近交　近交的效果是：第一，固定优良性状。近交可以增加纯合基因型的比例，使优良性状在后代中得到巩固，这在品种或品系的育成阶段具有重要意义。第二，淘汰有害性状。往往有害基因是隐性的，通过近交可使之纯合而暴露，以便及早将其有害性状的个体淘汰。第三，保持优良祖先的血统。牛群中若出现特别优秀的个体，可采用近亲交配的方法式来保留它们的血统。在这种情况下，可慎重采用亲子、全同胞间交配，后代的近交系数可高达 25％。

亲缘选配应注意的问题：第一，亲缘选配不能滥用，只有选择最杰出的个体，为巩固和发展其优良特性才采用，对一般种牛不采用。运用不当会引起后代生活力、繁殖力和生产能力衰退；第二，卓越种牛的配偶也必须具备相近的品质，同时没有相同的缺点，才能进行亲缘选配；第三，在近交后代中，必须逐代实行严格的选择和淘汰，淘汰有害基因，这对种公牛尤为重要；第四，注意控制亲缘程度，保留一定数量的种公牛。第五，加强饲养管理，保持亲本和后代的强壮体质。

2. 杂交　①杂交的效果：第一，增加杂合子的频率，提高杂种群体均值，即产生杂种优势。第二，产生群体间的互补效应。第三，降低子一代的遗传变异。杂交因为具有这些效果，因而已被广泛用于下列几个方面：一是杂交育种。杂交可以丰富子一代的遗传基础，把亲本群的有利基因集于杂种一身，因而可以创造新的遗传类型，或为创造新的遗传类型奠定基础。新的遗传类型一旦出现，即可通过选择、选配，使其固定下来并扩大繁衍，进而培育成为新的品系或者品种。其次，杂交有时还能起到改良品种作用，迅速提高低产品种的生产性能，也能较快改变一些种群的生产方向。第四，杂交还能使具有个别缺点的种群得到较快改进。②杂交生产：杂交可以产生杂种优势、利用互补效应，并使子一代的表现一致性增高，因此特别适于商品生产。

三、选配方案与计划

（一）选配方案

在生产实践中，常采用以下三种选配方案。

1. 个体选配　这种形式的选配多在育种场进行。这种方式每头母牛都按自己的特点与最优秀的种公牛进行交配。所以为了实现选配计划，必须很好地了解个体特性、来源、外貌和生产性能；同时也要了解其过去的选配效果。在这样的选配中获得优良的公牛比母牛更为重要。

2. 群体选配　这种选配的本质是根据母牛群的特点来选择两头以上种公牛，以一头为主，其他为辅。这种选配方式多应用于非育种场或人工授精站。

3. 个体群体选配　这种选配要求把母牛根据其来源、外貌特点和生产性能进行分群，每群选择比该牛群优良的种公牛进行交配。这种选配可同时应用于育种场或人工授精站。

总之,任何一种选配方式种公牛的品质必须高于母牛。

(二)选配计划

选配计划的制定应在研究牛群中每头母牛以往选配效果的基础上,进一步分析每头牛的特性之后进行。如果过去的选配效果良好,即可采用重复选配;对已证明过去选配效果不理想的个体,要及时进行适当调整;对没有交配过的母牛,可参照同胞姊妹和半同胞姊妹的选配方案进行,也可作为初配母牛进行选配。

选配计划通常按表 4-7 的格式进行编制。

表 4-7 乳牛的选配计划表

母牛号	与配公牛号	亲缘关系	以往选配效果	本次预期选配效果

选配计划必须严格执行。为了使选配计划落到实处,主管育种工作者必须定期进行检查,发现问题及时解决,以便使选配计划顺利进行。

第四节 乳牛育种方法

一、品系繁育

品系繁育是培育高产乳牛育种工作的高级形式,是改良和提高牛群品质的有效方法。其目的就是培育牛群在类型上的差别,以使牛群中各个优良性状都能持续地发展和遗传给后代。乳牛具有经济意义的性状是多方面的,如产乳性能、生长发育、体质外貌、繁殖力、适应性、利用年限等,若在牛群中选择一头全面优秀的种牛是很难的,但若选择在某一方面突出的个体较容易。因此,在牛群中有计划地建立具有各自优良特性的若干品系,开展同质选配,以使品种在这方面的优良特性得到保持下去。然后,通过品系间杂交,将各品系的优良特性综合到品种中去,使整个乳牛群得到改进与提高。乳牛生产发达的欧美国家普遍采用品系繁育。

(一)品系的建立

建立品系的第一步就是选择和培育系祖。系祖必须具备杰出的优良特性,并将这一特性稳定地遗传给下一代。例如,目前美国公布的"公牛概要"中,排列前 400 名的公牛中,其血缘关系最后集中到几头优秀种公牛身上(即以公牛为系祖的品系)。我国从北美引进的荷斯坦种公牛均为 A、B、C 和 D 四个系祖的后代。经后裔测定选择和培育出的系祖,一般都含有12.5%以下的近交系数,以达到较高的同质性和遗传稳定性。

（二）培育系祖继承者

系祖公牛可与一定数量（150头以上）杰出的同质母牛选配，使得表现突出的儿子作为品系的"继承者"，并经后裔测定确认其品质。

（三）品系间杂交

品系建立和品系间杂交是品系繁育的两个阶段。建立品系是为了增加品种内的差异性，以保证牛群内丰富的遗传特性，而品系间杂交则是利用品系间优良特性互补，丰富遗传结构。这样品系不断地建立，不断地杂交结合，使得品种不断地完善、不断地提高。

二、杂交繁育

杂交繁育是指不同品种间的公、母牛进行相互交配。采用杂交繁育，乳牛饲养者不需考虑乳牛品种的毛色和外貌，只要利用良种公牛进行杂交，能够获得良好个体，就算达到目的。杂交的目的在于从其后代中得到杂种优势。例如，缩短哺乳期、减少犊牛死亡率，以及获得比较高的产乳量等。

国内外大量的资料表明，采用杂交繁育是迅速提高低产品种乳牛生产性能的有效方法。因此，杂交繁育在生产实践中应用最广。杂交繁育在乳牛上应用较广的有下列几种方法：

（一）级进杂交

级进杂交是用高产乳用品种种公牛与低产品种母牛逐代进行杂交，一直达到彻底改造低产品种为目的。各代杂种母牛，随着杂交代数的增加，含高产品种血液也逐代增加。一般级进到3～4代，其杂种通常称高代杂种。高代杂种与纯种几乎已无差异。有的国家对4代以上的杂种母牛，即按纯种对待。

级进杂交在我国早已被采用。例如，中国荷斯坦牛就是利用引进国外的荷斯坦乳牛与中国黄牛级进杂交而育成的。但杂种牛的适应性，随着代数的增加而有所减弱，发病率也有所增加。因此，采用级进杂交，必须为杂种牛创造良好的饲养管理条件，以使其优良遗传性状获得充分发挥。并且，对改良公牛的选择必须慎重，以保证杂交改良的成功。

（二）引入杂交

引入杂交，也叫导入杂交。当某乳牛品种（或牛群）的个别缺点不能由本品种育种方案纠正时，往往引入另一乳牛品种的优点，而将其纠正。引入杂交的优点在于不改变原牛群的育种方向。例如，我国一些高产牛群产乳量很高，但乳脂率偏低。为此引进产乳量良好，而乳脂率高的品种公牛或冻精，以纠正我国高产群乳脂率低的缺点，使牛群趋于理想。

引入杂交的关键是选择好所用品种和种公牛，杂交一次后，在后代中加强选择和培育。一般导入外血的量在1/4至1/8范围，导入过度不利于保持原品种特性。原品种与导入品种在生产性能及特性方面相差不大时，在回交一代（含1/4外血）后就可在引血群中横交；如差异较大，则应在回交二代（含1/8的外血）后进行横交。

(三)经济杂交

经济杂交是以低产乳牛品种(或乳牛群)与良种乳用品种公牛进行杂交,或者用两个高产品种杂交。杂交目的是利用杂交一代的杂种优势,以提高其经济利用价值。这种杂交方式乳牛业中应用较少。近年来,有些国家为了生产瘦肉型牛肉,有时利用著名肉用品种公牛与乳用品种母牛杂交。因为乳牛与肉牛遗传上差异大,杂种优势表现明显。

我国采用荷斯坦公牛与西门塔尔杂种母牛进行经济杂交,效果良好。海南省还利用乳牛品种与瘤牛进行经济杂交,血液各占50%,其后代产乳量和抗牛蜱病能力大大提高。

三、育种方案

无论采取哪种繁育方法,是纯繁还是杂交,只要进行乳牛品种(或乳牛群)改良,就必须制定育种方案。制定育种方案,育种目标必须明确,育种指标必须切合实际,不能凭个人想像。

育种方案一旦确立,除非有某些原则上的错误需要修改外,一般应坚决贯彻执行。万万不可任意修改或中途废止。

制定育种方案的内容与步骤,概述如下:

1. 选择适合的乳牛品种 一个国家、一个地区,甚至一个乳牛场都存在着品种的选择问题。这是决定育种工作能否取得进展的大问题。就目前各国的情况看,由于荷斯坦奶牛产乳量最高,生产每单位牛乳所消耗的饲料费用最低,在产乳量基本不变的情况下,可以减少乳牛饲养头数、节约饲料、人力和设备,经济效益较高。20世纪70年代以来,荷斯坦奶牛在国内外发展很快,成为主流品种。目前,欧美等乳牛发达国家荷斯坦牛比例已经占到90%以上,产乳量在8 000 kg以上。我国曾先后引进不少乳牛品种,如爱尔夏牛、娟姗牛、科斯特罗姆牛等,由于这些品种产乳量不高,因而有的已被逐渐淘汰。

2. 选择或购买最好母牛 不论一个品种或一个牛群的育种工作,选择好基础母牛是最关紧要的。因为基础母牛群对整个牛群品质的好坏和遗传改良的进展将会有深远的影响。因此,基础母牛必须严格选择。选种应根据母牛的产乳记录(DHI测定)、乳牛体型和系谱而进行。

3. 育种方法 根据育种目标,选择达到理想指标的育种方法。

4. 乳牛群鉴定 开展乳牛育种工作,必须定期对乳牛群进行鉴定。通过鉴定,明确乳牛群(或品种)存在的优缺点。牛群鉴定必须有统一的鉴定标准和一批技术熟练、经验丰富的鉴定人员(详见第三章)。

5. 选择、培育理想种公牛 种公牛应该是经过后裔鉴定,证明为理想种公牛的个体。只有理想的种公牛,才能进一步提高乳牛群产乳量,改进其体型外貌,延长利用年限。选择理想公牛,种公牛站应从国内外广泛挑选,也可引进优良公牛或精液、胚胎。

6. 制定选配计划 在严格选择种公牛和母牛的基础上,必须制定选配计划。对一些特别优秀的种子母牛和种公牛,可进行适当的近亲选配,以使其优良品质遗传于后代,提高其育种改良效果。横交公牛,如果是一头具有优良品质的近交公牛,则其遗传性可能较为稳定,育种效果可能较好。

7. 建立严格选留、淘汰制度 任何良种公牛与母牛选配所生的后代,必然会出现基因的分离和纯合。双亲的亲合性大,则分离的现象相对减少;反之分离的现象相对较多。另外,分离的程度也与性状的遗传力有关,这也就是为什么要严格选择良种公牛和母牛的理由所在。近交出现基因的分离和重新组合,对选种工作也非常有利。因为这将从中选出较优良的个体而淘汰劣种。在育种工作中,必须建立严格淘汰制度;否则将阻碍改良进程,收不到良好效果。

8. 制定适宜的饲养管理方案 制定和执行一个适宜的饲养管理方案,可使乳牛在群中充分表现出它具有的最高遗传潜力和生产潜力(详见第十一章、第十二章)。

第五节 现代生物技术与乳牛育种

从19世纪60年代孟德尔遗传学出现,到20世纪50年代沃森和克里克揭开DNA遗传结构之谜,花了整整一个世纪,人们才逐步认识了核酸、基因、遗传密码在生物遗传变异中的基本作用。然而,近30年,现代生物技术如基因工程、细胞工程、酶工程和发酵工程,在工业、农业、医学等领域展示了极大的应用前景,特别是1997年2月体细胞克隆羊"多莉"的诞生,给现代生物科学和技术带来了划时代的革命。在动物遗传育种领域,生物技术为培育新的高产、优质、抗病的畜禽品种和保护动物遗传资源等方面提供了新的途径。可以预见,21世纪通过常规育种技术与现代生物技术相结合,将使乳牛的生产效率与品质得到更大的提高。

一、繁殖生物技术在乳牛育种中的应用

(一)胚胎移植与MOET育种方案

如果说已普及的牛人工冷冻授精技术是充分发挥和扩繁种公牛的优良特性技术的话,那么胚胎移植技术就是"借腹怀胎"充分发挥和扩繁良种母牛的优良特性的技术。这两项技术通过冷冻保存精液或胚胎,很好地解决了运输、保存中时间和空间问题,也为濒临动物资源的保护利用提供了技术支撑。胚胎移植技术不仅在牛的繁殖上冲破了母牛繁殖率低的阻碍,还可大大提高其繁殖力12～20倍,而且为育种提供了更多的全同胞和半同胞信息资料,提高了选种的准确性。

目前胚胎移植技术在国内外已成熟并商品化,冷冻胚胎解冻成活率和移植受胎率均达到较高的水平,这对优秀种公牛和种母牛的扩繁及育种进展起到了很大的促进作用。尤其胚胎移植技术与育种技术相结合产生的MOET(Multiple Ovulation Embryo Transfer,超数排卵胚胎移植)育种方案,不仅能增加选出种牛的数量,而且大大缩短了选择种公牛的时间(由6.5年减少到3.7年),加快了遗传进展;并且克服了AI育种体系(人工授精育种体系)后裔测定选择种公牛时,人力、物力、时间的大量消耗,以及无法利用优秀母牛遗传优势的缺点。20世纪90年代初中国农业大学与北京奶牛中心合作实施并完成了"应用MOET技术选育高产黑白花奶牛的研究"课题,取得了可喜成果。

MOET育种方案的主要内容是:优选建立一个由600～1 000头高产母牛组成的核心群(也称母牛性能测定站),通过育种值估计选择一定数量优秀母牛作供体母牛,并引进最优秀的

公牛精液配种，在核心群内实施超数排卵胚胎移植工程。然后，待胚胎移植的后代完成第一泌乳期成绩后，利用小公牛的全同胞、半同胞姐妹信息资料，使用动物模型 BLUP 法进行小公牛产奶性能育种值估计，并根据 TPI 值排队选留种公牛。这样利用众多的同胞姐妹的产奶资料评定待测公牛，比后裔测定方法缩短了世代间隔 2～3.7 年，加快了遗传进展。

（二）体外生产胚胎

体外生产牛胚胎技术，也称为"试管牛"，它为工厂化生产胚胎奠定了技术基础。其内容包括：卵母细胞采集，卵母细胞体外成熟、体外受精、胚胎体外培养和胚胎移植等技术。该技术的实施可大量提供移植牛胚胎的数量，减少成本；扩大优秀母牛的胚胎和后代，以及增加母系半同胞组信息资料，提高选种准确性；并为克隆和基因转移等胚胎工程操作提供廉价的胚胎。

（三）性别控制及胚胎性别鉴定

性别控制对于具有限性性状的乳牛，可通过性别控制达到提高生产效率的目的，以及提高母牛的选择强度。其主要方法有：沉淀法、密度梯度离心法、电泳法、免疫法等。利用流式精子分型仪对 X、Y 精子进行分离的技术前景乐观，已小范围试用。利用 DNA 标记技术对移植的胚胎进行性别鉴定对乳牛业具有特别重要意义，它具有快速、准确的特点，可节约胚胎移植及养殖成本。目前已在生产中应用。

（四）克隆

克隆（clone）是指利用胚胎或机体某一部分的细胞来完成繁衍后代的过程，可通过无性繁殖得到多个同质的个体，实现基因型的复制，它对乳牛育种及生产具有重要意义，如对濒危动物的保存、饲养对照试验、研究基因与环境互作、特殊优秀种牛的扩繁、育种值和遗传参数估计等。克隆可分为胚胎分割、早期胚胎细胞核移植和体细胞克隆。超数排卵与胚胎分割、移植技术结合，最多可得到 6～7 个后代；从理论上讲，胚胎细胞核移植技术对 32 细胞期的供体胚胎，经过两次克隆可产生 1024 个遗传同质的胚胎，按目前尚未成熟的技术水平，一次获得 6 枚可用胚胎的超排处理，通过核移植后，至少获得 10～12 个后代。这些技术将大大提高 MOET 育种体系的效率；体细胞克隆与胚胎细胞核移植技术程序基本相同，其差异在于核移植的供体不是胚胎卵裂细胞，而是体细胞，并且完全是遗传同质的"复制品"。但体细胞克隆技术难度更大，至今成功的报道寥寥无几。自从 1997 年英国体细胞克隆"多莉"羊诞生后，已有羊、牛、猪和猴等体细胞克隆动物成功的报道，我国也成功地获得体细胞克隆的山羊、牛。

二、分子遗传标记技术在乳牛育种中的应用

遗传标记是指一些等位基因或遗传物质，其表型易于识别，可用于间接选择，并且遵循简单的孟德尔式遗传。因此，遗传标记从早期的形态、生理、血型等遗传标记到现今的蛋白质多态性和 DNA 标记等都属于遗传标记。但早期的遗传标记由于可供利用的标记较少和易受环境因素的影响，分析的准确性降低，而使其应用受到了限制。进入 20 世纪 50 年代中期，随着蛋白质电泳技术的发展，开始利用蛋白质多态性作为遗传标记。到 20 世纪 70 年代后，由于限

制性内切酶和 DAN 重组技术的出现，以及分子生物学技术的迅速发展，遗传标记的研究便转向遗传物质 DNA 分子，即分子遗传标记，它是最为可靠的遗传标记，到 2001 年人类基因组框架图谱的完成，标志着分子标记技术进入一个崭新的阶段。

（一）分子遗传标记

分子遗传标记是以 DNA 多态性为基础，通过遗传连锁分析来标记和识别与目标性状有关的 DNA 片段，从而达到对该性状选择的目的。分子遗传标记（即 DNA 标记）能够稳定遗传，不受环境条件、生理、性别、发育阶段的影响，能够达到早选、选准、选好的育种要求。目前利用 DNA 标记对影响动物生产性能性状进行分析是分子遗传学研究的热点，是很有前途的分子生物学的一项高新技术。根据分子遗传标记进行乳牛的遗传改良可望识别出具有优良遗传价值的种畜，获得较大的遗传进展，这对促进养牛业的发展有着重大意义。目前的分子标记技术有：RFLP（限制性片段长度多态性）、AFLP（扩增片段长度多态性）、RAPD（随机扩增长度多态性）、微卫星 DNA、SNPs（单核苷酸多态性）等，特别是微卫星 DNA 和 SNPs，在与乳牛产乳性状连锁分析及基因图谱的制作中应用最多，标记座位已达上千个，例如与乳牛产乳性状有关的 Weaver 基因等。利用分子标记技术，并通过基因型效应分析，筛选与乳牛生产性能有关的标记，以达到基因型选种的目的。

（二）乳牛的基因图谱与数量性状座位（QTL）

连锁遗传图谱是利用多个分子遗传标记，进行连锁分析得到的、反映遗传标记之间相对应位置的图谱，进而可根据图谱进行 QTL（Quantitative Trait Loci）定位分析和标记辅助选择。目前牛遗传图谱上的标记高达 1 250 个，平均标记间隔为 2.5 cm。随着高度多态性微卫星 DNA 标记的广泛使用，牛遗传连锁图谱日趋饱和，乳牛产奶性能 QTL 定位工作也不断取得新进展。QTL 是指占据某一染色体区域、对数量性状的变异具有较大影响效应的单个基因或紧密连锁的基因簇。Georges 等（1995）应用 14 个美国荷斯坦牛半同胞家系、159 个微卫星标记，发现在牛的 5 条染色体上存在对产奶量、乳蛋白量、乳脂率和乳脂量有不同影响的 QTL；Qin Zhang 等（1998）利用孙女设计，在荷斯坦牛 29 条染色体上，用 206 个分子标记，发现 34 个可能的 QTL 存在。

（三）标记辅助选择（MAS）

动物模型 BLUP 是乳牛个体遗传评定的最佳手段，但它是基于表型信息和系谱信息进行的。在有的情况下，如低遗传力性状和阈性状，由于在表型信息中所包含的遗传信息有限（除非有大量的各类亲属的信息），很难对个体做出准确的遗传评定。如果我们知道所要评定的性状有某些 QTL（主效基因）存在，并能直接测定它们的基因型或知道它们与某些标记的连锁关系，那么我们就可以利用这些信息进行个体遗传评定，这无疑会提高评定的准确性，这就是标记辅助选择（Marker Assisted Selection，MAS）。该方法的思想就是将现代生物技术与常规选择方法相结合，借助分子遗传标记来选择数量性状的基因型，使之能够同时利用标记位点信息和数量性状本身的表型信息，更准确地估计动物育种值，提高选择效率，加速遗传进展。专家预测应用 MAS 方法能提高 1%～10% 的遗传进展,个别的能达到 40%。

MAS 方法主要应用于三个方面,即限性性状、非生产性的性状(如抗病力),以及在性能或后裔测定前幼牛的预筛选。

(四)全基因组选择

近些年来,覆盖整个基因组的高密度、高通量的基因芯片分型技术得到了迅猛发展。一张芯片可以同时检测数以万计的 SNP(single nucleotide polymorphism)。这些进步,使得基于全基因组多态进行选择成为可能。这种方法就是全基因组选择(genome-wide selection,GWS)。具体而言,基因组选择即在动物育种中基于全基因组育种值(GEBV)指导动物的选种。GEBV 是基于全基因组的高密度标记或这些标记组成的单体型的效应来计算的,因此能够涵盖全基因组中影响某一数量性状的 QTL 效应。近几十年来,尽管在育种中引入 DNA 标记信息能够加快遗传进展的观点已经被广泛接受,但标记辅助选择仍然受到诸多的限制,如因大量的标记位点影响同一个数量性状,单个标记位点仅贡献总体遗传方差的一小部分。这些限制导致基于有限标记信息的 MAS 只能得到很小的遗传进展。另外,包含标记信息的育种值的计算的复杂性,也限制了标记辅助选择的应用。

基因组选择的提出应该说是一种育种方法的重大变革,该方法主要是两步:第一步是利用基础群体的表型和标记信息,估计出所有标记或单体型的育种值;第二步是在随后的每一代中仅利用标记的信息计算 GEBV。Meuwissen 等(2001)通过模拟研究表明,仅通过标记信息而计算的全基因组育种值能达到 85% 的准确性,对一个刚出生的动物能够有如此高的准确度预测其育种值意义将非常重大,这将可以大大缩短世代间隔,加快遗传进展和节省育种费用。目前,该方法已经在美国、新西兰和澳大利亚等国的奶牛育种中得以实验评估和应用。

三、转基因动物及乳腺生物反应器

基因转移技术是指将体外重组 DNA 通过显微注射或载体系统导入胚胎细胞中,并整合到基因组中,得到稳定地表达的技术。从 1982 年通过显微注射 DNA 到受精卵而得到世界上第一只转基因小鼠,至今已有转基因猪、牛、羊和鸡都相继问世,但转基因动物表达效率低,而且遗传很不稳定。因此,转基因动物的研制仍需进行大量的基础性研究和发展新的技术。目前,利用小鼠胚胎干细胞体系进行转基因研究,有望取得突破性进展。

近年来,以转基因动物体作为生物反应器开发生产新一代珍稀医用药物,已成为生物技术研究的一大热点,特别是利用乳腺生物反应器专一性的表达,开发生产珍稀蛋白类物质的研究。其产品包括药用蛋白(如血红蛋白、干扰素、抗胰蛋白酶等)、营养保健蛋白(如乳铁蛋白、人奶蛋白等)等。动物乳腺生物反应器(mammary gland bioreacter),即把外源基因置于乳腺特异性调节序列的控制下,在乳腺中表达。通过回收奶就可以提取有重要药用价值的生物活性蛋白。其目的基因在乳腺中表达的转基因动物就称之为动物乳腺生物反应器。在一般情况下,这种特异性表达方式更安全、可靠。

目前动物乳腺生物反应器多应用于乳牛和奶山羊。1990 年,荷兰 Phraming 公司(又称 PHP 公司)宣布在世界上培育了含有人乳铁蛋白的转基因牛,每升牛奶中含有人乳铁蛋白

1 g。乳铁蛋白不仅能够促进婴儿对铁的吸收,而且能够提高婴儿的免疫力,抵抗消化道疾病的感染,是母乳良好的替代品,这种转基因牛能够年产 10 吨牛奶,目前已培育了 3 头转基因奶牛,每年生产含有乳铁蛋白奶粉价值 50 亿美元。最近,荷兰科学家又成功培育了含有促红细胞生成素(EPO)的转基因牛。EPO 能够促进红细胞的生成,对肿瘤的化疗以及肾脏机能下降引起的红细胞减少具有积极的治疗作用,EPO 是目前商业价值最高的细胞因子,年价值高达数十亿美元。此外,该公司还在研究重组人骨胶原、人溶菌酶的转基因牛。

但也应注意到,动物生物反应器研究成本昂贵、成功率极低。并且,转基因也会对动物引发不利的基因突变等负面效应。例如,人类生长激素在鼠体中表达,可引起鼠的生长速度提高,乳腺发育提前,母鼠繁殖力下降,甚至不育等负效应。因此,还应进一步加强此方面的研究与探索。

第六节　育种的组织措施

各国乳牛育种工作经验表明,开展育种工作,既要有技术措施还要有组织措施。如果组织措施跟不上,技术措施也难以实现,育种工作绝不会取得预期的效果。育种工作的组织措施主要有以下几个方面。

一、制定乳业区域发展规划

制定乳业区域发展规划具有重要的意义。制定区域规划必须从各地实际出发,因地制宜。要以市场为导向,以良种为基础、以产业化经营为纽带,做大做强龙头企业。根据《全国乳业优势区域发展规划》布局要求,把我国乳牛优势区域划分为三个优势产区,即北京、天津和上海的城市郊区、农场型乳业产区,黑龙江、内蒙古的牧区、农牧结合型的东北乳业产区,河北、山西农区、农牧结合型的华北乳业产区。

二、制定乳牛群体遗传改良计划

乳牛群体遗传改良计划,是指通过品种登记、生产性能测定、个体遗传评定、青年公牛联合后裔测定、人工授精技术等手段,提升牛群遗传水平,改善奶牛健康状况,提高牛群产奶水平,增强综合生产能力。因此,实施遗传改良计划对促进奶业发展具有重大意义。我国农业部根据《国务院关于促进奶业持续健康发展的意见》(国发[2007]31 号)于 2008 年发布了"中国奶牛群体遗传改良计划"。这对我国乳牛品种质量的提高具有现实意义。

三、建立乳牛繁育体系

开展乳牛育种工作,必须建立中央、省(市、区)、地、县、乡(村)一条龙式的繁育体系,即形成完整的繁育网。我国参照国外经验,于 1978 年在全国统一规划,合理布局,集中资金、设备和技术力量,建设以冷冻精液人工授精为中心的繁育体系。部分省市区已相应地建立了各级冷冻精液站、液氮站、改良站、输精站。各地经验表明,完整的繁育体系的建立有力地推动了家畜(包括乳牛)的繁殖育种工作。

四、组织跨系统的协作育种机构

各国实践表明，育种协作机构在乳牛育种工作中起了非常重要的作用。我国自1972年以来，相继成立了中国乳业协会育种专业委员会、中国西门塔尔牛育种委员会、草原红牛育种协作组、全国水牛改良育种协作组等组织。在协会（委员会）统筹安排下，开展了良种牛登记、联合组织种公牛后裔测定，制定品种牛鉴定标准、饲养标准，举办各类型短训班培训技术力量，出版专业刊物以及普及科学知识等，从而使我国的乳牛育种工作走上了联合发展的道路，大大加速了我国乳牛育种工作的进程。

五、品种登记与良种登记

品种登记，是将符合品种标准的牛登记在专门的登记簿中或特定的计算机数据管理系统中。每头登记牛必须有父亲、母亲、出生日期、品种纯度的信息。有条件的还要提供每头登记牛的头部照片及左右侧照片，以备牛号与牛不符时对照查询。

良种登记是建立在品种登记基础上的所谓高级登记（advanced registration）。登记内容除品种登记的信息外，还有生产性能（DHI测定）和遗传评定结果信息。

品种登记和良种登记是乳牛品种改良的一项基础性工作，其目的是要保证乳牛品种的一致性和稳定性，促使生产者饲养优良奶牛品种和保存基本育种资料和生产性能记录，以作为品种遗传改良工作的依据。

进行品种登记与良种登记已成为一项全球性的育种制度。美国第一卷荷斯坦牛登记簿出版于1878年，1912年出版高产牛登记年鉴，1944年出版体型和产量年鉴。日本良种牛登记分血统登记和高等登记两种，从1976年起开始实行包括外貌和生产性能的新登记制度。

我国黑白花奶牛协作组北方组，1974年出版第一卷良种牛登记簿，至1984年共出版五卷品种和良种登记。南方组1978年开始，至1982年出版3卷。我国品种与良种牛登记累计数已分别达7万头和5万头。北方组第一卷第一胎产乳量为5 104 kg，第二卷为5 104 kg，第三卷为5 128 kg，第四卷已达5 258 kg，改良效果显著。平均体重已由第一卷的598.6 kg增加到第四卷的611.3 kg，但外貌评分则由79分下降到78.04分，体高由135.9 cm下降到135.2 cm。中国奶业协会于2006年推出了"中国荷斯坦母牛品种登记实施方案"。

国内外的奶牛群体遗传改良实践证明，经过登记的牛群质量提高速度远高于非登记牛群。因此，系统规范的品种登记工作，已成为奶业生产特别是实施奶牛群体遗传改良方案中不可缺少的一项基础工作，对乳牛育种工作起到了积极的推动作用。

六、乳牛鉴定工作制度化

开展乳牛体型外貌鉴定，对乳牛品种改良与提高起着重要作用。国外对乳牛外貌鉴定非常重视，并已建立制度。协会雇有一大批专门鉴定人员，定期到乳牛群进行个体外貌鉴定。我国乳牛外貌线性鉴定和DHI测定工作由中国奶协育种专业委员会组织进行，必将促进我国乳牛育种工作的快速发展。

七、举办赛牛会

赛牛会是开展技术交流的一种行之有效的方式。通过举办赛牛会还可奖励先进,推广和宣传养牛先进技术和经验。为此,我国应定期举办赛牛会,作为育种工作的一项活动内容。

思考题

1. 我国种公牛后裔测定方法程序与特点是什么?
2. 动物模型 BLUP 的基本含义是什么? 它有哪些优点?
3. 品系繁育的作用与用途?
4. 我国乳牛常用的杂交方法有哪几种?
5. 叙述现代生物技术在乳牛育种中应用的主要途径。
6. 如何制定育种方案?
7. 乳牛标记与编号各有哪几种方法,并比较其优缺点。
8. 谈谈育种工作的组织措施及意义。

参 考 文 献

1. 乳牛学(第三版). 北京:科学技术文献出版社,2004.
2. 张 沅,张 勤. 畜禽育种中的线性模型. 北京:北京农业大学出版社,1993.
3. 张 沅. 家畜育种学. 北京:中国农业出版社,2001.
4. 邱 怀. 牛生产学. 北京:中国农业出版社,1995.
5. 王根林. 养牛学. 北京:中国农业出版社,2000.
6. 宋思扬,楼士林. 生物技术概论. 北京:科学出版社,2001.
7. 辛宏亮,秦志锐. 中国奶牛,2000.3.P34.
8. 张 勤,张 沅,秦志锐. 北京乳业,2000.4.P2.
9. Robert E. Taylor. Scientific Farm Animal Production. Fourth Edition. New York:Macmillan Publishing Company,1992.
10. Falconer DS and Mackay T F C,Quantitative Genetics,England:Longman,1996.

第五章 乳牛繁殖

　　繁殖是乳牛生产最重要的环节之一,乳牛繁殖不仅关系到牛群的数量和质量,还与牛场产奶量和经济效益密切相关。提高乳牛繁殖管理技术水平,预防和治疗乳牛繁殖障碍,提高乳牛繁殖率,对于提高乳牛生产性能、降低生产成本、增加经济效益均具有重要的意义。

第一节　繁殖管理目标

　　繁殖管理乳牛生产的关键环节,奶牛只有经配种、妊娠、产犊后才能产奶。加强奶牛的繁殖管理对提高产奶量和经济效益意义重大,而制订奶牛繁殖管理指标和牛群繁殖力指标是提高奶牛场繁殖管理水平的基础。为使母牛保持高产的目标,必须建立和完善的繁殖综合管理措施。繁殖管理的目标主要有以下内容:

　　1. 初配月龄　育成母牛的性成熟期是指生殖生理机能成熟的时期,一般为 8~12 月龄,平均 10 月龄,表明母牛已具有繁殖能力。而育成母牛的初次配种应在体成熟初期,即 16~18 月龄,但要求体重达到成母牛体重的 70%,即荷斯坦牛 360~400 kg。过早配种会影响母牛的生长发育及头胎产奶量,过晚配种会影响受胎率及终生产犊数量和终生产奶量,增加饲养成本。

　　2. 产犊间隔　产犊间隔指母牛两个胎次间的间隔天数,是衡量牛群管理水平的最重要指标,同时在一定程度上也反映了公、母牛在受精方面的遗传力。奶牛理想的繁殖周期是一年产一胎,即产犊间隔 365 天,减去 60 天干奶期,一胎的正常泌乳天数为 305 天。一般来说,初产母牛 13 个月和经产母牛 12 个月产犊间隔对增加产奶量和提高经济效益是最合适的。但对于高产奶牛群可适当延长至 13~14 个月比较经济合算。为了总结繁殖管理水平,乳牛场每年根据繁殖年度(上年的 10 月 1 日至本年的 9 月 30 日)计算牛群平均年产犊间隔。公式如下:

$$平均年产犊间隔 = \frac{年内产犊的经产母牛的产犊间隔总天数}{年内产犊的经产母牛头数} \times 100\%$$

　　3. 产后发情适配时间　正常繁殖能力的牛群,在产后 50 天内有第 1 次发情的母牛头数应占牛群总数 80% 以上,表明各项管理水平良好。适配时间要掌握在分娩后 50~70 天。低产牛可适当提前,高产牛可适当推迟,但过早或过晚配种都可能影响受胎率。做好配种记录,主要记录配种日期、公牛号、输精部位、配种次数和用药情况等。

　　4. 受胎指数　受胎指数是指母牛每次最终受胎的人工授精次数(同一个情期复配按一次计)。这是衡量配种员技术水平的重要检测指标。要求每头母牛平均受胎次数 1.6~1.8 次,即受胎指数少于 1.7 次,最高不能高于 2.0,即年情期受胎率不低于 55%。否则要及时查明原因,采取综合管理措施。

5. 年受胎率 年受胎率大于或等于 90%,头胎牛 80%,流产率低于 5%,难孕牛低于 10%。

计算公式:

$$年受胎率=\frac{年受胎母牛头数}{年受配母牛头数}\times100\%$$

6. 犊牛成活率 指出生后 3 个月时成活的犊牛数占产活犊牛数的百分率。由此可以看出犊牛培育的成绩。计算公式:

$$犊牛成活率=\frac{生后 3 个月犊牛成活数}{总产活犊牛数}\times100\%$$

第二节 母牛初配年龄与发情鉴定

一、初配年龄

母牛群的改良与提高,与其选择强度有密切关系。一个高产牛群,每年更新率应为20%~25%,为此,一个乳牛群每年必须有相应数量的初孕母牛转入基础群,投入生产。确定适宜的初配及初产年龄是提高其繁殖率的重要环节,也是保证牛群更新的先决条件。

育成母牛一般在 12 月龄前出现初情期,12~14 月龄达性成熟;15~16 月龄达到体成熟,当体成熟体重达到成年母牛体重 70%时即可配种。24~25 月龄初次产犊。京津沪三市许多乳牛场一般在 15~16 月龄、体重 380 kg 时第一次配种,26 月龄左右初次产犊。为了使初产乳高产,有的在 17 月龄进行配种,他们认为,只有体格较大的初孕牛,才能经得起高产压力。

牦牛为晚熟牛种,母牦牛多在生后第二或第三个暖季(即 15~30 月龄)出现初次发情,以 3 岁发情配种,4 岁产第一胎的母配牛为最多。母水牛在良好的饲养条件下,其性成熟年龄与黄牛近似,约在 18 月龄开始第一次发情配种。

二、发情

乳牛一般 8~12 月龄时,体重达成母牛体重 45%时出现初情期。青年母牛发情周期一般为 20 天左右;成母牛发情周期平均 21 天(18~24 天)。母犊牛发情周期据规定,青海大近为 22.8 天,山母为 20.1 天,红原县为 20.5 天。母牛产后于 50 天内出现第一次发情。发情周期变动范围在 18~24 天以内。这标志母牛产后,繁殖机能正常。生产实践表明,凡在产犊后 50 天内出现发情的母牛,达母牛群的 80%以上,发情周期正常的母牛达 90%以上,则属正常现象。如果低于上述指标,则应尽快采取对策,使其恢复正常。

产后配种时间根据母牛的产乳量,可适当提前或延迟,但不应过早或过迟,一般应在 60~90 天配种。中华人民共和国专业标准《高产奶牛饲养管理规范》中规定:"对超过 70 天不发情的母牛或发情不正常者,应及时检查,并应从营养和管理方面寻找原因,改善饲养管理。"高产牛应于产后 70 天左右开始配种,配种天数不超过 90 天。

母牦牛在产犊后因带犊哺乳,除产犊季节较早、体况较好的外,一般当年不再发情。牦牛产后发情间隔的长短与其体况、营养水平有密切关系,体况好,间隔时间短(70.5天±18.2天);体况差,间隔时间长(122.3天±11.8天)。平均间隔时间为100天左右。因而牦牛多两年产一胎或三年产两胎。母水牛产后第一次发情一般在产后40天左右,因为产后复配难,在农村条件下,多为三年产两胎。

三、发情鉴定

发情鉴定的目的,是掌握最适宜的配种时机,以便获得最好的受胎效果。《规范》中规定:"配种前除作表现行为观察和黏液鉴定外,还应进行直肠检查,以便根据卵泡发育状况,适时输精。"通常采用以下几种方法进行发情鉴定:

(一)外部观察法

发情母牛行为表现精神不安,敏感,尤其在清晨,在运动场或牛舍不停走动。所以,清晨是观察母牛发情的最好时候。外部观察母牛发情,主要是根据阴道是否有透明黏液排出和母牛爬跨情况,其主要表现是:

1. 发情前期　发情母牛常追爬其他母牛,从阴道流出稀薄白色透明黏液,阴户开始发红肿胀,但此刻不让其他牛爬跨。

2. 发情盛期　性欲旺盛,阴道流出液量增加变得黏稠,为不透明状呈牵缕性。被其他母牛爬跨时,稳站不动;有时还弓腰,举尾。频频排尿,愿意接受交配。

3. 发情后期　母牛转入平静,表现不愿被其他母牛爬跨。阴道流出黏液量、黏稠度、透明度,阴户红肿程度,均比发情盛期较差。

未发情母牛,有时也爬跨其他母牛,或者有少数怀孕母牛被爬跨时也不动,应注意加以区别。一般未发情母牛爬跨其他母牛,但当被其他母牛爬跨时,则反抗逃避。同时外阴不红、不肿、不流黏液。

(二)阴道检查

将母牛保定,用0.1%高锰酸钾($KMnO_4$)溶液浸温毛巾消毒,擦洗外阴部,并将开腟器用2%～5%来苏儿溶液浸泡消毒后,再用生理盐水将药液冲洗掉。然后,一手持开腟器,把开腟器嘴先闭上,另一手的拇指和食指拨开阴户,这时将开腟器横位慢慢从阴户插入阴道内,再将开腟器旋转90°,使把柄向下,按压把柄扩张阴道,借用手电筒光检查母牛阴道和子宫颈黏膜变化。

发情阶段是根据黏膜充血,肿胀程度,黏液分泌量、色泽、黏稠度及子宫颈口开张等情况进行判定。

发情初期黏液透明,如水玻璃状,有流动性,以后黏液量逐渐增多,变为半透明,有黏性。

发情盛期,黏膜充血、肿胀、有光泽,黏液在阴道中积存;子宫颈外口有多量黏液附着,呈深红色,花瓣状,子宫颈外口和子宫颈管松弛,呈开张状态。将子宫颈的黏液涂片于显微镜下观察,处于发情盛期时,抹片呈羊齿植物状结晶花纹。

发情后期,黏膜充血消失,呈浅桃红色,黏液变少。发情后期抹片的结晶构较短,呈现金鱼藻或星芒状。

发情末期，黏液减少，呈黏糊状。有利于精子进入子宫，并作为宫颈塞，防止精液外流。

（三）直肠检查

直肠检查是用手通过母牛直肠壁，触摸卵巢及卵泡的大小、形状、变化状态等，以判定母牛发情的阶段，确定其为真发情，还是假发情。直检是生产实践中常用的较为可靠的方法。

母牛发情时，通过直肠检查卵巢，可摸到黄豆大小的卵泡突出于卵巢表面。发情前期卵巢稍增加，卵泡直径 0.25～0.5 cm，凸出卵巢表面；发情盛期卵泡增大，直径 1～1.5 cm。卵泡中充满卵泡液，波动明显，突出卵巢表面；发情后期，卵泡不再增大，但泡壁变薄，泡液呈波动性，有一触即破的感觉。如卵泡破裂，卵泡处出现凹陷。

第三节 母牛配种

一、适时配种

为了提高受胎效果，必须准确掌握母牛排卵时间，以便进行适时配种。多数人认为，乳牛发情持续时间为 18 小时左右，初配牛略短，约为 15 小时。据黑龙江省牡丹江市王国良报道，高产乳牛发情持续时间为 8.28 小时±4.37 小时，低产牛为 9.89 小时±7.3 小时，差异不显著（$P>0.05$）。母牛排卵时间多数发生在发情结束后 6～8 小时。

从所周知，卵子和精子受精部位是在输卵管上的 1/3 膨大部（即壶腹部），卵子从卵巢排出通过输卵管伞，到达漏斗部时间较快，大约需要 3～6 小时。所以卵子排出后维持受精能力的时间约为 6 小时；而精子从子宫颈到达输卵管膨大部的时间很快，分别为几十分钟和 15～50 小时。由此可知，卵子比精子保存在受精能力时间短，卵子排出后经过数小时，如果遇不上精子，便会失去受精能力。所以最适宜的配种时间，应掌握在发情盛期、末期至发情结束后 3～4 小时为宜（表 5-1）。

表 5-1 配种时间与受胎率的关系

配种时期		配种头数	受胎头数	受胎率（%）
发情初期		25	11	44.0
发情盛期		40	33	82.5
发情后期		40	30	75.0
发情结束后	0～6h	40	25	62.5
	7～12h	25	8	31.0
	13～18h	25	7	28.0
	19～24h	25	3	12.0
	25～26h	25	2	3.0
	37～48h	25	0	0

在生产实践中由于很少能观察到发情日期始点,所以,应掌握最佳配种时机比较困难。为此,转输精的同时,应结合触摸卵泡发育程度进行输精。一般早上母牛发情(被爬跨不动)则下午配,经2天上午再复配一次。若下午发情,则第二天早上配,下午再复配一次。据四川草原研究所谢荣清报道,母牦牛发情一般10~15小时达发情盛期,排卵时间大约在发情结束后12小时左右,适宜的配种时间应选择在母牦牛排卵前10小时,所以一般在母牦牛发情后24小时第一次输精。在实际工作中,如上午发现发情,就在第二天相应的时间配种,又在下午或晚上复配一次;如果下午发现发情,就在翌日下午相应时间配第一次种,在第三日清晨再复配一次。

母牛受胎效果,不决定于配种次数,而关键在于适时配种和不断改进配种技术。一名优秀的配种员应该是技术熟练,而且懂得母牛发情排卵规律的人。技术上过得硬的配种员,可采取一次配种。

二、配种方法

(一)本交

本交包括自然交配和人工辅助交配两种。前者是一种原始的公母牛交配方式,公母牛混群饲养或放牧,一头公牛一日之内可多次与母牛交配,这样过分消耗公牛精力,影响公牛的健康和寿命;同时,难以确定准确的配种日期、产犊日期和准确的犊牛血统,更大的缺点是这种交配方式易造成近亲交配,而且容易传播生殖道疾病。后者为公母牛分群饲养,配种由人工选择控制进行,克服了自然交配的许多缺点。因而,在牛群分散,交通不便的乡村和牧区,可采用辅助交配方式进行配种。但对与配公牛必须严格挑选,种公牛必须健康,血统来源清楚,并应建立选配制度,防止野交滥配,禁止近亲交配。

(二)人工授精

人工授精是改良乳牛的一种行之有效的方法,国内外已广泛推广应用。实行人工授精,由于充分利用良种公牛,即可加速牛群改良,提高牛群平均产乳水平,又能提高受胎效果,减少疾病传染,节约费用,有力地促进了乳牛业的发展。人工授精采用的精液有鲜精和冻精。其中冻精比鲜精普遍。

人工授精方法简述如下:

1. 冻精解冻　解冻所选公牛的精液,应按选配计划进行。解冻方法直接影响解冻后精子的活力,冻精解冻不可忽视。从液氮罐提取冻精一定要迅速,时间不超过10秒。取出后要立即将剩余冻精提桶沉入液氮中。如果提桶沉入液氮时发生尖鸣声、霹雳声、爆裂声,或看到液氮气化现象,说明被放回的冻精已受到严重损害,精子活力有可能大幅度下降或已完全失去活力,不能再使用。0.25 ml的细管精液当从液氮罐中取出后,可将细管直接投入38 ℃±2 ℃温水中,约经10秒取出。也可以手搓细管使冻精液融化,然后把封闭的一侧用经干燥消毒的剪刀剪去放入输精枪内备用。近年来,细管冻精在自然环境下,于母牛生殖道内解冻较为普遍。为了减少解冻精子的死亡,有超快速解冻(90 ℃,1~4秒),也取得良好效果。解冻后的精液应尽快使用,以免温度升高,缩短精子寿命。

　　不同公牛每批冻精,解冻后的必须在 38 ℃条件下镜检。凡质量达标准者,即可输精。如果解冻后送异地输精,则应保存在 5 ℃条件下,在最短时间内输精,否则解冻后精液的受胎率,将随保存时间的延长而下降。

　　2. 输精　　直肠把握深部输精是比较准确而安全的一种输精方法,受胎率一般高于开膣器法。输精前,输精人员应穿上工作衣帽和胶鞋,将手洗净消毒(75％酒精),所用输精枪必须清洗、干燥、消毒;对配种母牛的外阴部必须用温水清洗,用消毒布擦干。输精时,操作者先掏去直肠内粪便,检查成熟卵泡位置,左手隔直肠握住子宫颈,左臂往下压。当阴门张开后,右手即可将装好细管精液的输精枪自阴门向上斜插入阴道内 4～5 cm,再稍向下方往前推进,慢慢注入精液,注毕,缓慢取出输精枪。如乳牛患轻度子宫炎,则必须在配种前以及在配种后的 20～30 小时灌注抗生素药物。输精结束后应作配种的详细记录。

　　牦牛子宫角较长,一般为 10 cm 以上,而且从基部到尖端逐渐变细,子宫角肉阜过多,且成螺旋状弯曲,角间沟呈水平状,位于直肠下方,从角间沟分叉处两宫角又向外向后成圆形弯曲,角尖则又转向上或略向前方。因此,牦牛直肠把握输精,输精器一般很难通过子宫而达到子宫角基部,所以母牦牛直肠把握输精,切不可认为输精器插得越深越好。经试验,精液输入母牦牛子宫体部位,受胎效果最好。

　　输精时,应注意以下几点:①术者手法要轻柔,循序,防止因动作粗暴损伤生殖道黏膜,造成后患;②工作人员必须严格消毒,遵守无菌操作;③必须与母牛的努喷相配合,切不可强硬插入输精器。

第四节　妊娠与分娩

一、妊娠诊断

　　卵子受精后在输卵管中开始卵裂,并向子宫移动,大约 3～5 天可到子宫角,此时受精卵已分裂到 16～32 细胞(桑椹期);胚胎在子宫内发育 20～30 天开始着床,形成胚膜,到 60 天附植牢固。

　　为了及时掌握母牛输精后妊娠与否,定期进行妊娠检查,对提高牛群繁殖率,减少空怀具有极为重要的意义。母牛妊娠后,外表和内部均发生一系列变化。根据变化后的情况、特征,便可进行妊娠诊断。通常妊娠检查的方法有:

(一)外部观察

　　1. 不再发情　　母牛妊娠之后,到下一个发情期不再发情,妊娠母牛卵巢上形成妊娠黄体,分泌黄体激素,从而抑制新卵泡发育和动情素的产生,阻止了发情。在一般情况下,如果掌握每头牛的发情规律,配种之后,下一个周期不再发情,大体上可判断已经妊娠。

　　2. 营养变好,举止安稳　　母牛妊娠后,食欲增加,新陈代谢旺盛,营养状况变好,被毛逐渐变为光亮,性情举止变得安稳。

　　3. 腹围增大,乳房膨大　　随妊娠天数的增加,体内胎儿逐渐增大,触诊时能摸到胎儿或感到胎动。初孕牛从妊娠 3 个月左右,乳房变大;经产牛妊娠中期以后,乳房明显增大。

(二)内部检查

1. 直肠检查　主要检查卵巢、子宫变化。妊娠母牛初期(20～30 天)卵巢妊娠侧一般有较大黄体,孕角稍粗。初孕母牛约在第 2 个月,成母牛在妊娠后第 3 个月时,子宫已显著增大。孕侧子宫角更为明显,并向腹腔下降;妊娠一侧的卵巢上有明显的妊娠黄体存在。在生产实践中,操作者根据这一时期子宫角位置、大小、软硬感触和子宫动脉的变化,以及卵巢的变化,通过直肠检查即可进行初步诊断。此外在妊娠 7 个月时,可通过直检是否触及胎儿或根据子宫动脉准确判断。直检比较安全,是常用的妊检方法。但动作不可粗暴,以免人为损伤胚胎或妊娠黄体,引起流产或损伤直肠黏膜。

妊检可在母牛输精后 2 个月左右进行,经验丰富的技术员在输精后 1 个月即能作出比较准确的诊断。检查结果应记入母牛配种日记簿。一名熟练的妊娠检查人员,一天可妊检母牛数十头或上百头。

2. 阴道检查　母牛配种后 1 个月,检查人员用开腔器插入阴道,如感到有阻力,母牛阴道黏膜干涩、苍白、无光泽,子宫颈口偏向一侧,紧密闭锁,并有灰暗、浓稠的黏液栓塞封闭,则母牛已妊娠。

(三)酶联免疫测定法(ELISA)

近年来,激素测定已应用于生产。激素测定是根据乳牛血中或乳汁中孕酮含量作为早期妊娠诊断的依据。其测定方法为,母牛在输精后 20 天左右,便可采集少量乳牛血或乳样,利用酶联免疫分析技术,测定牛血中或乳中孕酮含量。根据测定结果,进行诊断。该法对妊娠牛的检出率为 80% 以上,未孕牛准确率达 95% 以上。

据测定,怀孕母牛(19～24 天)血浆孕酮的含量不低于 1 mμg/ml(高达 14 mμg/ml)。怀孕母牛乳汁中孕酮的浓度比血浆中的高得多。经测定,其乳汁中孕酮含量为 8.7 mμg/ml;而空怀牛的为 1.3 mμg/ml。德国规定,每毫升乳汁中含孕酮 9.0 mμg 以上者,为怀孕;少于 3.0 mμg 者,则为未孕。

二、分娩与接产

母牛的安全产犊通常以自然分娩为原则,如果胎位不正时,可进行矫正或助产。接产必须严格执行无菌操作,牛舍、牛身以及工作人员均应进行严格消毒。

母牛的妊娠期为 280 天左右,预产期推算方法为:配种月份减 3(或加 9),配种日数加 6。但妊娠期的长短还受品种、季节等因素的影响,如冬季妊娠期比夏季产犊延长 2.07 天,公犊比母犊长 1～2 天等。

(一)分娩预兆

根据预产期,可预测母牛分娩日期。临分娩前,母牛体态发生一系列变化。根据其变化,可以较准确地预测分娩时间,从而为接产做好准备。分娩前母牛的主要变化:①乳房膨大,可挤出少量乳汁;②骨盆韧带松弛,产前 12~36 小时荐坐韧带后缘极度松软,尾根两侧明显塌陷;③外阴部肿胀;④精神不安,回顾后腹,食欲减少或废绝。

(二)接生准备

在母牛临产前,必须做好以下准备工作:

1. 产房必须打扫干净,并用 2‰火碱水喷洒消毒,然后铺上清洁干燥的垫草,冬季寒冷地区应注意保暖。

2. 接产人员必须用温水洗净母牛的外阴、肛门、尾根周围及臀部两侧的污物,并用 1‰高锰酸钾溶液擦洗消毒。

3. 接产人员在接产前应洗净手臂,并准备好碘酒、酒精或高锰酸钾等消毒药液,以便消毒犊牛脐带。

此外,还应准备长 2~3 m 的细麻绳若干根,以备难产时牵引胎儿;同时,准备消毒过的石蜡油、食用油,以备检查胎位或难产时润滑产道。

(三)接产与助产

母牛分娩分阵痛期、开口期、产出期和胎衣排出期。接产时如发现异常应作检查。子宫颈的开张情况,胎儿的大小,产道是否狭窄,胎向、胎位、胎势是否异常,根据具体情况采取助产措施,但不可强行拉产。

(四)初生犊牛处理

犊牛出生后,接产人员必须尽快用干纱布或毛巾消除犊牛口腔、鼻腔内的黏液,然后用消毒过的剪刀断脐带(距腹壁 6 cm 左右),勒去脐带内血液,并用 5%~10%碘酒浸泡消毒,但不必包扎,以利脐带迅速干燥和脱落。

脐带处理后,鉴别犊牛公母、称重、编号、画色谱和登记犊牛卡片。并于生后 2 小时内喂以母牛初乳。

(五)母牛产后护理

做好母牛产后护理是提高繁殖率的关键,为消除母牛产后疲劳,应及时喂以微温麸皮粥(汤),其喂量为每日 10~20 kg(麸皮 50 g,食盐 50 g,碳酸钙 50 g)或饲喂 3 天益母草粉或红糖粥,并补喂钙剂。产后 2 小时内挤 1~2 kg 供犊牛饮用。这有利于胎衣排出和帮助母牛恢复体力。过度疲劳的母牛,可注射一些樟脑或安那加等强心剂。

分娩后,应尽早驱使母牛站起,以减少出血。母牛乳房和后躯部要及时洗净,并用来苏儿水消毒外阴部,更换垫草,以防细菌感染。

犊牛生后 3~12 小时,母牛胎衣一般自行脱落。胎衣排出后有时还从阴道中流出恶露,应用来苏儿等药液擦洗消毒。如超过 12 小时,胎衣仍不脱落者,应由兽医进行处理。

第五节　胚胎移植与性别控制

牛胚胎移植(或人工妊娠),是采用手术或非手术方法,将种子母牛或良种母牛(供体)的早期胚胎取出,移植到另外一些低产母牛(受体)体内,使其"借腹怀胎"正常发育,产出优良供体的犊牛。这将使高产乳牛繁殖率大为提高。

经 20 年的研究,我国牛胚胎移植技术已日趋成熟,从实验阶段进入产业化阶段。目前年移植受体牛约 5 000 头。1996—2000 年间仅北京市和黑龙江省处理供体乳牛 827 头,获可用胚 4 876 枚,平均 5.9 枚,移植受体牛 3 964 头,妊娠 2 051 头,受胎率 51.74%。由于广泛采用这一新技术,不仅提高了繁殖率,而且加快了育种进程,提高了牛群遗传性能。同时充分利用黄牛资源,将优良乳牛(供体)的胚胎移植于黄牛(受体)体内,使黄牛生乳牛,也取得良好的效果。

一、胚胎移植

(一)供受体牛的同期发情

同期发情是利用激素制剂,人为地控制并调整群体母牛在一定时间内集中发情,以便有计划合理组织配种。它可以对母牛不经常发情检查,即在预定的时间内同时授精。同期发情常用的方法有孕激素阴道栓塞法,孕激素埋植法和前列腺素注射法。

1. 孕激素阴道栓塞法　人为地抑制卵泡发育延长黄体期,待停药后黄体退化,卵泡发育引起母牛发情。常用的孕激素为 18 甲基炔诺酮 100～150 mg,甲孕酮 120～200 mg,甲地孕酮 150～200 mg,氯地孕酮 60～100 mg,孕酮 400～1 000 mg。用药时间有长期处理(18～20天),短期处理(9～12 天)和短期处理结合注射雌二醇。试验表明,长期处理后,发情同期率较高(90.5%),但受胎率较低(53.0%);短期处理发情同期率偏低,而受胎率较为正常。

2. 孕激素皮下埋植法　将 18 甲基炔诺酮皮下埋植 15～25 mg 10～12 天在埋植处切口将药管挤出。同时肌注孕马血清促性腺激素 500～800 u,以提高发情效果,一般 1～3 天内母牛即表现集中发情排卵。

3. 前列腺素注射法　在母牛发情周期第 5～16 天(黄体期)应用前列腺素 F_{2a} 溶解黄体,促使卵泡发育并排卵。投药方法有子宫注入和肌肉注射。处理后 2～4 天内发情。目前合成的前列腺素 F_{2a} 类似物的制剂较多。氯前列烯醇剂量为一次肌注 0.2～0.5 mg,用 15 甲基前列腺素 F_{2a} 时,肌注 2～4 mg 或子宫注入 2 mg,可获得良好效果。

(二)供体牛的选择

应用于胚胎移植的供体母牛,必须具有较高的育种价值,遗传性稳定谱系清楚,无生殖道疾病,年龄 3～10 岁经产母牛。此外,供体牛的日粮配方必须保证正常的营养需要,体况良好、健康、繁殖机能正常,并达到同步发情(同步发情差不超±1 天)。

（三）供体牛的超数排卵

超数排卵简称超排，是指在母牛发情周期的适当时间，注射促性腺激素，使卵巢中比在一般情况下有较多的卵泡发育并排卵。超排技术的应用，可以充分发挥优良种母牛的作用，是加速牛群改良的又一重要手段，同时是胚胎移植的又一重要环节。供体牛一般常用以下几种药物进行处理：

（1）促卵泡素（FSH-P）—前列腺素 F_{2a}（PGF_{2a}）法，在发情周期的第 9～13 天即母牛处于发情周期的黄体期，肌注 FSH 3～5 天，剂量递减每天 2 次。经产母牛 8～10 mg，育成牛 6～8 mg，递减差以 0.1～0.2 mg 为宜。

（2）孕马血清促性腺激素（PMSG）—前列腺素（PGF_{2a}）法，在发情周期的第 9～14 天的任何一天，一次肌注 PMSG 1 500～3 000 u。PMSG 注射后 48 小时，肌注氯前列烯醇国产药品 3～4 支，进口药品 2.5 ml。当出现发情时，注射人绒毛膜促性腺激素（HCG）可增强排卵效果。

（四）供体母牛授精

选经后裔测定的优良种公牛冻精。经超排处理的发情供体牛作 2～3 次转精，第一次在发情后 8～12 进行，而后每隔 12 转精一次，冻精剂量可增加。

（五）胚胎的采集

胚胎发育到桑椹期至早期囊胚（受精 5～9 天）为适宜采集时间，移植的妊娠率最高。

1. 手术法　剖腹，根据间隔时间确定部位，注放冲卵液回收受精卵。

2. 非手术法　非手术法冲洗时应考虑配种时间、排卵的大致时间，胚胎运行速度和发育阶段等因素，使操作时能得到较高的收集率。配种后牛胚胎最好在发育至桑椹胚晚期或胚泡早期进行收集和移植，即在配种后 6～8 天。

牛非手术收集胚胎最好用三通路系统的套管结构，其最内一路灌入冲卵液，由另一路经外管送入空气或温水，使乳胶囊膨胀，将子宫腔堵住，防止冲洗液不经管内流失，使冲洗液经第三路回流而出，卵或胚胎冲洗入液体内，接于体外卵的容器中。操作时供体母牛可站着，后部麻醉，先将金属导管（通杆）插入子宫颈管内，以便通入采卵导管，导管尖端引向子宫角前端，而后送入空气使胶囊膨胀，即可经导管前端的进水孔灌入冲卵液，由气囊稍前的出水孔流出，冲卵液每侧子宫角 100～500 ml（37 ℃）即可，分 2～3 次注入，同时术者用手从直肠向子宫角前端稍作压势，使冲洗完全。回收率最高可达排卵数的 62.3%±1.9%，导管顶端插入的深度以距离输卵管连接部 5 mm 内的回收率为高。

回收胚胎所需的冲洗液可与胚胎培养液通用。但必须有一定的渗透压，保证胚胎在离体条件下不受损伤。现采用的冲洗液有杜氏磷酸缓冲液（DPBS）、布林斯特液（Brinster's medium）、合成输卵管液（SOF）、怀登液（Whitten's medium）、海姆液（Ham's F-10）以及 TCM-199 液。当前认为最理想的是经过改进的含血清的 PBS 液、布林斯特液和怀登液，可以参考有关技术资料。

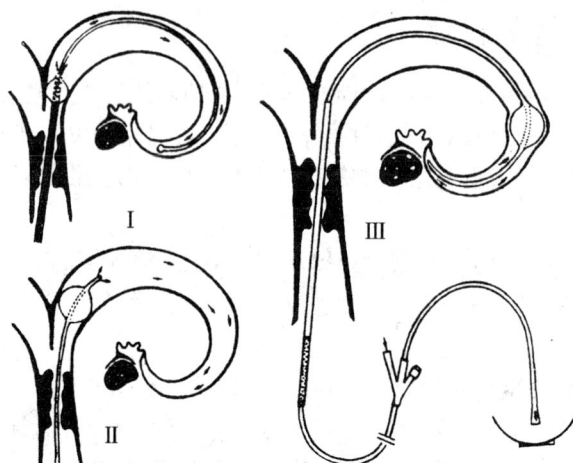

图 5-1　非手术回收牛胚胎的方法
Ⅰ. 可变距离的三路导管　　Ⅱ. 潮汐式二路导管　　Ⅲ. 固定距离的三路导管

(六)胚胎的检查

回流的冲洗液集中在长形玻璃筒内,静置 30 分钟,使胚胎沉淀于底部,然后用虹吸法慢慢吸出上面的冲洗液,剩下 100 ml 分两次进行镜检,寻找胚胎。镜检时先用 12 倍镜寻找,当看到胚胎后,再用 62 倍镜仔细观察其形态,正常发育的胚胎卵裂球外形整齐、大小较一致、分布均匀、外膜完整;而未受精卵和异常无卵裂现象的卵,外膜破裂。

(七)受体牛选择

具有正常发情周期、健康、年龄 3～6 岁产犊性能及哺乳能力良好,无流产史,体况良好。受体牛在移植前 6～8 周开始补饲日粮营养完全。选择发情第 7 天±1 天受体为宜。

(八)胚胎移植

经检查后完整的胚胎即可移植到受体子宫内。移植前应确定受体牛黄体侧子宫位置,并将装好胚胎的细管嵌入胚胎移植器中。通过直肠把握子宫颈,将移植器经过子宫颈轻轻抵入黄体侧子宫角内,随后将胚胎注入。

胚胎移植的基本原则:坚持三个一致性。

1. 供、受体必须属同一物种,即"种属关系一致性"。

2. 供、受体必须处在发情周期的同一生理阶段,前后不超过 24 小时,即"生理阶段一致性"。

3. 供体牛子宫角采集的胚胎必须移植到受体牛同侧子宫角相同的部位,以保证胚胎前后所处的环境相同,即"移植部位一致性"。

(九)供体牛和受体牛术后观察

对供受体牛,除注意其他健康外,应仔细观察在预定时间内是否发情。供体牛下次发情可配种或停配 2～3 个月再作供体;受体牛如发情,则说明移植失败,应查明原因。

(十)胚胎冷冻保存

胚胎冷冻保存,是胚胎移植技术一种有价值的辅助手段。乳牛胚胎冷冻保存在国内已得到推广应用。冷冻牛胚胎的方法分常规冷冻法和玻璃化冷冻法。

1. 常规冷冻法

(1)冷冻胚胎发育阶段:冷冻胚胎,一般选择桑椹期及早期囊胚的胚胎进行冷冻。

(2)冷源:多采用液氮。

(3)抗冻剂(缓冲液):以杜氏磷酸盐缓冲液(DPBS)加 15%～20% 的犊牛血清,再加入 1.5 mol/L 的二甲基亚砜(DMSO)或 1.0 mol/L 甘油为抗冻保护剂,亦可用 80% 磷酸盐溶液和 20% 犊牛血清组成。

(4)冷冻降温:胚胎在 37 ℃ 抗冻剂中稳定 1 小时,然后逐步降温到 −60 ℃,平均每分钟下降 9.3 ℃,当达到 −60 ℃ 时即可直接放液氮中。

(5)解冻:解冻速率必须合适,解冻应先从 −100 ℃ 升温到 −10 ℃(10 ℃/min),然后升至室温。解冻后 5 分钟开始除去 DMSO(在室温下与加入 DMSO 时相反,分 6 次每次降低浓度 0.25 mol/L)。

冲卵、保存和冷冻胚胎所用的杜氏磷酸盐缓冲液(DPBS)配方为:

NaCl	8.0 g	$CaCl_2$	0.1g
$MgCl_2$	0.1 g	丙酮酸钠	36 mg
KCl	0.2 g	葡萄糖	1.0 g
Na_2HPO_4(无水)	1.15 g	青霉素	1 000 u/ml
KH_2PO_4	0.2 g	链霉素	500 u/ml

蒸馏水加至 1 000 ml,$CaCl_2$ 和 Na_2HPO_4 单独煮沸灭菌,待冷却后混合,同时加抗生素,调节为 pH 为 7.2～7.4。

2. 玻璃化冷冻剂　即高浓度的抗冻剂,急速冷却后,液体的黏性增加,冰晶不能形成,由液态变为透明半固态的现象。常见方法是采用 VSI 玻璃化溶液,以透过性抗冷冻剂 DMSO 为主体溶液。为缓和其化学毒性,添加了乙酰胺(AA)、丙二醇(PG)和非透过性抗冻急聚乙二醇(PEG)。PEG 具有促进玻璃化形成的作用。胚胎在玻璃化溶液中平衡时,浓度由低到高(25%～50%～100%VSI);平衡温度由高到低(22～4～4 ℃)三步完成共计 35 分钟平衡投入液氮中冷冻保存。

二、性别控制

性别控制是指通过人为的手段进行干预,使母牛繁殖出更多雌性犊牛的技术。因此性别控制对于奶牛生产具有较大的意义。

(一)性别控制技术研究的意义

①可以充分发挥不同性别自身的优势性状,如母牛的产奶;②加速母牛群的繁殖速度,增加选择强度,提高遗传进展;③消除畜群中伴性有害基因或不理想的隐性性状,防止性连锁疾病;④获得更大的经济效益,如建立优化商品乳牛群、尽可能多的获得乳制品。

(二)性别控制的理论基础

在二倍体动物的体细胞中,都有一对与性别决定有明显而直接关系的染色体叫性染色体。一些生物的雌体和雄体的每个体细胞里都有一对性染色体,但它们在大小、形态和结构上随性别而不同。雄性中是一对大小、形态、结构不同的性染色体,大的一条叫 X 染色体,小的一条叫 Y 染色体;而雌性的体细胞中是一对 X 染色体,即雄性染色体构型为 XY,雌性为 XX。在 XY 型染色体中,精子有两种类型,一是含有 X 染色体的精子,另一个是含有 Y 染色体的精子。在哺乳动物中,含 X 染色体精子授精后生产出雌体,含 Y 染色体精子授精后生产出雄体,所以受精卵的染色体组成是决定性别的物质基础。简言之,性别在受精的那一瞬间就确定了。

(三)性别控制的方法

目前性别控制的方法可分为两大类:一为 X、Y 精子分离法;二为早期胚胎性别鉴定。

1. X、Y 精子分离　这类方法是依据 X、Y 精子存在物理化学和生物学上的差异而发展起来的。X、Y 精子在 DNA 量上的不同表现出两者重量和比重上的差异。比较而言,含 X 染色体精子更大,其 DNA 含量也比含 Y 染色体精子多,重量也更重,两者 DNA 含量差异一般在 $2\%\sim5\%$ 之间,所以 Y 精子活动能力运动速度比 X 精子强,造成 X 和 Y 精子在流体中运动能力、沉降速度不同,而且在 Y 精子头部发现 F 小体,经反复实验证明有 F 小体的精子一定是 Y 精子,而没有的则是 X 精子。这类方法有:沉降法、离心法、电泳法、H-Y 抗原等方法,虽然有一定效果,其结果都不稳定。

近年来,研究者依据是 X、Y 精子 DNA 的含量不同,发明了流式细胞分离法。一般来说,X 精子比 Y 精子含有较多 DNA,所以用荧光染料 Hoechst 33342 染色时,X 精子吸收的染料多,发出的荧光也强,就此可以分辨出 X 与 Y 精子,然后再利用计算机控制使荧光强的 X 精子带上正电荷,Y 精子带上负电荷,在通过高压电场时便向不同的方向偏转,从而达到分离的目的。目前,使用性控冻精,产母犊准确率可达 95% 左右。但用流式细胞分离器分离精子时,精子需要一个个通过,这样就必须稀释精液,这就会造成精子的运动能力下降、分离效率较低,而且荧光染料对精子有毒害作用,分离后使精子受精能力下降,同时仪器价格昂贵、性控冻精价格较高。因此,目前性控冻精的应用数量受到限制。

2. 调控受精环境

(1)调节阴道 pH 值:主要依据是 X、Y 精子对酸碱的耐受性,Y 精子更嗜碱性,X 精子则更嗜酸性有用牛做实验报道,将生理盐水稀释的精氨酸溶液,分为 10%、5%、3% 三种浓度,在输精前 20~30 分钟注入某一浓度的精氨酸液 1 ml,结果注入 10% 和 5% 浓度的产生的公犊多。后来又有人发现在牛阴道液 pH>7.6 时,Y 精子的活力较强,后代中公犊占多数;当 pH

＜6.8时,X精子活力较强,后代中母犊占多数。此种方法取得了一定效果,但结果很不稳定,由于处理后不久阴道内 pH 值逐渐回升,其效果也不明显。

(2)控制输精时间:因为 Y 精子小于 X 精子,在生殖道中,Y 精子比 X 精子游速快。如果输精时间提得过早,Y 精子先到达受精部位,再等到卵子到达,Y 精子已失活,没有受精能力,X 精子虽运动慢但寿命长,活力也大于 Y 精子,这便有利于与卵子结合产生雌性胎儿。该方法应用关键是如何准确判断发情和确定何时排卵,而且在家畜个体上存在差异,在操作上有难度。

3. 早期胚胎性别鉴定　取早期发育的胚胎细胞,进行 DNA 检测,如果是 XY 就是雄性,如果是 XX 就是雌性,目前早期胚细胞鉴定与胚胎移植相结合。

(1)细胞生物学方法(染色体核形分析):主要是利用 X、Y 染色体在形态上的差异,通过判定胚胎细胞性染色体是 X 还是 Y 来鉴定胚胎的性别。该方法缺点或存在的困难是分析性染色体需要用分裂中期的细胞,而从桑椹期和囊胚期的胚胎里取出较多的分裂球才能获得处于分裂中期的细胞,这要降低胚胎性别鉴定后移植妊娠率。

(2)免疫学方法:在 8—细胞期至早期胚泡期,哺乳动物的雄性胚胎表达一种雌性胚胎所没有的细胞表面因子,即 H-Y 抗原,利用 H-Y 抗原和抗体免疫反应的原理可以进行胚胎的性别鉴定。

(3)聚合酶链式反应(PCR):其实质就是 Y-染色体特异性片段或 Y-染色体上的性别决定基因的检测技术。即通过合成 SRY 基因或其他 Y-染色体上特异性片段的部分序列作为引物,在一定条件下进行 PCR 扩增反应,能扩增出目标片段的胚胎即为雄性胚胎,否则即为雌性胚胎。由于 PCR 极为灵敏,所以只要从胚胎中取出几个细胞就可以进行性别鉴定,这对性别鉴定后胚胎移植的妊娠率没有影响,而且经济实用。因此,该方法具有广泛的应用前景。

第六节　非传染性繁殖障碍

非传染性繁殖障碍严重地影响牛群的增殖和改良,必须采取措施加以解决。

一、不发情

不发情的主要原因:营养不良,卵巢或子宫患病,以及其他疾病,较多的为持久黄体,或有严重全身性疾病。不发情应对症治疗,其中持久黄体可用前列腺素类药物治疗。高产牛的泌乳高峰期常常在产后很久不发情。

二、发情不规则

母牛发情超出正常规律,称为异常发情。主要有以下几种:

1. 隐性发情　隐性发情亦称暗发情。其特征是发情不明显,在发情期内无明显性欲,但卵巢上有卵泡正常发育。造成隐性发情的主要原因是:促卵泡系或动情系分泌不足,营养不良,产乳量高等。此外,冬夏季节容易出现隐性发情,因此在实践中应注意。在预测发情基础上勤观察,并根据直肠检查卵泡的变化鉴定是否发情和适时配种。

2. 假发情　母牛已配种怀孕,而出现发情;或者虽有发情表现,但卵巢上无成熟卵发育,也不排卵。前者通过直肠检查或阴道检查,即可检出。已孕母牛子宫口紧闭,直检可摸到胎儿。

3. 持续发情　母牛发情持续时间长,有时连续几天发情不止,称之为持续发情。发生持续发情的原因主要是:①卵巢囊肿,即未排卵的卵泡不断发育、增生、肿大,分泌动情素过多,造成母牛发情延长;②卵泡交替发育,即左右两个卵巢上交替出现卵泡发育,交替产生动情素,引起交替发情,以至发情延长。

三、分泌物异常

大多发生于产后,主要表现为外阴排出脓性分泌物(有时如豆花状),多由子宫内部炎症造成。可用子宫灌注抗生素药物治疗,用药期间所产牛奶不宜食用。

思考题

1. 奶牛群繁殖管理目标是什么?
2. 奶牛生产有哪些发情鉴定方法?
3. 奶牛胚胎移植的目的和意义,以及如何提高奶牛胚胎移植成功率?
4. 奶牛生产过程中常出现哪些繁殖障碍?

参 考 文 献

1. 王福兆. 乳牛学(第三版). 北京:科学技术文献出版社,2004.
2. 王根林. 养牛学(第二版). 北京:中国农业出版社,2006.
3. Renaville R,Haezebroeck V,ParmenTier I,et al. Sex preselection in mammals. Biotechnology in animal husbandry. 2001,(5)225—233.
4. Cran DG,Johnson LA,Polge C. Sex preselection in cattle. Veterinary research. 1995,136:495—496.
5. Dominko T,First NL. Relationship between maturational state of oocytes at the time of insemination and sex ratio of sequent early bovine embryos. Theriogenology. 1997,47:1041—1050.
6. Hamano K,Li X,Qian XQ,et al. Gender preselection in cattle with intracytoplasmically-injected,flow cytometrically-sorted sperm heads. Biol Reprod. 1999,60:1194—1197.
7. Johnson LA,Welch GR. High-speed flow cytometric sorting of X and Y sperm for maximum efficiency. Theriogenology. 1999,52:1323—1341.
8. Vidament M. French field results on factors affecting fertility of frozen stallion semen. Animal Reproduction Science. 2005,89:115—136.
9. Watson PF. The causes of reduced fertility with cryopreserved semen. Animal Reproduction Science. 2000,60—61:481—492.
10. Hasler JF. The current status and future of commercial embryo transfer in cattle. Animal Reproduction Science. 2003,79:245—264.
11. Hasler Jf. The Holstein cow in embryo transfer today as compared to 20 years ago. Theriogenology. 2006,65:4—16.

第六章　种公牛站建设与冻精生产

　　种公牛站是养牛业良种繁育体系的重要组成部分。各国养牛育种实践证明,通过种公牛站建设,推广应用优秀种公牛冷冻精液人工授精技术,是加快奶牛和肉牛品种遗传改良,提高养牛生产水平和经济效益的有效措施。

　　我国系统研发和推广牛冷冻精液生产和人工授精技术已有 40 多年的历史,据记载,我国于 1958 年用干冰(-78.0 ℃)试制牛冷冻精液成功;20 世纪 60 年代内蒙古畜牧科学院、黑龙江省畜牧研究所研制成功"安瓿"分装牛冷冻精液;1963 年北京北郊农场用干冰研制颗粒冻精成功;1965 年原农垦部从荷兰引进液氮发生器(型号 PLN106)并在北京北郊农场开始用液氮(-196.0 ℃)为冷源制作和保存牛冷冻精液获得成功。1972 年原农林部科教组为推广冷冻精液人工授精技术,在北京召开了京、津、沪、沈阳、西安、太原等地奶牛育种及冷冻精液人工授精技术座谈会,会上成立了北方地区黑白花奶牛育种科研协作组。1972 年 11 月"奶牛冷冻精液技术"作为秋季广交会重点参展项目,引起了业内广泛关注,为我国牛冷冻精液人工授精技术推广应用和普及打下基础。1973 年成立北京市种公牛站,并承担了农业部下达的冷冻精液人工授精繁殖技术重点科技项目,开始了冷冻精液批量生产。1974 年北方育种协作组举办家畜冷冻精液培训班,草拟制定了《牛精液冷冻技术操作意见》,并解决了贮存冷冻精液的液氮罐容器制作技术。通过共同努力,奶牛冷冻精液人工授精技术在全国推广很快,各省市、地区也纷纷建立了种公牛站或家畜冷冻精液站,冷冻精液质量不断提高。1974 年北京市种公牛站在推广颗粒冻精人工授精的同时,还成功研制出 0.5 ml 细管冷冻精液。据 1975 年在西安召开的北方育种协作组第三次会议上统计,用冷冻精液配种母牛以达到两万余头,约占奶牛头数的 21%。

　　1977 年黑龙江省在哈尔滨市建成我国最大的种公牛站,1980 年北京市种公牛站等从法国凯苏 IMV 兽医器械公司引进细管冻精全套生产设备,从此开始了大规模细管冻精生产。据1992 年统计,全国已有 87%的公牛站开始生产细管冻精,据 1996 年北方 25 个种公牛站统计,细管冻精生产量占总产量的 55%;2001 年以后,在农业部的要求下全国各种公牛站都逐步取消了颗粒冻精生产,全部转为细管冻精生产。为了保证冷冻精液质量,1984 年颁布了《牛冷冻精液》国家标准(GB4143—84),90 年代农业部在南京、北京先后成立"牛冷冻精液质量监督检验测试中心",制定了牛冷冻精液质量检测规程,不定期地对各地种公牛站生产冻精进行监督抽检和统检,使各地冷冻精液质量和合格率不断提高。1997 年,在《种畜禽生产经营许可证》管理办法实施前,牛冻精检测合格率为 83.1%;到 2001 年,牛冻精检测合格率为 90.6%;2005年全国牛冻精检测合格率达到 94.1%。

近30多年来,我国种公牛站的建设取得了显著成绩,种公牛数量不断增加,供种能力明显增强,改良作用显著。种公牛站由1998年全国的35个增加至2008年的49个,采精公牛由788头增加到2 403头,年生产冷冻精液2 574万剂,生产条件不断改善,服务能力和水平明显提高。1998—2006年,国家通过实施畜禽良种工程,对26个公牛站给予了重点支持,种公牛站基础设施建设和仪器设备大为改善,逐步与国际水平接轨。同时,随着《畜牧法》的实施,农业部发布了相关的法律、法规,对种公牛站的生产经营各个方面做了相应规定,种公牛站的管理工作日益规范。

种公牛站发展和不断壮大为我国养牛业发展做出了积极贡献。但我国种公牛站建设还存在一些问题,与国外种公牛站发展水平相比还有相当差距。这些问题主要表现在:一是种公牛培育和后裔测定体系不健全,优质种公牛数量少,冻精质量水平不高;二是种公牛站事企不分,体制不顺,机制不活,市场竞争力不强;三是公牛品种结构有待优化,质量标准和检测体系不完善。因此,必须加快推进种公牛站建设和管理的步伐,进一步规范种公牛站管理,提升种公牛站的技术和生产水平,充分发挥其在牛遗传改良中的重要作用,实现我国奶牛和肉牛产业的持续健康发展。

第一节　种公牛站建设

一、种公牛站的职能

种公牛站的主要职能和任务是不断选育提高种公牛的育种价值,生产和推广优质的牛冷冻精液,实施和加快牛群(奶牛、肉牛、水牛、牦牛、黄牛)的遗传改良。我国各省(市、自治区)多数都建有种公牛站(或称家畜改良工作站、种牛繁育中心、家畜育种站、牛冷冻精液中心等),尽管名称有所不同,但其核心任务和职能基本相同。根据种公牛站规模及其设备技术力量等条件不同,有些单位还开展奶牛生产性能测定(DHI)、体型线性鉴定、选种选配和人工授精技术服务和培训等。根据《中华人民共和国畜牧法》和农业部《种畜禽生产经营许可证管理办法》,种公牛站必须取得农业部颁发的《种畜禽生产经营许可证》和工商部门颁发的营业执照。至2008年底,经农业部考核验收并颁发《种畜禽生产经营许可证》的种公牛站有49家。

二、种公牛站的建设

(一)站址选择

站址选择目的是给种公牛创造适宜的环境条件,以保障公牛的健康和生产的正常进行,重视和加强种公牛站的建设和环境管理非常重要。种公牛站址应选择地势高燥、地形开阔整齐、避风向阳,地下水位低,土壤透水性、透气性好,地质均匀、土质导热性小、吸湿小、保温良好,最合适的是沙壤土。站址选择要特别注意防疫要求,既要交通方便,又要远离工厂、居民区、街道,距离交通干线1 000 m以上,饲养区与外界形成天然屏障,周围环境没有影响公牛健康和冻精产品质量的不良因素,要做好"三废"处理和减少环境污染。选址时还应考虑历史上未发生过恶性传染病,饲料来源充足、水源充足,水质良好符合卫生标准。

当然,选择站址不可能完全达到理想的要求,但是可以采取必要措施,因地制宜达到适合建站的要求。选址建站应与当地政府部门就征用土地、环保、排污、水电设施、道路等达成一致和共识。建站面积可根据饲养种公牛数量和生产规模合理确定,通常,中等大小的种公牛站(饲养种公牛100余头)应占地70~100亩左右(不含饲料地)。另外,建站时还要用长远发展的眼光周密考虑,站址要留有足够的面积和一定的发展空间。

(二)公牛站布局

种公牛站要根据方便生产、利于生活、利于防疫卫生等原则进行整体规划和合理布局。按种公牛站内经营管理功能,通常分为冻精生产区、管理办公区、生活区三个区,各区的建筑物以及道路的布局要合理,设计美观紧凑整齐,使用方便。种公牛站的管理办公区应设在站的大门口,并与生产区有隔离设施,负责全站的生产指挥、生产资料的供应、产品的销售、对外联系等业务。外来办事人员只能在管理办公区内活动,不得随意进入生产区,以防疫病的传播。

1. 生活区

职工生活区应在公牛站区的上风和地势较高的地段,这样使公牛舍产生的不良气味、鸣叫声等不致影响职工的生活,公牛排出的粪尿等污水也不会污染生活区,保证了生活区的良好环境卫生。

2. 管理办公区

种公牛站管理办公区为公牛站的管理部门所在地,负责全站的生产指挥、生产资料的供应、产品的销售、对外联系等业务。外来人员只能在管理办公区内活动,不得进入生产区,以防疫病的传播。所以,管理办公区应设在站的大门口,并与生产区有隔离设施。

3. 生产区

生产区是种公牛站的核心部分,包括种公牛饲养和精液生产两部分,建筑布局主要由公牛舍、运动场、采精厅、冷冻精液生产用房、饲料间、兽医室等构成,其布局要合理,使公牛的采精、饲料的运输方便而省力。对生产区的各种公牛舍、冷冻精液生产用房,生产附属用房、饲料仓库、饲料加工调制用房、干草堆放场地、牛粪堆放场地都应周密考虑,合理布局。

饲料供应、贮存、加工调制及与之有关的建筑物,其位置的确定必须同时兼顾饲料由站外运入,再运到公牛舍分发这两个环节。草料的堆放位置,一般应设在生产区下风向,并与建筑物保持较远的距离,以利安全防火。牛粪场应设在生产区最边缘下风向地区,并离牛舍有一定的距离,既要方便牛粪从牛舍运出,又要便于运到田间施用。

(三)基础设施

1. 基础条件

种公牛站应有足够的固定工作场所,基础条件(水、电、牛舍、草料库、采精厅、冻精生产实验室、质量检测室、办公室、数据和档案室、接待室、辅助用房等)及实验室设施设备能够保证正常生产经营的需要。生产、办公和生活区要布局合理,满足防疫要求。配套设施应有利于生产经营的正常进行。

2. 仪器设备

种公牛站的仪器设备是生产冷冻精液的基本条件和保证产品质量的工具,配备的仪器设备性能、精密度、量程能满足冻精生产和质量检测的需要。必要仪器设备主要包括:

(1)采精及洗涤器具:包括采精假阴道、恒温干燥箱、高压灭菌器、超声波清洗仪等。

(2)精液质量检查仪器:主要包括相差显微镜、精子密度测定仪、血球计数仪等。

(3)精液稀释、降温用品:如电子天平、低温操作柜、超净工作台、普通冰箱等。

(4)精液灌封、印字设备:如细管灌封印字一体机,或单独细管印字机、灌封机等。

(5)精液冷冻和保存设备:主要有程控式精液冷冻仪、低温温度计、大口径液氮罐(500 升、200 升)、普通液氮容器、冻精计数包装机、液氮贮存塔等。

(6)精液解冻器具:恒温水浴箱、恒温板或恒温操作台、载玻片、显微镜等。

(7)实验室环境控制设施:如安装空调。

为了保证仪器设备能够正常运转和测试结果的准确性,对在用的仪器设备要实行有效的控制,使用仪器的专业人员都必须进行岗前培训。仪器设备要建有使用、检定档案记录和台账,对在用仪器设备要做好日常维护和维修保养,完好率应达到100%,确保仪器设备的正常运转。

(四)专业人员培训

公牛站各部门要合理配备相应的人员。行政管理人员应有管理才干,热心种公牛站事业;技术负责人应是从事本专业技术工作并具有中级以上技术职称。种公牛站各项工作技术含量要求高,专业技术人员需要经过专业学习和岗位技术培训合格后才能上岗,有熟练的操作技术和相关理论知识,有上岗证书。种公牛站必须重视技术人员素质教育,建立健全岗位责任和规章制度,定岗定员,责任到人,树立严格的质量管理意识,按冻精生产技术规范和质量标准要求生产。对各部门的人员,特别是技术人员要重视再学习,定期或不定期进行培训,建立规范的人员培训考核制度。

第二节　种公牛饲养管理

种公牛饲养管理是保证种公牛正常繁殖机能的基础,为保证种公牛的健康和正常有效利用,不断提高冻精生产数量和质量,对种公牛的饲养管理必须根据种公牛的年龄、品种和生理特性,制定科学合理的饲养管理制度和技术规程。

种公牛的饲养分为犊公牛、后备公牛、成年公牛三个阶段,根据《种公牛饲养管理技术规程》NY/T 1446—2007 制定饲养方案,进行科学饲养管理。

一、种公牛选育

保证种公牛的遗传质量,是种公牛站冻精生产的首要前提。种公牛站选择或引进供作生产冷冻精液的公牛必须符合以下条件:

1. 有完整的选育计划,三代系谱资料真实齐全,必要时可进行亲子鉴定。公牛生长发育和体型外貌符合本品种种用标准要求,并经后裔测定或其他方法证明(如:系谱选择)为优良个体。

2. 种公牛必须体质健康,无一、二类传染病和国家规定的其他疫病,主要包括:口蹄疫、结核病、布鲁病、蓝舌病、牛白血病、副结核病、牛肺疫、IBR、BVD 等。

3. 引进种公牛必须具有检疫健康证书和免疫记录。不得在疫区购买种牛,并严格做好产地检疫,购进后应按要求进行隔离饲养 30～45 天并进行复检,检疫健康合格者方可进站和并群饲养。

4. 种公牛繁殖机能、睾丸及附睾大小和质地正常,采精和精液品质质量符合要求。凡有隐睾者或精液品质差等缺陷的公牛均应淘汰。

5. 公牛站应具有一定规模的采精种公牛和后备公牛,公牛血统来源不能过于集中,群体年龄结构要合理。

二、种用公犊牛饲养管理

公犊牛通常指 0～6 月龄的犊牛。种用公犊牛出生后应及时佩带耳标,耳标编号按统一编号规定执行。

犊公牛哺乳期第 1～7 日龄时喂初乳,7 日龄以后喂常乳并开始训练采食精、粗饲料,种用公犊牛哺乳期通常不少于 4 个月,哺乳量 600 kg 左右。各月龄喂乳量为:1 月龄时日喂奶量 7～8 kg,2 月龄日喂奶量 4～6 kg,3 月龄日喂奶量 3～4 kg,4 月龄时喂奶量逐渐减少至断奶。全天喂奶量可分 3 次饲喂,奶温以 37～39 ℃为宜。30 日龄后,精料喂量逐步增加到 1 kg/d 左右,粗饲料选用优质干草。到 6 月龄时,精料的供给量增至 2.5～3 kg/d,在营养成分上应保证矿物质、脂溶性维生素,特别是维生素 A 的供应,尽力避免使用抗生素和激素类药物,以免影响公犊牛性机能正常发育。日粮营养水平:日粮干物质占体重的 2.2%～2.5%,每千克饲料干物质含 2.0 个 NND,含粗蛋白 18%、粗纤维 13%、钙 0.7%、磷 0.35%。犊牛应自由饮水,冬季饮用水温 25 ℃左右,单栏饲养,用具定期消毒。犊公牛 1 月龄内去角,注意随时观察犊牛的精神状态、食欲及粪便是否正常。3～6 月龄平均日增重可达 800～1 000 g 左右。

公犊牛在 5 月龄左右精细管管腔开始有成熟精子出现,6 月龄体重约占成年公牛体重的 20%以上。

三、后备公牛饲养管理

后备公牛通常指 7～24 月龄的育成种公牛。断奶后的育成公牛通常要单栏饲养,自由活动,6～8 月龄时应给公牛安装鼻环。在正常饲养下,后备公牛到 9 月龄时即可达到初情期,开始训练人工采精,此后,生殖机能不断发育完善,开始具有正常的生殖能力,即进入公牛的性成熟期(通常奶牛公牛为 10～16 月龄,水牛公牛为 16～30 月龄,牦牛公牛为 24～36 月龄)。后备公牛 20 月龄左右开始换牙,饲养管理人员要注意牛只采食情况,对于采食情况较差的公牛,要提供纤细柔软营养价值高的饲草。平时要经常检查鼻环及缰绳、笼头,是否正常、结实、完整,发现问题要及时修补或更换。

后备公牛日粮要求:7～17 月龄时,优质干草 5～7 kg/d,混合精料 3.5～4.0 kg/d;18～24

月龄时,优质干草 8～10 kg/d,混合精料 3.0～3.5 kg/d。混合精料主要由玉米、豆粕、棉粕、麸皮、食盐、石粉、矿物质和维生素预混料等组成,优质干草主要是禾本科羊草及优质苜蓿。日粮营养水平:日粮干物质占体重的 1.5%～1.8%;每千克饲料干物质含 1.6～1.7 个 NND,含粗蛋白 16%、粗纤维 15%、钙 0.45%、磷 0.3%。为了促进公牛繁殖机能生长发育,初情期日粮中粗蛋白含量应高于成年公牛需要量的 10%。

乳用后备公牛在 12～24 月龄时,应按要求参加全国公牛联合后裔测定。

在管理上,对后备公牛要经常刷拭牛体,保持体表卫生和阴囊皮肤的清洁卫生,培养公牛性情温顺,加强公牛运动,严禁粗暴对待公牛。同时,定期对种公牛的生殖器官应进行全面检查,后备公牛首次采精前检查一次,成年公牛每年检查一次。另外,每月或每季度对后备公牛应称体重一次,以便根据公牛增重情况和体重变化进行合理饲养。通常,后备公牛 24 月龄时体重应达到成年公牛体重的 70%以上。

四、成年公牛饲养管理

成年公牛通常指 24 月龄以上的种公牛。其日粮要求根据种公牛年龄和体重变化而有所不同,通常:2～5 岁公牛(体重 800～1 100 kg)日粮配方为:优质干草 8～12 kg/d,混合精料 3.5～4.5 kg/d;5 岁以上种公牛(体重 1 000～1 300 kg)日粮配方为:优质干草 10～12 kg/d,混合精料 3.0～4.5 kg/d;日粮营养水平:采食日粮干物质占体重的 1.4%～1.7%;每千克饲料干物质含 1.5～1.6 个 NND,含粗蛋白 15%、粗纤维 15%、钙 0.45%、磷 0.3%。

种公牛日粮营养的全价性是种公牛正常生产及生殖器官正常发育的保证。饲养实践证明:日粮中蛋白质缺乏会造成精子质量低劣,能量不足会使睾丸或附睾器官发育不正常,致使公牛性欲降低;维生素 A 缺乏会引起生殖道上皮变性、性欲降低、精子生成异常;Mn、Zn、Fe 缺乏或过量也会引起生殖道上皮退化,精子生成异常;Ca、P 不足会使精子发育不全或活力降低。所以,种公牛的饲养必须按照饲养标准,供给全价日粮,补给提供必要的维生素、微量元素等。

日粮的配合应注意营养水平与容积的关系,既要注意营养需要,又要注意粗纤维供给量。日粮容积过大易使公牛形成草腹;粗纤维含量过少,则易引起消化道疾病。因为种公牛是全年采精生产,所以日粮配合要注意冬季和夏季饲料种类和配比变化不要过大,如果需要变换饲料,应保证 2 周左右的过渡期,并保持日粮组成的相对稳定,冬季时注意补给维生素 A 丰富的胡萝卜、大麦芽等,夏季可补给一些青苜蓿、青刈玉米等满足种公牛的营养需要,保证种公牛全年的生产能力。饲喂应做到定时、定量、定人,每日饲喂不少于 2 次,按先精后粗的顺序饲喂。应保证公牛充足的清洁饮水,冬季不宜饮用冰水,水温 8～10 ℃为宜。公牛舍的粪、尿、污水、剩余饲料要做到无污染处理,处理设施与公牛群应有适当距离。

种公牛日粮营养水平应根据公牛食欲、膘情、采精频率、气温变化等因素适当调整。夏季要特别注意做好防暑降温工作,因为高温环境对种公牛的生长发育和生精机能影响特别大,可造成种公牛生产缓慢、性欲下降、精液品质降低,受胎率差。炎热夏天通常采取①在室外设置遮荫棚;②中午期间用凉水喷淋牛体,可变淋浴为刷拭;③牛舍安装降温电扇或排风机;④调整饲料日粮结构等措施来减少热应激对种公牛的影响。南方地区的种公牛站在夏季受炎热影响通常要停采2～3个月的时间。冬季虽然对种公牛的影响相对较小,但在北方地区的种公牛站,做好冬季的防寒保暖工作对保证种公牛的正常生产也十分必要;严寒冬季要注意牛舍的密封保温,公牛床位要铺厚垫草,并及时更换,防止睾丸冻伤,同时可适当增加种公牛的运动量,必要时可安装采暖设备。

种公牛达60月龄前应每月或每季度称重一次,以便及时检查种公牛体重变化和营养状况,为调整日粮配方提供依据,防止种公牛过肥或过瘦,影响精液品质。

定期对种公牛的生殖器官应进行全面检查。青年牛首次采精前检查一次,成年公牛每年检查一次

五、种公牛管理制度

(一)饲养管理制度

各公牛站可根据各自具体情况制定种公牛饲养管理制度,饲养人员必须严格按种公牛饲养管理规程操作,才能保证正常生产和安全。饲养人员可按下列基本规程操作:

1. 着装 饲养人员进入公牛舍,必须更衣消毒,更换工作服、工作鞋、工作帽。牛舍工作服每周至少清洗、消毒一次,保持干净卫生。

2. 观察 饲养人员要熟悉种公牛的习性,每天注意仔细观察每头种公牛的精神和健康状况、草料、粪便情况等,发现异常及时向管理人员汇报,并配合治疗。

3. 称重 定期做好公牛体重和体尺测量记录等工作。

4. 饲喂 按时给种公牛饲喂精、粗饲料,每头公牛的饲喂量严格按管理人员的安排数量执行,严禁多喂、少喂或漏喂,严禁浪费精粗饲料。要服从管理人员对待特定公牛的特定饲喂,积极主动协助兽医做好诊治工作。

5. 采精 牵引种公牛时,要事先检查公牛鼻环、牵引绳是否牢固,认真牵引公牛,保持公牛的安静,确保人身和种公牛的安全以及采精工作的顺利进行。在采精厅内,严禁大声喧哗、嬉逗公牛。

6. 清洁 保持良好的公牛舍(包括牛床、栏杆、运动场等)及生产区的清洁卫生,每天随时清理各种垃圾。要经常刷拭公牛,保持牛体清洁卫生,夏季要做好防暑降温工作。

7. 安全 进入公牛舍和牵引牛时必须时刻提高警惕,密切注意公牛的情绪变化。若公牛情绪激动暴躁,应充分利用护栏保护自己,确保人身安全。为避免跑牛造成人或牛的伤亡事故,应及时检修公牛鼻环、缰绳、围栏和拴牛铁链等。

8. 环境 保持公牛舍的安静,在牛舍内严禁大声喧哗、追闹,严禁闲杂人员进入牛舍。不得恐吓和粗暴对待种公牛,严禁殴打公牛。

(二)卫生防疫制度

1. 防检疫 种公牛的防疫、检疫和免疫工作按照《中华人民共和国动物防疫法》的有关规定进行,定期按要求进行免疫抗体监测。种公牛站从业人员每年要定期进行体检,确保从业人员无结核病、布鲁病等人畜共患病。

2. 消毒　公牛站大门口和生产区入口应设人员、车辆进出消毒池或消毒设施,严格执行卫生消毒技术规程。消毒池内所放消毒剂应根据使用效果和天气情况及时更换,至少每周换2~3次,确保消毒效果。要定期对牛舍、生产区域进行消毒、杀菌,保持牛舍环境卫生。

3. 进出场区　严禁外来车辆、人员进入生产区,如因工作需要确需进入场区的,须经站长批准、登记,更换工作服,经消毒通道进行紫外线和药水消毒后方可进入。严禁非生产人员进入种公牛饲养区。人员进入场区不得携带偶蹄动物及其产品等物品。

4. 公牛护蹄　每年春、秋两季进行公牛修蹄护蹄工作。夏季要定期用4%硫酸铜溶液对公牛进行浴蹄。

5. 健康检查　兽医人员要每天巡视牛群,及时掌握公牛健康状况。对疾病做到早发现、早诊断、早治疗,确保种公牛健康。

6. 消除蚊蝇等　每年夏、秋季节要做好灭蚊、灭蝇的工作,清除蚊、蝇孳生地,减少对种公牛的危害。

7. 隔离牛舍　公牛站内应设病牛专用隔离区。该区域的病牛由专人按防疫要求管理,专用工具不得带出病牛区。病死畜尸必须按规定进行无害化处理。

(三)安全生产制度

1. 禁止一切和公牛饲养、采精、兽医治疗以外的人员进入公牛生产区。

2. 值班人员要坚守岗位,不能擅自脱离岗位。员工要按时上下班,与公牛接触前24小时禁止饮酒。

3. 严禁挑衅和逗弄公牛,与公牛接触和牵引公牛时必须保持1.8~2米安全距离,随时控制公牛行走速度,利用安全隔离栏做好自身防护。

4. 种公牛应定人管理,平时注意人与牛的亲和训练,让公牛熟悉和适应管理它的饲养员。

5. 工作人员要经常巡查公牛舍,发现种公牛异常情况应及时处理,或上报站领导。

6. 使用液氮人员上岗前必须接受相关知识培训,必须按照规定做好安全防护。

7. 加强草料库安全检查,在饲养区和草料场内严禁吸烟,保证草料库绝对安全。

(四)种公牛管理技术资料

每头种公牛都应有完整的技术资料档案,并且有专人负责登记和管理。种公牛管理应具备的技术资料主要有:公牛三代系谱、公牛生长发育与体型外貌记录、采精计划表、公牛采精记录表、病历记录、公牛检疫记录、公牛免疫及抗体监测记录、消毒记录等。

第三节　采精及质量检查

一、采精

采精是冷冻精液生产的关键,是提高冻精数量和质量的第一环节。所以,在采精过程中对每个环节、细节都必须精心操作。

（一）采精前的准备

1. 器皿器械的清洗和消毒 采精前，对所要使用的各种玻璃器皿和器械，都要进行事先洗涤和消毒。玻璃器皿洗涤时，先用清水浸泡，然后在加有洗涤剂的温热水中进行刷拭（如有污物或油垢不易清洗的，先放入重铬酸钾洗液中浸泡数小时），或用超声波清洗剂清洗，再用清水冲洗干净，最后用蒸馏水冲洗，直至器皿容器光亮，无水滴附着为止。将洗净的玻璃器皿送入电热干燥箱，加热至 160 ℃ 后再恒温 30 分钟，自然冷却后待用。所用器械都要事先进行消毒，瓷漏斗、金属镊子、药勺、胶塞和吸管、吸头等，都需用 75% 酒精棉球擦拭消毒（凡是用酒精消毒过的器械，必须待酒精挥发尽后方能使用）。

采精和生产中使用的纱布要定期清洗、消毒。空细管、吸管冷冻架、包装指型管及纱布袋等用紫外线消毒 30 分钟后方可使用。

2. 假阴道的准备 种公牛采精通常使用假阴道法。采精前准备好假阴道是诱导公牛射精和取得优质精液的一个重要环节。假阴道（AV）主要由外壳（套）、橡胶内胎、三角漏斗、集精管（杯）及附件组成，其尺寸长短可根据公牛阴茎大小为其选择合适的型号（一般为长 50 cm，内径 8 cm）。假阴道在使用前要将各部件刷洗干净，清洗完毕后放在架子上晾干，并用 75% 酒精消毒后备用。如发现内胎漏气、漏水或皱褶，要及时更换或修理。

采精前将假阴道内胎及三角漏斗安装在外壳上，并用 75% 的酒精棉球擦洗消毒后，接上集精管，套上保护套。假阴道内可提前注入容积 2/3 左右的 38 ℃ 温水，并用消毒纱布将假阴道口包裹，放置于 44 ℃ 左右的恒温箱内烘干待用。根据每头公牛的不同特点可选用不同特点的橡胶内胎，通常青年公牛多用光面内胎，成年公牛用纹状面内胎。

采精前在假阴道采精内胎的前 1/3 段，用涂抹棒均匀涂擦适量的消毒过的假阴道润滑剂（用白凡士林与液状石蜡按 1∶1 的比例调制，用 75 ℃ 水浴消毒），并从活塞孔打气，使假阴道有适度的压力（假阴道口呈三角形放射状为宜）后，即可进行采精，注意内压切勿过大。采精时内胎温度控制在 38～40 ℃ 之间，集精杯保持在 34～35 ℃ 左右；根据公牛喜好不同，假阴道内胎温度可作适当调整，最高不超过 43 ℃。注意消毒后的假阴道只能使用一次，不可连续使用。

3. 台牛及种公牛的准备 通常选择四肢健壮、性情温顺、健康无疫病的公牛（较少用母牛）作为台牛，也有用假台牛架作为台牛（国内用得较少）。好的台牛是采精过程的一个重要组成部分，虽然台牛可以与采精公牛区别对待，但通常对台牛的护理类似于采精公牛。台牛的体型大小对青年公牛非常重要，合适的高度和被爬跨时能稳定站立的能力，对于保证采精公牛的安全和舒适都非常重要；对于某些成年公牛，台牛的外貌、毛色不同会影响它的性冲动和采精量。采精前须将台牛保定在采精架内，系好尾巴，将其臀部和尾部清洁消毒（用 2% 来苏尔液擦拭），然后用净水冲洗擦干。注意，每次采完以后换采另一头公牛前都应清洁台牛后躯。为了安全起见，采精架旁应设隔离板和隔离栏。

采精种公牛阴筒、包皮、阴毛处易粘有粪便、污垢和细菌，采精前通常用 0.1% 高锰酸钾溶液或 3% 过氧化氢溶液或 1∶10 000 的呋喃唑酮溶液的任何一种冲洗采精公牛的阴筒、包皮、阴毛等处，然后用 0.9% 生理盐水冲洗，并用灭菌毛巾擦干，以免污染精液，影响精子活力和精液品质。种公牛阴毛过长时要适当剪短。

（二）采精

假阴道采精方法分两种。一种是将假阴道安放在具有调节假阴道角度的假台牛后躯内，任由公牛爬跨假台牛，在假阴道内射精；第二种是采精人员用手握假阴道站在台牛后侧采精，当种公牛空爬跨1～2次后，待公牛性欲旺盛时即可采精。在我国普遍使用第二种方法采精。采精过程的具体要求如下：

1. 采精场所应保持安静环境，减少噪声对采精公牛的影响；地面清洁并铺垫防滑垫（如橡胶板），以免种公牛爬跨射精时滑倒。

2. 准备采精的公牛要放在台牛的右边，等待采精的公牛要拴在远离台牛的安全区域。避免干扰采精公牛。

3. 采精前先让公牛空爬跨1～2次，提高性欲。即：当公牛爬跨时，让种公牛提前伸出部分阴茎，采精员要用带有一次性手套的手将阴茎拨向一边，牵牛人员应及时把种公牛拉下来，避免提前射精或损伤阴茎。如此重复1～2次空爬跨后，可大大提高种公牛的性欲。

4. 采精时，采精员右手持假阴道，站在台牛的右后方，当公牛起跳前肢爬上台牛时，迅速用左手托着公牛包皮，右手持假阴道与台牛成40°角，假阴道入口斜向下方，左右手配合因势利导将公牛阴茎自然地引入假阴道口内（切勿用手捉拿阴茎），如果假阴道条件适宜使种公牛产生感觉时，公牛就会自动用力往前一冲插入并充分射精。注意千万不要人为地用假阴道去套公牛阴茎采精。射精后，采精员要右手紧握假阴道，将集精管一端向下倾斜，随公牛阴茎而下，待公牛退下台牛前肢落地时，缓慢地把假阴道脱出阴茎，并立即将假阴道入口斜向上方，打开活塞放气，使精液尽快充分地流入集精管内，然后小心地取下集精管，迅速转移至精液处理室进行精液质量检查。

（三）采精注意事项

1. 采精前检查假阴道等器具是否完好，是否严格消毒。

2. 采精时，采精员与牵牛的饲养员要相互积极配合，了解熟悉公牛的习性，选用适合的假阴道进行采精。

3. 采精员采精时必须思想集中，胆大心细，遵守操作规程，时刻注意人畜安全；采精的动作要迅速而正确，千万不要人为地用假阴道去套公牛阴茎采精。采精时一定要保护好公牛阴茎，防止与台牛臀部接触擦伤，千万不可强拉硬拽造成公牛痛觉而影响采精。

4. 为提高公牛性欲，可采取空爬跨、抑制爬跨、更换台牛、更换采精地点、观摩、引诱、被爬跨、按摩等措施，使公牛有充分的性准备，待性欲旺盛时采精。

5. 成年公牛通常每周采精2天，每天可连续采精2次（2次间隔30分钟左右）。

6. 采精过程中要及时清理牛粪，采精后要及时清扫干净采精场地，定期消毒。

7. 用过的假阴道等采精器械要及时清洗干净，灭菌消毒后备下次使用。

二、精液质量检查

精液质量检查的目的是鉴定精液的质量和为制作冻精提供依据，此外还可检查公牛的繁殖机能,以及采精技术、饲养管理技术是否正确。所以,精液质量检查必须准确无误。

冻精制作前,对所用原精液的一般检测项目是:原精液外观和采精量、精子密度、精子活力。检查时,集精管应放在 32 ℃恒温水浴锅中,质量检查在 3～5 分钟内完成。

(一)外观和采精量

1. 色泽和云雾状　原精液外观项目主要包括色泽和云雾状。

正常精液为乳白色或淡黄色。精液乳白色越浓,表明精子越多,密度越大。如原精液色泽异常,可能公牛的生殖器官有病。呈淡红色时可能混有血液;黄色可能混有尿液等。诸如此类色泽的精液应废弃或停止采精,并查找原因。

云雾状是指在密度测定时观察到的现象,即取 1 滴原精液于载玻片上,用低倍显微镜(10×10 倍)观察,可看到正常原精液的精子密度大,精子运动翻滚如天空的云雾。云雾状越显著,表明精子活力、密度越高。

2. 采精量　公牛采精量多用有刻度的集精管(杯)测量,单位为 ml。采精量因品种和个体差异较大,乳用公牛头次平均采精量约为 6 ml,若全年采精 110 次,则全年采精总量为 660 ml。水牛公牛平均采精量为 2～4 ml,公牦牛为 2 ml 左右。同一个体因年龄、营养和体况、性准备情况、采精方法、采精次数等而有变化。公牛采精量过多或过少,都应研究其原因,为选择培育高产精液种公牛提供依据。为使采精量的评定更准确,现在多数公牛站使用"称量法"来确定采精量,即用天平称量采集的精液重量,再换算出采精量(原精液比重为 1.05)。

(二)精子密度测定

精子密度和采精量是确定总精子数和进行合理稀释的重要依据,通常乳用公牛原精液的精子密度≥$6×10^8$个/ml,精子畸形率≤15%。测定精子密度的主要方法有:

1. 精子密度测定仪(光度计测定法)　根据精子密度越大透光性越差的特点,与标准管进行比较,能迅速准确地测出精液的精子密度。此法测定快速且结果准确,在生产中已普遍使用,如法国 IMV 公司生产的精子密度测定仪等。

2. 血球计数法　用血球计数板计算精子数,结果准确,但不够迅速,在实际生产中很少使用。一般都用于结果的校准、产品的检测和科研等。

(三)精子活力测定

精子活力与受胎率密切相关,是评定精液质量的一个重要指标。精子活力是指:在 37 ℃环境下前进运动精子数占总精子数的百分比。即:取一滴精液样品(约 5 µl)在 37 ℃环境温度中,在相差显微镜下进行观察评定,如呈直线运动的精子占总精子数的 80%,则活力评定为 0.8,70%则评定为 0.7,以此类推。对精液的活力评定包括:稀释后鲜精的精子活力测定和解冻后精液的精子活力测定。乳用公牛鲜精活力一般为 0.7;牦牛鲜精活力一般为 0.8 以上,水牛鲜精活力为 0.7 以上。解冻后精液的精子活力按国标 GB4143—2008 要求,普通牛不能低于 0.35;水牛不低于 0.3。

精液经上述各项检查合格后,即可进行冻精制作,否则必须废弃。

第四节　冷冻精液制作

一、冷冻精液制作原理

冷冻精液是利用液氮(−196 ℃)、干冰(−78 ℃)或其他超低温安全冷源,将精液经过特殊处理后,冷冻保存在超低温下,以达到长期保存的目的。目前,国内外多用液氮(无毒、无味、惰性不易燃)作为超低温冷源来保存冷冻精液。

冷冻精液的制作原理是:精子在以液氮为冷源情况下,应用一定的冷冻保护剂(加甘油的稀释液),经过一定的降温程序,使精子水分冷冻时直接越过冰晶化状态,而形成玻璃化状态或微晶化态,防止了精子水分冰晶化对精子细胞的破坏作用;同时完全抑制了精子的代谢活动,使精子生存在静止状态下得以长期保存。精子一旦经快速升温解冻,玻璃化态可越过结晶态直接变成液态,因而精子不失去受精能力。

冷冻精液包装形式主要有:颗粒、安瓿和细管三种形式。由于颗粒冻精易受污染,使用时操作不便,长期保存时标识易混淆,同时不能自动化大量生产,我国现已停止生产和限用。安瓿冻精缺点更多,早已很少使用。目前各国普遍采用的是细管冻精,既能提高冻精质量和活力,又能防止污染和便于标识,且能机械化批量生产。

目前,我国牛冷冻精液制作使用的细管和设备主要有容量 0.25 ml 微型细管(直径 2 mm、长 133 mm)和容量 0.5 ml 细管(直径 2.8 mm、长 133 mm)两种,精液灌封设备主要由法国 IMV 公司、德国 Minitube 公司和日本 FHK 公司等进口。我国曾经生产过容量为 0.3 ml 细管(直径 2.8 mm、长 65 mm)和 0.5 ml 细管(直径 2.8 mm、长 100 mm),现已不用。

二、冷冻精液制作

(一)精液的稀释

为了扩大优质种公牛精液的配种数量,降低精子能量消耗、补充适当的营养和保护物质、抑制精液中有害微生物活动、延长精子存活时间,精液冷冻前进行稀释是不可缺少的重要环节,精液稀释液是保证冻精质量的重要条件。

1. 稀释准备工作

(1)蒸馏水的制备:单蒸馏水可采购或用蒸馏器烧制,双蒸馏水用玻璃蒸馏器烧制。

(2)电子天平的使用:天平放置在平稳的工作台上,保持清洁干燥,并校零调平。

(3)药品的取用:化学药品应选用化学纯或分析纯制剂,取用后立即将瓶口盖严,以免灰尘、杂菌等污染,防止分解和潮湿。特别是甘油具有很强的吸水性,如保管不严,将会影响其准确性。

(4)蛋黄的取用:鸡蛋来源于无疫病鸡场的新鲜鸡蛋,取鸡蛋黄前必须先用 75% 酒精棉球对蛋壳表面消毒,待酒精挥发完全后沿鸡蛋腰部偏上轻轻敲开,倾斜倒去蛋清再用过滤纸吸取多余的蛋清,取出完整蛋黄,再用消毒后的小吸管捅破蛋黄膜,让蛋黄慢慢流出。

(5)配置和分装稀释液的一切器皿,必须洗净和消毒。

2. 稀释液的配制

(1)稀释液配方:适用于细管冷冻精液的稀释液一般采用果糖、柠檬酸钠、卵黄、甘油等配制。现推荐下列配方:

A 液:蒸馏水 100 ml,柠檬酸钠 2.97g,卵黄 10 ml。

B 液:取第一液 41.75 ml,加入果糖 2.5 g,甘油 7 ml。

以上稀释液中,每 100 ml 中加青霉素、链霉素各 5 万～10 万 u。

(2)稀释液配制程序:配制 100 ml 12%的蔗糖溶液:先准确称取庶糖(分析纯)12 g,放入容量为 100 ml 的量筒内,加入蒸馏水至 100 ml,混匀后用滤纸过滤于三角烧瓶或盐水瓶中,扎好(塞紧)瓶口,置 75 ℃水浴锅中消毒 30 分钟。取冷却后的蔗糖溶液 75 ml、甘油 5 ml、蛋黄 20 ml 和青霉素、链霉素各 5 万～10 万 u 加入三角烧瓶中,用磁力搅拌器充分搅拌均匀后放入 3～5 ℃冰箱内待用,但放置时间不宜超过 24 小时。

近年来,欧盟许多国家的稀释液中已经不使用卵黄、牛奶等动物源成分,取而代之的是纯化学物质或植物提取成分。所用稀释液是工厂化生产的原液,使用时直接按比例加入双蒸馏水即可。

3. 稀释倍数　根据精子密度、活力测定后合格的原精液量,按国家标准要求可计算出精液稀释总量。适当的稀释倍数可延长精子存活时间,但如超过一定限度,则会将影响精子质量和受精效果,国家标准要求每支细管冻精解冻后的有效精子数应大于 800 万个/支。

稀释倍数的计算方法是:日采精量为 8 ml,精子密度为 12 亿/ml,精子活力为 0.7,则每毫升原精液中含有效精子数为 12 亿×0.7%(即等于 8.4 亿/ml);如要求稀释后每毫升精液中含有至少 2 000 万个/ml 有效精子数,则稀释倍数是 42 倍。

4. 稀释方法　原精液稀释倍数确定后,应尽快进行稀释(采精后不宜超过 30 分钟)。

稀释方法一:为减少甘油对精子的化学毒性作用,可采用二步稀释法:即先用 34 ℃的 A 稀释液(不含甘油)缓慢地加入原精液中稀释至最后倍数的一半,所加 A 液的量=(所加稀释液总量+精液量)/2－精液量,摇均后放入盛有 34 ℃适量水的小容器内,然后入 4 ℃冰箱中平衡,与此同时将 B 稀释液也放入 4 ℃冰箱。在第一次稀释 1.5～2 小时后,再加入 B 液稀释至最终稀释倍数。

稀释方法二:即一步稀释法。取一已盛有 30 ml 稀释液(50% A 液+50% B 液)经 34 ℃水浴预先加温的稀释管,加入精液进行稀释,在 34 ℃水浴中暂存 10 分钟后再加稀释液到最终稀释量。再过 10 分种后即可在常温下的实验室操作台上进行精液的分装,然后在低温平衡。这种方法使细管分装方便了许多。这里所指的常温是指在 20 ℃以下的环境温度。

稀释时注意稀释液应沿精液杯(瓶)壁缓缓加入精液中,然后轻轻摇动使之混合均匀。稀释过程中应尽量减少原精液与空气和其他器皿接触,以减少污染。精液稀释后静置片刻,即可做活力检查,稀释前后活力无大变化即可进行分装冷冻。

(二)精液分装和平衡

1. 精液分装　稀释后的精液经过 10 分钟静置后检查精子活力达标者,即可在常温下(指

20 ℃以下）的实验室操作台上进行精液分装，目前普遍使用细管精液分装机进行分装（包括细管分装机，细管分装印字一体机等）。提倡使用细管分装印字一体机进行精液分装。

细管分装印字一体机是一套在完成精液灌装与封口后即刻进行喷墨印字的一体化设备，其精液分装操作简单，效率高。它使得人们在细管未分装精液封口前不必触动它，以便在尽可能不被外界污染的情况下完成细管精液的灌装与封口，这对减少污染、提高产品卫生质量指标极为有利。

单独使用细管分装机操作的，在封装前细管要事先用专用的印字机按规定标识进行印字操作。这样容易造成细管污染，操作效率降低。

不同品种公牛的冻精，可以用不同颜色的细管分装或不同颜色的指型塑料管包装加以区分。细管上所印的标识信息必须符合牛冷冻精液国家标准要求，字迹清晰易认。

2. 平衡　精液平衡可采用以下两种方法：

（1）分装后的细管精液可放入不透光的塑料盒内，每盒 300 支，如果一头牛的细管数量较大可分放在多个塑料盒中，把盒子放入 4 ℃低温柜中进行平衡 3～4 小时。

（2）精液稀释完成后，用一水杯盛一些 34 ℃的温水，把装有稀释精液的稀释杯（瓶）放入其中（注意水面），然后一同放入 4 ℃低温平衡柜中，使其降温至 4 ℃并平衡 3～4 小时，然后再在低温柜中进行细管分装操作（空细管亦应降至 4 ℃）。

为避免精子受到光的危害，平衡过程中低温柜注意遮光。

（三）冷冻

平衡后的细管精液，目前多用全自动程控精液冷冻仪进行冷冻。程控冷冻仪是一个由电子计算机控制的全自动程控冷冻容器，可根据使用者的需要和公牛精液特点获取多条冷冻曲线，是细管冷冻的先进设备。冷冻时，首先将平衡后的细管精液上架，上架时注意细管摆放的方向性，每架上放一根类似于细管的标记物，一头牛用一种颜色的标记物，这样可便于识别公牛号。然后，在电脑中设置好冷冻的最佳温度曲线，开启液氮罐阀门把冷冻仪降温至 4 ℃，此时关闭风扇电源，待风扇完全停止后方可把已排满待冻细管的架子（每 15 架重叠在一起）放入冷冻仪，否则旋转的风扇会加速冷冻仪与外界的热交换，使冷冻仪迅速升温。操作要迅速，冷冻仪与低温柜应尽量靠近，这样能缩短细管从低温柜转移至冷冻仪的时间，减少升温打击。第三，盖严盖子由电脑按预选的最佳冷冻曲线自动完成冷冻过程。因为最佳温度曲线是按冷冻30架设定的，如果所排细管不够 30 架，也应用空架补充满 30 架，这样才能获得最佳冷冻效果。

目前，我国有些公牛站还使用大口径液氮罐作冷冻容器，口径一般为 800 mm。使用时其温度调控是影响冻精质量的关键，温度调控主要取决于冷冻架离液氮面的距离和一次冷冻的细管数（即冷冻架的多少）。冷冻温度一般控制在 -140 ℃左右（这里冷冻温度是冷冻面的温度而非细管的温度），初冻温度调节至 -110 ℃左右，冷冻时温度回升的最高值不得高于 -80 ℃。整个冷冻过程控制在 8 分钟之内。

此外，国内还有少数单位应用"集束式精液冷冻仪"，或自制的冷冻槽作冷冻器。自制冷冻槽作冷冻器时，槽的深度应在 50 cm 以上，切不可过浅，液氮面调控在什么位置、一次冷冻多少架等影响冷冻温度的因子应相对稳定,使其冷冻条件基本保持一致,否则会使单位高度内的温差过大,影响冷冻效果。

冷冻完后打开盖子,冻精按公牛号分别投入不同的提筒,细管的超声波封口端在上,棉塞端向下,切不可倒置,并迅速浸泡在液氮中,这样可避免细管棉塞端爆脱的发生,冻精入临时贮存库。

(四)冷冻后活力检查

精液冷冻完成并在液氮中存放 48 小时后,需进行质量检查。因为冷冻后精液需要在此环境中有一个稳定过程,此时检查的活力才是其冷冻质量的真实反映。冻后精液检测主要用相差显微镜进行解冻后活力评定,合格者方能进行包装入库。

冷冻精液的解冻方法是:预先把水浴箱加温至 37 ℃恒温,从液氮容器中取出一支细管精液,在空气中停滞 1～2 秒,然后迅速整体放入水浴箱中,轻轻晃动,经数秒钟待精液溶解后立即取出,擦干细管上的水珠,即可装入输精枪进行人工授精,或进行显微镜镜检。

(五)冻精包装和贮存

经冻后活力检查合格的冷冻精液,用计数包装机在液氮槽的液氮中进行包装,每只塑料指型管装 25 支细管冻精。操作时应注意细管放置方向,包装后的细管棉塞段在塑料管的底部,切不可倒置。塑料指型管的内径应一致,如果上口大、底部小会造成以后细管拿不出来的情况。

包装好的细管精液可直接放入液氮容器中,转入冻精贮存库房。冻精贮存过程中须注意:

1. 冻精由一个液氮罐转换到另一个液氮罐时,在罐外停留时间不得超过 5 秒钟。

2. 存、取冻精后要及时盖好罐塞,再取放罐塞时,要垂直轻拿轻放,不要用力过猛,防止泡沫塞折断或损坏。

3. 应经常检查液氮贮精罐的状况,如发现罐子外壳结白霜,说明罐子性能有问题,立即将精液转移入其他液氮罐内保存。移动贮精罐时,不能在地上拖行,应提握手柄抬起罐体后再移动。

4. 冻精贮存罐和贮存库房应由专人负责,贮精液氮罐要注意经常观察,及时补充液氮,通常每周定时加一次液氮,以防液氮蒸发过多而造成对冻精脱氮升温,冻精质量受到影响。

三、精液质量保证体系

(一)冻精产品质量与监督

冻精产品质量应由相对独立的技术人员负责监测与监督,每季度每头种公牛的冻精产品的抽样检验不少于一次;当制作冻精产品的重要原料、设备、器械等发生重大改变而可能影响到冻精产品质量时,也必须对冻精产品做抽样检验。抽样时随机抽取一个包装量的冻精,其中数量不得少于 20 份,抽取时样品在空气中暴露时间不得超过 5 秒。质检人员必须熟练掌握精液各项指标的检测方法及检测仪器的使用方法,认真做好各项检测,并做好详细的记录。

各项指标检验均合格的冻精方可交付入库。其中任一项指标不合格的冻精均不得出站，要认真分析不合格原因，并及时反馈给冻精实验室改进。

根据 GB4143—2008 的规定，牛冷冻精液产品质量应达到以下指标：

1. 原精液　色泽乳白色或淡黄色。精子活力≥65％，精子密度≥$6×10^8$个/ml，精子畸形率≤15％。

2. 冻精外观　细管无裂痕，两端封口严密。

3. 剂型、剂量　0.25 ml 细管精液放出量：≥0.18 ml；0.5 ml 细管精液放出量：≥0.40 ml。

4. 每剂冻精解冻后，需检测：

(1)精子活力≥35％（即≥0.35）。

(2)直线前进运动精子数≥800 万个。

(3)精子畸形率和顶体完整率：畸形率≤18％，顶体完整率≥40％。

(4)细菌总数≤800 个。

(5)精子存活时间：37 ℃培育 4 小时，精子活力≥1％；5～8 ℃培育 12 小时，精子活力≥1％。

(二)冻精质量控制

种公牛站应对冻精产品质量实行全程监控制度。为确保冻精质量，从公牛来源，到饲养管理和防疫制度，采精前公牛健康检查，标准的采精程序，鲜精检测，标准冻精制作程序，冷冻后检测，贮存 1 周后检测，隔离 1 个月观察种公牛的健康情况，然后决定是否入库，出库前检测等各个环节实现质量把关，确保冷冻精液质量安全可靠。冻精生产和销售的记录档案必须完整，标记清楚，实行责任人负责制。

牛冻精生产与质量控制流程(图 6-1)：

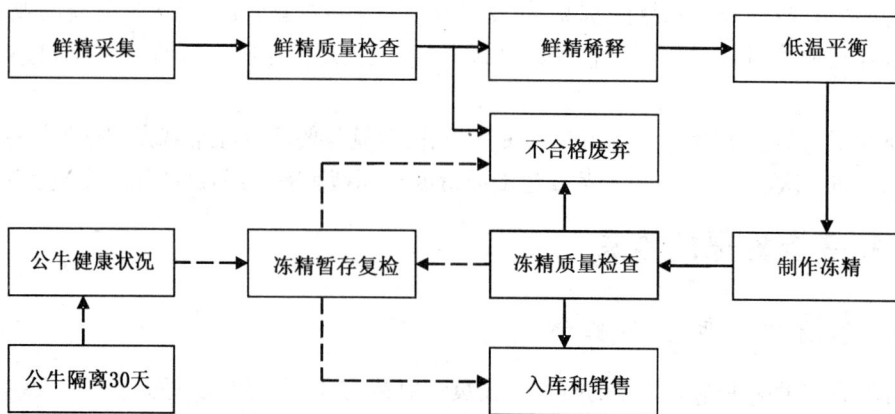

图 6-1　牛冻精生产与质量控制流程图

思考题

1. 现代化种公牛站应具备哪些条件和设施?
2. 种公牛精液质量如何要求?
3. 冷冻精液生产应注意哪些关键环节?

参 考 文 献

1. 王福兆. 乳牛学. (第三版). 北京:科学技术文献出版社,2004,第134~148页.
2. 全国畜牧总站. 牛冷冻精液生产质量管理手册. 北京:中国农业出版社,2006,第2~28页.
3. 何新天. 全国种公牛站资料汇编. 北京:中国农业出版社,2008,第113~119页,第119~201页.

第七章 乳牛的行为与福利

乳牛行为,是指乳牛对某些刺激的反应,或者指乳牛对所处环境作出反应的方式。行为学是由家畜生态学、生理学、心理学等学科发展而来的边缘科学,最初以野生动物为主要研究对象,近30年来则以家畜、家禽为主要研究对象。研究的主要内容是:

1. 在多种环境条件下,观察畜禽的活动形式,了解畜禽的习性反应。

2. 探索行为习性的神经、内分泌的机理。

3. 获得知识(或试验数据)供畜牧生产、兽医治疗及畜舍建筑设计应用。

由此可知,家畜行为学研究的目的是了解家畜行为及其本质,并为其创造适合于畜禽习性的条件,使其生活舒适达到提高生产性能的目的。

乳牛高产是其独特行为特征的综合表现,同时又依赖于舒适的环境和良好的管理。对乳牛行为基础知识的了解,是成功管理好牛群的基础,把乳牛行为学原理应用于乳牛饲养管理实践可以使牛群获得高产,提高劳动生产效率。研究行为学的目的是为了更好地善待乳牛,创造福利条件,提高其生产性能。使乳牛"自由地采食,安静地休息,愉快地接受挤乳",享受福利待遇。用文明的生产手段去善待所有饲养的乳牛,以较小的生产投入去获得较多的经济利益。

第一节 乳牛的一般习性与行为

一、乳牛的一般习性

1. 合群性 据观察,多头母牛在一起组成一个牛群时,开始有相互顶撞现象。一般年龄大、胸围和肩峰高大者占统治地位。待其确立统治地位和群居等级后就会合群,相安无事。这个过程视牛群大小及是否有两头或以上优势牛而定,一般需6~7天。母牛在运动场上往往是3至5头在一起结帮合卧,但个体间又不是紧紧靠在一起,而是保持一定距离,不喜欢独处。

2. 好静性 乳牛好静,不喜欢嘈杂的环境。强烈的噪声还会使乳牛产生应激反应,产奶量下降,或出现低酸度酒精阳性乳。但播放轻音乐则会使乳牛感到舒适,有利于泌乳性能的发挥。例如,给泌乳牛播放轻音乐,会收到良好的效果。

3. 好奇性 乳牛对人和周围的环境往往表现出好奇性,当有人经过饲槽前乳牛会抬头观望,甚至伸头与人接近。当有人站在运动场边敲打铁栏杆时乳牛会跑过来围观,年龄越小,好奇性越强。当饲槽内有异物时,乳牛会用舌头舔它,如可食会将其吃下。

4. 温顺性 母牛一般比较温顺,相互靠在一起也不争斗,尤以高产母牛特别明显。但也有少数母牛在牛群中争强好斗,在采食、饮水或进出牛舍时以强欺弱。对这样的个体牛应在犊牛期,去角或将其角尖锯平。对特别好斗、比较凶猛的个体牛应从牛群中淘汰或转群,以免造成人牛不必要的损伤。对个别母牛手工挤奶时踢人应驯服,不要抽打,更不能捆腿,以免形成坏习惯。

二、乳牛的一般行为

1. 护犊和恋母行为　简称"母-犊行为"。一般从犊牛出生开始,延续至断奶时止。这种行为在品种之间的差异甚大。母牛出于天性,当犊牛生下后,母牛有极明显的护犊行为,将犊牛全身舔干并发出亲昵柔和的叫声。当新生犊牛试图起立而身体摇晃、步态不稳时,母牛表现出十分关切和紧张不安的神情。犊牛在母牛舌舔动作和叫声的鼓励下,终于站起并开始寻找乳头。如果母牛在运动场产犊后,往往会驱赶欲接近犊牛的其他乳牛,当工作人员将犊牛抬走时,母牛往往会追赶,但不会攻击人。

新生犊牛的视觉不十分完善,依靠听觉、嗅觉、触觉和味觉行事,如犊牛能辨别出其母亲的呼唤声。母牛对其犊牛的护恋之情非常强烈,当犊牛离开一段时间再回来时,母牛要用鼻嗅一嗅犊牛身体加以辨别。母牛产犊后的 1~2 小时内,如将其犊牛抱走,再回来时常遭到拒绝,这一特性对高产乳牛管理有特定的意义。一般带犊的母牛其产奶性能会受影响,明显地偏低,只有将母牛与犊牛分开饲养,母牛才能发挥出良好的生产性能,创造高产纪录。

犊牛断奶后有依恋原牛群现象。如将一头犊牛从牛群隔开,会使它产生强烈的逆境反应而紧张不安,甚至跳越围栏重新回到原来的牛群中,这对断奶的分群管理显得特别重要。最好几头犊牛同时断奶。

2. 好斗行为　好斗行为主要表现在公牛身上。而母牛偶尔可见两头母牛头角相抵的现象。

3. 模仿行为　是指乳牛之间互相模仿的行为。当牛群中某一头牛做出某一动作时,其他的牛跟着做同样的动作,由于其他牛正在做此动作使得原来的这头牛继续做下去。例如,一头乳牛开始从运动场走入挤奶厅时,其他乳牛就跟着走入厅内。又如群饲的犊牛,互相争吃饲料,因而采食量比单独饲喂时要多一些。

4. 探索行为　乳牛有好奇并具探索周围环境的脾性。它们通过看、听、闻、触等感官对周围事物进行探索。每当乳牛进入新环境,它的第一反应就是进行探索。因此对新调入的乳牛,在进行管理或训练时要容许它们有一定时间对新环境作一番"调查研究"。犊牛比成年牛对周围事物更为好奇。

5. 寻求遮蔽行为　乳牛具有躲避日晒、风吹、雨淋以及蚊虫袭扰而寻求掩蔽自己的行为。在夏季炎热时乳牛寻求荫凉处或水坑歇息,最喜爱在泥泞、柔软处卧息,不愿在硬质运动场卧息。不同品种的乳牛对热的耐受性有一定的差异,荷斯坦牛对潮热的耐受性较差,但在上海地区长期的风土驯化中,其耐热性有所提高,产奶性能也有大幅度提高。

6. 清洁行为　健康乳牛通过舌舔、抖动、抓来清理被毛和皮肤,保持体表清洁卫生。体弱乳牛清洁能力差,导致被毛逆立、粗乱无光,体表后肢污染严重。奶牛喜欢清洁、干燥的环境,因此牛舍地面应在饲喂结束后及时清扫,冲洗干净,运动场内的粪便应及时清除,保持干燥、清洁、平整,防止积水,夏季要注意排水。另外,奶牛喜欢在松软处卧息反刍,不喜欢硬质的运动场地(例如水泥、砖块铺成的运动场地)。

第二节　乳牛的群居行为与联络方式

一、乳牛的群居行为

(一)群居等级(优胜序列)

在同种类的畜群中,存在着组织良好的群居等级,在乳牛群称为"抵撞顺序"或"勾角顺序"。牛群内先入群的个体通常占有优势或统治地位,而后来者处于从属地位或被统治的地位。将若干头母牛组成一个新牛群时,在一段时间内,为建立等级关系,它们之间互相抵撞和摆出威胁姿态,这对乳牛群是一种干扰并导致产奶量下降,为此在生产中牛群应相对稳定,不宜频繁调换牛只及床位。如必须调动(特指拴系管理),应让其在新床位上固定5~7天,待其习惯后再放入运动场。

牛群通常是由年长和身体高大的牛只占据统治地位,待群居关系(等级顺序)确立之后就可使牛群和平相处。其后只要占统治地位的母牛稍一吓唬,从属者就会屈服而避免争斗。在实行限量饲养时群居等级尤其重要,因为在这种条件下,优势者会将劣势者挤出饲槽,结果造成屈从的牛只吃得少或吃得迟。

根据牛的群居性,舍饲牛应有一定的运动场面积,面积太小,容易发生争斗。一般每头成年牛的运动场面积为25~30 m²。驱赶牛转移时,单个牛不易驱赶,小群牛较单个牛容易驱赶,而且牛群体性强,不易离散。

(二)领头乳牛和跟随乳牛

所谓领头乳牛是指牛群中经常在游动行列(放牧牛群)的最前面,常常开始做一个新动作的母牛。领头的乳牛体格可能不大,但总是聪明、敏捷的乳牛。称王称霸的乳牛并不是领头的,而是走在中间。跟随的牛始终走在后面,怀孕的乳牛多在后列。

(三)影响群居等级的因素

有年龄、入群先后、体重和身材大小、气质上的侵略性和怯懦性。在舍饲中,促进和改善群居关系具有重要性,如牛群中有2头以上优势者必须挑出来,重新组群确立一个新的群居等级关系,使得所有牛只采食量提高,从而获得较高的饲料利用率、更高的产奶量和经济效益。

乳牛群居等级本身并不遗传,因其是后天产生。而乳牛的搏斗能力却可以遗传,并且决定群居等级的顺序。

二、乳牛的联络方式

乳牛之间的联络是由一头乳牛发出的某个信号被另一头乳牛所接受而对其行为产生

影响。

1. 声音　乳牛具有极其敏感的听觉,能听到微弱的响声。声音是乳牛联络的重要媒介,乳牛在许多方面使用声音。例如,发情牛的求偶声;犊牛饥饿时要求喂食的叫声;公牛遇危险信号的吼叫;母犊间发生的亲昵叫声;保持行动和聚集时的全群性而发出的呼叫声。

2. 嗅觉　乳牛比人能嗅出更远距离的气味,在风速 5 km/h,相对湿度 75% 时,乳牛能嗅到 3 千米以外的气味,如风速和湿度增加,还会嗅得更远些。

母牛在发情时分泌出一种特有的吸引公牛的气味,在自然交配(本交)中,公牛凭借嗅觉能找到较远距离的发情母牛。

3. 视觉　乳牛眼睛或头部稍微转动就可见到周围的宽阔全景,只有体躯正后方的一小部分景物看不到。乳牛不能分辨颜色,只能看见不同深淡的灰色和黑色影像。因而,乳牛场的工作人员着装颜色应求一致,尤其是兽医等技术人员的工作服颜色应与挤奶员一致,可减少乳牛的惊慌不安,亦可避免伤人事故的发生。

三、人与牛之间的联系

人与乳牛之间所施加的一切善意或恶意行为发生联系。乳牛受到去角、烙印号、修蹄、采血和疫苗注射等“伤害”处理,使有些乳牛变得难以驾驭和训练,不易与人接近。在生产管理中应尽可能少地“伤害”它们,或将几项“伤害”处理一次性完成。有经验的饲养人员通过精心照顾,与乳牛建立起亲和关系——爱护依赖关系(人牛亲和),从而使乳牛易于亲近和接受工作人员的管理。

第三节　乳牛的生理性行为

一、采食行为

乳牛采食相对比较粗放,采食时不加选择,采食后不经仔细咀嚼即吞下,待卧息时进行反刍再咀嚼。因此,饲喂草料时要注意清除混在饲料中的铁钉、铁丝等金属异物,否则极易造成创伤性心包炎;饲喂块根类饲料时要切成片状或粉碎后饲喂,料块过大易引起食道堵塞。乳牛习惯于自由采食,每天采食 10 余次,每次 20~30 分钟,累计每天 6~7 小时,躺卧休息时间为9~12 小时。牛自由采食或放牧时,活动最活跃的时间是黎明和黄昏,其次是上午中段时间和下午早期;放牧时,一昼夜吃草 6~8 次,其中白天占 65%,夜间占 35%。牛采食时,一天饮水1~4 次,一天的饮水量是日粮干物质进食量的 4~5 倍。当乳牛饮水时,突然头抬高,左右甩动,颈伸直,口内流出大量唾液,可能是发生食道阻塞,应及时治疗。

乳牛在自由采食的情况下,精、粗饲料供应充足,乳牛以相当固定的比例选择两种饲料,个别饲喂也照样非常频繁地轮流采食。如果每日 8 小时不供给粗饲料,则这一期间的精料采食量减少,当恢复正常供给粗饲料时,精料、粗料采食量增加超过正常水平。由此可见,乳牛在采食精料的同时,有想吃粗料的欲望,这种欲望有避免单吃精料造成瘤胃生理伤害的功能。但在生产中也会碰到,因管理上疏漏,乳牛偷食大量精料发生瘤胃急性胀气而导致死亡的现象。

二、反刍行为

乳牛采食后经初步咀嚼混入唾液形成食团吞下,进入瘤胃,经碱性唾液软化和瘤胃内水分浸泡后,待卧息时再进行反刍。反刍包括逆呕、再咀嚼、再混入唾液、再吞咽4个过程。乳牛一般采食后30~60分钟开始反刍,每次反刍持续时间40~50分钟,每个食团约需1分钟,一昼夜反刍10余次,反刍累计时间长达6~7小时。因此饲养乳牛采食后应给予充分的休息时间和安静舒适的环境,以保证乳牛的正常反刍。反刍是乳牛健康的标志之一,反刍停止则说明乳牛已患病。据研究,反刍咀嚼速度与产乳量的相关达到了极显著水平($P<0.01$)咀嚼速度快的牛,其产乳量也较高。另外,日反刍时间,反刍周期间隔时间与日采食青贮时间与产乳量的相关达到了显著水平。若运动场上不采食的牛约有60%以上在反刍,说明乳牛已经吃饱。

三、排泄行为

乳牛是一随意排泄的动物,通常是站立排粪或者边走边排粪,排尿则往往站立着。由于乳牛的采食量和饮水量大,粪尿的排泄量也大。乳牛是家畜中排粪尿量最多的动物。牛一昼夜排粪12~18次,排尿9次,成年母牛一昼夜排粪量多达30 kg,占日采食总量的70%左右,一昼夜排尿量约为22 kg,占饮水总量的30%左右。成年牛一年的排粪量多达11吨,排尿量多达8吨。牛排泄次数和排泄量随采食饲料的性质和数量、环境温度,以及牛个体不同而异。据研究,产乳量与日排粪次数、排尿时间呈正相关,但与高产牛日排粪次数呈负相关。牛粪尿是农作物的一种环保型的有机肥料,应合理利用,如利用不当或处理不当,会对乳牛场的环境及周围水源造成严重的污染。

乳牛随意排泄粪尿,给清洁管理工作带来巨大的压力;即使如此,如能有效地利用其排泄行为的特点,仍能收到理想的成果。例如生产中定时饲喂,饲料有规律地由瘤胃进入皱胃而产生一种反射,这时使乳牛处于轻微紧张度之下,或对乳牛十字部施加轻微压力,乳牛便排粪,据此可在适当时刻将乳牛赶至排粪地点排粪。南非一个大型乳牛场应用这种反射技术,使90%的牛将粪便在1~1.25小时内排泄在混凝土地上,然后冲到粪池中,并用抽水泵送到地里。这个程序使800头乳牛的乳牛场粪便处理劳力显著减少。

四、发情行为

乳牛发情时,首先表现性兴奋,不停地走动、哞叫,与其他母牛在运动场相互追逐、顶撞、打转,接受其他母牛的亲近、爬跨,发情结束后则逃脱其他母牛的爬跨。乳牛发情持续时间平均18小时,变化范围6~30小时。当发情母牛接受其他母牛爬跨且站立不动时,是配种的最佳时间。

第四节　乳牛的异常行为

一、病理性异常行为

乳牛的异常行为人们尚未完全了解,而且异常行为随生产条件、环境因素等有所变化,为此需进行更深入的研究。

乳牛的鼻镜通常由于鼻唇腺的分泌而湿润,成年乳牛的分泌量 5 分钟 80 mg/20 cm²,给予适口性良好的饲料时分泌量可增加 3 倍。10 日龄内的犊牛除哺乳外鼻镜是干燥的,其湿润程度随年龄而增加。睡眠时鼻镜的光泽和潮湿外观消失。分泌在采食和同类接触时有所增加。乳牛患病时分泌停止,鼻镜干燥,结痂和发热,由此可作为乳牛疾病的一特定症状。

乳牛的异食癖是一种异常行为,多数是营养缺乏、厌烦无聊或生理紧张而产生的。乳牛的异食癖有的吃沙、吃土、吃布条、啃食槽等,因而混入饲料中的塑料袋及运动场内的异物应及时清除,防止被牛吞食后造成消化道阻塞导致乳牛死亡。乳牛出现异食癖多数与缺乏矿物质及微量元素有关,应注意补充这些元素。

二、恶癖及其预防

(一)成年母牛的恶癖(恶习)及预防措施

少数乳牛由于痛感、被吓唬或受虐待(抽打等)而产生踢癖,给挤奶(尤其是手工挤奶)带来不便,有的在挤奶时将两后肢用绳索或铁链固定,以此保护挤奶人员免受伤害。应提倡善待乳牛,饲养、挤奶人员不要轻易抽打牛只,建立人牛亲和关系,从而使乳牛易于亲近和接受工作人员的管理。

在管理简陋的中小型乳牛场,极个别的母牛有偷吃他牛或自吮乳的现象,造成产奶量锐减或挤不到奶,并容易引发乳腺炎,对这类牛应从牛群中果断淘汰、及时调离或戴嘴笼等措施,以防偷奶现象的蔓延。

(二)犊牛吮乳习性及预防

处于哺乳期的犊牛在哺乳后总有吃不足之感,为此而产生相互吮吸嘴巴上的余奶,以致延伸到相互舔毛或吮吸奶头。牛毛进入胃中易形成毛球,甚至堵塞幽门而丧命;习惯性的吮吸奶头易引起乳头发炎。预防措施如下:①有条件的牛场最好建立犊牛栏(岛),一头犊牛一栏,避免犊牛间相互舔,以及传染病的发生,可提高犊牛成活率。②用 0.5% 的高锰酸钾溶液(温水)给饮乳后的犊牛揩洗嘴巴,除去乳香味,可避免犊牛间相互吮吸嘴巴上的余奶。③犊牛哺乳结束后不要马上松开颈枷,可在奶桶中撒入少量的犊牛料(或开食料)或混合精料让其自由采食,使其忘却乳香并能补充乳量的不足,也为补喂植物性饲料提前做好准备。

第五节　乳牛的行为与应用

一、乳牛行为与集约化生产

(一)乳牛群变化对行为和生产性能的影响

乳牛在舍饲条件下组群后,不宜频繁的调动。如在泌乳盛期调换15%的乳牛,与调换前相比:采食时间减少8%,躺卧时间减少40%左右,产奶量下降4%～5%;泌乳中期调换,乳牛前后的采食量减少7.18%,躺卧时间减少24.23%,产奶量无明显变化,乳牛调换6天后趋于正常。

不拴系的头胎牛应单独组群饲养,如将它们混养在经产乳牛群中,产奶量会大幅度下降。改变饲养或挤奶的地方,10天内产奶量下降7%～10%,15～20天产奶量才恢复正常。

以上说明,牛群之间的群体关系一旦建立后不要轻易打乱,也不要频繁改变母牛所处的位置,看来"定位"是必要的。

(二)挤奶顺序与产奶量的关系

产乳量受到挤奶顺序的影响。在牛群随意走动的情况下,早进入挤奶厅的母牛产奶量比后进入的母牛产奶量高。因而,应使产奶量高的母牛较早地进入挤奶厅,而产奶量低的母牛后进入挤奶厅。研究认为:高产乳牛乳房内压较高,促使乳牛尽早进入挤奶厅挤奶,藉以减轻乳房的负担,而低产乳牛乳房内压较低,负担相对较轻,不急于进入挤奶厅挤奶。

(三)挤奶厅设计的改进

乳牛进入挤奶厅之前,最好有一个逗留场地或称待挤区。某些挤奶厅的设计缺点是不能使即将进入挤奶厅的乳牛看到正在退出(挤奶已结束)的奶牛,从而影响乳汁的迅速排空。

(四)伴侣关系及竞争的应用

几乎所有的家畜都有高度群居性(猫除外),并经常需要伴侣。将乳牛安置在一起,只要不是过分拥挤,由于它们之间的相互争抢饲料,而使采食量增加,并有安抚作用,以及对提高乳牛的生产性能也有良好的作用。

二、乳牛的应激反应与管理

(一)应激反应

应激是指乳牛生理或心理上紧张或过度疲劳。乳牛应激的外界因素包括日粮突然改变、更换栏位、重新组群、更换牛舍、运输、断奶、管理不当、疾病、天气骤变等。任何一种乳牛的应激环境事件,例如刺耳的噪声、外伤、拥挤的摄食场地等场所引起摄食量减少,若应激突然出现,则会立即停止摄食行为;如果应激的作用是持续性的,例如在拥挤、高温、空气污浊等情况下,乳牛将减少采食量,神情不安,日产奶量下降,体重下降,易感疾病等。

常规的管理操作可产生许多生理效应,其中一些效应是短时间的;各种年龄的牛对于日常的管理操作(包括手的接触)都很敏感,均有一定程度的应激反应。因此,一些必要的管理操作应尽量集中进行,以减少应激发生及降低应激程度。

(二)乳牛的去角、去势、剪除副乳头

这是常规的管理措施之一,选择适当的时间进行这些项目可降低乳牛的应激反应。一般应选择幼龄阶段较为合适。例如,去角和剪除副乳头在生后 10 天左右,去势应在 4 至 8 月龄。

(三)乳牛的运输管理

运输可使乳牛遭受多种应激,例如陌生的环境、陌生的乳牛相处、拥挤、噪声、饥饿、缺水、疲劳以及不适应的温度、湿度等。乳牛经过长途运输之后,体重减轻,抵抗力下降,易患疾病,母牛则静默排卵的发生率升高,种公牛则会出现短暂的阳痿等。乳牛的船运热也认为大部分是由于运输中遇上潜在的应激因子而引起的。因此,长途运输乳牛应避免过分拥挤,并且适当饮水和饲喂优质干草和配合精饲料,适量添加微量元素和维生素等添加剂,以预防运输应激。

第六节　乳牛福利

乳牛福利是指乳牛与其生存环境相协调一致的精神和生理完全健康的一种生存状态。也就是指乳牛状态良好、健康,并且身心愉快。因此,乳牛福利就是要求乳牛在营养良好、有舒适的生存环境、无伤害和疾病、能自由地表达其正常生命活动,以及能在无恐惧和应激的环境下生长发育。减少行为和环境应激可以弥补由于降低劳动力和牛舍费用可能造成的生产力下降。

乳牛福利要有"以牛为本"的思想,饲养管理的中心就是给乳牛提供一个舒适合理的生存环境,用文明的生产手段去善待所有饲养的乳牛,以较小的生产投入去获得较多的经济利益。无论基于人道还是经济方面的考虑,都应当给予饲养的乳牛尽可能提供舒适的环境,注意影响乳牛机体舒适程度和行为福利的环境因素,如饲料和封闭式拴系饲养。其养殖乳牛的福利要求简述如下。

一、实行自由散养

乳牛本来在自然界是自由散在采食的,因此饲养乳牛也应当遵循它自身的习性,采取散栏式饲养,而不应该拴系且在室内饲养。传统的拴系饲养方式是不合理的,因为乳牛除了在饲槽上采食外,还要有更多的时间反刍、休息和自由运动。若是在吃饱后仍是拴系,反而会影响反刍、休息和活动,应该改变。

根据各地气候条件可选择不同的牛舍饲养。冬季气温低于 −15 ℃ 的天数少于 15 天,且降雨量小于 800 mm 的地区宜采用散栏式饲养;东北三省、内蒙古、新疆等地宜采用舍饲自由

饲养;夏季高温、高湿的南方地区宜采用棚式自由饲养。

二、充足的饮水

无论是自由散栏式饲养,还是牛舍自由饲养,均应设足够的水槽,以保障每头牛随时都能喝到清洁卫生的优质水。夏天饮凉水,冬天饮温水(自控地温式水槽能满足该条件),这不仅符合牛的生理需要,而且有利于牛的健康和提高乳牛生产性能。乳牛是爱清洁的动物,喜欢喝干净清洁的水,一定避免水槽内长期不换水、不清理,长满青苔。

三、营养均衡的采食

乳牛喜欢自由采食,食饱后休息、反刍。因此,应采用新鲜卫生的全混合日粮(TMR)饲喂技术或采取人工按比例将精粗饲料混匀,做到日粮精粗饲料比例合适,使乳牛吃到的每口饲料都是营养均衡、科学合理的饲料,并做到饲槽内 24 小时均有饲料供给,随吃随有。这样不仅能提高乳牛的采食量,而且利于消化吸收和保持乳牛瘤胃 pH 中性,以减少代谢性疾病的发生。

四、舒适的运动空间

在放牧条件下,乳牛在牧场上自由采食,有足够的活动空间;而在规模化的乳牛场里,由于土地成本问题,乳牛运动场面积有限,无法满足乳牛的自由活动要求。为了给乳牛提供舒适的运动空间,一般运动场面积要求:泌乳牛 25～30 m²/头,育成牛 15～20 m²/头,犊牛 8～12 m²/头。若乳牛运动不足,易患很多疾病,特别是实行拴系饲养方式。

运动场垫料的选择与乳牛蹄病的发生有很大关系,运动场地面一般要求干燥、平坦、松软。沙子是较好的运动场垫料,乳牛每天在运动场上活动时进行沙浴,可起到有效的保健作用,减少蹄病的发生。但在有些地方沙子资源受到限制。三合土地面比较松软,是目前国内经常采用的运动场填料,比砖和水泥地面好,但三合土地面必须夯实压平,经常修补。水泥地面传导系数大,冬凉夏热,而且坚硬,不适合乳牛福利要求;而立砖地面,坚硬不平,易患蹄病,若在立砖地面上铺以干燥的细沙,可以减少肢蹄病的发生。

五、良好的采光与通风

乳牛采食与泌乳活动需要光照环境。首先是利用自然光,自然采光与通风是相一致的。因此,应设计有足够的采光面积和通风面积。乳牛适合长时间日照,应该 16 小时光照,8 小时黑暗,并选择合适的灯光颜色和光照强度,以便乳牛观察四周,在黑暗中乳牛采食减少,适宜的光照可以增加乳牛采食量。

通风不但与乳牛的舒适度相关,而且对牛舍中的有害气体和空气中的病原菌的排除与控制直接相关。保持良好的通风,可以降低牛舍内空气湿度、排除二氧化碳、氨气等有害气体。炎热的夏季可以通过人工安装风扇通风并结合喷雾的方式降温,以减少乳牛的热应激,最好是采用"间歇喷雾,接力送风"方式,即每间隔 20～30 分钟对牛舍实施喷雾 20 分钟,让雾滴落在牛体被毛表面,然后使用纵向串联风扇形成的"纵向气流"将水雾从乳牛被毛上蒸发掉,从而带来降温的效果;在其他季节可以通过设计屋顶天窗或屋顶缝隙进行自然通风,以排除牛舍中污浊的空气。

思考题

1. 简述行为学概念及所包含的主要研究内容。
2. 在什么条件下乳牛出现异常行为?
3. 如何利用乳牛行为改进饲养管理?
4. 乳牛福利概念及要求是什么?

参 考 文 献

1. 王福兆. 乳牛学(第三版). 北京:科学技术文献出版社,2004.
2. 耿世祥. 养牛新技术. 上海:上海教育出版社,2003.
3. 学生饮用奶计划部际协调小组办公室. 中国学生饮用奶奶源管理技术手册. 北京:中国农业出版社,2006.
4. 王根林. 养牛学(第二版). 北京:中国农业出版社,2006.
5. 昝林森. 牛生产学(第二版). 北京:中国农业出版社,2007.
6. Howard D. Tyler, M. E. Ensminger. Dairy Cattle Science, Fourth Edition. By pearson Education, Inc. , Publishing as Prentice Hall,2006.
7. Primary Industries Standing Committee. Model Code of Practice for the Welfare of Animal. Cattle, 2nd Edition. CSIRO Publishing,2004.

第八章 乳牛场建设及环境控制

乳牛场建设及环境控制,在乳牛业发达国家,已建立了较为完善的法规和标准;我国也正向标准化、法制化方向发展。

随着我国乳牛遗传品质的提高,饲料及饲养管理工艺的不断改进,乳牛场建设对乳牛乳产量及乳质量的作用越来越突出。因此,乳牛场建设合理与否是关系乳牛场经营管理能否成功的关键因素之一。乳牛场的建设必须按照乳牛的生理特点、生活习性和对环境条件的要求,结合发展规划、饲养规模、机械化程度、物料流动(主要是青粗饲料、鲜奶及粪污)以及不同地区的特点和卫生防疫制度,综合安排,搞好选址、规划与布局、设计和施工;另外,还必须符合经济原则,环境改善所花费的成本能由增产的收益得到补偿,使生产有利可图。

乳牛场的环境控制,首先要为乳牛生产提供安全、干燥、干净、舒适的环境,才能使乳牛高产、优质、高效;由于乳牛场本身是一个大的污染源,解决乳牛场对环境的污染问题已成为全球的共同呼声,也是乳牛业可持续发展的基本要求。对乳牛场的粪污处理上,我国坚持"减量化、无害化和资源化原则",主张"农牧结合型",实现种养区域平衡一体化。

第一节 场址选择

场址的选择应根据乳牛场发展规划、规模、物料流动等因素综合考虑。对位置、地势、土质、地质、水源、水质、电源、交通、居民点等进行全面的调查了解,既要符合乳牛场选址的基本要求,又利于经营管理的实施和今后的发展。

一、位置与环境

首先,应符合《中华人民共和国畜牧法》和国家环境保护总局颁布的《畜禽养殖污染防治管理办法》的相关要求,禁止在下列区域内建设畜禽养殖场:①生活饮用水水源保护区、风景名胜区、自然保护区的核心区及缓冲区;②城市和城镇中居民区、文教科研区、医疗等人口集中区;③县级人民政府依法划定的禁养区域;④国家或地方法律、法规规定需特殊保护的其他区域。其次,应符合《畜禽环境质量标准》(NY/T388),为乳牛的防疫及安全生产提供条件,为"无公害食品"的生产提供基础,要求避开水源、土壤、空气受到污染的地区。第三,应重视物料的流动,尤其是大、中型乳牛场每天消耗大量饲料,产生大量粪污,所以乳牛场的青粗饲料应就地就近供应,粪污就地处理、消化,每头乳牛最好在附近有1~3亩的青粗饲料地,农田可吸纳粪肥。

乳牛场与其周边地区既相对独立,有利于防疫和防止污染;又有着十分密切的联系。总的原则:使乳牛场不致成为周边环境的污染源,同时也不受周边环境所污染。为此乳牛场的位置应位于居民区下风处,地势低于居民点。但要避开居民区的污水排出口,更要远离化工厂、屠宰场、制革厂等污染源。乳牛场一般离居民区 1 000 m 以上,且周围有绿化隔离带等。乳牛场与主干公路的距离应保持在 1 000 m,大型乳牛场修建专用道路与主干公路相连,乳牛场通向放牧场和水源的道路不应与主干公路干线交叉。为减少供电投资,乳牛场应靠近输电线路,以缩短新线路的敷设距离。同时,乳牛场应考虑场区污物、污水的处理及污水排放口的位置,以利于环境保护。

二、地势与水位

场址地势要高燥、背风、向阳、开阔、平坦,排水良好,土质坚实,地下水位在 2 m 以下。地势高燥可避免雨季洪水对生产的威胁和有利于保持牛场的干燥;防止饲料霉变和因潮湿导致乳牛的腐蹄病、乳房炎等。场地背风向阳,可保证场区小气候的温热状况能够相对稳定,减少冬春季风雪的侵袭,特别要避开西北方向的风口和长形谷地;选择开阔平坦而稍有坡度的地面,有利于排水,防止运动场积水和泥泞。地面坡度以 1‰～3‰ 为宜,最大坡度不得超过25‰;对于地形变化较大的山区,可酌情而定,坡度过大的可设计为台阶式,灵活应用其自然落差。

一般平原区的低洼潮湿地、丘陵山区的峡谷地,由于空气流通不畅,光线不足、阴冷潮湿,不利于牛群的健康,同时容易导致牛粪尿及污水对环境的污染,不宜作为乳牛生产场地。在山区高坡风头高的地方,虽然地势高燥,但往往风势较大、交通不便、气候变化剧烈,也不宜作为乳牛生产场地。

场址的土质对乳牛的影响也很大,场地土壤的透气性、持水性、吸湿性、抗压性等都直接或间接影响牛场的环境卫生及牛体健康。最适合建场的土质为沙壤土,这类土壤具有沙土和黏土的特性,既有一定数量的大孔隙,又有大量的毛细管小孔隙,故透气性、透水性良好,持水性小,雨后不易泥泞,易于保持地面的干燥。透气性好,有利于土壤的自净,对保持空气质量、绿化等都有益处。这类土壤的导热性小、热容量大,土温比较稳定,容易保持地面干燥,适宜做建筑物的地基。

三、水源与水质

乳牛场的用水量很大,一头泌乳牛一天的饮水量达 70～130 kg,如果饮水供应不足,就会影响乳牛的消化代谢、生长发育及生产性能。此外,在乳牛的生产过程中,牛舍和牛体的清洁卫生、挤奶机械等用具的清洗都需要大量的水。因此,场址应选择在水源充足、水质良好的地方。水质应达到农业部发布的《无公害食品畜禽饮用水水质》(NY5027—2001)标准。同时,水源要提取方便、投资小,便于保护、不易受周围环境的污染。一般讲,泉水、井水、自来水的水质是比较好的,而湖泊、河流、池塘等地面水则需经过净化处理,达到国家标准后方可使用。

第二节　场址规划与布局

　　乳牛场的规划与布局应以经营方针、饲养规模、饲养工艺、机械化程度、气象条件、地形、交通、水、电等为依据,在满足经营管理和生产要求的前提下,因地制宜、统一规划、合理布局,做到尽量满足各类乳牛的生理要求,符合生产实际的需要;各类建筑整齐、紧凑,布局得当,提高土地利用率;饲养管理方便、高效,符合卫生防疫及防火要求;近期建设与长远规划协调一致,并为今后的发展留有余地。

　　对乳牛场的规划与布局一般采用按功能分区规划、布局的原则。乳牛场的规模、经营方向不同,其按功能划分的区域也有所不同。在《无公害食品奶牛饲养管理兽医防疫准则》(NY5047—2001)中将乳牛场分为"生活和管理区、生产和饲养区、生产辅助区、粪便堆贮区和病牛隔离区",各区"相互隔离"。运送饲料和生奶的道路与装运牛粪的道路应分设,并尽可能减少交叉点。根据地势和主风向,各区的配置如图 8-1。分区规划与布局重点是从卫生防疫角度出发,保证人、畜的健康,同时各区之间要有最佳的生产联系,提高工作效率。

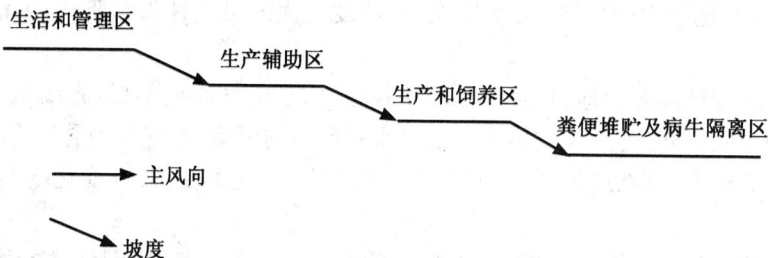

图 8-1　乳牛场各区依地势、风向配置示意图

一、生活和管理区

　　此区应建在牛场的上风向和地势较高的地段,以便生活、工作和防疫。该区一般建职工宿舍、办公室及传达室等。该区与社会交往频繁,很容易造成疾病疫病传播,所以场外运输与场内运输应严格分开,负责场外运输的车辆,严禁进入生产和饲养区,其车棚、车库等要设在该区内。外来办事人员不得进入生产和饲养区。如果经营乳制品加工,可在该区内自成一个单元,以便卫生和管理。

二、生产辅助区

　　此区应建在生活和管理区的下风向。该区包括饲料加工区和饲料储备区。饲料加工区要求离牛舍 100 m 以上,目的是为了减少饲料加工过程中的噪声对乳牛的影响,同时也便于饲料的运输和保证饲料的清洁卫生。饲料储备区要根据饲养规模、饲料供应制度,确定其大小,一般包括精料原料及成品库房、青贮窖(塔)、干草棚。干草棚离牛舍及其他建筑物 60 m 以上,以利防火。为便于取用,青贮窖(塔)不宜离牛舍太远。

三、生产和饲养区

此区是乳牛场的核心,为相对独立的单元,主要包括牛舍、运动场、挤奶厅和人工授精室,应建在生产辅助区的下风向。

牛舍应根据牛群的规模、饲养管理方式等进行合理的分群,按群修建牛舍。大型乳牛场的牛舍一般采用分舍建筑(即将成乳牛舍、产房、犊牛舍、育成牛舍、初孕牛舍、干乳牛舍等单独建舍)或部分分舍建筑(即将上面部分牛舍集中建舍),小型乳牛场可只建一混合牛舍,对于饲养奶牛的农户可根据实际情况灵活建舍。

挤奶厅应包括候挤室、准备室、挤奶台、滞留间、牛奶处理室和贮存室,人工授精室常设有精液处理(贮藏)室、输精器械的消毒设备、保定架等。

生产和饲养区的布局主要根据挤奶方式和牛群周转的方向确定。如采用挤奶厅集中挤奶,首先应以挤奶厅为中心布局泌乳牛舍,然后依次安排产房(犊牛岛)→干乳牛舍→初孕牛舍→育成牛舍→犊牛舍;为了便于防疫和管理,原则上每幢牛舍不超过100头牛。其次,生产区的布局应充分利用地势地形,解决好排水问题,保持牛舍的干燥;为减少施工的土方量,牛舍的长轴应与等高线平行,在兼顾牛舍的采光和通风的情况下,牛舍的长轴可与等高线成一定的角度。第三,在寒冷地区,生产区的布局除充分利用有利地形挡风和避开风雪外,还应使牛舍的迎风面尽量减少,以防止寒风的侵袭和下雪吹入牛舍。在炎热地区,就要充分利用夏季的主风方向,以促进牛舍的通风降温。第四,生产区的布局应合理利用太阳光照,以利牛舍的采光和温度调节。由于我国处在北纬20°～50°之间,太阳高度角冬季小、夏季大,牛舍采取南向(牛舍长轴与纬度平行),冬季有利于太阳光照入牛舍提高舍温,而夏季可减少太阳光的照射。第五,牛舍排列应平行整齐,牛舍与牛舍间的距离在10 m以上。净道、污道分开,尽量减少交叉。污道在下风方向,污水和雨水应分开,减小污水处理的压力。

四、粪便堆贮及病牛隔离区

此区应建在生产和饲养区的下风向、地势低洼处,与牛舍至少有200～300 m的卫生间距。

(一)粪便堆贮区

为防止对牛场环境和对周边环境的污染,此区应建有粪尿污水池和贮粪池。粪尿的收集、贮存、运输和施用,必须与乳牛的卫生、牛舍结构和控制污染的管理条例相结合,符合国家环境保护总局颁布的《畜禽养殖污染防治管理办法》,尽量减少臭味、杜绝蚊蝇,保证人畜健康和环境安全。乳牛每天的粪尿排泄量大,含水量高(如果将乳牛的粪尿混为一体,其含水量约87%,干物质约13%)。因此,应采用干粪收集处理的办法,不采用水冲粪便的办法,以节约水资源和减小污水处理的压力。

对于固体厩肥(粪便和垫草)的贮存要考虑存取方便,并且要远离河流、防漏处理,防止对水体的污染。

(二)病牛隔离区

规模化牛场一般应建病牛隔离区。应建有诊疗室、药房、病牛隔离室。该区与其他区相对独立,并有隔离屏障,设有单独的通道和入口,便于消毒和隔离。病牛区的污水和废弃物应进行消毒处理,防止疫病传播和污染环境。病牛隔离室中各室之间相对独立,便于管理和隔离。

第三节　牛舍设计与建筑

牛舍的设计主要根据饲养工艺、挤奶方式、机械化程度等因素确定。我国幅员辽阔,南北气候、地形和经济等条件差异悬殊,所以牛舍设计要根据当地所处的地理位置、气候特征及经济条件,以乳牛的生理特性和饲养方式为依据,因陋就简,降低建设成本为主要设计思想。根据饲养方式,目前国内的乳牛牛舍主要有拴系牛舍(Stall Barns)和散栏牛舍(Free-stall Barns)。

一、拴系式牛舍及设施

拴系式牛舍(图 8-2)为一传统的乳牛饲养牛舍,在我国采用较为广泛。这种方式的特点是一牛一床,采用颈枷拴住乳牛,饲喂、挤乳、刷拭等工作在同一舍内完成,挤乳方式为手工挤乳或管道挤乳。这一方式的优点是能做到专人管养固定牛群(人均管养成乳母牛数:机器挤乳20 头,手工挤乳 7~12 头),有利于采取"精养细管",对高产牛、弱牛可以做到个别照顾,牛采食不受强者干扰,能充分发挥每头牛的泌乳潜力;同时饲养员的责任明确,有利于管理。其缺点是劳动生产率低,挤乳机利用率低,需要占用大面积的运动场,提高了牛场建设成本。

图 8-2　拴系式牛舍

（一）牛舍朝向

北方冬季的主风向为西北风，因而牛舍一般坐北朝南，偏东 5°～10°为好。一方面，它可避免冷风吹，有助于保温；另一方面，由于北方冬季夜长，偏东可提前接受阳光的照射，温度回升快。

（二）屋顶形式

屋顶的材料和建筑形式对于牛舍的保温、隔热和通风、换气具有十分重要的作用。

屋顶的形式很多，常见的有单坡式、双坡对称式、双坡不对称气楼式（交错式）、双坡对称气楼式、双坡对称通风带式等。

1. 单坡式屋顶(图 8-3)　由于前檐抬起，与其他形式牛舍比较，其采光、通风较好，缺点是舍内的温湿度较难控制。这类牛舍的跨度不宜过大，一般为 5.5～6 m，舍内牛床多为单列式。

2. 双坡对称式屋顶(图 8-4)　屋顶呈楔形，对舍内温湿度控制较容易，但在夏季由于舍内形成的湿热气团不易发散，对炎热地区或夏季防暑不利。常用的解决办法是加高屋顶高度，加大前后窗的面积，同时提高窗的距地高度。

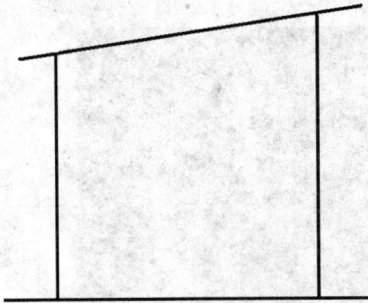

图 8-3　单坡式屋顶示意图　　　　　　　图 8-4　双坡对称式屋顶示意图

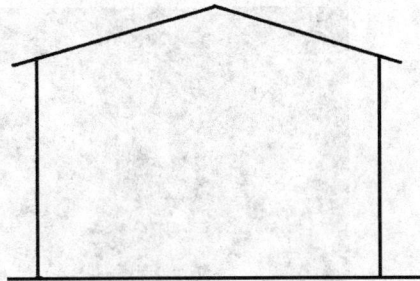

3. 双坡不对称气楼式（半钟楼式）屋顶(图 8-5)　在屋顶的向阳面设有与地面垂直的"天窗"，向阳面坡短、坡度较小，背阳面坡长、坡度较大。优点是有利于舍内采光，防暑优于双坡式牛舍，缺点是在冬季保温防寒不易控制，主要适合于南方炎热地区。

4. 双坡对称气楼式（钟楼式）屋顶(图 8-6)　可增加舍内光照系数，有利于通风，其防暑作用较好，但不利于冬季防寒保温。

5. 双坡对称通风带式屋顶　这种屋顶形式与双坡对称气楼式屋顶相同点在于沿屋脊部分形成一条通风带，有利于舍内的通风换气；不同点在于双坡对称通风带式屋顶不设窗扇，其跨度和高度较双坡对称气楼式的天窗要小，一般天窗跨度为 1.0～1.5 m，高度为 0.3～0.5 m。

（三）内部排列形式

根据乳牛数量的多少分有单列式（20 头以下）、双列式（20 头以上）、三列式和四列式（大型牛场）。

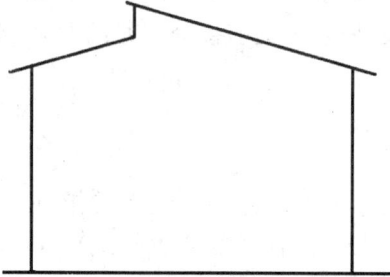

图 8-5　双坡不对称气楼式
(半钟楼式)屋顶示意图

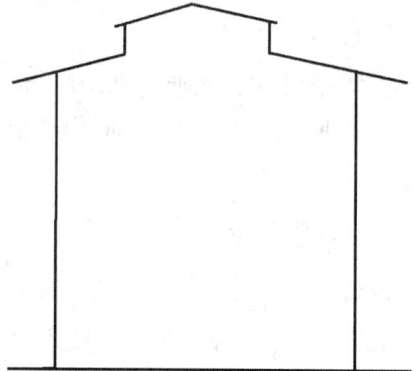

图 8-6　双坡对称气楼式
(钟楼式)屋顶示意图

在双列式中,根据站立的方向不同可有头对头式(图 8-7)和尾对尾式(图 8-8)两种。以尾对尾式应用较广,对尾式头向着窗,有利于通风和采光,可减少疾病的发生,挤奶和清粪比较方便,但饲喂不方便。头对头式的优缺点正好与之相反。

图 8-7　头对头式拴系牛舍

在三列式、四列式中,也有对头或对尾布置。此种牛舍集约性大,便于机械化操作与通风;其缺点是牛舍建筑跨度大,造价高。

(四)舍内主要设施

拴系式牛舍舍内主要设施如图 8-9。

1. 牛床　牛床是乳牛采食、挤乳和休息的场所,应具有保温、不吸水、坚固耐用、易于清洁

图 8-8　尾对尾式拴系牛舍

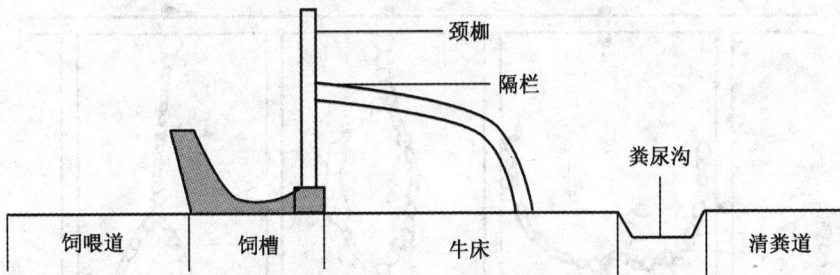

图 8-9　拴系式牛舍内部单元剖面示意图

消毒等特点。

(1)牛床的长度:根据牛体型大小,拴系方式的不同分为长牛床、短牛床。用长牛床使牛有较大的活动范围;短牛床的长度要使奶牛的前身靠近饲料槽后壁,后肢接近牛床的边缘,使粪便能直接排到粪沟里,尽量不使牛粪落到牛床上,污染牛床。一般的牛床长度:成乳牛 1.7~1.9 m,初孕牛 1.6~1.8 m,育成牛 1.5~1.6 m,犊牛 1.5 m(包括粪尿沟)。

(2)牛床的宽度:取决于乳牛的体型和是否在舍内挤奶。如在牛舍内挤奶,宜宽,使挤乳员便于操作;干乳牛、产牛的牛床要宽。一般的牛床宽度:成乳牛 1.1~1.3 m,干乳牛 1.3 m,产牛舍 1.3~1.5 m,初孕牛 1.0~1.1 m,育成牛 0.8 m,犊牛 0.6 m。

(3)牛床的坡度:牛床应具有适当的坡度,并高于舍内地面 5 cm,以利冲洗和保持干燥。坡度通常为 1°~1.5°,但不宜过大,否则乳牛易发生子宫脱出和脱胯。

(4)具有宽粪沟的短牛床:国外常由于采用盖有栅格板的宽粪沟,作为牛床的延长部分,所以牛床的长度较短。德国为 1.45~1.57 m,美国只有 1.4~1.5 m。在此种情况下,粪沟的栅格板与牛床位于同一平面。乳牛的后肢蹄可踏在栅格板上,并有 60% 的粪便可排泄在它的上面,其中的80%～90%能自行通过栅格落入粪沟,其余经过牛蹄踏入粪沟。所以清粪工作可显著减少,而且牛体也较清洁。

(5)牛床的面层:一般采用水泥地面,并在后半部作刻划线,可以防水、防滑、易于清扫。为克服混凝土地面太冷太硬的缺点,可采用橡皮或塑料的厩垫,有的还在混凝土地面下铺设聚苯乙烯泡沫塑料等隔热材料,或采用一种畜舍隔热地面,其构造上层为导热性小的空心砖,中间为蓄热性大的混凝土,下层为夯实素土,并加一层油毡或沥青作为防潮层。

2. 颈枷 颈枷的作用是使牛固定在牛床上,不能随意乱动,控制牛不要退至排尿沟或前肢踏入饲槽,以免污损饲料或抢食其他牛的饲料,但又不妨碍牛的活动及休息,牛每天上下槽均要系放。要求颈枷轻便、坚固、光滑、操作方便。颈枷的高度一般为:犊牛1.2～1.4 m;育成牛、初孕牛和成乳牛1.6～1.7 m。颈枷的形式很多,常见的有直链、横链、关节、双开等颈枷。

(1)直链式颈枷:这种颈枷主要由两条铁链构成。第一条铁链为长130～150 cm的直行铁链,下端固定在饲槽的前壁上,上端挂在一条横木上或铁管上;第二条铁链或皮带长50 cm,两端用两个铁环穿在第一条铁链上,此铁链能沿第一条铁链上下滑动,使牛头部上下左右自由转动(图8-10)。

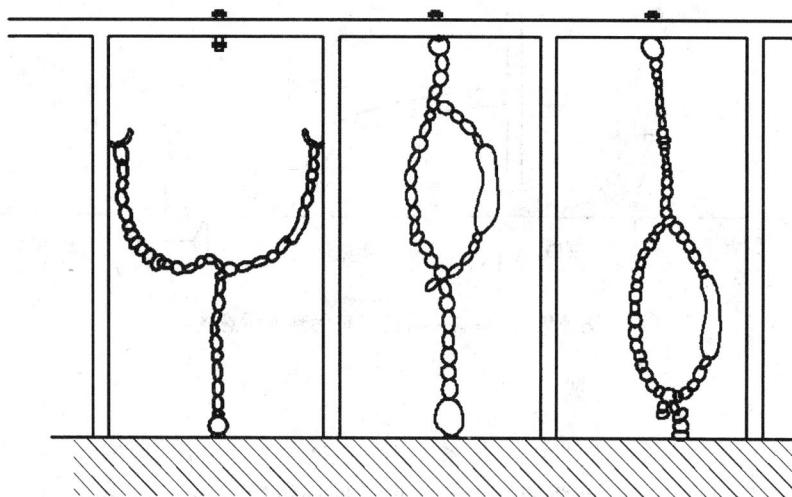

图8-10 直链式颈枷示意图

(2)横链式颈枷:这种颈枷亦主要由两条铁链构成。第一条铁链是横挂着的铁链,铁链两端有滑轮挂在两侧牛栏的立柱上,可自由上下滑动;另一铁链环固定在横链上套着牛颈,使牛头部只能上下左右活动,不能拉长铁链,以控制其不致抢食(图8-11)。

(3)关节颈枷:这种颈枷可以同时拴系或释放25头牛,结构见图8-12所示。它由两端有球节的两根管子4组成一个长方形颈枷,套在牛的颈部。由于颈枷两端都有球形关节,所以牛有一定前后、左右活动范围。为了对牛进行按排拴系或释放,颈枷上部固定在能沿水平支架移动的滑块1上,下端固定在U形架5上,U形架用链条8固定在牛床地面上。滑块分别由两块作相反方向运动的连杆推动,连杆用链条连接,链条套在位于每一列牛床(25个)两端的链轮上。转动链轮,使连杆推动滑块作相反方向的运动即可拴系或释放。如要单独拴系或释放某一头牛,可转动滑块100°,使其与连杆脱离啮合。

(4)双开颈枷:这种颈枷操作简便,牛习惯后,只要饲养员把控制开关搬到自锁位置,利用采食动作而达到自锁。下槽时把控制开关搬到一定位置,利用牛抬头枷杆自动打开,也可利用人工单个开启。其优点是操作简便、快,颈枷开张度大,安全可靠。但结构上比一般颈枷复杂,用料多。

3. 饲槽　饲槽位于牛床前,通常为统槽。饲槽长度与牛床总宽相等,饲槽底平面高于牛床,饲槽必须坚固、光滑、耐磨、耐酸、便于洗刷,饲槽一般采用如下尺寸(表8-1)。

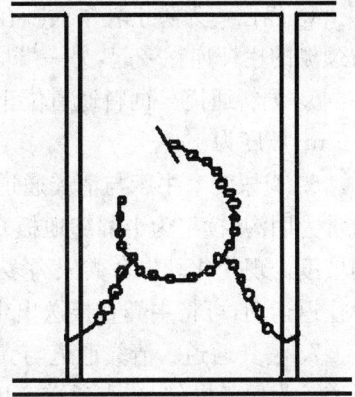

图 8-11　横链式颈枷示意图

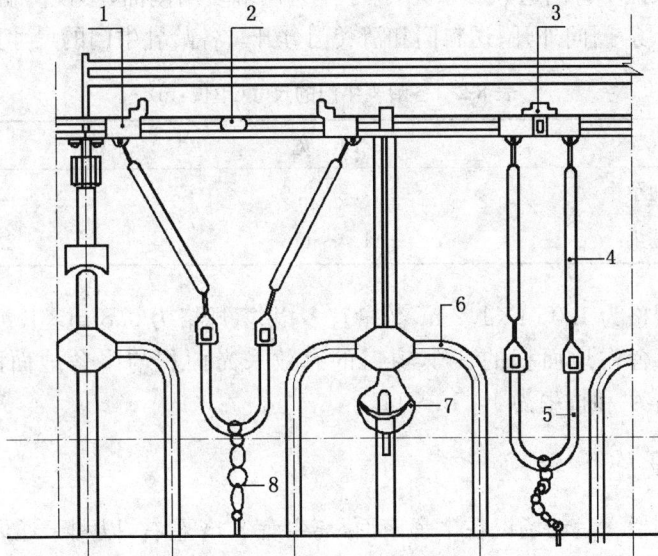

图 8-12　关节颈枷示意图

1. 滑块　2. 颈枷传动器　3. 颈枷机构　4. 颈枷管　5.U形颈枷　6. 牛床架　7. 自动饮水器　8. 限位链

表 8-1　乳牛饲槽尺寸(单位:cm)

乳　牛	槽上部内宽	槽底部内宽	前沿高	后沿高
泌乳牛	60~70	40~50	30~35	50~60
初孕和育成牛	50~60	30~40	25~30	45~55
犊牛	30~35	25~30	15~20	30~35

饲槽端部装置给水导管及水阀,饲槽两端应设有窗栅的排水口,以防草、渣类堵塞下水道。近年来有些乳牛场的饲槽采用地面饲槽(比饲料通道略低,但饲槽底面高于牛床约15 cm)。

4. 隔栏 为防止乳牛横卧在牛床上,牛床上设有隔栏,通常用弯曲的钢管制成,隔栏一端与颈枷的栏杆连在一起,另一端固定在牛床的 2/3 处,隔栏高 80 cm,由前向后倾斜。

5. 饲料通道 饲料通道位于饲槽前,通道宽应便于人工和机械操作,其宽度一般为 1.2～1.5 m,坡度为 1°。

6. 粪尿沟 牛床与清粪通道之间,应设粪尿沟,沟沿做成圆钝角,以免损伤牛蹄。粪尿沟通常为明沟(犊牛为半漏缝地板),沟宽为 30～40 cm,沟深 5～18 cm,沟底为便于排水约带 6°的坡度。现代化乳牛舍粪尿沟多采用漏缝地板,或多安装链刮板式自动清粪装置,链刮板在牛舍往返运动,可将牛粪直接送出牛舍。

7. 清粪通道 清粪通道与粪尿沟相连,清粪通道是清粪尿、乳牛出入和进行挤乳作业的通道。为便于操作,清粪通道宽度为 1.6～2.0 m,路面最好有大于 1°的坡度,并划菱形槽线防滑。

8. 门 可以保证牛舍的通风和采光,位于牛舍两端及两侧面,不设门槛,每栋牛舍应有一个门通向牛的运动场,门向外开;送料门和清粪门分开。各龄乳牛门的尺寸见表 8-2。

表 8-2 各龄乳牛门的尺寸(单位:m)

乳 牛	门 宽	门 高
成年乳牛、初孕牛	1.8～2.0	2.0～2.2
育成牛、犊牛	1.4～1.6	2.0～2.2

9. 窗 南窗规格为 1.0 m×1.2 m,数量宜多;北窗规格为 0.8 m×1.0 m,数量宜少。窗口总面积一般为牛舍占地面积的 8%,窗口的有效采光面积与牛舍地面面积比:成乳牛为 1:12,育成牛、初孕牛和犊牛为 1:10～14。

(五)附属设施

1. 运动场与围栏 运动场设在牛舍南面,离牛舍 5 m 左右,以利于通风和植树绿化。运动场地面,以立砖铺地和土地各 50% 为宜,以三合土地面为最好,并有 1°～5°的坡度,靠近牛舍处稍高,东西南面稍低并设排水沟。每头牛需运动场面积:成乳牛 20 m²、育成牛和初孕牛 15 m²、犊牛 8 m²。

运动场四周设围栏,栏高 1.5 m,栏柱间距 2 m。围栏可用废钢管焊接,也可用水泥柱作栏柱,再用钢筋棍串联在一起。围栏门宽 2 m。

2. 凉棚 一般建在运动场中间,常为四面敞开的棚舍建筑,建筑面积按每头牛 3～5 m² 即可。凉棚高度以 3.5 m、宽以 5～8 m 为宜,棚柱可采用钢管、水泥柱、水泥电杆等,顶棚支架可用角铁或木架等。棚顶面可用石棉瓦、水泥板、金属板、木板、油毡等材料,顶部要涂上反射率高的涂料、白漆或抹上白水泥,以减少太阳辐射热的吸收。凉棚一般采用东西走向(图 8-13)。

3. 补饲槽与饮水槽 补饲槽设在运动场北侧靠近牛舍门口,便于把牛吃剩下的草料收起来放在补饲槽内。其建筑尺寸可根据实际情况灵活设计,其周围最好设置栏杆,防止牛进入补饲槽(图 8-14)。

图 8-13　运动场凉棚

图 8-14　运动场补饲槽

　　饮水槽设在运动场的东侧或西侧,水槽宽 0.5 m,深度 0.4 m,水槽的高度不宜超过 0.7 m,水槽周围应铺设 3 m 宽的水泥地面,以利于排水(图 8-15)。

　　4. 消毒池　一般设在牛场或生产区的入口处,便于人员和车辆通过时消毒。消毒池常用钢筋水泥浇筑,供车辆通行的消毒池,长 4 m,宽 3 m,深 0.1 m;供人员通行的消毒池,长 2.5 m,宽 1.5 m,深 0.05 m。消毒液应维持经常有效。人员往来在场门两侧应设紫外线消毒走道。

　　5. 人工授精室　其大小根据奶牛的饲养量和实际情况而定。

图8-15　运动场饮水槽

6. 粪尿污水池和贮粪场　其大小应根据每头奶牛每天平均排出粪尿和冲污污水量多少而定:成乳牛 70~120 kg、育成和初孕牛 50~60 kg、犊牛 30~50 kg。

7. 兽医室和病牛隔离室　兽医室的大小根据实际情况灵活设计,病牛隔离室可按牛场最大圈存的 2%~5% 安排。要求地面平整牢固,易于清洗消毒。

8. 青贮窖及干草贮藏室　其大小根据乳牛的饲养量而定。

9. 精料加工室　一般采用高平房,墙面应用水泥抹 1.5 m 高,防止饲料受潮。加工室大门应宽大,以便运输车辆出入,门窗要严密。大型奶牛场还应建原料仓库及成品库,精料原料库房一般存放牛场 3~4 个月的精料量,精料成品库房能存放牛场 1 个月内的精料量。

10. 牛场绿化　绿化牛场不仅可美化环境,产生氧气,防止大气污染和土壤侵蚀,涵养水源,有利于净化空气阻挡风沙尘埃,减少病原体的传播;还可遮阳,降温,调节湿度,改善小气候,美化环境。牛场绿化包括以下内容。

(1)防护林带:沿牛场围墙宜栽种乔木与灌木、常青和落叶混合林,至少 5 行树林,林宽 10 m 以上。

(2)运动场遮荫林带:将树木植于运动场南面,植树 2~3 行,株间距 5 m 左右,树种选择加拿大杨。

(3)道路遮荫林带:场内各道路旁种植高大的乔木 1 行,株间距 2 m,乔木下面近道路的地方栽种灌木 1 行,株间距 1 m。乔木树种可选择垂柳、合欢或洋槐。灌木以选择冬青为好。

(4)隔离林带:指场内生活区、生产区间的林带。以单行乔木为主林带、单行灌木为副林带的双层隔离屏障。乔木可选择法桐、枫树或合欢,株间距 2 m。灌木可选择榆叶梅和木槿,株间距 1 m。

(5)防火林带:在草垛、干粗饲料堆放处、青贮窖和仓库周围栽种防火林带。林带可种植乔木 3 行,株间距 2 m,树种选择大青杨;种植灌木 1 行,株间距 1 m,树种可选择冬青或女贞。

11. 化粪池　牛粪处理应是"牛粪还田,以田养牛",走生态农业发展之路。所以饲料地边应建一相当容量的化粪池,进行牛粪的腐熟发酵处理。把腐熟的牛粪及时施入农田增强土地肥力。

12. 水电供应　大型乳牛场建深水井和不间断电源(双电路或发电机组)不可忽视。

(六)建舍要求

南方地区和北方部分地区,夏季高温、闷热,年降雨量多,潮湿,冬季湿冷。牛舍首先应考虑防暑降温和减少潮湿。

1. 提高牛舍屋顶,增加墙体厚度　或墙体中增设一层绝热层(如玻璃纤维层),均可防止和削弱高温和太阳辐射对牛舍的气温影响,起到隔热或保暖作用。此外,屋顶设天窗、墙体上开窗口,可加强通风,起到降温作用(但墙体上窗口不宜太大,以免夏天太阳辐射热侵入,使舍温过高;冬天则会使热大量散失,不利保暖)。

2. 牛舍通风设施　为清除乳牛排出的水气和臭味,舍内必须有一个合理的通风设施。以下几个方面,设计时应予以考虑:①地形与气流活动有关,牛舍应选建在开阔通风处,不背向窝风;②牛舍朝向既要减少太阳辐射,又要考虑夏季风向;③进风口(门、窗)位置与气流入舍内方向关系极大,为保证舍内有穿堂风,进风口应位于上风向,排气口位于下风向;④安装通风设备。

3. 牛舍内安装电风扇,或采用淋浴　电扇与牛体间距和布点要合理,不能形成死角。

4. 牛舍内设排水设施(便于乳牛饮水和粪便冲洗)以及污水排放设施。

5. 牛舍外和运动场遮荫　牛舍外遮荫(如在牛舍南侧东侧植树,牛舍顶上种藤蔓),可使日光辐射热减少40%以上,从而获良好降温效果。运动场上设凉棚遮荫,可减少30%的热辐射。试验表明,凉棚朝向应东西向,保证适当遮阳面积,应选用防热辐射性较好的建材作为棚顶。

在寒冷地区,牛舍应有保暖设施。牛舍失热最多的是屋顶,其次是墙体。屋顶散热多,热能多通过屋顶而散失。因此,牛舍上部的结构,应通过屋顶隔热达到防寒。墙体保暖应提高墙的热阻能力,避免墙体透气、变潮(抹一层防潮混合砂浆)。为了排出牛舍内水气、浊气(CO_2、NH_3、H_2S 等)和灰尘,冬天牛舍必须进行换气。通风换气主要靠门窗和地脚窗口(但应注意贼风侵袭)。

(七)牛舍建筑示例

1. 大型奶牛场牛舍　大型乳牛场牛舍可根据乳牛数量的多少,采取分舍或部分分舍建筑。在建筑时,各舍除了要建筑养牛的主要设施外,尚需建筑辅助用房(如饲料间、休息室、机器间等)。各舍的大小可根据各舍的饲养规模和每头牛在牛舍内所占的最低面积(成乳牛为 $9\sim10\ m^2$,育成牛和初孕牛 $5\sim8\ m^2$,犊牛 $2.5\sim3.0\ m^2$)来确定。

(1)成乳牛舍:一般多以能容纳 100 头左右成乳牛为一栋。在中间和两头设置贮奶间等辅助用房,两边各设置 50 头左右的成乳牛床。这类牛舍的长度一般为 $82.0\sim87.0\ m$,跨度一般为 $11.0\sim13.0\ m$。图 8-16 为一栋 102 头牛床位的成乳牛舍。

(2)产牛舍:为了便于哺乳犊牛,可将犊牛保育舍合并在产牛舍内建成一栋,但较大型牛场

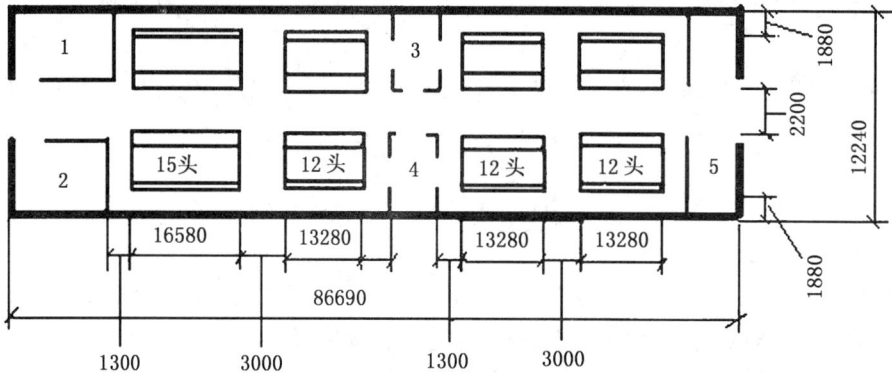

图 8-16　102 头牛成年牛舍平面示意图(单位:mm)
1. 真空泵房　2. 贮奶间　3. 精料间　4. 值班室　5. 粗料间

可把它们单独建舍。

产牛舍是乳牛产犊的专用牛舍,应保证有成乳牛 10%～13% 的床位数。其舍内应包括产牛床、产房、难产室、保育间、饲料间及值班室等部分(图 8-17)。产牛床排列一般为双列对尾式,其尺寸应严格按规格制作。难产室要求有采暖和降温设备。为了便于消毒,要有 1.3 m 高的漆面墙裙。

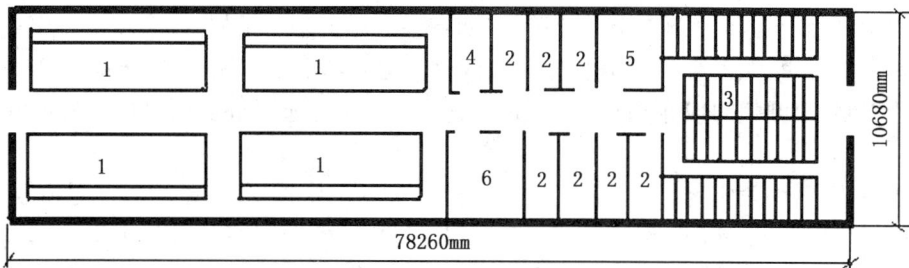

图 8-17　产牛舍平面示意图
1. 产牛床　2. 产间　3. 犊牛栏　4. 值班室　5. 难产室　6. 饲料间

初生牛犊饲养在专设的保育间的犊牛单栏内,犊牛单栏为箱形栏栅(图 8-18):长 110～140 cm,宽 80～120 cm,高 90～100 cm,底栏离地 15～30 cm。最好制成活动式犊牛栏,以便可推到户外进行日光浴,此时也便于舍内清扫。保育间要求阳光充足、相对湿度 70%～80%、保温防暑良好。

(3)犊牛舍:对于规模不很大的乳牛场,如不需单独建舍时,其可与产牛舍合并建舍;但对于较大型乳牛场,需单独建犊牛舍(图 8-19),舍内根据不同月龄分群管理。0.5～2 月龄犊牛养于固定的单栏中(也称犊牛岛)。2～6 月龄犊牛可饲养通栏中,用活动夹板固定饲喂,饲喂结束即可松开夹板。舍内及舍外均要有适当的活动场地。犊牛通栏布置也有单排栏、双排栏等。双排栏时最好采用对头式。

图 8-18　犊牛单栏

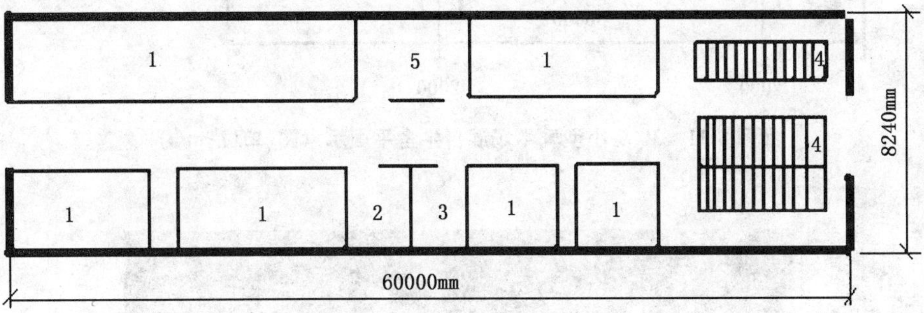

图 8-19　犊牛舍平面示意图
1. 犊牛床　2. 值班室　3. 奶具间　4. 犊牛栏　5. 饲料间

(4)初孕牛舍、育成牛舍:对于规模不很大的乳牛场,可将初孕牛舍和育成牛舍合并建舍;但对于较大型乳牛场,需单独建育成牛舍。为了训练育成牛、初孕牛上槽饲养,其应与成乳牛一样采用颈枷拴系饲养。图 8-20 为育成牛舍图,初孕牛舍图可照此设计,只是尺寸有所差别而已。

2. 小型乳牛场牛舍　小型乳牛场牛舍一般为一混合牛舍,即将成乳牛、初孕牛、育成牛、犊牛所需的舍内设施建在同一牛舍,并在舍内建相应的辅助用房(图 8-21)。

二、散栏式牛舍及设施

散栏式牛舍(图 8-22)比拴系式牛舍较为复杂,但具有广阔的发展前景,在北美和西欧已推行 40 余年,在我国经济发达的地区正逐步采用。它与拴系式牛舍相比,其区别不仅在于不

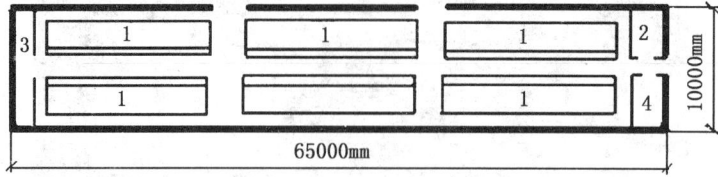

图 8-20　育成牛舍平面示意图

1. 育成牛床　2. 精料间　3. 粗料间　4. 值班室

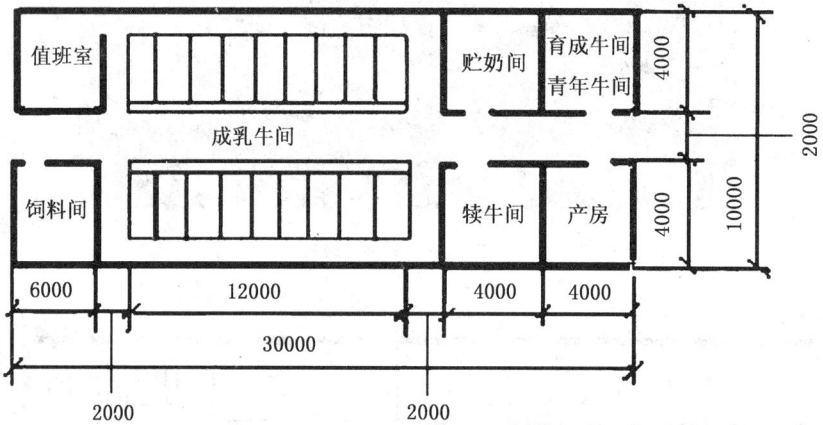

图 8-21　30 头小型乳牛场混合牛舍平面示意图(单位:mm)

图 8-22　散栏牛舍

拴系,更重要的是在乳牛场的饲养管理、生产工艺和劳动组织等方面施行了一些根本性改善,从而使乳牛达到"自我护养"。这主要表现在以下几个方面:第一,将拴系式牛舍的集中乳牛采食、休息和挤乳于牛舍内同一床位的饲养方式改变为分别建立采食区、休息区和挤乳区,以适应乳牛生活、生态和生产所需的不同条件;第二,通过牛群在挤乳区、休息区和生活区的有序自由移动,使牛乳、粪便和饲料分别在各区集中,减少人工收集搬运;第三,将对乳牛进行饲喂、饲养和挤乳各工序集中于一人的复杂劳动,改变为按饲喂、挤乳、清粪等不同工种分工分岗位的单一劳动,大幅度提高劳动生产率,并责任明确;第四,将专人专牛的个体饲养,改变为按乳牛生长和泌乳不同生理需要进行分群饲养,为大规模牛群施行科学的饲养标准和推行机械化奠定了必要的基础。但散栏式牛舍不易做到个别饲养管理,而且由于共同使用饲槽和饮水设备,传染疾病的机会多。

(一)散栏式牛舍屋顶形式

散栏式牛舍屋顶形式,因气候条件不同,可分为房舍式、棚舍式、荫棚式三种。

1. **房舍式**　房舍式屋顶(图 8-23)一般在屋脊上设有排气设施。具有该类屋顶的牛舍,适于气温在 26 ℃以下至-18 ℃以上的地区。

2. **棚舍式**　棚舍式屋顶四边无墙只有房顶,形如凉棚,故通风良好。冬季北风较大的地区可在北面、东面、西面装活动挡板墙,以防寒风侵袭;夏季将挡风装置撤除,以利通风。寒冷地区也可在北面及两侧设有墙和门窗,冬季关上,夏季打开。舍檐可根据地区情况来确定延伸多少,一般为 0.5~2.0 m。具有棚舍式屋顶的牛舍适于气候较温和的地区。

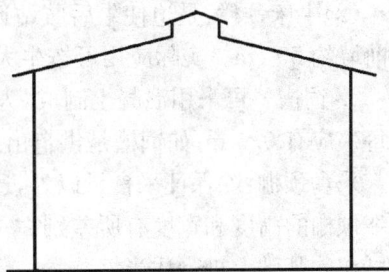

图 8-23　房舍式屋顶示意图

3. **荫棚式**　荫棚式屋顶只有牛床被房盖遮住,其余设施露天,具有荫棚式屋顶的牛舍,适于天气热而雨量不太多、土质和排水良好、有较大运动场的地区。

(二)散栏式牛舍内主要设施

散栏式牛舍内主要设施如图 8-24。

1. **自由牛床**　牛床与饲槽不直接相连,直接靠在墙边。为方便牛卧息,要比前有饲槽的拴系牛床长。各龄乳牛自由牛床设计参数如表 8-3。

图 8-24　散栏式牛舍内部单元剖面示意图

表 8-3　各乳龄牛自由牛床设计参数（单位：cm）

类　别	长　度	宽　度	牛床距地面高度
成年乳牛	220	120	20
21～25 月龄	210	110	20
17～20 月龄	200	110	20
13～16 月龄	195	100	18
10～12 月龄	170	93	15
7～9 月龄	155	76	12
犊牛	150	60	10

（1）牛床隔栏：是控制乳牛顺卧，不横七竖八影响他牛休息，同时使牛粪尿排在牛床后面的粪尿沟内。其高度为 0.9～1 m。

（2）牛床颈栏：是迫使牛后肢站近牛床边缘不致把粪便排在牛床上。颈栏安装在隔栏上，距前墙约 50 cm。实际应用可按牛大小来确定，因颈栏是可随需要固定在适当的位置。

2. 饲槽　可采用混凝土制成，为便于机械操作，其长短与饲喂制度有关。如每日喂 2 次，则每牛应有 0.6 m；如饲槽是供自由采食时，则平均每牛有 0.15～0.3 m 的长度。

采食颈枷：除保证采食量以外，还可观察牛群，便于配种和疾病治疗以及牛只调教等。各龄牛颈枷的高度和宽度有所差别。一般而言，成年牛颈枷宽为 75～80 cm，高为 120 cm；后备牛可在此基础上进行适当缩减。

3. 走道　舍内走道的结构视清粪的方式而定。一般为水泥地面，并有 2°～3°的倾斜度，以利于清洗。走道的宽为 2.0～4.8 m，与饲槽毗连的走道比其他走道要宽些（表 8-4），以便当有牛在采食时，其尾后还有足够的空间让其他牛自由往来。如采用机械刮粪，则走道的宽应与机械宽相适应。如采用水力冲洗牛粪，则走道应采用漏缝地板，漏缝地板由钢筋水泥条制作，水泥条之间的间隔（即漏缝）为 3.8～4.4 cm；水泥条必须加以固定，以防漏缝变宽；同时，漏缝地板下的粪尿沟应有 30°的倾斜度，以利于将粪冲到舍外的积粪池。

表 8-4　各龄牛走道的宽度（单位：cm）

类　别	牛床与牛床之间距离	牛床与采食颈枷之间的距离
成年乳牛	300	350
21～25 月龄	280	330
17～20 月龄	260	320
13～16 月龄	250	300
10～12 月龄	250	280
7～9 月龄	240	260
犊牛	230	240

4. 饲料道　为饲喂牛草料的通道,为便于机械化操作,其宽度一般为 2.1～3.0 m。

5. 粪尿沟　规格参照拴系式牛舍粪尿沟的规格,但粪尿沟上一般要盖有栅格板,并使栅格板与走道在同一平面上。

6. 水槽　安装在走道的两侧,每 15 头安装一个自动饮水器。

7. 窗　对采用房舍式屋顶的牛舍有此设置,牛舍北面墙距牛床地面 40～180 cm 的高度全为预制水泥栅栏,栅条宽 5 cm,厚 1.5 cm,栅条之间的间距为 10 cm,这既便于夏季通风,又可使乳牛安全舒适;北墙距地面 200～300 cm 高度为玻璃钢窗,规格为 80 cm×100 cm,数量宜少,夏季开,冬季关。

(三)散栏式牛舍附属设施

1. 挤乳厅　挤奶厅是散栏式牛舍群中乳牛生产和管理中心,各龄乳牛的牛舍必须围绕挤奶厅有一个统一的布局,要求泌乳牛舍相对集中,并按照泌乳牛舍→干乳牛舍→产房→犊牛舍→育成牛舍→初孕牛舍顺序排列,从而使干乳牛、犊牛与产房靠近,而泌乳牛与挤乳厅靠近。

挤乳厅到泌乳牛舍的距离要尽量缩短,但挤乳厅不应设在各泌乳牛舍之间,以利于牛只的活动、粪便线和饲喂线之间的畅通。因此,挤乳厅应设在乳牛饲养区靠近泌乳牛舍之南端或北端,这样运输的车辆不进入饲养区,有利于防疫管理。

挤乳厅建筑包括候挤室(长方形通道,其大小以能容纳 1～1.5 小时能挤完牛乳的牛只,每牛 1.3 m²)、准备室(入口处为一段只能允许一头牛通过的窄道,室内设有挤乳台与能挤乳牛头数相同的牛栏,牛栏内设有喷头,用于清洗乳房)、挤乳台[可采用坑道式挤乳台(图 8-25)、鱼骨形挤乳台(图 8-26)、转盘式挤乳台(图 8-27)等]、滞留间(挤乳台出口处设滞留栏,滞留栏设有栅门,由人工控制,发现需要干乳、治疗、配种或作其他处理的牛只,打开栅门,赶入滞留间,处理完毕后放回相应牛舍)、牛奶处理室和牛乳贮存室等。

2. 运动场及围栏、水槽、消毒池、粪尿污水池和贮粪场、兽医室、人工授精室、青贮窖及干

图 8-25　坑道式挤奶台

图 8-26　鱼骨形挤奶台

图 8-27　转盘式挤奶台

草贮藏室、精饲料加工室、牛场绿化等附属设施,参照拴系式牛舍建设。

(四)牛舍建筑示例

1. 泌乳牛舍　以100头为例。牛舍全长80 m,宽11 m,檐高3.3 m,三角屋架上有简易排气屋脊。南面敞开,仅有立柱支撑屋架,北墙下部有可启闭的通气窗,上部设有可关启的玻璃窗,东西墙有两门。舍内东西两端设2个饮水池,舍内设牛床100个,分两列,一列56个沿北墙排列,另一列44个置于牛舍中间,该列中间留2~3 m的通道,东西各22个牛床。牛床按对尾式设计,牛床长2.2 m,宽1.2 m,高出床后通道20 cm,每个牛床有隔栏相隔,隔栏上方离前50 cm处安装颈栏。床后通道宽3 m。牛舍南侧面有采食饲槽,与中列牛舍之间称槽后通道,宽 3.5 m,以保证有牛只采食时,其尾后有足够的地方让其他牛只自由通过。运动场食槽与舍内食槽平行设计,2 个食槽之间留 2～2.5 m 宽的饲喂道。并在牛舍饲槽处有 100 个自动限位颈枷,颈枷宽 80 cm,牛床宽 120 cm,以便观察牛只、配种、治疗和转群等。东西两墙的门宽为 2.5 m,高为 2.5 m,分别与床后通道和槽后通道相对应,便于机械化操作。

运动场位于牛舍南侧,即饲喂道外侧,长 80 m,宽 25 m,面积 2 000 m²,平均每牛 20 m²。牛只通过东西墙门自由进入运动场。

2. 干乳牛舍 与上述泌乳牛舍相同。

3. 各类后备牛舍 与泌乳牛舍类同,但建筑尺寸要相应缩小。

第四节 乳牛场环境污染及其治理

随着乳牛生产规模化、集约化的迅速发展,乳牛场的污染问题日益突出,已成为一个大的污染源。所以,乳牛生产者对环境污染及其治理必须给予高度重视。

一、乳牛场污染特点及其危害

(一)乳牛场污染特点

1. 乳牛场粪便含水量大(表 8-5),给运输、施用带来不便,从而造成粪便长时间的堆放过程中,对环境造成污染。

2. 乳牛场大量粪尿的集中排放(据测定:一个千头奶牛场,可日产粪尿 50 吨),超过了周围农田环境的消受能力,造成环境污染。

3. 乳牛场粪尿中含有大量的污染物质(表 8-5,表 8-6),这些污染物质会对环境造成不同程度的污染。

表 8-5 乳牛场粪尿成分表(单位:%)

种类	水分	N	P₂O₅	K₂O	CO₂	MgO	T-C	pH
粪	80.1	0.42	0.34	0.34	0.33	0.16	9.1	7.8
尿	99.3	0.56	0.01	0.87	0.02	0.02	0.25	9.4

表 8-6 乳牛场粪尿质量指标表

指标	SS	透明度	BOD₅	COD	氨氮	细菌总数
单位	mg/L	cm	mg/L	mg/L	mg/L	个/L
数值	19 000～60 000	2.0～2.5	3 000～8 000	6 000～25 000	300～1 400	10 000 000

4. 乳牛场的恶臭造成环境污染 恶臭主要来自粪便、饲料发酵、呼吸和反刍等。恶臭的主要成分有二氧化碳、氨、硫化氢、甲烷、粪臭素等,如不经处理,势必会对周围环境带来污染。

5. 乳牛场产生大量的污水造成环境污染 为了清洁牛舍、牛体、用具等,乳牛场每天要产生大量的污水,其量为排粪量的 2～3 倍,并且这些污水中含有大量的病原微生物,如直接排放,势必会严重污染环境。

6. 乳牛场的噪声造成环境污染　噪声有两个主要来源:一是场内机械产生,如铡草机、饲料粉碎机、风机、真空泵、除粪机、喂料机,以及饲养管理工具的碰撞声;二是乳牛自身产生,如鸣叫、争斗、采食、走动等。据测定,乳牛舍风机的噪声强度,在最近处可达 84 dB;真空泵和挤乳机的噪声为 75～90 dB;除粪机为 63～70 dB。乳牛自身产生的噪声,在相对安静时最低,为48.5～63.9 dB。饲喂、挤乳、开动风机时,各方面的噪声汇集在一起,可达 70～94.8 dB。由此可见,乳牛场的噪声会对环境造成一定程度的污染。

7. 乳牛场的消毒药物造成环境污染　为了确保乳牛的安全,生产者除了做好日常的环境隔离、免疫接种和预防性投药外,还大量使用各种消毒药物,包括一些对人畜有害的消毒药物,如强碱、强酸、甲醛等。长期使用这些消毒药物后,虽然各种细菌、病毒等病原体得到了控制,但却对环境造成了污染。

8. 乳牛场的废弃物造成环境污染　乳牛场中废弃的尸体、毛、加工废料等废弃物,大多为有机物质,如处理不当,势必对环境造成污染。

9. 乳牛场中生产的乳肉产品中残留的有毒物质间接造成环境污染　据测定:我国很多乳牛场生产的乳肉产品中不同程度地存在着农药、抗生素、重金属元素、霉菌素等有毒物质的残留。这些有毒物质随乳肉产品进入人体间接造成环境污染。

(二)乳牛场污染的危害

1. 污染土壤危害农作物生产　乳牛粪尿中大量的氮、磷物质和许多微量元素,乳肉产品中的重金属元素和农药残留,以及乳牛场的消毒药物都可直接进入土壤,改变土壤的理乳化特性,使许多矿物元素、微量元素和有毒物质超标。在这种土壤中种植作物,作物会吸收有毒元素并富集从而影响农作物的产品质量,农产品作饲料再饲喂家畜,势必影响畜产品的质量。同时,乳牛粪便和尸体等废弃物污染土壤后,不仅会造成大量蚊虫孳生,而且还可长期成为传染病和寄生虫病的传染源。

2. 污染水源危害人畜安全　乳牛场的污水,可直接流入稻田、水库和江河湖泊等水域,引起水体氨氮量增加、溶解氧急剧下降,造成水体的富营养化。用这些水灌溉稻田,使禾苗陡长、倒伏,稻谷晚熟或绝收;用于鱼塘或流入江河,会促使低等植物(如藻类)大量繁殖,威胁鱼类生存;污物渗入地下水层,易使水体变黑发臭,失去饮用价值。此外,污水中还含有病原微生物,能传播疾病。

3. 污染空气损害人畜健康　乳牛场的恶臭可直接污染空气产生异味,妨碍人畜健康。如果人长期在氨气较高的恶臭环境中,可引起目涩流泪,严重时双目失明;如果人长期在硫化氢含量较高的恶臭环境中,会引起头晕、恶心和慢性中毒症状。此外,恶臭中还夹杂灰尘及附在灰尘中的病原微生物,能传播疾病。

4. 传播"人畜共患"疾病　据 FAO 和 WHO 报道,由于乳牛粪和排泄物中的病原微生物污染土壤、水源、大气和农畜产品,可传播 26 种人畜共患的疾病。例如,口蹄疫就是一种严重的人畜共患病,一旦发生就会给人类健康带来很大的损害。

5. 乳牛场的噪声污染　能使人烦躁不安,容易疲乏,注意力不易集中,反应迟钝,不仅影响工作效率,而且使工作质量明显下降,事故发生率明显上升;严重者会造成听觉器官的损伤,进而表现为全身各系统,特别是中枢神经系统、心血管系统和内分泌系统的损伤。

二、乳牛场环境污染的治理

(一)指导思想

根据近年来乳牛业污染现状和防治经验,并借鉴国外环境保护的最新成果,今后防治乳牛场污染的指导思想是:在生态学理论指导下,应用系统工程的方法,通过整体规划来加强宏观与微观的长效管理;实行农牧结合,建立生态农牧场;应用现代科学技术,因地制宜地处理乳牛场污染物;坚持"预防为主",实行"分批治理与全面预防"相结合,逐步压缩乳牛场数量与调整布局相结合,达到"治标治本、标本兼治"的目的,从而促进农牧业生产和环境建设的协调发展,实现环境、经济和社会效益三统一,以适应我国农牧业快速、高质发展的需要。

(二)治理措施

1. 科学合理规划设计乳牛场　乳牛场应选择在离城区、居民点较远的地方,必须保证不对饮用水源产生污染,水源要充足,场内设施安排合理,特别应建造与饲养规模相配套的粪尿处理设施,并且在牛场有关区域设置植树带,一方面可改善牛场小气候,另一方面可减少噪声等的污染。

2. 建立专业职能机构　要建立健全乳牛业环境质量监测管理、治理和研究的专业职能机构,各级政府应责成这些机构对乳牛场的建场、粪便和污水的处理与利用,污染物对空气、土壤和水体的污染情况等作出评价,以便采取相应的治理措施。

3. 控制市郊奶牛场的数量和规模　对市郊的乳牛场进行统一布局并适当压缩和兼并,严格控制饲养数量;严禁在水源保护区和观光旅行区等建设乳牛场;严重污染的乳牛场应关闭或停产整治后再投产。

4. 建立乳肉产品食用安全保障体系　要建立和完善乳牛疫病诊断监测体系,强化乳肉产品的销售、运输等环节的检疫监督,加强对饲料添加剂、兽药和生物制品、消毒药物、乳肉产品的有害残留、病原微生物和霉菌毒素等的监测。同时,要尽快与国际接轨,建立无规定动物疫病区,使乳肉产品质量符合世界兽医组织(OLE)的卫生标准要求。

5. 加强宣传和业务教育,提高全民生态意识和业务人员素质　要进行全民环境保护和环境建设的教育,强化人们物质和精神文明协调发展的思想观念,从根本上促进环境的改善。对乳牛场专业人员要进行业务培训,着重学习如何用现代科学技术防治乳牛场污染,提高业务管理人员素质,建立持证上岗制度。

6. 开发应用环保型饲料替代品　近年来,随着生物技术的发展,国内外已研制出了一系列环保型饲料替代品,它不仅能提高乳牛对饲料的利用率,而且还能减少乳牛排泄物的量,从而减少对环境的污染程度。

7. 科学使用一些解决乳牛场粪尿污染的添加剂

(1)在饲料或垫料中添加各种除臭剂:如沸石,它有较强的吸附能力,可减少粪臭;又如美洲的植物丝蓝的提取物,它有两种活性成分,一种可与氨气结合,另一种可与其他有害气体结合,从而能减少乳牛舍内的气味。目前,丝蓝提取物在国外已广泛用来做畜舍的除臭剂。

(2)使用有效生物菌群类的添加剂:如 EM(Effective Microorganisms),它是一种微生态制剂的简称,这种物质目前国内有多家厂家生产。实践证明,使用 EM 饲喂乳牛不但可以增加乳牛营养,提高饲料利用率,提高生长速度,增强乳牛的免疫能力和抗病性,而且在环保方面,EM 还可以清除粪尿恶臭,净化生态环境。

8. 合理选择乳牛粪尿处理模式　目前,乳牛粪尿处理模式选择与粪尿收集方式、粪尿处理技术、处理物出路、管理水平、工程投资及运行成本等因素有关。不同环境容量背景下奶牛粪尿处理的可能选择大体可以概括为以下三种模式。

(1)堆肥好氧发酵还田模式:该模式是在有氧的情况下,利用微生物对粪尿有机质进行降解、氧化、合成、转换成腐殖质的生物化学处理工程,并同时产生高温杀死粪尿中的疫源微生物和寄生虫及卵,使粪尿快速腐熟、无害化(图 8-28)。

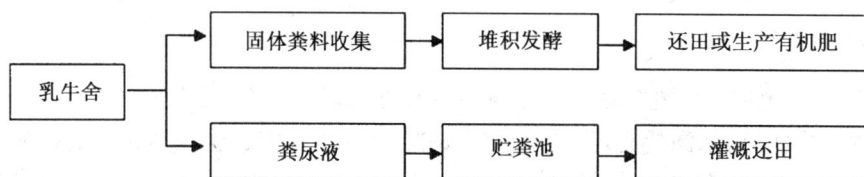

图 8-28　堆肥好氧发酵还田模式工艺流程

该模式的优点是可实现零排放,投资省,不耗能,无需专人管理,基本无运行费。其缺点是:粪尿混合不便运输;干稀分离后,液体部分要沉淀发酵,还需大面积场地堆积粪肥,阴雨季节难以操作;存在着传播畜禽疾病和人畜共患病的危险;在施用量过大、施用频率过高的情况下会导致硝酸盐、磷及重金属的沉积,从而给地表水和地下水带来污染;恶臭以及降解过程产生的氨、硫化氢等有害气体的释放会对大气造成污染。

在远离城市和城镇、经济不发达,土地宽广,有足够的农田消纳养殖场粪尿的地区,特别是种植常年施肥作物,如蔬菜、经济作物的基地可以采用堆肥还田模式。虽然堆肥好氧发酵还田的模式缺点十分明显,但根据我国国情,在今后相当长时期,偏远的农村,粪尿可能仍以无害化处理后还田为主要出路。实际上目前世界上许多国家的乳牛场仍在广泛采用粪尿发酵还田的模式处理乳牛场粪尿。

(2)厌氧发酵处理模式:该模式是在缺氧条件下,利用微生物的降解合成作用,将粪尿有机物转化为能源。沼气池是厌氧发酵的最好方式,牛粪尿直接排入沼气池,在沼气池内进行厌氧发酵产生沼气,沼气作为燃料能源,沼渣还田或做鱼饲料利用(图 8-29)。此技术实现了能源、肥料、饲料、环保多位一体的良性循环,可以建立生态农业。

该模式的优点是技术操作容易,处理效率高,投资少,运行管理费用低,对周围环境影响小。缺点是后处理需要占用土地,沼气的产生受季节、环境、原料材料影响大,存在产气不稳定缺陷。一些维护管理不好的沼气池利用时间较短。最需要引起重视的是沼渣、沼液的处理,如

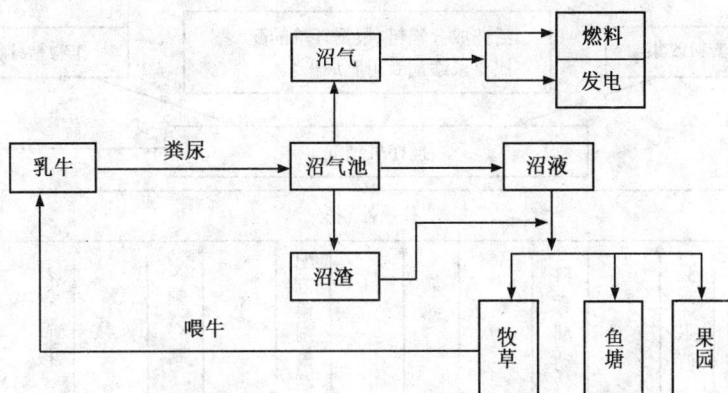

图 8-29 厌氧发酵处理模式工艺流程

果不能及时由足量的土地消纳,仍有可能造成和粪尿直接排放一样的污染。

(3)达标排放处理模式:与前面两种模式相比,该模式(图 8-30)技术含量最高,对出水水质要求最严。首先将来自牛舍的粪尿进行固液分离,分离出的固体粪渣生产有机复合肥(图 8-31),液体进入厌氧处理系统——升流式厌氧污泥床(UASB)或复合式厌氧污泥床(UBF)。如果离城市污水处理厂较近,厌氧处理的出水在达到《畜禽养殖污染物排放标准》后可以排入城市污水处理厂与城市污水一起处理。

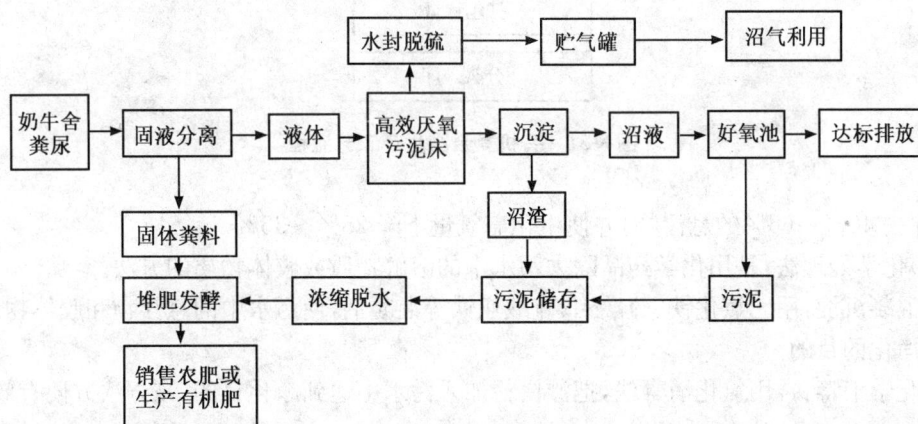

图 8-30 达标排放处理模式工艺流程

该模式的优点是适应性广,不受地理位置限制;占地少;可达标排放。缺点是投资大,能耗高,运行费高;机械设备多,维护管理量大,需要专门的技术人员运行管理。

在地处大城市近郊,经济发达、土地紧张、周边既无一定规模的农田,又无闲暇空地可供建造鱼塘和水生植物塘的大型乳牛场,可采用该模式。

9.正确选择乳牛场污水处理方法 目前,乳牛场污水处理方法主要有以下几种:

(1)物理处理法:是利用格栅或滤网等设施进行简单物理处理的方法。经物理处理的污

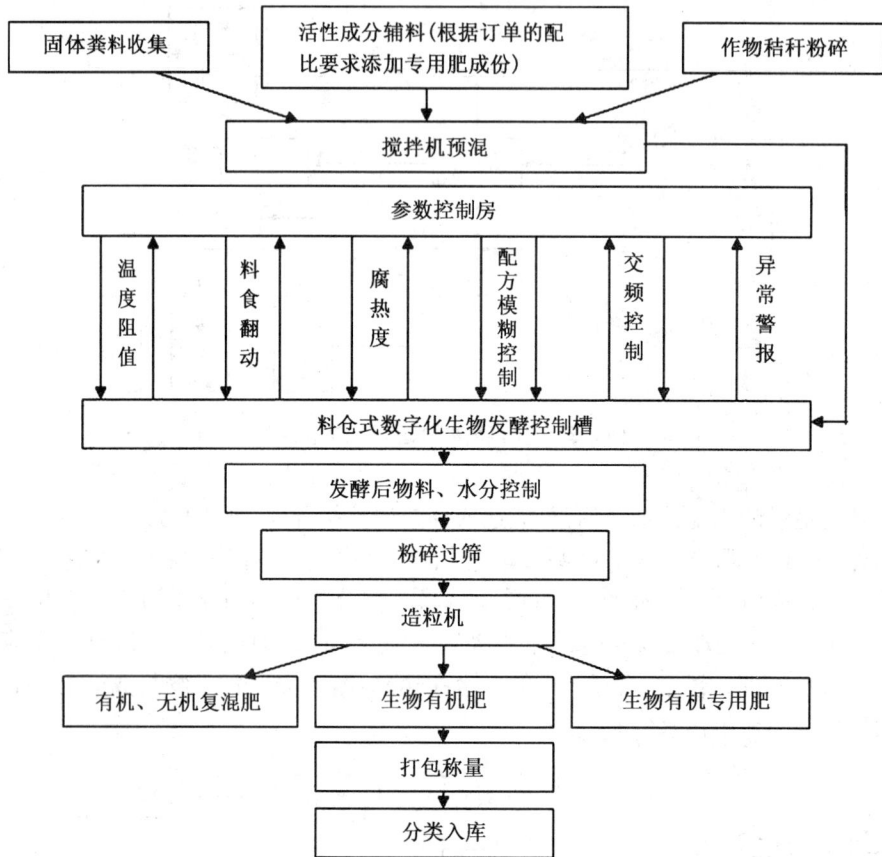

图 8-31　有机复合肥生产工艺流程

水,可除去 40%～65% 的悬浮物,并使生化需氧量下降 25%～35%。

(2)化学处理法:是用化学药品除去污水中的溶解物质或胶体物质的方法。

1)混凝沉淀:用三氯化铁、硫酸铝、硫酸亚铁等混凝剂,使污水中的悬浮物和胶体物质沉淀而达到净化的目的。

2)化学消毒:常用氯化消毒法,把漂白粉加入污水中达到净化目的,该方法方便有效,经济实用。

(3)生物处理法:是利用污水中微生物的代谢作用分解其中的有机物,对污水进一步处理的方法。

1)活性污泥法:在污水中加入活性污泥并通入空气,使其中的有机物被活性污泥吸附、氧化和分解达到净化的目的。

2)生物过滤法:是使污水通过一层表面充满生物膜的滤料,依靠生物膜上微生物的作用,并在氧气充足的条件下,氧化水中的有机物。

10. 合理处理乳牛尸体　目前,乳牛尸体的处理主要有以下四种:

(1)高温熬煮:将肉牛尸体放入特设的高温锅内(150 ℃)熬煮,达到彻底消毒的目的。

（2）焚烧法：用于处理危害人、畜健康较为严重的传染病尸体。一般挖一十字形沟，按顺序放上干草、木柴及尸体，然后焚烧。对焚烧产生的烟气应采取有效的净化措施，防止烟尘、一氧化碳、恶臭污染环境。

（3）深埋法：不具备焚烧条件的养殖场应设置 3 个以上的安全填埋井，利用土壤的自净作用使其无害化。填埋井应为混凝土结构，深度大于 3 m，直径 1 m，进口加盖密封。进行填埋时，在每次投入尸体后，应覆盖一层厚度大于 10 cm 的熟石灰，井填满后，须用黏土填埋压实并封口。或者选择干燥、地势较高，距离住宅、道路、水井、河流及羊场或牧场较远的指定地点，挖深坑掩埋尸体，尸体上覆盖一层石灰。尸坑的长和宽径以容纳尸体侧卧为度，深度应在 2 m 以上。

（4）化制：将病牛尸体在指定的化制站（厂）加工处理。可以将其投入干化制机化制，或将整个尸体投入湿化机化制。

11. 依法治污　要想从根本上解决由乳牛场带来的众多环境污染问题，除了各级政府和部门的高度重视和关注外，必须要制订相应的有关防治乳牛场污染的法律法规，包括微量元素添加剂使用标准以及消毒药使用办法等。现在国家环保总局已相继出台了《畜禽养殖污染防治管理办法》、《畜禽养殖业污物排放标准》；国务院发布了《中华人民共和国饲料添加剂管理条例》；农业部发布了《新饲料和新饲料添加剂管理办法》等，在乳牛养殖中必须坚决执行这些法律法规，对违反有关规定的乳牛场要加大查处力度，真正做到依法治污，只有这样，乳牛场所带来的环境污染才能彻底解决。

思考题

1. 选择乳牛场场址时应注意哪些问题？
2. 乳牛场场址应如何进行规划和布局？
3. 拴系式牛舍和散栏式牛舍有何不同？各有何优缺点？
4. 乳牛场污染有何特点？
5. 乳牛场污染有何危害？
6. 如何治理乳牛场污染？

参 考 文 献

1. 王福兆. 乳牛学.（第三版）. 北京：科学技术文献出版社，2004.67－104.
2. 魏学良. 南方奶牛养殖技术. 贵阳：贵州人民出版社，2006.208－212.
3. 左福元. 无公害肉牛标准化生产. 北京：中国农业出版社，2006.148－149.

第九章 乳牛营养与营养调控

乳牛营养是维持其正常生命、正常生产以及健康不可缺少的物质基础。近年来研究表明，乳牛除需要水、干物质、能量、蛋白质、矿物质、维生素外，还应重视降解蛋白质(RDP)和非降解蛋白质(RUP)，以及中性洗涤纤维 NDF 和酸性洗涤纤维 ADF 等的需要。

第一节　乳牛消化生理

乳牛的消化系统较为复杂，主要由消化道和消化腺组成。消化道从前到后依次为口腔、咽部、食道、胃(瘤胃、网胃、瓣胃和皱胃)、小肠、盲肠、结肠、直肠和肛门(图 9-1)。消化腺主要有唾液腺、胃腺、胰腺、肠腺、胆囊和肝脏。瘤胃内微生物类群分泌大量的酶，参与饲料的消化，也可看作乳牛消化系统不可分割的组成部分。

以下对几个重要部位分别加以叙述。

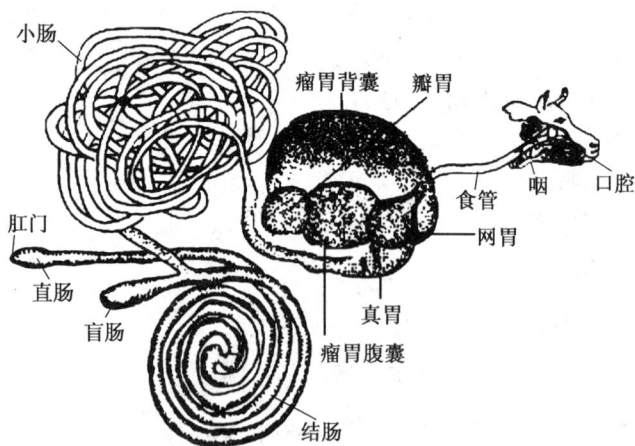

图 9-1　牛的消化系统

一、口腔

乳牛口腔由唇、齿、舌以及上下颌、左右咀嚼肌等组成。其中唇、齿、舌是重要的摄食器官；齿、舌和咀嚼肌执行咀嚼功能，在舌咽的配合下完成吞咽过程。奶牛的唇不灵活，亦无上门齿，仅有一层厚而坚韧的齿板结构。乳牛有长而灵活的舌头，其上还覆盖有许多粗糙的乳状突起

(倒刺),适于卷食草料。但由于乳牛采食粗放,很易将铁钉、短铁丝等粗硬杂物一并吞下,所以饲喂一定要格外小心。

二、咽及食管

咽是控制呼吸道和消化道的一个枢纽结构。它开口于口腔,依次为食道、鼻咽孔、耳咽管及喉。食管系指咽部至瘤胃之间的通道,成年奶牛长约 1 m,负责将咀嚼后的食物或水送入瘤胃,以及将瘤胃中未经消化的食糜通过逆呕再返回到口腔。新生犊牛具有食管的延续部分——食管沟,可通过特殊的食管沟反射将乳汁直接送入瓣胃和真胃。

三、胃

乳牛有 4 个胃室,即瘤胃、网胃、瓣胃和皱胃。前 3 个胃室因没有胃腺分布和消化酶分泌,故合称前胃。只有皱胃有消化腺,可分泌消化酶,类似于单胃动物和人体的胃,故称真胃。各胃室的连接及内部构造如图 9-2。成年乳牛胃总容积可达 252 L,各部分的平均容量为:瘤胃 202 L,网胃 8 L,瓣胃 19 L,皱胃 23 L。而加上小肠 66 L,盲肠 10 L,大肠 28 L,整个消化道总容积约为 356 L。可见胃在整个消化系统中占有较大比例(约 71%)。这种结构使奶牛与单胃动物之间在营养学上存在两个主要区别。其一是胃的总容积特别大,为容纳大量营养物质提供了足够空间;其二是瘤胃内营养物质和厌氧的环境为数量庞大的微生物群体提供了十分理想的生存条件。

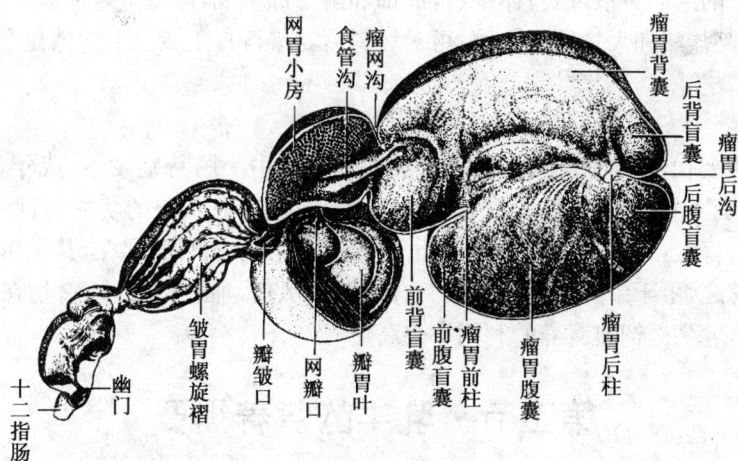

图 9-2　牛胃内部构造(西北农业大学等绘,家畜解剖图谱,1978)

(一)瘤胃

瘤胃是乳牛接纳食物的第一胃室。由背囊、腹囊和前后的背、腹盲囊构成,背囊和腹囊被柱状肌肉所分隔。成年母牛瘤胃可容纳 100～120 kg 饲料,自然状态下占据牛体整个腹部左侧和右侧下半部。瘤胃借助柱状肌肉的收缩可进行规律性蠕动,瘤胃壁黏膜还有大量的瘤胃乳头,可大大增加瘤胃内壁的表面积。这都有利于瘤胃对营养物质的消化和吸收。瘤胃最大的作用是它内部生存着大量的细菌、真菌和原虫,它们可产生分解纤维素的胞外酶,从而帮助反刍动物发酵并消化纤维饲料,有"活体发酵罐"之称。

瘤胃微生物发酵纤维素、半纤维素、蛋白质等多聚物的结果,是将其转化为分子质量相对较小的挥发性脂肪酸、氨基酸、维生素以及形成菌体蛋白(含原生动物),这些作为营养再提供给宿主动物。

(二)网胃

网胃是乳牛的第二胃室。由瘤网褶将其与瘤胃分开。网胃由许多形似蜂巢的网状小房构成,故又称"蜂巢胃"。瘤胃和网胃功能相近,其间的内容物可相互交流,故又可合称瘤网胃。网胃有控制瘤胃食糜流出的作用,只有当食糜颗粒的直径小于1~2 mm时,方可流入瓣胃。

(三)瓣胃

瓣胃是乳牛的第三胃室,呈圆形。其间由100多片瓣胃叶构成,俗称"百叶"。其作用类似一个过滤器,主要是重吸收食糜中的水分、有机酸和部分矿物质,同时对食糜起研磨和进一步发酵的作用。

(四)皱胃

皱胃是乳牛的第四胃室,由胃体部、胃底部和幽门部组成,内壁折叠形成许多皱褶,由于它富含腺体,可分泌盐酸和大量的消化酶,可对饲料营养进行真正意义上的消化和吸收。

四、肠道

奶牛肠道主要由小肠、结肠、盲肠和直肠组成。其中小肠特别发达,成年母牛长约35~40 m,主要负责营养物质的吸收;结肠长10~11 m,有重吸收水分的功能;盲肠是小肠和结肠联结处支生的一盲囊,长不足1 m,内有微生物活动,但由于瘤胃的存在,其作用不像单胃动物的那么重要。总之,由于牛的肠道较长,约为体长的27倍,加之胃发达,食物在消化道内存留时间较长,因此,乳牛对饲料营养的利用率很高。

第二节　乳牛的营养需要

一、水

水是一种易被忽视,但实际上是维持生命不可缺少的营养物质。水是牛体内的良好溶剂,各种营养物质的吸收、运送和代谢废物的排出都需要水。水是一种润滑剂。水是牛乳的重要组成成分,牛乳中80%以上是水,又是一种影响产乳量高低的重要因素之一。饲养实践表明,牛体一旦缺水,不仅健康受损,生长滞缓、产乳量下降,而且会遭受经济损失。所以,在饲养中必须保证有充足的清洁饮水。饮水质量应达到NY5027的规定(见附录七)。

　　乳牛的需水量受其年龄、产乳量、饲料性质，以及气候条件等因素影响很大。通常乳牛的需水量多按下列公式计算。

$$DMI \times 5.6 \text{ kg 或日产乳量} \times (4 \sim 5) \text{kg}$$

　　但当气温达 27 ℃时，饮水量则应比气温 4 ℃提高 40%～50%。据报道，饮用凉水有利于抗热应激，保持稳产。

二、干物质

　　乳牛所需要的营养物质基本上全包括在饲料干物质（DM）之中，所以干物质采食量（DMI）对乳牛特别重要。尤其是高产乳牛随着产乳量的增加，采食量必然增加。干物质采食量受体重、产乳量、泌乳期、环境、饲料质量等因素的影响。

　　DMI 一般用体重的百分比表示。

　　中国乳牛饲养标准科研协作组提出如下泌乳牛 DMI 计算公式

　　1. 适用于偏精料型日粮（精粗比 60：40）

$$DMI(kg) = 0.062W^{0.75} + 0.40Y$$

　　2. 适用于偏粗料型日粮精粗比（45：55）

$$DMI(kg) = 0.062W^{0.75} + 0.45Y$$

　　式中 W 为乳牛体重（kg）

　　Y 为标准乳（FCM）

　　内蒙古畜牧科学院动物营养室卢德勋研究员对高产乳牛提出如下 DHI 方案：

干乳期（BW%）	1.8～2.2
围乳期	2.0～2.5
盛乳期日产乳＞30 kg	3.0～3.5
＜30 kg	2.7～3.3
产乳中期	3.0～3.2
产乳后期	3.0～3.2

　　美国 NRC（2001）提出如下方案：

　　大型品种体重 650 kg（妊娠青年母牛），日增重 0.5 kg，日进食 DMI＝13.8 kg，占体重 2.1%。

　　大型泌乳成牛体重 680 kg，泌乳早期日产乳 30 kg，乳脂率 3.5%、乳蛋白率 3.0%，日进食 DMI＝14.5 kg，占体重 2.1%。

　　大型泌乳成牛泌乳中期，日产乳 35 kg，乳脂率 3.5%、乳蛋白率 3.0%，日进食 DMI＝23.6 kg，占体重 3.5%。

干奶期	妊娠 240 天	体重 730 kg	DMI＝14.4 kg	占体重 2%
	妊娠 270 天	体重 751 kg	DMI＝13.7 kg	占体重 1.8%
	妊娠 279 天	体重 757 kg	DMI＝10.1 kg	占体重 1.35%
生长母牛	体重 150 kg	日增重 0.5～1.1 kg	日 DMI＝4.1～4.2 kg	
	体重 200 kg	日增重 0.5～1.1 kg	日 DMI＝5.1～5.2 kg	

　　　体重 250 kg　日增重 0.5～1.1 kg　日 DMI＝6.0～6.2 kg
　　　体重 300 kg　日增重 0.5～1.1 kg　日 DMI＝6.9～7.1 kg
　　　体重 350 kg　日增重 0.5～1.1 kg　日 DMI＝7.7～8.0 kg

　　饲养实践表明，当母牛分娩后，泌乳盛期产乳量迅速增加（第 4～8 周）而 DMI 不足，因此泌乳盛期能量处于负平衡。一般分娩 3 周内的 DMI 比估算值低 18％。根据这一特点，在饲养上应饲喂优质饲料，增加能量浓度和采食量，以避免过度减重。

三、能量与蛋白质

　　乳牛能量是维持生命基础代谢和泌乳、生长、繁殖的首要营养指标；而蛋白质主要用于生长、维持、繁殖和泌乳。能量是多种营养成分营养效应的综合反映，它对乳牛的维持、产乳、妊娠、生长、增重十分重要。

　　饲养实践证明，能量超过需要，其超过部分将变为脂肪贮于体内。脂肪过量会影响采食量，导致瘤胃功能失调；日粮中蛋白质过高，将会引起代谢紊乱，损伤肝脏、肾脏等，严重时导致中毒。同时造成浪费，饲料转化效率降低，生产力下降，损害乳牛健康和正常繁殖，而且排出过多的氮素将增加牛舍和大气中的氨污染空气。氮素进入土壤、地表水和地下水，还会污染水环境；与上述相反，泌乳牛能量供给不足，将造成产乳量和非脂固体物含量下降，体重减轻；严重不足或持续供给不足，会使乳牛不发情、不受孕、繁殖率下降。日粮中粗蛋白质不足，易引起产乳量和蛋白质含量降低，可溶性蛋白质含量降低，将会造成纤维消化不良，降低乳的脂肪含量。

　　综上所述，饲养乳牛的日粮中能量和蛋白质含量必须适量，既要满足营养需要，又不可过量。

（一）能量

　　目前各国乳牛饲养标准所采用的能量体系不尽相同。我国采用净能体系，将乳牛的产乳维持、增重、妊娠和生长所需能量均统一，使用乳牛能量单位，以 NND 表示。以生产千克脂肪 4％的标准乳需要 3 138 kJ 的 NE_L 为一个 NND。例如 1 头体重 600 kg 的乳牛，维持需要 13.73 NND，日产标准乳 20 kg，泌乳需要为 20 NND，两者相加即为 33.73（13.73＋20）NND。

　　1. 维持能量需要　维持能量需要是根据乳牛在一定日粮和环境条件下的热平衡而计算的。其需要受乳牛品种、年龄、性别、生理状况、活动量、前期营养状况、环境温度等多种因素的影响。

　　例如，成母牛在舍饲中立温度拴系条件下，其维持需要（kJ）＝$293W^{0.75}$（kg）对逍遥运动可增加 20％喂量，即为 $356W^{0.75}$（kg）；第一泌乳期能量需要在维持基础上增加 20％，第二泌乳期增加 10％。

　　2. 产乳能量需要　牛乳中各成分的能量含量即为产奶净能的需要，所以产乳能量需要可按下列公式计算：

　　每千克牛乳含有能量（kJ）＝1 433.65＋415.30×乳脂率　或
　　每千克牛乳含有能量（kJ）＝249.16×乳总干物质率－166.19　或以
　　每生产 1 kg 脂肪含量为 4％的标准乳需 NE_L 3 138 kJ 的标准。

3. **妊娠能量需要**　根据我国乳牛饲养标准(2000)，怀孕后 6、7、8、9 个月时，每天在维持基础上增加 4.18、7.11、12.55 和 20.92 兆焦，9 个月 18.83 兆焦 NE_L。

4. **生长母牛的增重净能需要，增重的能量沉积即增重净能**

$$增重的能量沉积(MJ) = \frac{增重(kg) \times [1.5 + 0.0045 + 体重(kg)]}{1 - 0.30 \times 增重(kg)} \times 4.184$$

(二)蛋白质需要

饲料粗蛋白(CP)包括真蛋白质和非蛋白氮(NPN)。CP 在瘤胃一般有 70% 被微生物降解，称降解蛋白(RDP 或 DIP)；剩余的 CP 不被降解，称非降解蛋白(RUP 或 UIP)或过瘤胃蛋白。微生物蛋白质和 RUP 进入真胃和小肠，被分解成肽、氨基酸而被吸收利用。

美国 NRC 建议，RUP 的喂量占乳牛日粮 CP 的 33%～40%。RUP 对高产牛和泌乳早期牛非常重要，日产 35～40 kg 以上的乳牛，不仅 CP 需要量多，而且 RUP 所占比例也应相应增高。不同产乳水平的产乳牛蛋白质需要列入表 9-1。

表 9-1　不同产乳水平产乳牛蛋白质的需要

产乳量 kg/d	CP 需要量 kg/d	菌体蛋白最大量 kg/d	RUP 需要量 kg/d	RUP 占 CP%
10	1.4	1.6	0	0
15	1.8	1.6	0.2	11
20	2.2	1.7	0.5	23
25	2.6	1.8	0.8	31
30	3	1.9	1.1	34
35	3.5	2.2	1.3	37
40	3.9	2.4	1.5	38

内蒙古畜牧科学院营养室卢德勋研究员提出乳牛各泌乳阶段 CP、RDP 和 RUP 的需要。见表 9-2。

表 9-2　各泌乳阶段 CP、RDP 和 RUP 的需要

	干奶期	围产期	盛乳期 >30 kg	盛乳期 <30 kg	产奶中期	产奶后期
CP(%DM)	13	15	18～19	18～19	17～18	16～17
RDP(CP%)	25	35	40	35	30	30
RUP(CP%)	37	34	30	30	30	30

我国《奶牛营养需要和饲养标准》2000 建议，小肠可消化粗蛋白(XDCP)转化为乳蛋白的效率参数采用 0.7，小肠可消化粗蛋白转化为体沉积蛋白的效率参数采用 0.6。成母牛用于维持、产乳、妊娠后期所需小肠可消化粗蛋白参见附录一。

饲料小肠可消化蛋白质＝(饲料瘤胃降解蛋白×降解蛋白转化为微生物蛋白的效率×微生物蛋白质的小肠消化率)＋(饲料非降解蛋白×小肠消化率)＝(饲料瘤胃降解蛋白×0.9×0.7)＋(饲料非降解蛋白×0.65)

DCP＝日粮中CP－粪中的CP量。乳牛对DCP需要参见附录一。

综上所述,乳牛不仅能量、CP含量要适当,而且碳水化合物要平衡;RDP和RUP之间要平衡,同时CP与能量及其他营养素之间更要搭配合理。

四、碳水化合物

植物中的碳水化合物是饲料最重要的组成部分。在植物,碳水化合物构成其干物质的75%左右,成为动物能量的主要来源(通常占日粮总能量的60%～70%),并是牛奶中脂类和乳糖的最初前体。而动物体内则主要为葡萄糖和糖原,且只有较少的数量,约占身体结构的1%,存在于肝脏、肌肉和血液中。

碳水化合物可分为结构性碳水化合物和非结构性碳水化合物。

(一)结构性碳水化合物

主要为纤维素、半纤维素及木质素。纤维素是由许多β-葡萄糖以β-1,4-糖苷键相连而成的直链多糖,是构成植物细胞壁的主要成分,通常与木质素伴随存在或单一存在,粗饲料中纤维素含量为25%～40%,消化率约为65%;半纤维素主要由聚戊糖和聚己糖所组成,半纤维素也是植物细胞壁的主要构成成分之一,与木质素紧密联系,大量存在于植物的木质化部分;木质素并非碳水化合物,而是一种高分子苯基-丙烷衍生物的复杂聚合物,木质素常与半纤维素或纤维素伴随存在,共同作为植物细胞壁的结构物质,木质素不仅本身不被消化,而且还影响其他营养物的消化利用,植物愈老,木质素含量愈高。

寄居在瘤胃中的微生物能将结构性碳水化合物(即纤维素和半纤维素)发酵产生挥发性脂肪酸,为乳牛提供能量。同时,对于乳牛等反刍动物来说,粗糙的纤维能促进反刍,提高唾液的分泌量。日粮中纤维的缺乏常引起乳脂含量降低和消化紊乱(例如真胃移位及瘤胃酸中毒等)。

(二)非结构性碳水化合物(NSC)

可分为水溶性(包括单糖、双糖、低聚糖和一些多糖)和不溶于水的大分子多糖(如淀粉)。可溶性非结构性碳水化合物,如单糖(葡萄糖和果糖)和双糖(蔗糖和乳糖),可在瘤胃中迅速发酵,并在某些饲料中占有相当比例(如糖蜜、糖用甜菜、高糖玉米粒以及乳清粉等)。

不同种类的牧草含糖量不同。新鲜禾本科和豆科牧草含糖量差异较大,可达10%(以干物质为基础),而干草和青贮饲料则由于发酵和呼吸作用,糖含量较低。同时,不同饲料所含的水溶性非结构性碳水化合物种类亦不相同,如温带牧草贮存在茎、叶中的水溶性非结构性碳水化合物为呋喃葡聚糖,而豆科植物则为半乳聚糖,β型葡聚糖已在大麦的糠麸中、燕麦及黑麦草的细胞壁中发现。淀粉是谷物饲料中碳水化合物的主要贮存形式。

非结构性碳水化合物可在瘤胃中迅速降解,并可提高乳牛日粮的能量水平,增加瘤胃微生物蛋白产量。但是,非结构性碳水化合物不能有效刺激反刍及唾液的产生,而且,过量的非结构性碳水化合物还可能影响纤维的发酵。据报道,日粮中中性洗涤纤维含量超过 45%～50% 或少于 25%～30%,均将影响产奶量。

(三)中性洗涤纤维和酸性洗涤纤维的需要

乳牛日粮需要一定量的中性洗涤纤维(NDF)和酸性洗涤纤维(ADF),以维持正常的瘤胃发酵,保证乳牛的健康和乳脂率的稳定。乳牛日粮最低中性洗涤纤维含量与下列因素有关:乳牛的体况、生产水平、日粮结构、日粮中饲料纤维长度、总干物质进食量、饲料的缓冲能力以及饲喂次数等。在以苜蓿或玉米青贮作为主要粗料,玉米作为主要淀粉源的日粮,NDF 含量至少占日粮干物质的 25%,ADF 含量为 17%,其中 19% 的中性洗涤纤维必须来自粗饲料。当来自于粗饲料的中性洗涤纤维含量低于 19% 时,每降低 1%,日粮中的最低中性洗涤纤维含量相应需提高 2%。如若日粮的粗蛋白和粗脂肪含量较低,还需进一步提高中性洗涤纤维含量。

配制饲料时使用有效纤维的概念不仅是为了估测 NDF,还为了估测饲粮刺激咀嚼的能力。有效 NDF(eNDF)定义为维持乳脂率不变时某饲料 NDF 替代饲粮中饲草或粗料 NDF 的总的能力,而物理有效 NDF(peNDF)与饲料物理特性(主要指粒度)有关,其主要影响咀嚼活动和瘤胃内容物两相分层的性质。目前,饲料中有效纤维的测定或有效纤维需要量的确定还缺少标准、有效的方法,这限制了有效纤维概念的应用。

研究表明,碳水化合物中的中性洗涤纤维(NDF)对乳牛具有重要的营养作用和生理功能:①是能量和脂肪成分的来源;②促进反刍,使瘤胃内环境处于良好的状态,保持健康体况;③支配 DMI、产乳量和牛乳营养成分。日本研究表明,日粮中中性洗涤纤维含量为 35% 时,DMI 和产乳最佳;据美国研究,乳牛泌乳期和非泌乳期碳水化合物占日粮 DM 的含量见表9-3。

表 9-3　乳牛泌乳期和非泌乳期碳水化合物占日粮 DM 的含量(%)

项目	酸性洗涤纤维 ADF	中性洗涤纤维 NDF	非结构性碳水化合物 NSC
泌乳前期(产后 80 天)	19	28	37
泌乳中期(产后 80～200 天)	21	32	37
泌乳后期(产后 200 天以后)	24	36	34
干乳前期	35	50	30
过渡期	30	45	32

内蒙古科学院动物营养室卢德勋研究员提出 ADF、NDF 和 NSC 各泌乳阶段的需要见表9-4。

表 9-4 各泌乳阶段 ADF、NDF 和 NSC 的需要

	干奶期	围产期	盛乳期		产奶中期	产奶后期
			>30 kg	<30 kg		
ADF%DM	30	25	19	20	25	25
NDF%DM	40	32	28	30	33	33
NFC%DM	30	35	38	35	33	33

从上述可见,保持乳牛日粮中中性洗涤纤维和非结构性碳水化合物(NSC)的平衡非常重要。其要点是:

(1)为获得最高产乳量,日粮中中性洗涤纤维和非结构性碳水化合物含量的最适比例为1:1,即两者的含量各为 35% 左右。

(2)要提高乳的蛋白质和脂肪含量,必须提高日粮中中性洗涤纤维的含量。为此,各乳牛场应根据具体情况和饲料情况加以调整。如粗饲切割长度、谷实类副产品的喂量,淀粉纤维素的消化率,精饲料饲喂次数、是否使用缓冲剂和添加剂,全混合日粮饲喂技术等。

据测定,粗饲料中 NDF 含量较高,一般为 50%~70%。如刈割期推迟,NDF 含量较高,而 NFC 含量较低;谷类饲料中 NFC 含量较高,一般为 65%~75%;甜菜渣、啤酒糟、麦麸等NDF 含量与粗饲料相差不大,一般为 60%。因渣、糟、麸皮等纤维短,混入长纤维的干草中,有利于提高乳牛的产乳量和脂肪含量。

五、矿物质

矿物质约占乳牛体重的 5%,占牛体无脂干物质的 21%。矿物质是牛乳中的重要成分。乳牛需要的矿物质分为常量元素和微量元素,前者包括钙、磷、镁、钾、钠、氯和硫等;后者包括有铁、钴、铜、锰、锌、碘和硒等。

(一)常量元素

1. 钙(Ca) 钙是乳牛日粮中重要的养分,是骨骼、牙齿的主要成分,在调节机体代谢方面起着重要作用。此外,钙也是牛乳中的重要成分。饲养实践表明,钙营养失调是乳牛产后低血钙和瘫痪的主要原因。所以,乳牛产前 10 天喂低钙日粮,40~50 g/(头·日),钙:磷=1:1,产后喂高钙日粮,150~200 g/(头·日),钙:磷=1.5:2.1,可预防产后瘫痪。

2. 磷(P) 磷和钙一样,是构成骨骼、牙齿的主要成分,也是细胞核蛋白及体内各种酶的主要成分,具有帮助葡萄糖、蛋白质代谢的功能。饲养实践表明,磷供应不足,可引起佝偻病、骨质疏松症等,还可造成食欲下降、生长缓慢、饲料利用率降低、产乳量下降、甚至拒食或异食癖、母牛屡配不孕等。为了防止缺磷现象,在日粮中应喂富磷的料,如麦麸、米糠、菜籽饼、棉籽饼和动物性饲料,以及含磷丰富的矿物质,如磷酸氢钙和骨粉等。磷也不可过量,乳牛对日粮磷的最大耐受量约为 1%。

3. 镁(Mg) 镁也是构成骨骼的成分,是多种酶的活化剂,在糖和蛋白质代谢及神经-肌肉的传导活动中起重要作用。日粮中缺镁，可出现痉挛症，过量时则引起腹泻。在冬季或饲喂大量劣质青贮饲料，容易发生低血镁症。

4. 钾(K)　钾是牛体组织的成分之一，牛乳中含钾 0.15%。其含量比钙高。日粮中缺钾，会使乳牛食欲下降、异食癖、被毛失去光泽。当每升牛奶中钾的含量低于 1.5 g 时，产乳量将会降低。

钾的需要量：泌乳牛占日粮 DM 的 0.8%，热应激时可提高到占日粮的 1.2%。在一般情况下不易缺乏，但饲喂高精料日粮的泌乳牛，有可能缺钾。

5. 钠(Na)和氯(Cl)　钠和氯在维持体液平衡、调节渗透压和酸碱平衡中发挥重要作用。饲养实践表明，日粮中缺乏，可引起食欲不振、异食癖、产乳量下降，严重时运动失调、体弱、心律失常，可导致死亡。

6. 硫(S)　硫约占乳牛本组织的 0.15%，它是蛋氨酸、胱氨酸等必需氨基酸的成分，也是硫胺素、生物素和某些多糖、酶的成分。牛乳中约含硫 0.03%。泌乳牛对硫的需要量为日粮的 0.2%，或以适当的氮硫比 12:1 供硫。日粮中缺硫，会使 DMI 及消化率降低、产乳量下降、增重缓慢。但喂硫过量，也会降低饲料采食量，加重泌尿系统负担或引起急性中毒。

内蒙古畜牧科学院动物营养研究室卢德勋研究员提出，乳牛各泌乳阶段矿物质常量元素需要量列入表 9-5。

表 9-5　矿物质常量元素需要量

	干奶期	围产期	盛乳期 >30 kg	盛乳期 <30 kg	产奶中期	产奶后期
Ca%DM	0.5	0.6	0.9	0.9	0.7	0.65
P%DM	0.25	0.3	0.5	0.5	0.4	0.4
Mg%DM	0.2	0.25	0.35	0.35	0.3	0.25
S%DM	0.16	0.2	0.25	0.25	0.23	0.23
Na%DM	0.15	0.1	0.3	0.3	0.25	0.23
K%DM	0.65	0.65	1	1	0.9	0.9
Cl%DM	0.2	0.2	0.3	0.3	0.25	0.25

(二)微量元素

1. 铁　铁是血红蛋白、细胞色素和酶的组成成分之一，也是牛奶中的必要组分。日粮中 DM 铁的供给量以每千克 40~60 mg 为宜，犊牛可高至 100 mg。铁的最大耐受水平为 $1\,000 \times 10^{-6}$。日粮中缺铁易患营养性贫血。

2. 钴　钴是维生素 B_{12} 的主要成分，与蛋白质及碳水化合物的代谢有关，也是瘤胃微生物生长所必需的。乳牛体内几乎不存留钴，所以每天应从饲料中补饲氯化钴等矿物质。一旦出现缺钴，不但使瘤胃微生物区系发生变化，数量减少，食欲不振，还会使成年牛消瘦、贫血和产乳量下降。日粮 DM 中钴的供给量为 0.1～0.4 mg/kg。

3. 铜　铜是构成血红蛋白和一些酶的成分，具有催化血红蛋白的合成作用。日粮中缺铜，可引起贫血、生长缓慢、被毛粗乱，影响产乳量，繁殖疾病增多。建议供应量为 6～12 mg/kg。

4. 锰　锰为体内一系列酶的激活剂，与动物的生长、繁殖、三大产能营养素的代谢有关。牛乳中浓度为 $(0.02～0.03)\times10^{-6}$。日粮中缺乏锰可引起犊牛软骨组织增生，腕关节肿大，可导致母牛发情征象延迟或减退，受胎率下降。锰可降低铁贮量而产生缺铁性贫血。建议乳牛日粮 DM 中锰的供给量为 20～40 mg/kg。日粮中如长期大量饲喂玉米、大麦，应补喂含锰丰富的饲料，如糠麸类饲料或补碳酸锰或氯化锰或硫酸锰等。

5. 锌　锌是牛体内多种酶的成分，参与核酸、蛋白质和碳水化合物的代谢。日粮中缺乏锌，可造成增重减慢，饲料采食量和利用效率降低，皮肤不全角质化，繁殖机能受到严重影响，睾丸发育不良，精子生成停止。同时对瘤胃微生物区系有害，造成瘤胃消化紊乱。建议乳牛日粮中（DH）锌的供给量为 40～100 mg/kg。

6. 碘　碘参与合成甲状腺激素。日粮中缺碘将会影响生命过程中的许多方面，从繁殖泌乳到抗应激能力等。高产牛耗碘量大，缺乏时，可引起体内代谢过程高度紧张，致使内分泌失调、产乳量下降、繁殖力降低、性周期紊乱，甚至不排卵、死胎、流产等。据研究，当日粮中碘浓度低于 0.6×10^{-6} 时，因牛体约有 10% 以上碘被分泌到乳汁中去，所以高产牛将出现缺碘症状。但长期饲喂含碘量过高的日粮饲喂泌乳牛，会使牛奶中的碘含量过高，对人体健康不利。所以建议乳牛日粮 DM 中碘的供应量应为 0.4～1.2 mg/kg。

7. 硒　硒是谷胱甘肽过氧化酶的主要组成成分，与维生素 E 代谢有关。试验表明，日粮中长期含硒量低于 0.1 mg/kg，则可能引发硒缺乏症，生长受阻、白肌病、出血、水肿、贫血、腹泻、受胎率低或胚胎被吸收和胎衣不下等。据报道，1 头干乳牛和泌乳牛每天分别喂 3 mg 硒和 6 mg 硒，可提高乳牛的免疫力，降低胎衣不下和乳房炎发病率，缩短空怀天数和减少牛乳中体细胞数。

美国 NRC（2001）规定微量元素需要量列入表 9-6。

表 9-6　美国 NRC（2001）微量元素需要量

	干乳期			泌乳初期				泌乳盛期			
	妊娠 240 天	270 天	279 天	日产(kg) 25	25	35	35	25	35	45	54.4
钴(mg/kg)	0.11	0.11	0.11	0.11	0.11	0.11	0.11	0.1	0.1	0.1	0.11
铜(mg/kg)	12	13	18	16	13	16	13	11	11	11	11
碘(mg/kg)	0.4	0.4	0.5	0.88	0.73	0.77	0.64	0.6	0.5	0.4	0.4
铁(mg/kg)	13	13	18	19	16	22	19	12	15	17	18
锰(mg/kg)	16	18	24	21	17	21	17	14	14	13	13
硒(mg/kg)	0.3	0.3	0.3	0.3	0.3	0.3	0.3	0.3	0.3	0.3	0.3
锌(mg/kg)	21	22	30	65	54	73	60	43	48	52	55

六、维生素需要

维生素是乳牛维持正常生长、生产和健康所必须的一类低分子有机化合物。在正常条件下乳牛可在瘤胃和组织合成多种维生素。如 B 族维生素和维生素 K 可在瘤胃中合成,维生素 C 在组织中合成。而脂溶性维生素 A、D、E 需从日粮中供给。

1. 维生素 A　对于正常的视觉、骨骼生长、繁殖和维持黏膜上皮组织的结构十分重要。维生素 A 缺乏,消化道、呼吸道、泌尿道等易受感染,发生感冒、肺炎、腹泻、食欲减退等。推荐泌乳牛和妊娠后期母牛维生素 A 需要量每天 75 000～100 000 u。

2. 维生素 D　参与体内钙磷平衡,缺乏时导致许多骨骼疾患,并使肾脏丢失的氨基酸增加。推荐泌乳牛和妊娠后期牛每天维生素 D 需要量为 21 000～25 000 u。

3. 维生素 E　在乳牛体内生理功能有多种,它与硒有协同作用,可同时用于防治母牛胎衣不下或犊牛白肌病等。推荐泌乳牛的每日维生素 E 需要量为 500～800 u。

4. 烟酸　B 族维生素中的一种,与蛋白质、碳水化合物、脂肪代谢有关。研究表明,在集约化生产条件下,添加烟酸可减少应激,对高产乳牛补喂烟酸可预防酮病,促进瘤胃菌体蛋白的合成,提高产奶量和奶的蛋白质、脂肪含量。

第三节　水牛、牦牛营养需要

研究水牛、牦牛营养需要的资料比较少,现仅就收集到的资料摘录于后,仅供参考。

一、水牛营养需要

表 9-7　水牛的维持营养需要(印度农业研究理事会,1985)

体重(kg)	DM(kg)	TDN(kg)	DCP(g)	Ca(g)	P(g)
250	4～5	2.20	140	25	17
300	5～6	2.65	168	25	17
350	6～7	3.10	195	25	17
400	7～8	3.55	223	28	20
450	8～9	4.00	250	31	23
500	9～10	4.45	278	31	23
550	10～11	4.90	310	31	23
600	11～12	5.35	336	31	23

表 9-8　每产 1 kg 乳的营养需要(印度农业研究理事会,1985)

乳脂率(%)	DCP(g)	TDN(g)	乳脂率(%)	DCP(g)	TDN(g)
3.0	48	275	5.5	65	400
3.5	51	300	6.0	68	425
4.0	55	325	6.5	72	450
4.5	58	350	7.0	75	475
5.0	62	375	7.5	79	500

表 9-9　生长水牛(日增重 450 g)的营养需要(印度农业研究理事会,1985)

体重(kg)	DM(kg)	TDN(kg)	DCP(g)	Ca(g)	P(g)
70	1.97	1.24	293	8	5
80	2.20	1.38	306	9	6
100	2.65	1.64	332	12	9
120	3.10	1.91	358	15	11
140	3.56	2.18	384	17	12
150	3.78	2.31	398	20	13
160	4.01	2.45	411	20	13
180	4.46	2.72	437	20	13
200	4.71	2.98	463	20	13
220	5.36	3.25	489	22	15

表 9-10　各类水牛的营养需要(亚太地区水牛饲养培训班教材,1986)

年龄	体重(kg)	DM(kg)	TDN(kg)	DCP(g)
6~12 月龄	150	3.6	2.6	350
13~24 月龄	300	7.5	4.0	470
36 月龄	400	10.0	4.3	450
哺乳母水牛	450	11.2	4.5	450
干乳母水牛	450	11.2	3.4	450
公牛	550	13.7	4.0	500

表 9-11　泌乳水牛微量元素需要量(史容仙,1994)

微量元素	Fe	Co	Cu	Mn	Zn	I	Se
需要量(mg/kg)	50	0.1	10	40	40	0.6	0.3

二、牦牛营养需要

牦牛主要分布在我国青藏高原,通常以放牧为主,其营养状况依据补饲条件呈季节性变化。近年来,青海畜牧兽医科学院、甘肃农业大学等单位对牦牛的营养需要进行了大量研究。

(一)采食量

与其他牛种相比,牦牛的采食量较低。牦牛喜欢采食新鲜、高品质的饲料,舍饲和高温可降低牦牛的采食量。

舍饲条件下,生长牦牛的干物质采食量$(kg/d)=0.0165 W+0.0486$,$r=0.959$;

泌乳牦牛的干物质采食量$(kg/d)=0.008 W^{0.52}+1.369 Y$,$r=0.992$;

式中 W 表示体重(kg);Y 表示每日 4% 乳脂率产乳量(kg)。

(二)能 量

在舍饲及同一营养水平饲养条件下,泌乳牦牛对日粮能量的利用率高于干乳牦牛。

生长牦牛代谢能需要量估计公式如下:

维持需要:$ME_m(MJ/d)=0.458 W^{0.75}$,代谢能用于维持的效率 $K_m=0.66$,用于育肥的效率 $K_f=0.49$,式中 W 表示体重(kg)。

生长需要:$ME(MJ/d)=1.393 W^{0.52}+(8.732+0.091 W)\times\triangle W$,式中 W 表示体重(kg);$\triangle W$ 表示日增重(kg)。

(三)蛋白质

据研究,泌乳牦牛对日粮氮的消化率与干乳牦牛无差异。牦牛通过再循环进入瘤胃的氮高于普通牛,内源性尿氮排出量非常低。与其他反刍动物相比,牦牛利用非蛋白氮的效率更高。生长牦牛维持可消化粗蛋白质(DCP_m)的需要量估计公式如下:

$DCP_m(g/d)=6.09 W^{0.52}$

式中 W 表示体重(kg)。

生长牦牛增重可消化粗蛋白质$(RDCP_g)$的需要量估算公式如下:

$RDCP_g (g/d)=(0.0011548/\triangle W+0.0509/W^{0.52})^{-1}$

式中 W 表示体重(kg);$\triangle W$ 表示日增重(kg)。

第四节　乳牛营养代谢与调控

一、营养代谢调控

对乳牛自身的机体而言,生产实践中营养代谢调控主要为瘤胃发酵的调控。

乳牛瘤胃中栖居着大量的微生物,饲料中的营养成分在瘤胃中可被微生物降解发酵为挥发性脂肪酸,生成的挥发性脂肪酸可为乳牛提供所需 70%~80% 的能量,同时瘤胃微生物可以利用氮源、能源等发酵产物合成微生物蛋白质、B 族维生素和维生素 K 等营养物质。但同时瘤胃发酵也有其不利的一面,例如,瘤胃发酵可以将优质的蛋白质降解,造成浪费。瘤胃发酵调控的目标是:改善并控制瘤胃的发酵环境,促进瘤胃微生物的活动,充分发挥瘤胃有利的营养生理功能,减少对瘤胃发酵产生不利影响的因素。

(一)瘤胃发酵环境的调控

适宜的瘤胃发酵 pH 值为 6.5～7.0。当 pH 值低于 6.2 时,纤维分解菌的生长受抑制;pH 低于 5.6 时,纤维分解菌活性停止;pH 值低于 5.0 时,则会产生酸中毒。在生产中主要通过下面几种方法对瘤胃 pH 值进行调控,以保证瘤胃发酵的正常进行。

1. 酵母培养物　酵母培养物是指酵母菌在严格控制条件下的液体、固体二级发酵或者直接在固体培养基发酵后连同培养基一起加工制得的产品,属于一种微生态饲料添加剂。酵母培养物成分复杂,含有残留的活酵母细胞、经过发酵后的培养基,以及酵母菌产生的代谢产物或代谢副产品。此外,酵母培养物含有多种营养成分,如丰富的氨基酸、维生素、酶其他营养物质,是奶牛瘤胃微生物生长所需的营养物质。在奶牛日粮中添加酵母或酵母培养物可以改善瘤胃发酵,稳定胃肠环境,促进有益菌群的繁殖,提高乳牛的采食量、产奶量以及改善乳品质;除此之外,对于改善乳牛繁殖性能,提高乳牛抗热应激能力等方面也有积极作用。酵母及其培养物是一种安全有效的奶牛饲料添加剂,具有较好的应用和推广价值。

(1)对乳牛产奶量的影响:许多研究报道,酵母及其培养物可以提高乳牛产奶量,刘凯等(2005)在乳牛日粮中每天另添加酵母培养物益康 XP 60 g,泌乳期添加益康 XP 组牛产奶比对照组平均高 2.1 kg($P<0.05$),同时添加益康 XP 可大幅度提高乳牛泌乳高峰期的产奶量。王聪等(2005)选用 40 头荷斯坦乳牛进行了为期 70 天的饲养试验,结果发现添加益生酵母可以明显增加乳牛日标准奶产量 2.25 kg/头($P<0.05$)。陈欠林等(2006)研究发现在每吨精料中添加 1 kg 活性酵母,可以使乳牛的产奶量提高,在对照组产奶量下降的情况下,试验组乳牛鲜奶产量提高 8.53%,差异显著($P<0.05$)。

(2)对牛奶成分的影响:在乳牛的日粮中添加酵母菌对不同乳成分的影响,各种报道是不一样的。刘凯等(2005)的试验中,添加益康 XP 组泌乳期试验牛和围产期试验牛的乳脂率和乳蛋白均有一定的改善,但差异不显著。泌乳期试验中,两组体细胞数数据跳越性大,无明显改善效果。而在围产期试验中试验组初期(前 60 天)低于对照组,但整体高于对照组($P>0.05$)。王聪等(2005)研究发现在乳牛精料中添加益生酵母,能够使乳脂率增加 0.3%,提高 9.62%($P<0.05$);乳蛋白率增加 0.11%,提高 3.64%;乳干物质率增加 0.29%,提高 2.46%,与对照组相比乳蛋白率和乳干物质率虽有提高,但差异均不显著($P>0.05$)。

(3)对乳牛繁殖性能的影响:在乳牛日粮中添加酵母及其培养物可以增强乳牛体质,有助于产后体况的恢复,对乳牛的繁殖性能有一定的作用,但是相关的报道结果是不一样的。刘凯等(2005)的研究中发现,在乳牛日粮中添加益康 XP 对乳牛的情期受胎率无显著影响。但罗安智等(2005)研究了酵母培养物益康 XP 在中国北方饲养条件下对乳牛繁殖性能的影响,结果发现试验组乳牛情期受胎率极显著高于对照组(75%对 16.67%)($P<0.01$)。

2. 离子载体　离子载体(IOP)通常指所有的羧基多醚化合物。IOP 是一类亲脂性的化合物。对大多数细菌、原生动物、真菌类和高级生物有机体具有毒性。其毒性在于它们具有穿过生物膜的能力，从而改变细胞膜内外的离子流动性。在膜的分界处，IOP（例如莫能菌素和拉沙菌素）和离子结合形成一种可循环利用的复合体。该复合体的功能是可作为一种活动的选择性离子载体来干扰离子的流动性。另外 IOP（例如短杆菌肽）也可以在细胞膜上形成许多的小孔以促进离子的流入或流出。目前仅仅具有这种活性的 IOP 才能被用作饲料添加剂。19世纪 70 年代，为了提高饲料利用率和促进动物体重增加，IOP 被广泛应用于反刍动物。当前用于商业开发或用于反刍动物生产的 IOP 的几个代表药物是莫能菌素、拉沙菌素、盐霉素、拉沙西林、泰乐菌素等。近来基于预防药物残留，某些 IOP 药物已经被禁止使用。

IOP 能改变瘤胃发酵从而提高营养物质的供给量。特别是丙酸的供给量，结果改善了泌乳乳牛的能量平衡，提高了产奶量。然而这些作用是由多种因素所决定的，目前对这些因素还没有全部了解，实践中往往根据不同 IOP 的性能来确定 IOP 的有效剂量。近年来环境污染问题越来越引起人们的关注，而 IOP 具有降低环境污染的潜力。因此将来应在这方面做深入研究，以促进 IOP 在改善环境方面的作用。

（1）对乳牛产奶量和乳成分的影响：Duffield（1999）的试验中发现，根据体况评分（BCS）将乳牛分为三个组（瘦小组 BCS<3.25；适中组 3.25<BCS<3.75；肥胖组 BCS>3.75），实验结果发现添加莫能菌素对瘦小组乳牛泌乳量没有明显影响，而对适中组和肥胖组乳牛的泌乳量有显著的促进作用。添加 IOP 能显著降低乳脂肪含量，给新西兰奶牛每日添加 500 mg 以上的拉沙菌素，则使乳脂肪含量明显降低，同样在泌乳早期添加大剂量的莫能菌素也会降低乳脂肪含量。

（2）对乳牛健康的影响：很多研究还发现莫能菌素能降低反刍动物多种疾病的发生率，例如胎衣不下、子宫炎、皱胃变位、乳热症、乳腺炎、子宫内膜炎、消化道疾病和呼吸道疾病。Van等给 290 头乳牛在产前 70 天至 50 天服用莫能菌素缓释胶囊，结果发现可显著降低乳牛产后胎衣不下、消化紊乱、临床酮症和皱胃变位的发生率；但是，与对照组比较试验组乳牛难产的发生率却上升了 2.1 倍。

3. 瘤胃缓冲剂　　正常情况下，乳牛瘤胃中存在有碳酸盐、磷酸盐、钾盐、非蛋白氮等缓冲物质组成的缓冲体系，基本上能够维持瘤胃消化液的中性环境，但在食入易发酵饲料、酸性饲料或突然改变饲料、大量应用精料等情况下，特别是高产乳牛，可使瘤胃的 pH 值显著下降，影响瘤胃内微生物的活动，进而影响饲料的转化，极易出现低乳脂、皱胃变位、拒食等消化机能紊乱情况，致使生产能力下降，甚至出现酸中毒，造成严重的经济损失。因此生产中常常在饲料中添加瘤胃缓冲剂，通过对瘤胃内环境值的调节，满足瘤胃微生物增殖的需要，使瘤胃具有最佳的消化机能，以确保乳牛发挥正常的生产性能。

对乳牛产奶量和乳成分的影响。碳酸氢钠（小苏打）是缓冲剂的首选，一般要求添加量占干物质采食量的 1%～1.5%，对提高产奶量和乳脂率具有良好的效果。对于高产乳牛，在添加小苏打的基础上，可以再添加 0.3%～0.5%氧化镁，其效果比单独使用小苏打更好。对于低产牛，没有必要添加氧化镁。乙酸钠进入瘤胃后，可以分解产生乙酸根离子，为乳脂合成提供前体，同时也对瘤胃具有缓冲作用。

Kentucky 等在泌乳 6～8 周高精料日粮中添加碳酸氢钠，乳牛干物质等含量和乳脂率极大地改善。王书君(1991)在乳牛日粮中添加碳酸氢钠和硫酸镁,乳脂率增加 0.27 个百分点。

刘琦山(1998)应用微多蛋白素非蛋白氮饲料添加剂饲喂乳牛,头日产奶量比对照组增加 1.21 kg。陆天水(1992)在乳牛日粮中添加 1.5%乙酸钠、1.5%碳酸氢钠、0.8%氧化镁,可明显降低乳牛血浆组胺和内毒素水平,使产奶量提高 5.74%。胡昌军等(2002)在乳牛混合精料中分别添加 1.5%碳酸氢钠和 0.8%氧化镁进行试验,结果表明,用碳酸氢钠、氧化镁作为瘤胃缓冲剂比单纯使用碳酸氢钠作为瘤胃缓冲剂增奶效果明显,并能显著提高牛奶质量,每头乳牛平均日增产奶 2.30 kg,乳脂率提高 0.41 个百分点。李宗宽等(2003)在乳牛日粮中添加碳酸氢钠、氧化镁、乙酸钠的混合物,结果证明:乳牛日粮中每头每天添加 400 g 缓冲剂的试验组比没有添加缓冲剂的对照组,平均产奶量提高 8.30%,差异显著($P<0.05$),乳脂率提高 2.98%,效果明显。

4. 异位酸　异位酸主要包括异丁酸、2-甲基丁酸、异戊酸和戊酸,是专用于成年反刍动物的有机酸制剂。在正常情况下,瘤胃代谢产生的 VFA 除了大量的短链直链酸(乙酸、丙酸和丁酸)外,也有少量来自于支链氨基酸的支链脂肪酸,包括异戊酸、2-甲基丁酸、戊酸和异丁酸,它们是瘤胃微生物重新合成支链氨基酸所必需的。

异位酸是反刍动物瘤胃微生物发酵过程中通过支链氨基酸代谢产生的支链脂肪酸,是瘤胃纤维分解菌正常生长和活动所需的化合物,可增加纤维分解菌的数量,提高瘤胃细菌对植物细胞壁的消化能力,从而提高纤维饲料的消化率。另外,异位酸可削弱其前体氨基酸在乳腺组织的分解代谢,过剩的支链氨基酸可用于非必需氨基酸的生物合成或参与其他生物合成反应,进而使微生物蛋白的合成增加,使氮沉积增加,提高产奶量。

在乳牛的日粮中添加异位酸可提高瘤胃中营养物质的降解率,但营养物质在整个消化道的消化率可能没有变化,添加异位酸不影响瘤胃 pH,但可增加瘤胃总挥发性脂肪酸(TVFA)的浓度,这说明,添加异位酸提高了瘤胃微生物的发酵速率。总之,日粮中添加异位酸有利于纤维的降解和微生物蛋白的合成,对乳牛生产性能的提高有着积极的作用。

异位酸对乳牛瘤胃代谢的影响。关于异位酸对乳牛瘤胃代谢方面影响的试验报道不是很多,刘强(2006)以混合精料和玉米秸秆为基础日粮,研究异戊酸对瘤胃营养物质有效降解率的影响。结果表明,0.04 g/kg 组和 0.06 g/kg 组豆粕干物质、有机物质和粗蛋白质有效降解率显著低于对照组;0.04 g/kg 组玉米秸秆干物质、有机物质、中性洗涤纤维和酸性洗涤纤维的有效降解率显著提高。异位酸对乳牛生产性能和乳成分的影响国内外的相关报道很少,需要进一步研究。

(二)营养物质的过瘤胃保护

1. 过瘤胃蛋白　研究发现饲料的真蛋白质平均只有 30%通过瘤胃,其余 70%则在瘤胃内被微生物降解为氨。蛋白质降解率过高造成最终流入小肠内的蛋白质不能满足高产乳牛的营养需要量。过瘤胃蛋白质保护的目的是增加反刍动物小肠可消化蛋白质和氨基酸,减少因饲料蛋白在瘤胃内的大量降解而造成的浪费。常用过瘤胃蛋白质保护的方法有:

(1)加热处理保护饲料蛋白:加热可导致蛋白质变性,使疏水基团更多地暴露于蛋白质分子表面,使蛋白质溶解度降低,从而降低蛋白质在瘤胃中的降解率。经过热处理的蛋白补充料在瘤胃中的降解明显降低,并随着处理温度提高和处理时间的延长,饲料蛋白在瘤胃的降解常呈线性减少。

(2)甲醛保护法:甲醛还原性强,可使蛋白质分子的氨基、羧基、巯基发生烷基化反应,使其溶解度降低,在酸性条件下甲醛与蛋白质反应可逆,从而使被保护蛋白质在瘤胃降解率下降,在瘤胃后消化道中由于 pH 值降低而与甲醛分开,被蛋白酶消化。

(3)包被:全血、乳清蛋白、卵清蛋白等富含白蛋白的物质能对蛋白质起到保护作用,白蛋白在饲料颗粒外能形成一层保护壳,防止易溶蛋白在瘤胃内的扩散溶解,从而降低了被保护的蛋白质饲料在瘤胃内的降解。

2. 过瘤胃脂肪　过瘤胃脂肪是一种不影响瘤胃发酵且易被瘤胃后消化系统消化、吸收、利用的能量来源。过瘤胃脂肪在瘤胃液中不易分解,能通过瘤胃而不影响瘤胃微生物菌群,但在真胃和十二指肠中通过化学的以及酶的作用变成能被吸收的形式,最终在小肠中被吸收。

目前过瘤胃脂肪产品主要有:胶囊保护脂肪、甲醛处理脂肪、皂化脂肪、粒状脂肪、片状脂肪和氢化脂肪。这里主要介绍目前生产实践中应用比较多的皂化脂肪和氢化脂肪。

(1)皂化脂肪:又称脂肪酸钙皂或脂肪酸钙盐,是 20 世纪 70 年代末研究开发的产品。这种钙盐在瘤胃正常的 pH 值条件下不发生解离,而到真胃的酸性环境中被解离,对瘤胃内环境没有负面影响。其制作方法是脂肪熔化后加入适量氢氧化钠,等皂化熔化后再加入过量氯化钙溶液,便有大量脂肪酸钙沉淀生成,然后反复冲洗沉淀物至 pH 值为中性,最后冷冻干燥或自然风干干燥便制成成品。

(2)氢化脂肪:脂肪在瘤胃的分解取决于脂肪或脂肪混合物的熔点,氢化脂肪是通过氢化作用使不饱和脂肪酸变为饱和脂肪酸,结果使脂肪酸熔点升高,使其在瘤胃中的溶解度降至最低水平而制成。通过氢化作用提高脂肪的熔点,使其在 38～39 ℃的瘤胃中,仍然保持固体状态而不溶于瘤胃液,不会对瘤胃细菌和原虫造成负面的影响,而在小肠内又易于消化吸收。

二、如何提高乳牛饲料的转化率

1. 改善粗饲料品质　我国粗饲料现状:①苜蓿质量差;②羊草杂质多;③青贮含水量大,收获过早,籽实没有破碎。

2. 粗饲料(干草或秸秆)和青绿饲料不能铡得太短,更不能粉碎。粗饲料的最适长度:秸秆 2 cm,稻草 3～4 cm,青贮 0.8～1.25 cm,苜蓿 4 cm。

3. 饲料的粉碎　粉碎饲料可以增加饲料与消化液的接触面积,增加其消化率,但对粉碎的粒度有一定要求。

4. 压扁　把玉米、大麦、高粱等饲料蒸熟后压扁,然后快速干燥,经过压扁的谷粒饲料,可以提高其适口性和消化率,同时乳牛的产奶量、乳脂率和乳蛋白也有一定的提高。

5. 制粒　就是就是通过配料、调质、混匀、粉碎、制粒、冷却等工序,将饲料制成大小均匀的颗粒。颗粒料具有提高牛的适口性,改善饲料的一些理化性质,提高其利用率。

6. 各种饲料之间一定要有合理的比例　一般情况下,精饲料的喂量应控制在 60% 以下,绝对不能超过 70%,以保证日粮的粗纤维含量在 18% 以上。

7. 蒸汽压片　把籽实在碾压前通上 15～30 分钟的蒸汽,把籽实水分提高到 18%～20%,然后压成片状,这种处理方法会使谷物的饲喂价值得到改进,牛最喜欢吃这样的饲料。

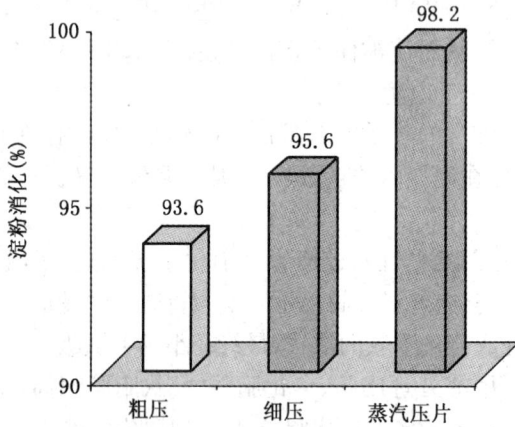

图 9-3　蒸汽压片玉米可以提高乳牛对淀粉的消化率

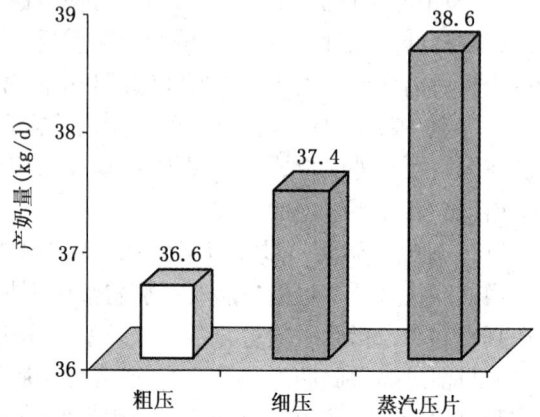

图 9-4　蒸汽压片玉米对乳牛生产性能的影响

思考题

1. 乳牛需要的主要营养物质包括哪些?
2. 矿物质元素对乳牛的营养生理作用?
3. 如何提高乳牛饲料的转化效率?
4. 影响乳牛干物质进食量的因素有哪些?
5. 什么是乳牛的有效 NDF 和物理性 NDF?它们对乳牛营养作用是什么?
6. 常用的过瘤胃蛋白保护方法有哪些?
7. 脂肪的过瘤胃保护方法有哪些?

参 考 文 献

1. 李胜利,富俊才. 养牛养羊学. 北京:中国农业大学出版社.2002,142.
2. 张连忠. 酵母及其培养物在奶牛生产中的应用. 中国奶牛,2009(2):19.
3. 刘　凯,李胜利,等. 益康 XP 对奶牛产后日粮适应及生产性能影响的研究. 中国奶牛,2005,(1):24.
4. 王　聪,任金焕,等. 酵母对奶牛泌乳性能及健康状况影响的研究. 兽药与饲料添加剂,2005,10(1):7～9.
5. 陈欠林,彭艳春,等. 活性酵母对奶牛泌乳性能的影响. 江西畜牧兽医杂志,2006,(6):6～7.
6. 罗安智,齐长明,陈华林,等. 酵母培养物益康 XP 对奶牛血浆内毒素含量及其他指标影响的研究. 中国奶牛,2005,(2):12～15.
7. 吴彩霞,等. 离子载体类物质在泌乳奶牛中的应用. 奶牛杂志,2008(12):37～39.
8. Dufield,T. F. ,et al. Effect of prepartum administration of monensin in a controlled-release capsule on milk production and milk components in early lactation. J. Dairy Sci. 1999a. 82:272～279.

9. Seal,C. J. ,Reynolds,C. K. Nutritional implications of gastroin-testinal and liver metabolism in ruminants. Nutr. Res. Rev. 1993,6:185～208.

10. Drackley,J. K. Biology of dairy COWS during the transition period: the final frontier. J. Dairy Sci. 1999,82: 2259～2273.

11. Van Der Weft,J. H. J. ,Jonker,L. J. ,Oldenbroek,J. K. Effect of monensin on milk production by Holstein and Jersey cows. J. Dairy Sci. 1998,81:427～433.

12. 王芝秀. 瘤胃缓冲剂在草食家畜中的研究及应用效果,中国牛业科学,2007,33(2):31～33.

13. 王书君. 碳酸氢钠和硫酸镁饲喂泌乳牛试验. 上海奶牛,1991(3).5～6.

14. 刘琦山. 微多蛋白素饲喂奶牛的方法和效果. 中国奶牛,1998(4)24.

15. 陆天水,陈　杰. 汤艾菲,等. 利用瘤胃缓冲剂调控奶牛血浆组胺内毒素水平与提高产奶性能的研究. 中国奶牛,1992(6),45～47.

16. 胡昌军,等. 瘤胃缓冲剂在奶牛生产中的应用. 畜牧生产,2003(1):9.

17. 李宗宽,等. 缓冲剂对提高乳牛产乳量和乳脂率的试验. 山东畜牧兽医,2004(1):6.

18. 任　莹,赵胜军. 异位酸影响反刍动物瘤胃代谢的研究进展,饲料研究,2008(2):10～12.

19. 刘　强,黄应祥,王　聪,等. 异戊酸对西门塔尔牛瘤胃营养物质有效降解率的影响. 中国草食动物, 2006,26(5):6～8.

第十章　乳牛饲料

饲料是进行乳牛生产的物质基础,特别是青粗饲料是饲养乳牛不可代替的饲料,人们常说"无草无牛",草是乳牛的第一营养需要。科学合理的利用饲料配合日粮,必须了解和掌握各种常用饲料的营养特性。

第一节　乳牛饲料选择与利用

乳牛常用的的粗饲料(包括干草或秸秆、青贮、青绿、块根类多汁饲料)、精料(包括禾谷类、饼粕、豆类、糠麸类及糟渣类)和补加饲料(包括矿物质饲料、维生素、NPN、饲用微生物、酶制剂等)。

一、粗饲料

粗饲料(roughage),一般指容积大、粗纤维(CF)成分含量高(CF 高于 18%),可消化养分较低的饲料。粗饲料是乳牛不可缺少的一种饲料。已知,乳牛日粮中有近 50% 的粗蛋白(CP)和产乳净能(NEC)来源于粗饲料,80%~90% 中性洗涤纤维(NDF)需要量靠粗饲料来满足。所以,乳牛粗饲料不足,必将严重影响乳牛的正常新陈代谢,使其产乳性能下降。

用优良的粗饲料饲喂乳牛,通常可满足乳牛营养的 70% 或更多;但对高产乳牛,应减喂粗饲料,适当增喂精饲料。

常用乳牛粗饲料分述如下:

(一)青干草

青干草是由适宜时期收割的天然草地或人工种植的牧草及细茎禾谷类饲料作物,经自然或人工干燥调制而成的、能长期保存的草料。

对奶牛均衡供应一定量的优质青干草,是乳牛的营养消化生理所必需,同时可减轻奶牛消化道的容积压力和负担,减轻有代谢紊乱引起的乳腺炎等疾病,延长高产乳牛的泌乳高峰期时间,提高奶产量。因此,某种程度上说,乳牛业成为畜牧业的主导产业是靠生物产量高的人工牧草来完成的。优质青干草的加工和贮藏、优质草产品的开发利用已成为我国乳牛业快速发展的物质基础。

青干草是乳牛日粮中最重要的饲草。许多青绿饲料均可用作制备干草的原料。乳牛瘤胃容积大,具有利用大量青干草的特殊功能。试验表明,青干草的日饲喂量可达乳牛体重的

1.5％～2.5％。青干草含水量应在15％以下，以防止其霉烂变质。青干草在饲喂时不应铡得太短。同时应除去杂质泥沙和铁丝等。

青干草有豆科干草（例如，苜蓿、三叶草。一般粗蛋白质10.5％以上，钙在0.9％以上）和禾本科干草（如雀麦、鸡脚草、黑麦草等。一般粗蛋白质6.0％～10.5％以上，钙在0.9％以下）。其中豆科干草营养丰富，它不仅是蛋白质、胡萝卜素、钙及其他矿物质的优良来源，而且颜色青绿、质地柔软，有芳香味，适口性好，但喂量要适当。近年来，很多乳牛业发达国家，豆科与禾本科混播草饲用日渐增多。优质的青干草可满足乳牛维持和每天生产9.1 kg牛乳的需要，如果与适量的精料搭配，其产乳量将会大大提高。

试验表明饲喂过度成熟的苜蓿干草，乳牛产乳量将明显下降，所以收割青干草必须适时（表10-1），否则，青干草中的蛋白质营养物质的含量以及干物质的消化性能将随之下降，而粗纤维含量则将增加。

表 10-1 青干草收割适期

青干草种类	收割适期
苜蓿	1/10 开花或顶端开始长出新芽
红三叶	早期开花至 1/2 开花期
草木樨	开花开始
豇豆草	1/2 豆荚充分成熟
大豆草	1/2 豆荚充分成熟
白三叶	盛花期
禾本科草	抽穗至开花期
苏丹草	开始出穗
禾本科-豆科混合干草	参考上述各豆科干草收割适期，即以豆科收割期为准

国内不少地区乳牛场饲喂野干草比较普遍。由于野干草品质较差，不能最大限度地维持和供给瘤胃中的微生物区系，结果粗纤维的消化率降低，粗饲料采食量养活。

国外多利用干草制成颗粒饲料。颗粒饲料采食量大，采食时间短，但乳脂率低。为纠正这一缺点，将干草切成4 cm，制成3.2 cm×3.2 cm，长度为5～7.6 cm的长方块料，这种长方块料比干草每日采食量多20％。

但在多雨地区，气候比较潮湿，晒制干草因雨淋及落叶的损失较大，有时，品质不好的豆科干草，还不如高质量的禾本科干草，可用青贮、半干青贮代替。

（二）青贮饲料

青贮饲料是利用微生物发酵长期保存青饲料的一种有效方法。青贮饲料就是把新鲜青绿多汁饲料，如玉米秸、甘蔗尾、甘薯藤、花生藤、象草、甘薯等，在收获后直接或经过适当风干后，切碎，密封贮存于青贮窖、壕或塔内，在厌氧环境下，经乳酸发酵而制成。它既能保持青饲料的营养价值，提高原料的适口性，又可调节青饲料的均衡供应，是喂牛的很好饲料。

青贮饲料包括玉米贮（含无穗玉米），青草青贮、燕麦青贮、黑麦草青贮、高粱青贮，以及其他农副产品（包括秸秆蔬菜）青贮，其中以全株玉米青贮价值最高。青贮饲料是乳牛的主要饲料，可用它作为日粮的一部分，常年均衡供应，作为当家饲料。

玉米青贮是饲料中能量的良好来源，也是每单位土地上生产净能量多的饲料，同时用工少，但由于它的蛋白质、矿物质含量很低（只占干物质7％～8％），所以玉米青贮饲料需要补充蛋白质和各种矿物质。

玉米应在蜡熟期收割，即玉米的肉质充分地变硬，玉米肉的基部细胞变黑（切开时），干物质含量接近35％。如果以干物质低于30％～32％的未成熟玉米进行青贮，则每公顷所得干饲料量较少，而且青贮后营养损失较大。青贮前玉米太干，青贮的紧密程度差，易于发霉而且适口性差。

为了提高蛋白质含量，可加上0.5％尿素进行青贮，使玉米青贮蛋白质含量达到12％～13％，可降低饲料成本，提高饲料利用效率。

在玉米青贮中加入石灰石（9 kg/1 000 kg），以改进青贮质量，如饲喂苜蓿干草（含钙高），则需在总日粮中平衡钙磷比例，否则乳热病或其他疾病将会大量发生。

燕麦、大麦作物制作青贮，一般在结穗的初期收割，可获得较高的粗蛋白质，但含蛋白质、钙量低，而且能量含量及适口性均不如玉米青贮。

苜蓿与禾本科青草青贮中蛋白质、矿物质含量虽高，但水分大，青贮时漏失多，其采食量不如干草多，我国南方利用甘蔗尾青贮和利用稻草与多种青绿饲料混贮取得良好效果。

青贮饲料2.5～3 kg大约可代替青干草1 kg，所以，每100 kg体重饲喂青贮饲料为5～6 kg。上海地区青贮饲料全年用量为6 000 kg/头。

（三）半干青贮

半干青贮（haylage）也称低水分青贮。近年来，在国外半干青贮发展较快。半干青贮是将豆科或禾本科青草在青贮前先风干到含水40％～45％，切成2～3 cm长，然后贮入青贮塔中。品质好的半干青贮气味芳香，适口性好，比干草落叶少。乳牛从半干青贮中所得到的干物质及净饲料价值，比收割的一般青贮饲料所得到的多，每牛干物质采食量比青贮高。

（四）青绿饲料

青绿饲料主要包括天然青草、栽培牧草和绿色饲料作物。

青绿饲料富含维生素和钙磷质，尤其是幼嫩的豆科植物茎叶，营养丰富，适口性好，容易消化，是乳牛的理想饲料。但由于含水分多，热能少，所以，对产乳量高的乳牛，只喂青绿饲料，尚不能满足能量需要，应补以能量饲料、蛋白质饲料和矿物质饲料。另外，青绿饲料与秸秆一起喂牛，可提高秸秆的消化率，青绿饲料日喂量不超过日粮DMI的20％。

饲喂青绿饲料，每天采食量大约为乳牛体重的10％，但饲喂豆科青草，则应加以控制，否则易于引起膨胀症，严重者造成死亡。此外，野青草受污染现象日益严重，应防止中毒事件发生。

青绿饲料，需要特殊的机器设备，必须天天收割，如遇雨天困难更大。此外，随着生长季节的进展，饲料品质不可避免地发生变化，所以，饲喂青绿饲料的乳牛场日益减少。

（五）农作物副产品

农作物副产品包括各种农作物收获后所剩余的秸秆，如干玉米秸、稻草、麦秸、谷草、甘蔗渣、花生壳、豆秸等。玉米秸、稻草在我国生产数量大，但其中含粗纤维高（25％～55％）、木质素多消化率低（25％～68％）、蛋白质、维生素低，应限制饲喂。如有足够的营养补充，秸秆可作为冬季干母牛或育成牛、初孕牛的饲料，这类饲料能满足妊娠干乳期母牛每日能量（总消化养分）的需要。如合理加以粉碎、碱化、氨化，其中有机物消化率可大大提高。所以秸秆不宜直接喂牛，应予以加工调制。

（六）根菜类饲料

根菜类包括胡萝卜、饲用甜菜、芜菁、南瓜、甘薯、大头菜等。这类饲料含水量高、体积大，但干物质、能量、蛋白质、钙等均少。胡萝卜含有丰富的胡萝卜素和维生素 C，但都缺乏维生素 D。

根菜类饲料适口性好，易消化，尤其胡萝卜是冬季乳牛不可缺少的维生素补充饲料。成乳牛每头每天喂量 10 kg（上海地区喂量按产乳量 1∶0.5～1 配给），将有益于提高乳牛产乳及其繁殖。饲用甜菜对提高产乳量极为有效，但牛乳乳脂率有所下降。南瓜含胡萝卜素丰富，可产生黄色牛乳。

上述各种粗饲料营养成分列入表 10-2。

表 10-2　常用粗饲料营养

饲料名称	DM（％）	NEL（兆焦）	NND（kg）	CP（％）	DCP（％）	CF（％）	Ca（％）	P（％）	RDP（g）	UDP（g）	XDCP（g）
黑麦草	18.0	1.18	0.37	3.3	2.4	4.2	0.13	0.05	18.8	12.7	22.6
野青草	25.3	1.26	0.4	1.7	1	7.1	0.24	0.03	9.7	7.3	11.6
玉米青贮	22.7	1.13	0.36	1.6	0.8	6.9	0.01	0.06	7.7	8.2	10.9
苜蓿青贮	33.7	1.64	0.52	5.3	3.2	12.8	0.05	0.1	33.3	19.6	36.2
胡萝卜	12	0.93	0.29	1.1	0.8	1.2	0.15	0.09	8.3	2.8	7.5
马铃薯	22	1.64	0.52	1.6	0.9	0.7	0.02	0.03	12.4	4	11.2
羊草	91.6	4.31	1.38	7.4	3.7	29.4	0.37	0.16	34.9	39.3	51
苜蓿干草	92.4	5.15	1.64	16.8	11.1	29.5	1.95	0.28	71.8	96.4	116
野干草	85.2	3.9	1.25	6.8	4.3	27.5	0.41	0.31	32	36.1	46.9
玉米秸	90	4.69	1.49	5.9	2	24.9			20	39.4	41
小麦秸	89.6	3.65	1.16	5.6	0.8	31.9	0.05	0.06	13.4	43	39.2
稻草	89.4	3.65	1.16	2.5	0.2	24.1	0.07	0.05	9.9	15.1	17.3

二、精料

精料是指高能量和低纤维(低于18％)的饲料。高产乳牛,由于胃不能容纳满足能量需要的全部粗料,所以,必须加入谷实饲料,以供给需要的能量。谷类,例如大麦,每千克所含的可消化总营养物质,与8 kg青干草或25 kg青贮含量相同。根据粗蛋白含量,通常将精料分为:①低蛋白;②中等蛋白;③高蛋白饲料。

谷实类:如玉米、高粱、大麦、燕麦等,含蛋白质少,是典型高能量饲料,含有丰富的碳水化合物和脂肪,粗纤维含量低;矿物质中磷多、钙少;缺少维生素A和D(黄色玉米例外),所以饲喂这类饲料应补充钙质,谷类加工后(辗压、使其卷曲、碎裂或研磨),可提高其消化性,如喂前不加工,则通过母牛消化道的谷物将有30％营养不被消化,将谷物外皮压破,则可促进其消化,性质粗糙的谷物加工后,可提高谷物的适口性和采食量,研磨过细的谷物,将降低谷物的消化性和乳脂率,并可导致瘤胃酸毒症(acidosis)。

油饼类:大豆饼、花生饼、菜籽饼、胡麻饼、芝麻饼等,均含有较多的蛋白质,是乳牛优良的蛋白质,豆腐渣(干)、啤酒渣,含粗蛋白质较多,也是乳牛的好饲料。

糠麸糟渣类:糠麸类饲料是由小麦、大米等谷类的皮及胚组成,是籽实的副产品。这类饲料蛋白质、粗纤维含量比谷类高,但含糖量少,糠麸类质地疏松,体积大,适口性好,且具有轻泻作用,是乳牛不可缺少的饲料;糟渣类,饲养中常用的有酒糟、啤酒糟、豆腐渣、玉米淀粉渣和甜菜渣等,糟渣类含有较多能量和蛋白质,体积大,适口性好,但含水量高,易于霉败变质。

(一)谷实类

1. 玉米　玉米是乳牛饲粮中比例最多的一种谷物,俗称"饲料之王",是含能量最高的一种饲料,但为了不引起消化障碍,必须饲喂适量,次数适宜,并且与其他谷类进行合理氨基酸,不得单纯饲喂,否则牛体易于肥胖,产乳量降低,最好与含蛋白质、矿物质和维生素丰富的饲料搭配饲喂。

在国外,一般将玉米与玉米穗轴一起饲喂。实践表明,这种受乳牛喜爱的饲料,虽然其能量含量比玉米少(大约少10％),然而纤维含量增加(9％对2％),则有助于提高乳脂的含量,并保持乳牛的采食量。

2. 大麦　大麦是常用的一种乳牛饲料,其蛋白质含量高于玉米,但能量低于玉米。如果大量饲喂大麦,必须慢慢增加喂量,以使乳牛逐渐适应。大麦有一层坚实的外壳,喂前必须压扁;压扁的大麦比磨细大麦更易适口性;大麦在谷类饲料中不宜超过50％,饲喂大麦可改善牛乳黄油品质。

3. 燕麦　燕麦所含能量相当玉米的85％,但粗蛋白质含量高(约9％～11％)。燕麦是乳牛的良好饲料,喂前应适当粉碎,可提高谷物纤维含量和疏松性,并可维持瘤胃的正常功能。

4. 高粱　高粱的能量含量仅次于玉米,蛋白质含量略高于玉米。在瘤胃中降解率低,适口性差。高粱与玉米配合使用效果好,但容易引起便秘,应限量饲喂。高粱喂前最好压碎。

（二）饼粕类

1. **大豆饼粕类**　大豆饼品质优良居饼粕类之首，是高产乳牛最常用的一种蛋白质，以干物质计算，约含有 38%～46%蛋白质，如果大豆价格便宜，在乳牛饲粮中也可加入磨碎的未加工大豆。大豆中蛋白质含量略低于大豆饼，但含有 18%油脂。

大豆饼、粕中的必需氨基酸含量比例较为合理，尤其是赖氨酸含量在所有饼粕类饲料中最高，可达 2.5%，最高可达 2.8%。大豆饼、粕是所有饼粕类饲料中最为优越的饼粕，适口性好，在所有的动物配合饲料中得到广泛应用。生大豆含有抗胰蛋白酶，它有碍蛋白质的消化，使用时最好将生大豆炒熟或煮熟，把抗胰蛋白酶破坏。并且大豆不宜和尿素并用（尿素与熟大豆饼可以合用），大豆用量在谷物混合料中控制在 20%之内，乳牛饲喂大豆应逐渐适应，以避免发生下痢和食欲下降。

在缺少大豆饼（包括大豆）的地区，可用棉籽（仁）饼，花生饼及其他饼类（或尿素）作为蛋白质补充饲料。

2. **棉籽饼粕**　棉籽饼粕去壳的称棉仁饼。蛋白质含量（22%～44%）不如豆饼，但价格较低，所以它是乳牛的一种低廉的蛋白质补充饲料。

棉籽饼粕因含氨基酸成分不如豆饼，最好与其他饼粕（如豆粕、菜籽粕等）混合搭配饲喂。棉籽饼、粕中的氨基酸组成特点是赖氨酸含量不足，而精氨酸含量过高。在实际饲用时，一般采用与含精氨酸少的菜籽饼、粕配伍使用较好。棉籽饼、粕中的蛋氨酸含量也很低，为 0.45%左右，仅为菜籽饼、粕中含量的 55%左右。

棉籽饼粕中含有有害毒素"棉酚"，应控制其喂量。成年母牛日粮中不应超过混合精料的15%或不超过 1.4～1.8 kg，并与大量青绿饲料一起饲喂。喂量过多，将引起便秘，并增强黄油硬度。怀孕母牛应少喂。

棉籽饼、粕中含有毒有害的成分棉酚和环丙烯脂肪酸。棉籽加工过程中的加热处理，可使游离棉酚与赖氨酸结合，毒性钝化，但赖氨酸的利用率也随之降低。同时，游离棉酚可与硫酸亚铁的铁离子螯合，形成难于被动物吸收的螯合物，从而钝化其毒性。棉籽饼粕在饲喂前用清水浸、热水泡，也可除去一部分毒素。

饼粕的营养成分与其提取植物油的方法有密切关系，所以在选择饼粕饲料时，必须了解其提取植物油的方法。一般有溶剂浸提法和压榨法。采用前一种方法，除了将豆类籽实中的大部分脂肪提出外，原料中其他营养变化不大；用后一种方法，是利用高温高压，因而使某些蛋白质变性，降低消化率和生物学价值，但高温高压，可使棉籽饼"棉酚"变为无毒。

3. **花生饼及其他**　花生饼分带壳与去壳两种。

去壳花生饼含蛋白质比带壳的高，与豆饼营养相似，含粗蛋白质 40%～49%，花生饼与豆饼或其他饼类混喂，效果较好。

花生饼略有甜味，适口性好，也有通便作用；但饲喂量过多，可引起乳牛下泻，或胴体中软脂肪酸的含量增高，用花生饼饲喂乳牛，牛乳煮沸时有臭味，还可使黄油软化。

花生饼不易贮存，容易受潮变质，产生黄曲霉，引起中毒；此外，黄曲霉毒素还可通过牛乳等产品传给人类，有致癌作用。所以花生饼要保存好，最好喂新鲜的。

4. 菜籽饼、粕　是油菜籽经提取油脂后的产品。菜籽饼、粕中的蛋白质含量中等,在36%左右,其中菜籽饼中含蛋白质34.3%,菜籽粕中含蛋白质38.6%。矿物质中钙、磷的含量均高,特别是硒含量为1.0 mg/kg,是植物性饲料中最高者。

菜籽饼、粕中的氨基酸组成特点是蛋氨酸含量较高,赖氨酸含量居中,介于豆饼、粕与棉籽饼、粕之间。菜籽饼、粕中氨基酸组成的另一个特点是精氨酸含量低,是所有饼、粕类饲料中精氨酸含量最低者。因而菜籽饼、粕与棉仁饼、粕配伍,可以改善赖氨酸与精氨酸的比例关系。菜籽饼、粕中含有硫葡萄糖苷、芥酸等毒素,并且适口性较差,因此在乳牛日粮中应控制在5%左右(1.0～1.5 kg)。犊牛和怀孕母牛最好不喂。

在缺乏豆饼、棉籽饼和花生饼的地区,也可用葵花籽饼、亚麻仁饼作为蛋白质补充饲料。葵花籽饼的营养成分与棉籽饼相近,亚麻仁饼是亚麻纤维工业的一种副产品。饲喂亚麻仁饼,可增加乳牛被毛光泽。

(三)糠麸及糟渣饲料

1. 小麦麸　小麦麸的营养价值受加工出粉率影响较大,出粉率高营养价值低,相反则营养价值高,在贮藏过程中应防止发霉变质。

小麦麸蛋白质及粗纤维含量均比谷实饲料多,质地疏松,而淀粉含量少,但蛋白质与碳水化合物比例较适当,含磷和B族维生素较多,而含钙少,所以喂麸皮时,必须补钙。日粮中加入适量麦麸,可提高饲料容量和纤维含量,并可改进饲料适口性,还可作为一种轻泻剂,是母牛产前产后的好饲料。在日粮中糠麸可占精料20%～35%,有助于泌乳,但用量不宜太高。

2. 米糠　米糠含有较多的能量,蛋白质也较高,含B族维生素丰富,但含纤维少。

新鲜米糠,乳牛爱吃,日粮中可占精料20%;陈旧米糠由于脂肪变质,容易引起乳牛下痢。

3. 甜菜渣　甜菜渣含有相当高的能量,可增加饲料中可消化纤维,增进饲料的适口性,用量可占饲粮干物质的30%,也可代替青贮,但勿过量,更不要饲喂变质甜菜渣,以免引起拉稀。

4. 啤酒糟

(1)啤酒糟是生产啤酒后的副产品,常用的原料是大麦。由于其中含有较丰富的蛋白质、酵母、无机盐和未知生长因子,营养价值高。鲜啤酒糟中干物质含量在23%左右,能量含量约为每千克0.51个乳牛能量单位。鲜啤酒糟的供应有一定的季节性,干啤酒糟是另一种供应方式,它含有65%的可消化养分和21%的可消化粗蛋白质,使用方便,有时可将其作为蛋白质补充饲料。啤酒糟喂量要适度。

(2)科学地控制啤酒糟的饲喂量。头日用量不超过10 kg。

(3)啤酒糟一定要新鲜。啤酒糟含水量大,保鲜时间短,贮存易酸败而产生有毒物质。用不新鲜的啤酒糟喂奶牛,易损害奶牛健康。在夏季,啤酒糟应当日喂完,过夜啤酒糟不宜再喂。

(4)注意乳牛营养平衡。啤酒糟中的营养不够全面和平衡,对乳牛提供的营养无法满足产奶量增加的需要,因而有必要提高精料的营养浓度,增加优质青饲料、干草及青贮等粗纤维高的饲料喂量。另外,啤酒糟中的Ca、P含量低且比例不合适,所以在饲喂啤酒糟时,应补充骨粉、石粉等矿物质饲料。同时在日粮配方中添加小苏打粉。另外,要增加啤酒糟饲喂次数,把啤酒糟日用量分3～4次饲喂。

（5）泌乳高峰牛不喂啤酒糟。由于乳牛在泌乳初期营养处于负平衡状态，所以对产后1个月内的泌乳牛应尽量不喂啤酒糟，否则，会延迟乳牛产后生殖系统的恢复，对发情配种产生不利的影响。

（6）鲜啤酒糟可直接喂牛，不需进行其他处理，饲喂效果很好。在啤酒糟购入时，要进行质量检查。外观上，由于生产啤酒的原料以大麦为主，酒糟中大麦壳的含量较高。新鲜度是检查啤酒糟质量最重要的指标，新鲜酒糟不发黏，手感松散、清凉，闻之气味清香，散发出特有的酒香味。陈酒糟黏，有明显的发酵味，若在高温季节放置时间过长（超过24小时）时，甚至会出现腐败味，有的发霉结块。在喂牛时，严禁饲用霉变的酒糟。

5. 玉米淀粉渣　玉米淀粉渣含有较多蛋白质及少量的淀粉和粗纤维，但缺乏钙和维生素，在日粮中应与精料，青绿、粗饲料混合饲喂。

玉米淀粉渣容易腐败，必须新鲜饲喂，日喂量10～15 kg。

玉米淀粉渣乳牛很爱吃，对提高泌乳牛产乳量效果较好。

6. 豆腐渣　豆腐渣中的干物质粗蛋白含量丰富，而且适口性好，是乳牛良好饲料，由于含水量高，易酸败，所以要妥善保藏，最好饲喂新鲜豆腐渣。日喂量为2.5～5 kg，过量易拉稀。

7. 糖蜜（molasses）　甘蔗与甜菜的糖蜜含能量较高，主要用于提高日粮的适口性，与谷类混饲其用量限于5%～7%。

上述各种饲料的化学成分，列入表10-3。

表 10-3　谷类饲料营养成分

谷类名称	DM（%）	NEL（兆焦）	NND（kg）	CP（%）	DCP（%）	CF（%）	Ca（%）	P（%）	RDP（g）	UDP（g）	XDCP（g）
玉米	88.4	7.16	2.28	8.6	5.9	2	0.08	0.21	39.3	46.4	59.1
高粱	89.3	6.53	2.09	8.7	5	2.2	0.09	0.28	53.8	32.9	59.3
大麦	88.8	6.7	2.13	10.8	7.9	4.7	0.12	0.29	87	21.3	73.6
燕麦	90.3	6.66	2.13	11.6	9	8.9	0.15	0.33	92.8	22.8	78.6
小麦麸	88.6	6.03	1.91	14.4	10.5	8.5	0.18	0.78	115.5	28.9	98.2
豆饼	90.6	8.29	2.64	43	36.6	5.7	0.32	0.5	239.5	190.8	295.3
菜籽饼	92.2	7.62	2.43	36.4	31.3	10.7	0.73	0.95	96.2	268	252.5
胡麻饼	92	7.66	2.44	33.1	29.1	9.4	0.53	0.77	205.2	126	226.7
花生饼	89.9	8.54	2.71	46.4	41.8	5.8	0.24	0.52	305.7	158.1	317.1
棉籽饼	89.6	7.33	2.34	32.5	26.3	10.7	0.27	0.81	132.3	192.9	224.4
向日葵	92.6	6.82	2.17	46.1	41	11.8	0.53	0.35	293.8	107.1	273.4
酒糟	37.7	3.02	0.96	9.3	6.7	3.4			46.8	46.3	64
啤酒糟	23.4	1.59	0.51	6.8	5	3.6	0.09	0.18	34.3	33.8	46.8
甜菜渣	8.4	0.51	0.16	0.9	0.5	2.6	0.08	0.05	4.4	4.6	6.2

选择精料,除考虑化学成分外,各种精料的适口性和对牛奶的质量影响以及精料价格等,是非常重要的因素。前两个因素最好通过饲养实验加以评定,价格问题必须根据饲料价格经常调整日粮组成。

三、乳牛饲料添加剂

补加饲料一般包括有矿物质补加料及添加剂等,其中常用的有:

(一)矿物质饲料

乳牛,尤其是高产乳牛和生长乳牛需要十多种矿物质元素。一般植物性饲料的日粮很难完全满足要求。因此应饲喂适量矿物质饲料。需要的有食盐、石粉、贝壳粉、骨粉等。磷酸氢钙、磷酸钠及微量元素。

1. 食盐(氯化钠)　钠和氯是乳牛每天必不可少的矿物质补充饲料,一般用量占混合精料的 0.5%～1%为宜。

2. 钙和磷　是乳牛最易缺乏的矿物质,所以必须补喂含钙、磷丰富的矿物质补充饲料,如骨粉、白垩等(其化学成分见表10-4),钙磷在日粮中的比例以 1.5～2：1 为宜。一般日粮容易形成钙多磷少,可用麦麸进行调整。此外,微量元素如铜、铁、钴、锰、碘等,也是日粮中不可缺少的营养。所以,乳牛必须补喂微量元素添加剂。

表 10-4　矿物质饲料化学成分

矿物质名称	DM(%)	Ca(%)	P(%)
蚌壳粉	85.7～99.8	23.5～46.5	
贝壳粉	98.6～98.9	32.93～34.76	0.02～0.03
蛋壳粉	91.2～96.0	25.99～37.0	0.10～0.15
骨粉	91～95.2	29.23～36.39	13.13～16.37
蛎粉	99.6	39.23	0.23
磷酸钙(脱氧)		27.91	14.32
石粉	92.1～99.1	32.54～55.67	0～0.11
石灰石	99.7～99.9	24.48～32.0	
磷酸钙	99.1	35.19	0.14
磷酸氢钙	99.8	21.85	8.64
磷酸一铵			25.0
磷酸一钙		16.0	24.0
磷酸一钠			26.0
三聚磷酸钠			26.0

（二）维生素添加剂

维生素为乳牛正常生长、繁殖、产乳及健康所必需的微量物质。成年乳牛对维生素 A、D、E，尤其是维生素 A 最易缺乏，日粮中应予以补喂。

（三）纤维素酶制剂

纤维素酶是催化纤维素水解成较小的寡糖或者低聚糖的一种酶，它通过破坏纤维素内部的糖苷键而起作用，主要由各种各样的细菌和真菌（包括需氧菌和厌氧菌）等产生。纤维素酶具有高效性和安全性，是当前开发非常规饲料及提高现有常规饲料资源利用率和提高畜禽生产性能的重要途径之一。纤维素酶作为饲料添加剂，从作用机制和实际生产中看，都是良好的添加剂。

在饲料中添加纤维素酶的作用机制在于：

1）它可打破植物细胞壁使胞内原生质暴露出来，由内源酶进一步降解，所以除了细胞壁被降解供能外，还提高了胞内物质的消化率，从而有效地提高了饲料的利用效果。

2）纤维素酶制剂可激活内源酶的分泌，补充内源酶的不足，并调整内源酶，保证动物正常的消化吸收功能，起到防病、促生长的作用。

3）消除抗营养因子，促进生物健康生长。

4）纤维素酶制剂除直接降解纤维素，促进其分解为易被动物所消化吸收的低分子化合物外，还和其他酶共同作用提高乳牛对饲料营养物质的分解和消化。

5）纤维素酶还具有维持小肠绒毛形态完整、促进营养物质吸收的功能。

乳牛日粮中添加纤维素酶可以提高乳牛对纤维的消化率，促进对日粮营养物质的利用。在青贮饲料调制过程中，加入适量的纤维素酶制剂可以加快青贮速度，改善青贮饲料品质，提高青贮饲料利用率和乳牛的生产性能。纤维素酶作为绿色饲料添加剂，其应用前景非常广阔。近年来国内外的很多研究结果表明，在乳牛饲料中无论以何种形式添加纤维素酶，均可起到改善其生产性能的作用，这是对传统的反刍动物营养理论的一种突破。

（四）蛋氨酸锌

蛋氨酸锌是蛋氨酸与锌的螯合物，是由二价锌阳离子与蛋氨酸中羧基上带负电荷的氧，以及给电子体氨基形成的带五元环结构的螯合物。蛋氨酸锌是一种白色粉末状固体，不溶于水和乙醇，可溶于稀酸和稀碱，有蛋氨酸的特殊气味，具有良好的化学稳定性和生化稳定性。蛋氨酸锌是一种新型的饲料添加剂，具有易消化吸收、利用率高等优点，在动物机体内发挥广泛的生理生化作用。蛋氨酸在奶牛的泌乳早期是第一限制性氨基酸，大量的研究已经证实，过瘤胃蛋氨酸对奶产量有明显的促进作用。由于蛋氨酸锌有一定的过瘤胃特性，很多研究表明，在乳牛日粮中添加蛋氨酸锌能够提高奶产量，并且不会降低牛奶品质，反而可以起到一定的改善作用。此外，蛋氨酸锌还具有硬化蹄面和减少蹄病的作用。

(五)离子盐

饲粮中的电解质分为两种:一种是带有正电荷的阳离子,主要为 Na^+、K^+、Mg^{2+} 和 Ca^{2+};别一种是带有负电荷的阴离子,主要指 Cl、S 和 P 的酸根离子。饲粮中电解质平衡会影响动物机体的酸碱平衡,进而间接影响到动物对饲粮中各种营养素的消化、吸收、利用和生产性能。饲粮中添加阴离子盐可以影响乳牛体内的酸碱平衡,预防产乳热的发生。负的阴阳离子差可以增加血液中离子钙浓度,增强钙平衡调节激素的反应。乳牛在产前饲粮中添加阴离子盐可以降低阴阳离子差,减少围产期奶牛亚临床低血钙症的发生,预防产乳热,提高泌乳性能。

阴离子盐会降低饲粮的适口性,影响动物体的酸碱平衡,造成动物的酸中毒状态。为此,必须严格控制好添加阴离子盐饲粮的饲喂量,防止出现负面影响。目前对于干奶期饲粮应该使用的最佳 DCAD(阳离子-阴离子差)值还没有确定。通过总结多个试验研究结果,指出最佳的 DCAD 值应该在 $-10\sim-5$ mEq/100 g DM 之间。在生产中,可以通过对尿液 pH 值进行监控,判断阴离子盐添加量的适宜程度以及其对动物体酸碱平衡的影响。尿液 pH 值在 $5.5\sim6.2$ 时,是理想的阴离子盐添加量,当 pH<5.5 时,会加重肾脏排酸的压力,应该降低阴离子盐的添加量,避免出现严重的酸中毒。

四、全年各类饲料需要量

为确保乳牛日粮的稳定及乳牛的高产高效生产,应根据各类牛的饲养头数及饲料消耗量,编制全年饲料需要计划。根据报道,各类牛全年或各期主要饲料需要量列入表 10-5。

表 10-5 各类牛全年或各期主要饲料需要量

饲料类别	成乳牛[①]kg(年头)	后备牛			
		0~2 月龄	3~6 月龄	7~15 月龄	16 月龄~投产
干草	1 200~2 000	30~40	250~350	800~1 000	1 400~1 600
青贮	5 000~10 000	30~40	200~500	2 200~2 400	3 000~5 000
青绿	5 000~6 000		100~400	500~1 500	1 000~3 000
块根块茎	2 500			适量	适量
糟渣	2 000~2 500				
精料[②]	3 000~4 000	17~20	200~220	700~800	1 400~1 600
牛乳		300~380			

①成乳牛年产 7 500~8 000 kg,乳脂率 3.1%~3.2%。
②精料中谷实占 50%~55%,糠麸占 10%~12%,蛋白质饲料占 25%~30%,矿物质饲料占 5%,对高产牛应供应一定比例的优质豆科牧草。

五、饲料资源开发与利用

乳牛是反刍动物,首先要考虑粗、精饲料的常年均衡供应问题,尤其是对粗饲料不仅要量大,而且质量好。所以应在当地及周边地区建立青绿、青贮及块根饲料生产基地。同时充分利用当地工、农业加工副产品作饲料资源。

青绿饲料种类多,产量和质量差异较大。所以应结合地区特点精心筛选产量高、营养好、利用期长,而且易于贮存的牧草与作物,进行配套种植利用,合理调整种植业结构,以利种养结合,互补优势。

在没有条件或暂时还不能种植牧草的地区,应考虑安排饲料采购计划。采购饲料应严把质量关,严禁霉烂变质和被农药或黄曲霉毒素污染等不符合卫生标准的饲料进场。

饲养实践表明,不论国营或个体乳牛场,牛奶生产成本都与饲草料的资源有关。农村牧区资源丰富,生产成本低;镇城草料匮乏,成本就高。所以,发展乳牛业必须与农村、牧区结合,考虑到饲草饲料基地建设,只有降低成本,提高产品质量,才能使企业在竞争中保持不败之地。

第二节　饲料加工调制与贮存

一、青干草制作

(一)青干草的制作方法

随着牧草产业化、规模化发展,青干草调制及草产品的加工方法不断改进,由传统的田间晾晒干燥,到翻晒通风干燥,再到利用热能控制的人工干燥;干燥过程中为提高牧草干燥速率,常进行压扁茎秆或使用化学干燥剂。牧草干燥脱水的过程越短、各部分干燥的越均匀越好,由此可减少营养物质的损失。不同的干燥方法,对保存鲜草所含养分影响很大,所投入的资金和时间也有差异,可因地、因时、因条件而异。

1. 干燥方法　青干草调制主要有自然干燥和人工干燥两类方法。田间调制干草期间,天气条件(气温、湿度、风速、气压、太阳辐射、降雨等)、牧草本身状况(品种、茬次、刈割期等)以及干燥剂(种类、浓度、配伍等)等因素均影响牧草干燥速度。

(1)自然干燥法:自然干燥法是选择适宜的时期和晴朗的天气刈割牧草,然后利用太阳光能和自然风吹等蒸发水分,调制而成。目前大部分国家和地区调制干草仍采用此法,它的特点是简便易行、成本低、无须特殊设备;还可自然产生和保存青干草的芳香物质,干草的适口性较优。但实施过程中难以控制叶片和茎秆同步干燥,营养物质损失较大。

1)地面干燥法　以长散草为主,加工工艺过程是:割草、搂草(有时用草叉翻晒)和集堆(垛)。通常牧草刈割后,摊晒均匀,每隔数小时翻晒通风一次,干燥4～6小时,使其含水量降至40%～50%时,用搂草机或手工搂成松散的草垄或集成0.5～1 m高的草堆,保持草堆松散通风,直至牧草完全干燥。

2)草架干燥法　由于晒制干草受天气的影响较大,特别是阴湿地区,所以用草架或凉棚晒制是较有效的一种方法。草架干燥法中,通常用组合式草架或铁丝架。一种组合式干草架,可使干草与地面相离,并根据工作程序和运输方法实行机械化作业,效果好。其工艺是:牧草刈割后先在地面干燥0.5～1天,使其含水量降至40%～50%,然后自下而上逐渐堆放,或捆成直径 15 cm 左右的小捆,顶端朝里码放。薄层摊晒、小捆晒制和草架晒制的比较试验,认为在阴湿地区搭架晒制干草可有效地防止叶片脱落和加快干燥过程。

(2)人工干燥法:人工干燥法需要通过人工热源,在完全控制牧草脱水的情况下完成干燥过程。人工干燥法调制的青干草品质好,但成本高。人工干燥替代田间干燥,如利用太阳能热风、微波干燥、高温快速脱水等方法,其中以高温快速脱水最具有前景。

1)常温鼓风干燥法 一般应用于白天、早晨和晚间相对湿度低于 75% 和气温高于 15 ℃的地区。此法是先建一个干草棚,库内设置大功率鼓风机若干台,地面安置通风管道,管道上设通气孔;再将刈割后的牧草压扁,并在田间预干到含水量 50% 左右时,置于设有通风道的干草棚内。用鼓风机强制吹入空气,草堆中每 1 m² 面积,每小时鼓入 300~350 m³ 空气加快干燥。这种方法可有效减少牧草营养物质的损失。

2)低温烘干法 这种方法是在建造牧草干燥室、空气预热锅炉、设置鼓风机和牧草传送设备等基础上,用煤或电作能量将空气加热到 50~70 ℃ 或 120~150 ℃,鼓入干燥室;利用热气流经数小时完成干燥。浅箱式干燥机日加工能力约为 2 000~3 000 kg 干草,传送带式干燥机每小时可加工 200~1 000 kg 干草。

3)高温快速干燥法 牧草切碎后,利用牧草烘干机,通过高温空气使草含水量从 80%~85% 下降到 15% 以下。机械高温烘干,可较好地保存蛋白质和胡萝卜素,与地面和架上晒制法相比,营养物质损失少。

表 10-6 不同干草调制方法对干草营养物质损失的影响

调制方法	可消化蛋白质的损失	胡萝卜素含量(mg/kg)
地面晒制	20%~50%	15
架上烘干	15%~20%	40
机械烘干	5%	120

(3)物理化学干燥法:为了加快干燥速度可刈割后压扁牧草茎秆,即使用联合割草机将牧草收割、草茎压扁和铺条等作业一次完成;也可在刈割前一天用 1.5% 碳酸钾水溶液喷洒牧草,以加速干燥,减少叶片脱落。

1)压扁梳刷草茎干燥法 牧草刈割后,叶片散失水分的速度较茎秆快约 5~10 倍以上,而利用机械压扁茎秆后破坏了茎的角质层、维管束和表皮,加快了茎内水分散失速度,使茎秆和叶片的干燥时间差距缩短,牧草各部位的干燥速度趋于一致,从而缩短了干燥时间。刈割压扁机一次可以完成收割、压扁和集条等三项作业。对于压扁机械的要求,除了减少牧草收获损失、提高干燥速率外,还要求其保持牧草饲料价值,过度压碎会造成养分渗出损失。压扁过度,茎秆结构受到严重破坏,挤压和雨水淋溶损失养分较多。软化压裂草茎,减少了植物表皮的硬度,增大了表面积,因而可以缩短干燥时间。试验证明,苜蓿茎秆压裂后,干燥时间可缩短 1/2~1/3。国外多采用割草—压扁—铺成草行一体的的联合割草机作业。

表 10-7　不同干燥方法对苜蓿干草化学成分的影响

干燥方法	干燥时间(h)	粗蛋白质(%)	NDF(%)	ADF(%)	粗灰分(%)	胡萝卜素(mg/kg)
日光晒	76	13.67	44.25	32.99	6.57	54.08
阴干	106	14.44	43.18	33.94	6.74	64.45
压扁后日光晒	52	15.6	40.03	30.22	7.08	74.60

采用新型机具利用梳刷作用处理牧草,可加快干燥速度。梳刷作用与压扁不同,不是完全破裂茎秆,而只是擦掉茎表面的蜡质层,从而能保持茎的生物组织和结构强度,减少内部营养物质的流失。相应的梳刷式、刷式和串联轧辊式调制机研制成功,欧美许多公司竞相采用。

2)化学制剂干燥法　国内外研究认为,将一些化学制剂,如常用的碳酸钾、碳酸钾＋长链脂肪酸的混合液、长链脂肪酸甲基脂的乳化液＋碳酸钾等制剂等,喷洒在刈割后的牧草上,可提高水分的渗透能力或破坏牧草表面的蜡质层结构,促使植株体内的水分蒸发,加快干燥速度。化学干燥法可有效减少豆科牧草的叶片脱落,从而减少蛋白质、胡萝卜素和其他维生素的损失。

(二)草产品的加工生产

随着牧草生产、加工技术体系的完善,草产业迅速发展。以苜蓿为代表的牧草开发利用的方式逐步由传统的放牧、刈割调制干草、青贮等向集约化、新型技术化、高效化的草产品深加工方向转变,如草捆、草粉、草块、草段、草饼、草颗粒、叶块、叶粒、浓缩叶蛋白添加剂等,其中,苜蓿草捆、草段、草块、草颗粒和草粉是目前奶牛饲草料的重要组成。

1. 草捆　草捆是苜蓿规模化生产中主要的草产品形式。美国出口的草产品中80%以上都是草捆,草捆按形状可分为圆草捆和方草捆,在北美一些国家,圆形草捆机较为普遍。大圆草捆还有一个主要好处是比小方草捆更能有效地抵御天气变化。根据密度的大小,草捆分为普通草捆和高密度草捆。

(1)普通草捆:普通草捆在田间通常加工成大圆捆或小方捆(图10-2,图10-3)。草捆重量的变化由打捆机的容量、牧草种类、含水量和生产者的管理等方面决定。不同设计形式的现代打捆机装备有自动捡拾机,可以同时加工各种不同规格的方草捆和大圆捆,草捆密度为100～250 kg/m³。最常见方草捆的交叉尺寸为360 mm×460 mm 或 410 mm×460 mm,长 0.91～1.02 m,每一草捆用2根铁丝或麻线;3根铁丝或麻线生产的方草捆交叉尺寸为 410 mm×580 mm 或430 mm×560 mm,长度为 1.14～1.22 m,该型号主要在销售和商业运输比例较高的地区使用。随着机械化程度的不断提高,现在人们普遍都趋向于把干草压制成重达500 kg的大草捆,这种草捆雨水渗不透,可以露天存放,很少发生变质现象。

苜蓿草捆的加工工艺为:苜蓿刈割(人工或机械刈割,见图10-1)后,在田间自然状态下晾晒至含水量为20%～25%;再用捡拾打捆机将其打成低密度草捆(20～25 kg/捆,体积约为30 cm×40 cm×50 cm),或者运回用固定式打捆机将低密度草捆或干草打成高密度草捆(45～50 kg/捆,体积约为 30 cm×40 cm×70 cm)。与此工艺配套的设备有:①切割压扁机;②捡拾打捆机;③固定式打捆机(二次压缩打捆机)。

图 10-1　紫花苜蓿的刈割和集草

图 10-2　田间加工的苜蓿大圆草捆

(2)高密度草捆:高密度草捆可分为直接加工的和由一次打捆经过二次压缩的高密度草捆。草捆尺寸为 35 cm×35 cm×40 cm,每个草捆重约 27 kg。压缩草捆的密度小于草块,在 260～480 kg/m³之间。传统的方式是将含水量为 70%～80%的苜蓿收割后放在田间调制或以一行或长条堆的形式干燥。苜蓿草干燥到含水量 40%～50%,然后搂成一长条,进一步干燥到含水量到 20%～30%。打捆时用手提式电子水分测定仪测定的含水量应少于 14%,且植株应当是多叶的,很少或没有褐色的叶片。一定要没有霉烂、杂草和尘土。

图 10-3　紫花苜蓿草垄及方草捆制作

在远距离运输草捆时,为了减少草捆体积降低运输成本,把初次打成的小方捆二次压实压紧。二次压捆需要二次压捆机。二次压捆时要求草捆的含水量在 14%～17%,如果含水量过高,压缩后水分难以蒸发容易造成草捆变质。二次压缩草捆,内部紧实不透气,在大棚或堆藏时受外界气候影响较小,耐贮藏,仍保持青绿。

(3)优质苜蓿草捆的生产技术

1)确定收获日期　生产优质草捆最适宜的收获期是初花期,即苜蓿田中苜蓿花蕾 10%～20% 开放时开始收获。由于当前我国收获苜蓿主要靠自然晾晒,收获时还要考虑天气因素,一般苜蓿割倒后保持 3 天以上的晴朗天气最佳。

2)采用合适的收割和晾晒机械　在苜蓿各组成成分中,茎秆干燥速率的快慢直接决定着整体干燥速度快慢。因此,在收获机械的选择上,尽量选择收获压扁机,在收获过程中将茎秆压扁,以加快干燥速度。收获后,有条件的地方,翻晒 1～2 遍,加快干燥进程。

3)确定合理的打捆含水量　打捆时的水分含量应为多少,至今还没有精确的标准,通常均参照打捆机械类型、草捆大小及草捆密度等而定。一般情况下,当含水量在 25% 左右时,可以在田间加工成松散捆,运输到加工厂内进行进一步干燥;当水分含量进一步降到 18% 左右时,可以用一次打捆机加工成密度为 250～300 kg/m³ 人工草捆,也可以等到水分降至 15% 以下,通过 GKY 型高密度压捆机加工成密度为 350～400 kg/m³ 高密度草捆。

干草水分含量过低,易造成苜蓿叶片的掉落;水分过高,又会引起真菌和细菌的活动,使草捆温度上升,牧草变质,进而影响干草的营养价值,并使食口性和消化率降低。

4)制作草捆时的注意事项　收获前,一定要根据当地气象部门的预告情况来进行,以免割倒后、打捆前造成雨淋,甚至造成霉烂,影响产品的质量。田间翻晒时,时间应该安排在早晨 8 点以前或晚上 6 点以后,切忌在中午时分进行翻晒,人工打捆时加工时间尽量选择晚间或早晨,以免叶片脱落过多。加工成松散草捆后,堆垛贮藏时一定要留中间过道,保持通风,加快干燥进程。加工高密度草捆时,严格控制水分,保证加工时水分含量在 12%～14%之间。

2. 草块

(1)草块的特性:草块是由含水量约 8%～10%、长约 3～5 cm 的苜蓿干草段,经挤压环模式、平模式、冲头式或缠绕式等压块机,制成的具有一定密度的长方形草块(图 10-4)。草块的横截面边长为 12.7～38.1 mm,长度为 25～100 mm,密度为 640～840 kg/m³。通常苜蓿草块含有 17%的蛋白质、60%可消化的养分总量,以及 23%的纤维。高质量的草块应具有以下几个优点:①保持原有植物的营养特性,有较高的蛋白质含量。②保持黄绿色,有清香味,适口性好。③草产品应具有较低的含水量,使安全贮存时间长达 1～2 年。④无霉烂、无虫害、无杂质,如杂草、尘土等。⑤密度大,便于运输和贮藏,在搬运、贮藏时不易碎裂。

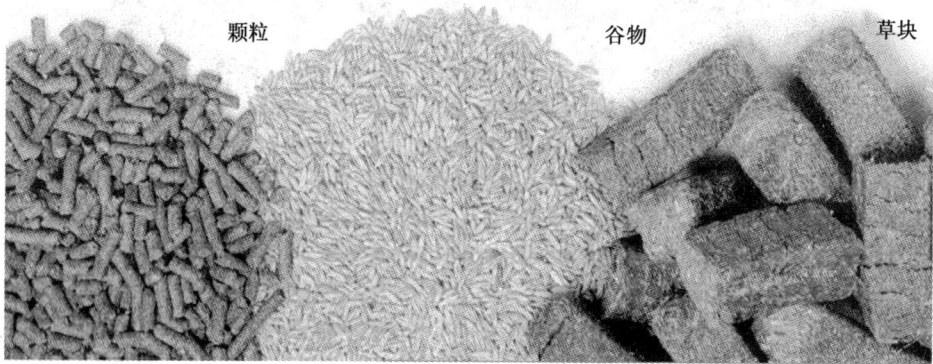

图 10-4　苜蓿草块(右)和苜蓿草颗粒(左)

(2)草块的生产工艺:牧草切碎长 3～5 cm,视情况加一定量的水作为润滑剂,添加量使草段的含水量增加 2 个百分点为宜。送入传输装置,由传送绞龙搅拌,送入喂入装置,将物料连续、均匀地喂入主机压缩室内。混合好的草段在压轮机的作用下通过模孔,同时产生大量的热量。压力、热量以及牧草本身含有的自然胶的黏合作用,三者相互作用形成草块。刚挤压形成的草块温度较高,具有牧草的胡香味,需要通过传送带运至冷却器冷却,后包装贮存。在压制草块时,有的生产厂商还要添加淀粉、石灰、二氧化硫、丙酸、矿物质元素等物质,起到黏合、抗氧化、防腐和增强营养等作用。干草压块通常由固定作业式压块机完成。

3. 草颗粒　草颗粒是由青绿苜蓿经过快速干燥、粉碎或以制作的草捆在粉碎后,进一步用颗粒机压制而成的。草颗粒为直径约 1 cm,长 1.5～2 cm 的圆柱体(图 10-4)。由于苜蓿在晒制干草过程中,叶片、嫩枝等营养丰富的部分易脱落损失,为提高苜蓿草产品的质量,可将苜蓿适时刈割(现蕾—开花期),稍加晾晒,含水量降至 50%左右时,添加 2%～3%的矿物质、黏合剂(膨润土)等,压制成接近全价的无粮型颗粒饲料。如研制的青鲜颗粒饲料,粗蛋白质含量为 17%～18%,胡萝卜素含量为 80～90 mg/kg,而对照组(干燥后压制颗粒)分别为 13%～15%和 30～50 mg/kg。草块压制过程中,可根据需要加入尿素、矿物质以及其他添加剂。

4. 草粉　制作草粉应选用含水量低于 15%的优质苜蓿青干草,粉碎,过 1.2 mm 筛。草粉容重较小(200～260 kg/m³)、体积大、易产生粉尘。草粉流动性差,在料仓内易结块,要求料仓的设计合理或采用破块装置。草粉摩擦系数大,在制粉过程中原料与压模孔间阻力较大,因此颗粒机的压模厚度与孔径比要适中。

(三)青干草品质评定

青干草含水高低与其能否长期贮存不变质有密切关系,所以优质干草含水在 15％以下;含水 15％～17％为中等;17％～20％为潮湿。其次,野干草中凡豆科草所占比例大的为优等,禾本科牧草和其他杂草比例大的为中等,含不可食杂草较多的为劣等。第三,干草叶片得留 75％以上为优等,叶片损失 50％以上为中等,叶片损失 75％为劣等。第四,干草颜色以鲜绿色为优,其次为淡色;黄褐色为次等;暗褐色是霉变干草,不可饲喂。第五,为准确评定其营养价值,还应对干草的干物质、CP、NDF 和胡萝卜素等成分进行测定。

(四)青干草重量估测

据试验成垛 30 天后,每立方米重量为(kg)

苜蓿干草 76～78

鹅冠草干草 64～67

雀麦干草 56～59

山坡上部干草 64～68

山坡下部干草 57～60

草原野干草 55～61

(五)青干草的贮藏地点

应有棚盖和防潮底垫,为露天堆垛,务必防止陷顶渗水或垛底受水浸泡。如过湿的干草堆成大垛,有时垛内会产生高热,甚至发生自燃或变成焦炭。此外,还应防止霉变。

二、青贮制作

青贮饲料可长期保存达到 20～30 年。现将青贮制作要点分述如下:

(一)青贮容器

1. 青贮窖(分地上,地下或半地下) 俯视形状有圆形、长方形或马蹄形等。长方形青贮窖多见,其深 3 m 以上,宽 4～6 m,长度不等,以乳牛头数多少而定。窖的四周用砖或石砌成,水泥抹面,不透气,不漏水,内壁光滑垂直或上大下小呈斗形或倒梯形。

2. 青贮塔 多呈圆筒形,内径为 5～9 m,塔高 9～24 m。在塔身一侧每隔 2 m 高,开一个约 60 cm×60 cm 的窗口,装料时关闭取空时敞开。青贮塔是用钢筋、砖、水泥砌成的塔形建筑物,占地面积小,青贮容量大,利于装填及压实,但价较高。

3. 塑料罐或塑料袋青贮 尺寸大小有多种,要求青贮器的材料牢靠、密闭、经济。

选择好青贮器后,其建造的地势要高燥,土质坚硬,底部必须高出地下水位 0.5 m 以上;青贮场址靠近牛舍饲槽、远离水源和粪坑。青贮设备坚固、不透气、不渗漏。大型地上青贮窖可在底部安装水泥漏缝地沟,以收集青贮料汁液。青贮器内壁光滑转角要做成半圆形或弧形,有利于青贮料下沉和压实。

(二)选用优质原料掌握适当的含糖量

为使乳酸菌大量繁殖,形成足量的乳酸,应使青贮原料呈"正糖差"。即饲料中含糖量应大于青贮时的最低需糖量。其计算公式为:

$$饲料最低需要含糖量(\%)=饲料缓冲度(\%)×1.7$$

饲料缓冲度为中和每 100 g 全干饲料中的碱性元素,并使 pH 降至 4.2 所需的乳酸克数。

1.7 系数来自每形成 1 g 乳酸需葡萄糖 1.7 g。经测定,容易青贮的原料,具有较大的正青贮糖差如玉米、高粱、禾本科牧草、甘薯藤、南瓜、菊芋、芜菁、甘蓝等;不易青贮的饲料均为负青贮糖差,如苜蓿、三叶草、草木樨、大豆、豌豆、紫云草、马铃薯茎叶等;可与正糖差饲料混贮,不能单独青贮的原料,糖量极低,如南瓜、西瓜藤等。但添加易溶性碳水化合物,或加酸青贮也可成功。

此外,在选择原料的同时,青贮的原料还必须适时收割,这不仅可从单位面积上收获最大量的营养物质,而且水分和糖分适宜,易于制成优质的青贮。制作优质青贮料还应使原料洁净、无污染、不霉烂变质,常用青贮收割期见表10-8。

表 10-8　几种常用青贮原料适宜收割期

名　称	收　割　适　期
全株玉米	蜡熟期收割,如有霜害,也可在乳熟期收割
玉米秸	玉米果穗成熟,玉米秆下部有 1～2 片叶枯黄时,立即收割,或玉米在成熟时,削尖青贮,但削尖时,采穗上部应保留一叶片
豆科牧草及野草	现蕾期至开花初期
禾本科牧草	孕穗至抽穗初期
甘薯藤	霜前或收薯前 1～2 天
马铃薯茎叶	收薯前 1～2 天

(三)调节青贮原料含水量

成功地调制优质青贮饲料的关键技术是控制青贮原料的水分。青贮原料含水量以65%～70%为宜,原料含水量过低,青贮时难以压紧原料间隙留有较多的空气,使好氧性微生物大量繁殖,使原料发霉腐烂;如含水量过高,则利于丁酸菌繁殖,使原料腐臭。所以青贮时含水量必须进行适当的调节。如含水量过高,青贮前应晾干凋萎或添加适量谷类、麸皮、干草、稻草等。要随割随运,及时切碎贮存,放置时间一长,水分蒸发,养分损失。

(四)切短与装填

原料切短才能压实。压实有利于排除窖内空气和抑制好氧性微生物的活动。据试验,牧草经切后乳酸菌可由每千克鲜草 10^4 个增至 5×10^8 个。对乳牛来说,细茎植物青贮切成 3~5 cm 即可,粗茎植物切成 2~3 cm 较为适宜。对青贮玉米秸,要求破节率在 70% 以上。

切短的饲草应立即装填入窖。在装窖前窖底可填充一层 10~15 cm 厚短的秸秆或软草,然后再逐层(15~20 cm)装填,并及时压实。装满窖后应尽量超出高度 60 cm 以上,顶部堆成馒头形或屋脊形,以利于排水。

(五)密封与管理

严密封窖,防止渗水漏气是制作优质青贮的关键环节。如窖封不严,进入空气或雨水,必将导致青贮失效。所以,窖装满后在原料上面铺盖塑料膜,并用沙袋或石头将周围塑料膜压紧,然后再糊上一层黏泥,最后再覆盖 20~30 cm 厚的土。密封后应经常检查,遇有裂缝、塌陷、渗漏等应及时采取对策。窖的周围应挖排水沟。

(六)质量评定

1. 感观鉴定法　根据青贮饲料的颜色、气味、味道、手感来判断青贮饲料的优劣。饲料的颜色越是接近原来的颜色,即为绿色或黄绿色、有光泽,其质量就越好,如变成褐色或黑绿色,则表明质量低劣。正常的青贮饲料有一种酸香味,若带有腐烂或发酵味,则质量不好。质量好的青贮饲料拿到手里感到松散,而且质地柔软、湿润,如果感到发黏,或者松散但干燥粗硬,亦属质量不好的青贮饲料。腐败、恶臭的青贮饲料应禁止饲喂。青贮饲料感观鉴定标准见表10-9。

表 10-9　青贮料质量感官评定标准

等级	颜　色	气　味	酸味	结　构
优良	青绿或黄绿色,有光泽,近于原色	芳香酒酸味	浓	湿润紧密茎叶花保持原状,容易分离
中等	黄褐或暗褐色	有刺鼻酸味,香味淡	中等	茎叶花部分保持原状,柔软,水分稍多
劣等	黑色褐色或暗墨绿色	具有特殊刺鼻腐臭味或霉味	淡	腐烂污泥状黏滑或干燥或黏结成块,无结构

2. 实验室鉴定法　取样:无论是长方形青贮窖、圆形青贮窖或青贮塔,都应遵循通用的对角线和上、中、下设点取样的原则,取样点距离青贮窖四边缘不少于 30 cm,以减少外部环境的影响。青贮样品一经取出,应立即放入密封容器中密封好,以减少二次发酵的可能性。鉴定方法用 pH 值评估(表 10-10)。

表 10-10　pH 值与青贮质量的关系

pH 值	3.5~4.1	4.2~4.5	4.6~5.0	5.1~5.6	>5.6
青贮质量	很好	好	可用	差	极差

(七)青贮饲料量的估测与取用

封窖后经 45 天左右即可完成青贮发酵过程。青贮玉米封窖后一般经 45~60 天,豆科牧草 3 个月左右,便可开窖利用。青贮窖一经启用,即不宜间断,应每天取用。从窖一端打开,分段自上而下垂直取料。每天取后应将暴露面盖好,以防二次发酵,使营养损失、青贮质量恶化、结霉块腐烂。一个窖青贮料量取决于原料种类。据测定,下列各种饲料每立方米的容量(kg)如下:青贮玉米 650~700、玉米秸 450~500;牧草野草 550~600;叶菜类 800;甘薯藤 700~750;萝卜叶 610;向日葵 500~550。

三、半干青贮制作

青绿饲料刈割后在 24~28 小时内,经田间风干到含水量 40%~50%,切成 2~3 cm,装填在青贮窖内。由于原料含水量低,积压严,生成对各种微生物的高度厌气和半干燥条件,因而发酵程度微弱,蛋白质的分解和营养物质的氧化产热损失少。半干青贮的干物质含量比一般青贮饲料高 1 倍左右,兼具干草和青贮饲料的特征。

制作优质半干青贮,含水量应控制在 45%~55%。半干青贮原料的切短、装填、密封及管理要求同于一般青贮方法。

四、秸秆的加工利用

秸秆为低质粗饲料。一是干物质消化率低;二是可发酵氮源和过瘤胃蛋白过低;三是含有极低生葡萄糖物质;四是矿物质不平衡,利用率低。但具有优良的物理性状。在粗饲料缺乏地区可作为粗饲料加以利用。据试验,为了提高秸秆的消化利用率,可采用秸秆微贮、秸秆氨化和碱化处理。

1. 秸秆微贮　在秸秆中加入经复活的"秸秆发酵活干菌"放入密封青贮器内贮藏。经密封贮藏发酵 3~4 周后,使 pH 降至 4.5~5.0 秸秆变成具有酸香味、乳牛喜食的饲料。

市售秸秆发酵活干菌每袋 3 g,可处理秸秆 1~2 吨。先将菌剂倒入 200 ml 水中,置 1~2 小时待复活,再将其加入 600~1 200 kg 的 1%~0.5%食盐水中,均匀喷洒于 10 吨秸秆上,调整含水量至 60%~70%,同时均匀撒上 0.2%玉米粉或大麦粉、麸皮,压实,密封保存。21~30 天后(冬季延长)可开始取用。

试验表明,微贮是改善秸秆适口性和营养价值的一种可行方法。秸秆微贮饲料可作为一种粗饲料的补充成分。

2. 氨化饲料　切碎的秸秆装置在窖(深不超过 2 m,长 5 m,宽 5 m)内,通入氨气或喷洒氨水等密封保存 1 周以上。取用前揭开覆盖物,待氨味消失(24~48 小时)后方可饲喂。氨化可提高粗纤维消化率,还可增加饲料中的氮素。各种秸秆氨化剂的用量见表 10-11。如 1 周内不能喂完,则应将秸秆摊开晾晒,干燥后保存在棚内,以免发霉变质。

3. 碱化饲料　是指秸秆类饲料用化学调制法制作的饲料。如用生石灰(CaO)或 3%熟石灰[$Ca(OH)_2$]溶液处理秸秆,可把细胞壁部分木质素和硅酸盐类溶解,纤维消化率分别提高 10~20 个百分点。用生石灰水处理,可增加饲料中的钙质,但蛋白质和维生素则受到破坏。

表 10-11 各种秸秆氨化剂用量

氨化剂名称	尿素 CO(NH$_2$)$_2$	氨水				液氨 NH$_6$	碳铵 NH$_4$HCO$_3$
		浓度 25%	浓度 22.5%	浓度 20%	浓度 17.5%		
用量(占风干重%)	2～5	12	13	15	17	3～5	4～5

据研究,为了有效利用秸秆,还可有针对性地补加精料补充料或补喂优质青饲或青贮。

五、青绿饲料及块根饲料贮存与加工

青绿及块根饲料应堆放在棚内,旋转时间不宜过长,防止日晒、雨淋、发芽和霉变。

块根类饲料为甘薯、马铃薯、胡萝卜等应采取综合措施加以贮存。

(1)适时收获:即在适当成熟,但不过熟时收获。

(2)外皮完好无损,有擦伤外皮的、病疱虫咬的剔出直接饲喂;受过水涝或霜冻的不宜入窖;胡萝卜、甜菜等贮放前应削去根头;入窖前稍经风干等。

(3)采取窖贮,应配通气装置:调温设施,应用旧窖应先将四壁、窖底刮一层土,并用硫磺重蒸消毒后再用。

(4)调控贮藏条件,经常检查,适时取用(表 10-12)。

表 10-12 块根类饲料贮存条件

种 类	贮 存 条 件		
	温度(℃)	相对湿度(%)	通气管理
甘薯	10～13	85～95	入窖第 1 个月,次年春暖后,注意通风换气
马铃薯	3～5	90	通风良好,保持黑暗
胡萝卜	1～2	85	通风良好,每月翻堆一次
甜菜	0～4	70～80	通风良好,每月翻堆一次
南瓜	5～10	干燥	空气新鲜

块根类饲料如沾有泥土,喂前应洗涤,并进行击碎或切片。可采用螺旋式块根洗涤机、锤或击碎机等。

六、精饲料加工及贮存

1. 粉碎 玉米、大麦芽谷类和大豆等种子外都有一层种皮。种皮阻碍乳牛的消化酶及瘤胃微生物对种子内养分的消化。为了改善其适口性和提高其消化率,可将饲料种子磨碎。但粉碎不应过细,颗粒以 2～3 mm 为宜。太细的粒状精料对乳牛无益,且增加耗电量。但棉籽以整粒饲喂为好。棉籽在瘤胃内其表层棉纤维素即被消化,子实中脂肪和蛋白质等送至真胃后再被消化。

2. 压扁 玉米、高粱等谷粒饲料经蒸煮后压扁,然后快速干燥,其适口性和消化利用率(5%～19%),产乳量、乳脂率及乳蛋白均有提高。但大麦生产效应不如玉米、高粱明显。

3. 制粒　一种饲料或几种饲料经配料、调质(加水脱水或加糖蜜等黏合剂)、混匀、粉碎、造粒、冷却等工序,将饲料制成均匀的、大小适宜的颗粒。由于颗粒多经加热杀菌,能有效地控制喂料成分,便于贮运饲喂。但往往引起乳脂下降(0.1%~0.2%)。

精料应贮存在清洁、干燥、通风的仓库内,严禁与有毒有害物品共存;防止霉变、结块、鼠害、虫害和鸟害,并应有防范措施。

精料进出库应有准确记载日期,以便于先入库者先使用的原则。

第三节　乳牛日粮配合

一、乳牛饲养标准

1. 乳牛饲养标准　乳牛的营养需要及各种饲料的营养价值数据,可以从各种饲养标准中查到。我国配合乳牛日粮参考的主要饲养标准是《中国奶牛饲养标准》和美国 NRC 的《奶牛营养需要》,见表 10-13,这个表是除了《中国奶牛饲养标准》外,目前国内在乳牛配方中普遍参考的营养标准。

表 10-13　美国 NRC(2001)营养需要

营养素	干奶前期	干奶后期	泌乳早期	泌乳初期	泌乳中期	泌乳后期
DMI(kg)	13	10~11	17~19	23.6	22	19
NEL(MJ/kg)	5.77	6.28	7.11	7.45	7.20	6.36
脂肪(%)	2	3	5	6	5	3
CP(%)	13	15	19	18	16	14
降解 CP(%)	70	60	60	62	64	68
未降解 CP(%)	25	32	40	38	36	32
小肠 CP(%)	35	30	40	31	32	34
ADF(%)	30	24	21	19	21	24
NDF(%)	40	35	30	28	30	32
eNDF(%)	30	24	22			
%精饲料				50~58	40~52	35~48
NFC(%)	30	34	35	38	36	34
钙(%)	0.6	0.7	1.1	1.0	0.8	0.6
磷(%)	0.26	0.3	0.33	0.46	0.42	0.36
镁(%)	0.16	0.2	0.33	0.30	0.20	0.20
硫(%)	0.16	0.20	0.25	0.25	0.25	0.25
Vit A(万 U)	10	10	11	10	5	5
Vit D(万 U)	3	3	3.5	3	2	2
Vit E(U)	600	1 000	800	600	400	200

2. 乳牛营养需要的构成　乳牛的营养需要包括维持、生长、泌乳、妊娠四部分。维持需要是乳牛维持基本生命活动及基本运动(逍遥运动)所需的营养,在运动量较大时需要提供额外的运动营养需要;生长需要是乳牛体组织生长需要的营养;泌乳需要是满足从奶中分泌出的养分所需要的营养;妊娠需要则是胎儿生长需要的养分。一头乳牛的营养需要则是各部分养分需要的总和。

3. 乳牛营养需要数据　乳牛营养需要的主要数据可以参考(《中国奶牛饲养标准》,2002)。其中泌乳母牛的营养需要为维持、妊娠、泌乳需要之和,干奶牛的营养需要为维持和妊娠需要之和,犊牛和育成牛等生长牛的营养需要以体重和日增重的变化为依据。

二、日粮配合的原则及方法

(一)原则

1. 满足营养需要　饲养标准是对乳牛实行科学饲养的基本依据,因此,日粮必须参照我国的乳牛饲养标准或美国 NRC 标准进行配制。但在生产实践中,乳牛所处环境千变万化,多种多样的因素并非饲养标准所能完全考虑到的,因此在使用饲养标准时,不能将其中数据视为一成不变的固定值,应针对各种具体条件(如乳牛品种、环境、饲养方式、饲料品质、加工条件等)加以调整,并在饲养实践中进行验证。

2. 营养平衡　配合乳牛日粮时,除应注意保持能量与蛋白,以及矿物质和维生素等营养平衡外,还应注意非结构性碳水化物与中性洗涤纤维的平衡,以保证瘤胃的正常生理功能和代谢。泌乳期乳牛日粮适宜的非结构性碳水化物(NSC)与中性洗涤纤维(NDF)比例见表10-14。

表 10-14　泌乳期乳牛日粮适宜 NSC/NDF 比

项目	泌乳初期	泌乳中期	泌乳后期
NDF(%,干物质为基础)	28～32	33～35	36～38
NSC(%,干物质为基础)	32～38	32～38	32～38
NSC/NDF	1.14～1.19	0.97～1.09	0.89～1.00

注:NSC 为非结构性碳水化物;NDF 为中性洗涤纤维。(引自 Pemmylvania State University,1996)

3. 优化饲料组合　在配合日粮时,应尽可能选用具有正组合效应的饲料搭配,减少或避免负组合效应,以提高饲料的可利用性。

4. 体积适当　日粮的体积要符合乳牛消化道的容量。体积过大,乳牛因不能按定量食尽全部日粮,而影响营养的摄入;体积过小,乳牛虽按定量食尽全部日粮,但因不能饱腹而经常处于不安状态,从而影响生长发育和生产性能的发挥。正常情况下,泌乳牛对干物质摄取量为每头日平均占体重 2.5%～3.5%,干奶牛为 2%～2.5%。

5. 适口性　日粮所选用的原料要有较好的适口性,乳牛爱吃、采食量大,才能多产奶。

6. 对产品无不良影响　有些饲料对牛奶的味道、品质有不良影响,如葱、蒜类等应禁止配合到日粮中去。

7. 经济原则　原料的选择必须考虑经济原则,即尽量因地制宜和因时制宜地选用原料,充分利用当地饲料资源。并注意同样的饲料原料比价值,同样的价格条件下比原料的质量,以便最大限度地控制饲用原料的成本,提高经济效益。

(二)日粮配合的基本步骤

1. 营养要求　乳牛所需的营养量取决于下列因素:奶产量、泌乳期、体重、年龄(胎次)、乳成分、妊娠期。

根据乳牛的产奶性能、体重和胎次从饲养标准中查出营养需要量,其包括干物质、乳牛能量单位(或产奶净能)、蛋白质(有条件宜包括可消化粗蛋白、代谢蛋白质、瘤胃降解蛋白、过瘤胃蛋白)、粗纤维(有条件以中性洗涤纤维为宜)、非纤维性碳水化合物、矿物质及维生素需要量。

2. 确定日粮精粗料比例　乳牛能够吃多少饲料就应该喂给多少饲料。但乳牛能够吃进的粗饲料量是有限度的。正常情况下,不喂精饲料时乳牛最多能够采食其体重的 2.5% 高质量粗饲料。例如,体重 600 kg 的奶牛最多可以吃:$600 \times 2.5\% = 15$ kg 粗饲料干物质。对低质粗饲料,乳牛会相应减少采食量。精饲料饲喂量足够时,乳牛平均粗饲料干物质的消耗量大约是其平均体重的 1.8%。根据产奶量将牛群分组,高产组乳牛的粗饲料干物质平均消耗量是其平均体重的 1.6%,而低产组乳牛的粗饲料干物质消耗量是其平均体重的 2.0%。高产乳牛粗饲料饲喂量比低产奶牛少,因为高产奶牛需要更多的精饲料以满足能量和蛋白质需求。一般要求粗饲料干物质至少应占乳牛日粮总干物质的 40%~50%。

粗料量确定后,计算各种粗饲料所提供的能量、蛋白质等营养量。

3. 确定精料配方　从营养需要量中扣除粗饲料提供的部分,得出需由精料补充的差值,在可选范围内,找出一个最低成本的精料配方。

4. 确定添加剂配方及添加量　除矿物质和维生素外,一些特殊用途的添加剂也由此确定和添加。

举例:计算配制一个体重为 600 kg、日产奶 20 kg,乳脂率为 3.5% 的成母牛日粮。

第一步,查乳牛饲养标准表。体重 600 kg,日产奶 20 kg,乳脂率为 3.5% 成母牛的营养需要量见表 10-15。

表 10-15　体重 600 kg 日产奶 20 kg 乳脂率为 3.5% 成母牛的营养需要量

需要量	干物质(kg)	乳牛能量单位	可消化粗蛋白(g)	小肠可消化蛋白(g)	钙(g)	磷(g)
维持	7.52	13.73	364	303	36	27
产奶	8.2	18.6	1 060	920	84	56
合计	15.72	32.33	1 424	1 223	120	83

第二步,日粮精粗干物质比若按 45:55 计,则粗饲料干物质需 7.07 kg。若粗饲料为苜蓿干草和青贮玉米,其干物质比各占 50% 计,则苜蓿干草和青贮玉米的需要量为:

苜蓿干草 7.07 kg×50％/0.861(苜蓿干物质含量)≈4(kg)

青贮玉米 7.07 kg×50％/0.227(青贮玉米干物质含量)≈16(kg)

表 10-16　日粮粗饲料提供的营养量与需要量差额

种类	喂量(kg)	干物质(kg)	奶牛能量单位	可消化粗蛋白(g)	小肠可消化蛋白(g)	钙(g)	磷(g)
苜蓿干草	4	3.4	5.23	347	244	55	9.3
青贮玉米	16	3.63	5.77	152	203	16	9.5
合计	20	7.03	11.00	499	447	71	18.8
需要		15.72	32.33	1 424	1 223	120	83
尚缺		−8.69	−21.33	−925	−776	−49	−64.2

第三步,不足营养用精料补充。现有玉米、麸皮、豆饼、棉籽饼等精饲料种类,经瘤胃能氮平衡,并考虑经济因素后,各种精料用量分别为:玉米 6.0 kg,麸皮 1.6 kg,豆饼 1.2 kg、棉籽饼 0.8 kg。

表 10-17　所配日粮营养含量与饲养标准比较

种类	喂量(kg)	干物质(kg)	奶牛能量单位	可消化粗蛋白(g)	小肠可消化蛋白(g)	钙(g)	磷(g)
玉米	6.0	5.30	13.67	334	408	4.8	12.7
麸皮	1.6	1.42	3.07	139	118	2.8	12.5
豆饼	1.2	1.09	2.89	326	205	3.8	6.0
棉籽饼	0.8	0.72	1.88	170	103	2.2	6.5
粗饲料	20	7.07	11.00	499	447	71	18.8
合计	29.6	15.60	32.51	1 468	1 281	84.6	56.5
与需要比较		−0.12	+0.18	+44	+58	−35.4	−26.5

第四步,能量、蛋白均已满足需要,尚缺的 35.4 g 钙和 26.5 g 的磷,如补充 0.15 kg 磷酸氢钙(含钙23.2％,磷18.0％),并根据需要另加一些微量元素或特殊用途的添加剂,即可获得平衡日粮。

该日粮组成为:苜蓿干草 4.0 kg,玉米青贮 16.0 kg,玉米 6.0 kg,麸皮 1.6 kg,豆饼 1.2 kg,棉籽饼 0.8 kg,磷酸氢钙 0.15 kg,总计 29.75 kg。

该日粮每千克干物质含乳牛能量单位 2.08,可消化粗蛋白质 9.4％,小肠可消化蛋白质 8.2％,钙 0.77％,磷 0.54％,粗纤维 9.0％。

(三)计算机配方在乳牛日粮配合中的开发与利用

1. 开发乳牛计算机管理系统的意义　发达国家已经建立了比较完善的乳牛场计算机智

能化管理成套技术。已经实现了包括信息采集技术、信息分析技术和计算机配方与原料管理等工艺流程的乳牛饲养管理手段。我国有许多地方已经正在成功开发和应用乳牛计算机管理系统。

在信息采集技术方面,通过引进先进的挤奶设备,实现了产奶量的自动记录。我国的乳牛营养需要和饲料营养价值数据库模型方面,已经具有了较好的基础。中国农业大学利用国家"863"奶牛精细饲养技术工艺平台项目,自主开发了"奶牛多功能管理分析软件"。包括乳牛谱系、生长、泌乳、育种、繁殖、生产性能、饲料配方等诸多方面的关键性控制因素,能够极大地提高乳牛饲养的生产效率与信息化管理水平。

2. 乳牛多功能管理分析软件的内容　乳牛多功能管理分析软件包括:

(1)乳牛牛群与育种繁殖管理系统:育种繁殖管理系统是根据乳牛谱系对个体乳牛的基本情况与育种繁殖情况进行科学的管理与估算,并对牛群的情况进行相应的查询、统计与分析并形成相应报表。另外,系统还提供育种繁殖相关的专家系统。

(2)乳牛生产性能管理系统:生产性能管理系统是根据先进的乳牛生产性能 DHI 体系对乳牛的各种生产性能,如产奶量、乳脂、乳蛋白等进行科学的统计和分析并形成各种性能曲线,系统还提供与乳牛生产性能相关的专家系统。

(3)乳牛饲料配方管理系统:饲料配方管理系统涵盖乳牛业的原料管理、标准管理、营养素管理以及配方的管理,并形成日粮配方以供生产管理的需要。

除此之外,系统还提供上述管理关键信息的查询、统计与报表功能。

思考题

1. 试述常用饲草饲料的营养特性及加工方法。
2. 如何才能生产出优质青干草?
3. 青贮的原理是什么? 如何在青贮生产过程中保存其最大的营养价值?
4. 乳牛粗饲料的特点是什么? 乳牛为什么需要豆科(苜蓿)和禾本科(羊草)优质粗饲料?
5. 为何在乳牛日粮配合中要控制合理的精粗比例?
6. 如何提高低质粗饲料的利用价值?
7. 简述乳牛日粮配合的原则和方法。

参 考 文 献

1. 王福兆. 乳牛学(第三版). 北京:科学技术文献出版社,1993.
2. 董德宽. 乳牛高效生产技术手册. 上海:上海科学技术出版社,2003.
3. 王贞照,等. 乳牛高产技术. 上海:上海科学技术出版社,2002.
4. 常巧玲,孙建义. 纤维素酶对奶牛营养的研究进展. 饲料研究,2004(10):22～24.
5. 高 巍,等. 阴离子盐预防奶牛产乳热的机理及应用. 石河子大学学报,2006,24(5):563～566.
6. 杨 蕾,等. 阴离子盐对围产期奶牛血钙平衡的调控机理及应用. 营养与日粮,2009(238):16～18.

第十一章　后备母牛培育

犊牛从出生到第一次产犊前称后备牛。后备牛包括犊牛、育成牛和初孕牛。

后备牛培育正确与否是关系到牛群的未来。后备牛正处于快速的生长发育阶段,对乳牛体型的形成、采食粗饲料的能力,以及到成牛期后的产乳和繁殖性能都有极其重要的影响。

后备牛在整个生长发育时期,随着年龄的增长,其全身组织化学成分不断变化,对营养物质的需求也随之不同。因此,必须根据后备牛各生理阶段营养需要的特点进行正确饲养。

第一节　培育目标

一、体格与体型

结合乳牛品种特点和育种目标,都应制定培育目标,例如美国荷斯坦育成母牛 15 月龄配种时体重应达 360 kg,24 月龄产犊;日本要求 14～15 月龄配种体重 360 kg,23～24 月龄产犊;我国北京分别为 15～16 月龄,350～400 kg 时配种。

总结后备牛培育的经验表明,如初次产犊年龄超过 24 月龄,每延迟 1 个月,生产费用则将增加(美国为 55～65 美元)。此外,研究还表明,初次产犊体重与体高和产乳量密切相关。多数研究认为以表 11-1 所列指标较为理想。

表 11-1　荷斯坦母牛各月龄体尺和体重

月龄	体重(kg)	(占成牛%)	胸围(cm)	体高(cm)
初生	41.8	(5～7)	76.2	74.9
1	46.4		81.3	76.2
3	84.6	(20)	96.5	86.4
6	167.7	(30)	124.5	102.9
9	251.4		144.8	113.1
12	318.6	(50)	157.5	119.4
15	376.3	(70)	167.6	124.5
18	440.0	(80)	177.8	129.5
21	474.6		182.4	132.1
24	527			137.0

资料来源:王前. 养奶牛 10 招. 广州:广东科技出版社,2003.4

二、培育成本的控制

实践表明,后备母牛的培育在鲜乳生产总成本中所占的比例仅次于饲料饲养,位于第二。

据国外资料,一头后备母牛 1 100～1 300 美元,我国北京为 5 000～6 000 元。由此可见,培育后备牛必须控制培育成本,但必须要达到培育目标。

(一)满足犊牛营养需要

根据北京市三元集团在实践中总结的不同月龄犊牛日粮营养需要,见表 11-2。

表 11-2　犊牛各月龄营养需要

月龄	目标体重(kg)	NND	干物质(kg)	CP(g)	Ca(%)	P(%)
出生	35～40	4.0～4.5	—	250～260	8～10	5～6
1	50～55	3.0～3.5	0.5～1.0	250～300	12～14	9～11
2	70～72	4.6～5.0	1.0～1.2	320～350	14～16	10～12
3	85～90	5.0～6.0	2.0～2.8	350～400	16～18	12～14
4	105～110	6.5～7.0	3.0～3.5	500～520	20～22	13～14
5	125～140	7.0～8.0	3.5～4.4	500～540	22～24	13～14
6	155～170	8.0～9.0	3.6～4.5	540～580	22～24	14～16

刚出生的犊牛消化系统还没有发育完全,但是,出生后几个月内犊牛消化系统会发生急剧的发育变化。刚出生时犊牛的消化系统功能和单胃动物一样,真胃是犊牛惟一发育完全并具有功能的胃。所以,出生后几天内犊牛仅能食用初乳和常乳,不反刍,牛奶主要由真胃产生的酸和酶消化,而瘤胃尚未开始发育。

随着犊牛生长,采食固体和纤维性饲料逐渐增加,瘤胃内细菌群系逐渐建立起来。由于发酵产生的酸刺激瘤胃壁的生长,慢慢地瘤胃发育成能够发酵和消化蛋白质的主要器官。当犊牛开始反刍时就意味着瘤胃已具有正常功能。

(二)实行犊牛早期断奶

统乳用犊牛培育的哺乳期为 180 天,哺乳量为 800～1 000 kg。鲜奶用量越多,犊牛培育成本越高。为了解决上述问题,根据犊牛消化系统发育的规律,提出了早期断奶方法,即人为缩短犊牛的哺乳期(45～60 天),减少犊牛的哺乳量(250～350 kg),既降低了犊牛的培育成本,又使犊牛的消化系统尽早得到锻炼,提高了犊牛的培育质量。

(三)充分发挥初乳的作用

初乳是母牛产后 5～7 天内分泌的乳汁。初乳的营养成分多数指标高出常乳。初乳干物质的总量可达 27%,比常乳高 1.25 倍。因此,剩余的初乳还可以制作发酵初乳饲喂犊牛,节约培育成本。

1. 发酵初乳制备　在没有菌种的条件下,用酸牛奶就可以做,将牛奶煮沸,冷却到 40 ℃,

加入乳酸菌种(或酸奶)在 37 ℃的条件下,经过 7～8 小时,置于冰箱 4～10 ℃备用。

2. 初乳发酵的注意事项

(1)患乳腺炎病母牛的初乳不能用于制作发酵初乳。

(2)发酵初乳如果出现水乳分离者,不得饲喂犊牛。

(3)如制作季节温度低,应对用具保温。

(4)用具要加盖,防止腐败。

(四)饲喂代用乳

代用乳主要是为了降低培育犊牛成本,对 2～3 周龄的犊牛喂给代用乳,代替常乳,其原料主要是脱脂乳加动物油脂,其方法有两种:一是把融化的油脂喷雾到脱脂奶粉上,使之吸附;二是将脱脂乳用喷雾干燥机把混合均匀的油脂喷入牛乳,使之乳粉化,其营养价值与奶粉相似,热水溶解后喂给犊牛,与常乳效果差不多。

(五)饲喂代乳料

犊牛代乳料也称犊牛料。主要用于犊牛 30 日龄至断奶阶段,代替一部分常乳,补充犊牛营养不足以维持正常增重,代乳料多呈糊状。配方为:豆粕 30％,玉米 25％,大麦粉 25％,麦麸 15％,磷酸氢钙 2.0％,碳酸钙 1.0％,骨粉 1.0％,食盐 1.0％,这个配方在上海一些地区受到良好效果。

第二节　犊牛饲养管理

犊牛是指由出生到 6 月龄的牛,这个时期犊牛经历了从母体子宫环境到体外自然环境、由靠母乳生存到靠采食植物性为主的饲料生存、由反刍前到反刍的很大生理环境的转变,各器官系统尚未发育完善,抵抗力低,易患病。犊牛处于器官系统的发育期,可塑性大,良好的培养条件可为其将来乳用体型和提高生产性能打下基础。如果饲养管理不当,可造成生长发育受阻,影响终生的生产性能。

一、犊牛消化特点及瘤胃发育

犊牛出生后前三胃既不发达,机能又不健全,起主要作用的是皱胃(也称真胃、四胃)。真胃占 4 个胃总容积的 70％,(瘤胃、网胃、瓣胃,总合占 30％),犊牛只能依赖于初乳和常乳。3 周龄后瘤胃发育加快,6 周时前三胃容积占 70％,而皱胃仅占 30％,犊牛到 12 月龄时,瘤胃总容积占 75％,瘤胃发育急剧变化的特点对于犊牛的培育和早期断奶有着特殊重要的意义。

从出生到断奶采食饲料,犊牛经历了很大的生理和代谢转变。在瘤胃功能建立之前,犊牛的消化和代谢与非反刍动物在许多方面类似。这样,由碳水化合物、蛋白质和脂肪组成的具有高消化率的液体饲料,可以更好地满足犊牛的营养需要。出生后 2～3 周是最关键的时期,这时犊牛的消化系统还未发育完全,但与消化液的分泌和酶的活性有关的发育却很迅速。

除了以生产小牛肉为目的外,犊牛饲养提倡在早期饲喂干饲料,这有助于刺激瘤胃功能的发育。瘤胃上皮组织的发育,取决于挥发性脂肪酸(VFA),特别是丁酸的存在。开食料的化学组成和物理形式是非常重要的。开食料应该是易发酵碳水化合物含量较高的饲料,但还必须含有足够的可消化纤维,以支持瘤胃发酵的正常进行,而瘤胃发酵又为维持瘤胃组织的适宜生长所必需。在这一阶段,瘤胃及其微生物区系还没有发育成熟,纤维素在瘤胃中的消化程度也很有限。因此,饲喂长干草对于犊牛瘤胃功能的发育不如精料有效,而且还会限制犊牛的代谢能采食量。长干草只有在断奶后才能喂给犊牛。另外,无论是通过制粒、粉碎,还是其他加工方式,开食料都应具有适当的粒度,这对于预防瘤胃乳头状突起的异常发育和角质化,以及预防细碎的开食料颗粒在乳头状突起之间的淤塞是非常重要的。

根据消化功能发育的情况,犊牛的营养需要可分为三个阶段:

(1)液体饲料饲喂阶段:犊牛全部或者必需的营养需要均由乳或代用乳提供。这些饲料的质量可由功能性食管沟的作用而得到保护,食管沟能使液体饲料直接进入皱胃,从而避免瘤-网胃微生物的降解破坏。

(2)过渡阶段:犊牛的营养需要由液体饲料和开食料二者共同提供。

(3)反刍阶段:犊牛主要通过瘤-网胃微生物的发酵作用从固体饲料中获取营养。

二、犊牛饲养管理

(一)初生犊牛的护理

犊牛由母体产出后应立即做好如下工作:即消除犊牛口腔和鼻孔内的黏液,剪断脐带,擦干被毛,饲喂初乳。

1. 清除口腔和鼻孔内的黏液　犊牛自母体产出后应立即清除其口腔及鼻孔内的黏液,以免妨碍犊牛的正常呼吸,并防止将黏液吸入气管及肺内。如犊牛产出时已将黏液吸入而造成呼吸困难时,可两人合作,握住两后肢,倒提犊牛,拍打其背部,使黏液排出。如犊牛产出时已无呼吸,但尚有心跳,可在清除其口腔及鼻孔黏液后将犊牛在地面摆成仰卧姿势,头侧转,按每6~8秒一次按压与放松犊牛胸部进行人工呼吸,直至犊牛能自主呼吸为止。

2. 断脐　在清除犊牛口腔及鼻孔黏液后,如其脐带尚未自然扯断,应进行人工断脐。方法是在距离犊牛腹部8~10 cm处,两手卡紧脐带,往复揉搓2~3分钟,然后在揉搓处的远端用消毒过的剪刀将脐带剪断,挤出脐带中黏液,并将脐带的残部放入5%的碘酊中浸泡1~2分钟。

3. 擦干被毛　断脐后,应尽快擦干犊牛身上的被毛,以免犊牛受凉,尤其在环境温度较低时,更应如此。也可让母牛自己舔干犊牛身上的被毛,其优点是刺激犊牛呼吸,加强血液循环,促进母牛子宫收缩,及早排出胎衣,缺点是会造成母牛恋仔,导致挤奶困难。

4. 喂初乳　初乳是母牛产犊后5~7天所分泌的乳,与常乳相比初乳有许多突出的特点,因此对新生犊牛具有特殊意义,根据规定的时间和喂量正确饲喂初乳,对保证新生犊牛的健康是非常重要的。

初乳的特点:初乳色深黄而黏稠,并有特殊气味。与常乳相比,初乳干物质含量高,尤为蛋白质、胡萝卜素、维生素 A 和免疫球蛋白含量是常乳的几倍至十几倍,见表11-3。另外,初乳酸度很高,含有镁盐、溶菌酶和 K-抗原凝集素。初乳的这些特点,对初生犊牛是非常重要的。

表 11-3　第一次初乳与常乳营养成分的比较

成分	初乳	常乳
干物质(%)	22.6	12.4
脂肪(%)	3.6	3.6
蛋白质(%)	14.0	3.5
球蛋白(%)	6.8	0.5
乳糖(%)	3.0	3.5
胡萝卜素(mg/kg)	900～1 620	72～144
维生素(U/kg)	5 040～5 760	648～720
维生素(U/kg)	32.4～64.8	10.8～21.6
维生素(μg/kg)	3 600～5 400	504～756
钙(g/kg)	2～8	1～8
磷(g/kg)	4.0	2.0
镁(g/kg)	40	10.0
酸度(°T)	48	17

奶牛产后 2 天,初乳成分逐渐接近常乳,但在生理上仍把产后 5～7 天分泌的乳汁称为初乳。犊牛初生时免疫球蛋白的吸收率为 50%,出生 20 个小时后吸收 12%,36 小时后吸收极少或不吸收,所以犊牛出生后在 1 小时内喂给 2 kg 初乳,对犊牛的成活非常重要。

另外,初乳的黏度大,对犊牛的胃肠道有良好的保护作用,可防止细菌侵袭机体。

初乳的酸度高(45～50°T)能有效地刺激胃黏膜产生消化液,能抑制细菌活动,免受侵害。初乳中含有溶菌酶和抗体,溶菌酶能杀死多种细菌,含有抗体的 γ-球蛋白可以抑制某些细菌的活动,K-抗原凝集素能够抵抗特殊品系的大肠杆菌。

初乳含有较多的镁盐,具有轻泻作用,能促使排除胎粪。

初乳的喂量及饲喂方法:第一次初乳的喂量应为 1.5～2.0 kg,不能太多,以免引起消化紊乱,以后可随犊牛食欲的增加而逐渐提高,出生的当天(生后 24 小时内)饲喂三四次初乳,一般初乳日喂量为犊牛体重的 8%。而后每天饲喂 3 次,连续饲喂 4～5 天以后,犊牛可以逐渐转喂正常乳。

初乳哺喂的方法可采用装有橡胶奶嘴的奶壶或奶桶饲喂。犊牛惯于抬头伸颈吮吸母牛的乳头,是其生物本能的反映,因此以奶壶哺喂出生犊牛较为适宜。目前,奶牛场限于设备条件多用奶桶喂给初乳。欲使犊牛出生后习惯从桶里吮奶,常需进行调教。最简单的调教方法是将洗净的中、食指蘸些奶,让犊牛吮吸,然后逐渐将手指放入装有牛奶的桶内,使犊牛在吮吸手指的同时吮吸桶内的初乳,经三四次训练以后,犊牛即可习惯桶饮,但瘦弱的犊牛需要较长的时间和耐心的调教。喂奶设备每次使用后应清洗干净,以最大限度地降低细菌的生长以及疾病传播的危险。

挤出的初乳应立即哺喂犊牛,如奶温下降,需经水浴加温至 38～39 ℃再喂,饲喂过凉的初乳是造成犊牛下痢的重要原因。相反,如奶温过高,则易因过度刺激而发生口炎、胃肠炎等或犊牛拒食。初乳切勿明火直接加热,以免温度过高发生凝固。同时,多余的初乳可放入干净的带盖容器内,并保存在低温环境中。在每次哺喂初乳之后1~2小时,应给犊牛饮温开水(35~38 ℃)一次。

5. 特殊情况的处理　犊牛出生后如其母亲死亡或母牛患乳房炎,使犊牛无法吃到其母亲的初乳,可用其他产犊时间基本相同健康母牛的初乳。如果没有产犊时间基本相同的母牛,也可用常乳代替,但必须在每千克常乳中加入维生素 A 2 000 U,60 mg 土霉素或金霉素,并在第一次喂奶后灌服 50 ml 液体石蜡或蓖麻油,也可混于奶中饲喂,以促使胎便排出。5~7 天后停喂维生素 A,抗生素减半直到 20 日龄左右。

(二)犊牛饲养

犊牛饲养中最主要的问题是哺育方法和断奶。采用什么样的方法对犊牛进行哺育,何时断奶,怎样断奶是犊牛饲养的核心。

1. 犊牛的哺育方法　犊牛出生后的 5~7 天饲喂初乳,初乳期后饲喂常乳,常乳的哺育一般有两种方法:即犊牛随母牛自然哺乳和人工哺乳。乳用犊牛一般采用人工哺乳方法。人工哺乳既可人为地控制犊牛的哺乳量,又可较精确地记录母牛的产奶量,同时可避免母子之间传染病的相互传播。人工哺乳又可分为全乳充裕哺育法、全乳限量哺育法和脱脂哺乳法等。

犊牛的哺乳期和哺乳量:传统上犊牛哺乳期为 6 个月,喂奶量为 800~1 000 kg,随着人们对犊牛消化生理认识的深入,为了降低犊牛的培育成本,使得哺乳期不断缩短,喂奶量不断降低。由于哺乳期的长短和喂奶量的多少与养牛者培育犊牛的技术水平、犊牛的培育条件及饲料条件密切相关,因而目前全世界犊牛培育的哺乳期和喂奶量差别很大,短者 2~4 周,长者 20 周以上;喂量少者 100 kg,多者达 1 000 kg,很难定出统一的标准。一般初乳期日喂初乳量为体重的 8%,日喂 3 次。初乳期过后转为常乳饲喂,日喂量为犊牛体重的 10% 左右,日喂 2~3 次。目前,大多哺乳期为 2 个月左右,哺乳量约 300 kg。比较先进的乳牛场,哺乳期 45~60 天,哺乳量为 200~250 kg。并注意定时、定温、定量。初乳期过后开始训练犊牛采食固体饲料,根据采食情况逐渐降低犊牛喂奶量,当犊牛精饲料的采食量达到 1~1.5 kg 即可断奶。

犊牛的喂奶方法:奶温应在 38~40 ℃,并定时、定量,喂奶速度一定要慢,每次喂奶时间应在 1 分钟以上,以避免喂奶过快而造成部分乳汁流入瘤网胃,引起消化不良。

2. 独笼(栏)圈养　犊牛出生后应及时放入保育栏内,每牛一栏隔离管理,15 日龄出产房后转入犊牛舍犊牛栏中集中管理。犊牛栏应定期洗刷消毒,勤换垫料,保持干燥,空气清新,阳光充足,并注意保温。

目前,国外多采用户外犊牛栏培育犊牛。户外犊牛栏多见于背风向阳、地势高燥、排水良好的地方。户外犊牛栏由轻质板材组装而成,可随意拆装移动。每头犊牛单独一栏,栏与栏之间相隔一定的距离。

3. 植物性饲料的饲喂　犊牛生后 1 周即可训练采食干草,生后 10 天左右训练采食精料。训练犊牛采食精饲料时,可用大麦、豆饼等精料磨成细粉,并加入少量鱼粉、骨粉和食盐拌匀。每天 15~25 g,用开水冲成糊粥,混入牛奶中饮喂或抹在犊牛口腔处,教其采食,几天后即可将精料拌成干湿状放在奶桶内或饲槽里让犊牛自由舔食。少喂多餐,做到卫生、新鲜,喂量逐渐增加,至1月龄时每天可采食1 kg左右甚至更多。刚开始训练犊牛吃干草时,可在犊牛栏的草架上添加一些柔软优质的干草让犊牛自由舔食,为了让犊牛尽快习惯采食干草,也可在干草上洒些食盐水。喂量逐渐增加,但在犊牛没能采食1 kg混合精料以前,干草喂量应适当控制,以免影响混合精料的采食。青贮饲料由于酸度大,过早饲喂将影响瘤胃生物区系的正常建立,同时,青贮饲料蛋白含量低,水分含量较高,过早饲喂也会影响犊牛营养的摄入,所以,犊牛一般从4月龄开始训练采食青贮,但在1岁以内青贮料的喂量不能超过日粮干物质的1/3。

在早期训练采食植物性饲料的情况下,6～8周龄的犊牛前胃发育已经到了相当程度,见表11-4,这时即可断奶。为了使犊牛能够适应断奶后的饲养条件,断奶前2周应逐渐增加精、粗饲料的喂量,减少奶量的供应。每天喂奶的次数可由3次改为2次,而后再改为1次。在临断奶时,还可喂给掺水牛奶,先按1∶1喂给掺温水的牛奶,以后逐渐增加掺水量,最后全部用温水来代替牛奶。

表11-4　不同饲料类型对瘤胃发育(瘤网胃容积)的影响

日龄	7	14	21	30	60	90	120
低奶量＋植物性饲料(L)	0.5	2.1	4.0	4.3	8.0	13.0	20.0
全奶(L)	—	0.83	1.25	1.70	4.50	12.50	13.50

4. 早期断奶　犊牛的早期断奶,是世界上研究的重要课题,也在养牛生产中普遍应用。哺乳太多,虽然日增重和断奶体重可以提高,但对犊牛消化道的生长发育没有什么好处,并影响牛的体型及产奶性能。目前国内犊牛的哺乳期多数也缩短到2个月,哺乳量250～350 kg,少数缩短到45天,哺乳量低到127 kg。

实行早期断奶要观察犊牛的生长发育及体重的变化,如日增重降到400 g以下,就影响到犊牛的生长发育。

初乳30 kg＋常乳270 kg;从出生后7日后开始补犊牛料,从每日100 g增到每日1 kg,即可断奶。早期断奶既节约牛奶又降低培育成本,也可省人力和设备,提早补饲料可有效地促进犊牛消化道的发育。早期断奶实施方案见表11-5。

表11-5　早期断奶实施方案

日龄	喂奶量(kg)			喂料量(kg)	
	日喂量	日喂次数	总量	日喂量	总量
1～7	4～6	3	28	0	0
8～15	5～6	3	40～48	0.2～0.3	1.42～2.1
16～30	6～5	3	90～75	0.4～0.5	3.2～4.0
31～45	5～4	3	75～60	0.6～0.8	9～12
46～60	4～2	1	60～30	0.9～1.0	13.5～15
合计			293～241		27.1～33.1

(三)哺乳期犊牛的管理

1. 编号、称重、记录　犊牛出生后应称出生重,对犊牛进行编号,对其毛色花片、外貌特征(有条件可对犊牛进行拍照)、出生日期、谱系等情况作详细记录(详见第四章),以便于管理和以后在育种工作中使用。

2. 卫生　犊牛的培育是一项比较细致而又十分重要的工作,与犊牛的生长发育、发病和死亡关系极大。对犊牛的环境、牛舍、牛体以及用具卫生等,均有比较严密的管理措施,以确保犊牛的健康成长。

喂奶用具(如奶壶和奶桶)每次用后都要严格进行清洗消毒,程序为冷水冲洗→碱性洗涤剂擦洗→温水漂洗干净→晾干→使用前用85 ℃以上热水或蒸气消毒。

饲料要少喂勤添,保证饲料新鲜、卫生。每次喂奶完毕,用干净毛巾将犊牛嘴缘的残留乳汁擦干净,并继续在颈枷上夹住约15分钟后再放开,以防止犊牛之间相互吮吸,造成舔癖。

犊牛舍应保持清洁、干燥、空气流通。舍内二氧化碳、氨气聚集过多,会使犊牛肺小叶黏膜受刺激,引发呼吸道疾病。同时湿冷、冬季贼风、淋雨、营养不良亦是诱发呼吸道疾病的重要因素。

3. 健康观察　平时对犊牛进行仔细观察,可及早发现有异常的犊牛,及时进行适当的处理,体高犊牛育成率。观察的内容包括:①观察每头犊牛的被毛和眼神;②每天两次观察犊牛的食欲及粪便情况;③检查有无体内、外寄生虫;④注意是否有咳嗽或气喘;⑤留意犊牛体温变化:正常犊牛的体温为38.5～39.2 ℃,当体温高达40.5 ℃以上即属异常;⑥检查干草、水、盐以及添加剂的供应情况;⑦检查饲料是否清洁卫生;⑧通过体重测定和体尺测量检查犊牛生长发育情况;⑨发现病犊应及时进行隔离,并要求每天观察4次以上。

4. 单栏露天培育　为了提高犊牛成活率,20世纪70年代以来,国外在犊牛出生后常采用单栏露天培育,近年来国内一些先进的奶牛场也采用了这个办法。

在气候温和的地区或季节,犊牛生后3天即可饲养在室外犊牛栏内,进行单栏露天培育。室外犊牛栏应保持干燥、卫生、勤换垫草。栏的后板应设一排气孔,冬天关,夏天开;或在后板与顶板之间设升降装置,夏天将顶板后部升起以便通风。犊牛在室外犊牛栏内饲养60～120天,断奶后即可转入育成牛舍。采用单栏露天培育,犊牛成活率高,增重快,还可促进其到育成期时提早发情。

5. 饮水　牛奶中虽含有较多的水分,但犊牛每天饮奶量有限,从奶中获得的水分不能满足正常代谢的需要。从1周龄开始,可用加有适量牛奶的35～37 ℃温开水诱其饮水,10～15日龄后可直接喂饮常温开水,1个月后由于采食植物性饲料量增加,饮水量越来越多,这时可在运动场内设置饮水池,任其自由饮用,但水温不宜低于15 ℃,冬季应喂给30 ℃左右的温水。

6. 刷拭　犊牛在舍内饲养,皮肤易被粪便及尘土所黏附而形成皮垢,这样不仅降低了皮毛的保温与散热能力,使皮肤血液循环恶化,而且也易患病。为此,每天应给犊牛刷拭一两次。最好用毛刷刷拭,对皮肤组织部位的粪尘结块,可先用水浸润,待软化后再用铁刷除去。对头部刷拭尽量不要用铁刷乱挠头顶和额部,否则容易从小养成顶撞的坏习惯,顶人恶癖一经养成很难矫正。

7. 运动　犊牛正处在长体格的时期,加强运动对增进体质和健康十分有利。生后 8~10 日龄的犊牛即可在运动场做短时间运动(0.5~1 小时),以后逐渐延长运动时间,至 1 月龄后可增至 2~3 小时。如果犊牛出生在温暖的季节,开始运动的日龄还可再提前,但需根据气温的变化,酌情掌握每日运动时间。

8. 去角　为了便于成年后的管理,减少牛体相互受到伤害。犊牛在 4~10 日龄应去角,这时去角犊牛不宜发生休克,食欲和生长也很少受到影响。常用的去角方法有:

苛性钠法:先剪去角基周围的被毛,在角基周围涂上一圈凡士林,然后手持苛性钠棒(一端用纸包裹)在角根上轻轻地擦磨,直至皮肤发滑及有微量血丝渗出为止。约 15 天后该处便结痂不再长角。利用苛性钠去角,原料来源容易,易于操作,但在操作时要防止操作者被烧伤。此外,还要防止苛性钠流到犊牛眼睛和面部。

电动去角:电动去角是利用高温破坏角基细胞,达到不再长角的目的。先将电动去角器通电升温至 480~540 ℃,然后用充分加热的去角器处理角基,每个角基根部处理 5~10 秒,适用于 3~5 周龄的犊牛。

9. 剪除副乳头　乳房上有副乳头对清洁乳房不利,也是发生乳腺炎的原因之一。犊牛在哺乳期内应剪除副乳头,适宜的时间是 2~6 周龄。剪除方法是将乳房周围部位洗净并消毒,将副乳头轻轻拉向下方,用锐利的剪刀从乳房基部将其剪下,剪除后在伤口上涂以少量消炎药。如果在有蚊蝇季节,可涂以驱蝇剂。剪除副乳头时,切勿剪错。如果乳头过小,一时还辨认不清,可等到母犊年龄较大时再剪除。

10. 预防疾病　犊牛期是发病率较高的时期,尤其是在生后的头几周,主要原因是犊牛抵抗力较差,此期的主要疾病是肺炎和下痢。

肺炎最直接的致病因素是环境温度的骤变,预防的办法是做好保温工作。

犊牛的下痢可分为两种:其一为由于病原性微生物所造成的下痢,预防的办法主要是注意犊牛的哺乳卫生,哺乳用具要严格清洗消毒,犊牛栏也要保持良好的卫生条件;其二为营养性下痢,其预防办法为注意奶的喂量不要过多,温度不要过低,代乳品和品质要合乎要求,饲料的品质要好。

第三节　育成牛饲养管理

育成牛指 7 月龄至 15~16 月龄的母牛。犊牛 6 月龄即由犊牛栏转入育成牛群。

育成牛由于肌肉、骨骼和内部器官都处于最快的生长时期也是体重体格变化最大时期,在正常的饲养条件下,1 岁体重可达初生重的 7~8 倍,到配种年龄可达成年体重的 70%,实践证明这是育成牛较为理想的生长指标。

在育成牛时期,不论采取拴系饲养或散栏饲养,公母牛都要分群管理,并根据牛群大小,应尽量把相近年龄的牛再进行分群,一般把 12 月龄内分一群,13 月龄以上到配种前分成一群。

犊牛由哺乳期到育成期,在生理上是一个很大的变化。所以,这个阶段一定要精心饲养和细心管理,以便其尽快适应青粗饲料为主的饲养管理。

在这个时期,由于每个个体采食营养的不平衡,生长发育往往受到一定限制,所有个体之间出现差异,在饲养过程中应及时采取措施加以调整,以便使其同步发育,同期配种,这对现代化的饲养管理极为有利。

一、性成熟期饲养管理

一般是指 6 月龄至 12 月龄的育成母牛。此期育成牛处于性成熟期,其性器官和第二性征发育很快,尤其乳腺系统在育成母牛体重为 150～300 kg 时发育速度最快。在正常饲养管理条件下,犊母牛在 7～8 月龄,公犊牛 8～9 月龄,进入性成熟期,部分牛出现爬跨等发情症状。故此期公母犊应分开饲养,以免偷配。

此期内育成牛体躯正处于向高度、深度方向急剧生长阶段,前胃已相当发育,容积扩大 1 倍左右,中国荷斯坦牛 12 月龄的理想体重为 300 kg,体高 115 cm,胸围 159 cm。

饲养要点:根据这阶段的生长发育特点,为使其达到与月龄相当的理想体重,每天日增重为 600 g,不宜增量过多,应适当控制能量饲料喂量,以免大量的脂肪沉积于乳房,影响乳腺组织的发育,消除抑制生产潜力发挥的因素。此期内其营养需要为:NND 12～13 个,DM 5～7 kg,CP 600～650 g,Ca 30～32 g,P 20～22 g,日粮干草 2.2～2.5 kg,青贮料 10～15 kg,精料 2～2.5 kg,日粮除优质干草(如羊草、苜蓿干草等)、玉米青贮外,还可大量饲喂青绿多汁饲料,每天适当补喂一些混合料(一般 2～2.8 kg)。精料喂量多少应取决于粗饲料的品质,营养浓度和含水量。为减少饲料成本,每天可补充尿素 50～60 g。管理可参考断乳期。

二、体成熟期饲养管理

体成熟期指 12 月龄至 15～16 月龄的育成母牛。这阶段抵抗力强,发病率低,但仍不可忽视其培育,千万不能使生长发育受阻,使体躯狭浅,四肢细高,延迟发情配种,造成不应有的损失。此期内育成母牛生长发育速度逐渐减慢,消化器官经过前期的发育和锻炼,容积进一步增加,消化能力进一步体高。其体躯接近成年母牛,可大量利用低质粗料,锻炼瘤胃消化功能,增大采食量,扩大瘤胃容积,这时日粮中粗饲料可占 3/4,精料占 1/4。

此期日粮干物质喂量应占育成牛体重 3.9％～4％,日粮中干草、青贮玉米、精料配合料蛋白质水平应在 13％～14％,如粗饲料品质欠佳,精料蛋白质应含有 15％～17％。这阶段矿物质营养特别重要,磷酸氢钙和骨粉是良好的钙磷补充料。日粮中还应充分供给微量元素和维生素 A、维生素 D、维生素 E,以保证配种前的营养需要。

在良好的饲养管理条件下,一般 15～16 月龄即可配种。目前国内各地,体重达成母牛 60％～70％,中国荷斯坦牛体重达到 360～400 kg,娟姗母牛体重达 260～270 kg 时,进行第一次配种。饲养好、适龄投产,可降低饲养成本,提高经济效益。

这阶段的管理,仍应注意卫生管理,经常刷拭牛体,保持牛体清洁卫生以及加强运动等,以保证其健康,正常生长发育。

日营养量需要:NND 13～15 个,DM 6～7 kg,CP 640～720 g,Ca 35～38 g,P 24～25 g。

日粮喂量:日粮干草 2.5～3 kg,青贮料 15～20 kg,精料 3～3.5kg。精料配方(％):玉米 46,麸皮 31,豆饼 20,骨粉 2,食盐 1。

第四节　初孕牛饲养管理

初孕牛指怀孕后到产犊前的头胎母牛。

母牛怀孕初期,其营养需要与配种前差异不大。怀孕的最后 4 个月,营养需要则较前有较大差异,应按乳牛饲养标准进行饲养。每日应以优质粗饲料为主,并增加精料 2～3 kg,CP 维持在 13%～15%。

这个阶段的母牛,饲料喂量一般不可过量,否则将会使母牛过分肥胖,从而导致以后的难产或其他病症。因此,为做好分娩准备,初孕牛应保持中等以上体况。

初孕牛必须加强护理,最好根据配种受孕情况,将怀孕天数相近的母牛编入一群。

初孕牛与育成牛一样,更应注意运动,每日运动 1～2 小时,有放牧条件的也可进行放牧,但要比育成牛的放牧时间短。

初孕牛牛舍及运动场,必须保持卫生,供给足够的饮水,最好设置自动饮水装置。

分娩前 2 个月的初孕牛,应转入成牛牛舍与干乳牛一样进行饲养。这时饲养人员要加强对它的护理与调教,如定期梳刷,定时按摩乳房等,以使其能适应分娩投产后的管理,但这个时期,切忌擦拭乳头,以免擦去乳头周围的蜡状保护物,引起乳头龟裂;或因擦掉"乳头塞"而使病原菌从乳头孔侵入,导致乳房炎和产后乳头坏死。

在分娩前 30 天,初孕牛可在饲养标准的基础上适当增加饲料喂量,但谷物的喂量不得超过体重的 1%,同时,日粮中还应增加维生素、钙、磷及其他微量元素,以保证胎儿的正常发育。

初孕牛在临产前 2 周,应转入产房饲养,其饲养管理与成年牛围产期相同。

第五节　乳公犊的肉用生产

利用乳用公犊生产牛肉在乳牛业中占有重要的地位,它是牛肉生产的一个重要来源。利用乳牛资源生产优质牛肉,是肉牛业发达国家的通行做法。国外通常用乳牛群中一定比例的母牛与专门化的肉用公牛杂交,产生的后代用作牛肉生产。法国采用黑白花、红白花、娟珊、弗里生、捷尔威、婆罗门、瑞士褐等乳用或乳肉兼用品种,与专门化的肉用品种牛杂交,明确规定所产杂交后代中肉牛品种血统所占的百分比,如 1/4 产肉性状等。法国乳牛中有 15% 与肉用公牛杂交。英国的牛肉生产对乳牛群的依赖性很大,其肉牛群中的繁殖母牛多由奶用母牛与肉用公牛杂交所生的 F_1 代小母牛育成。匈牙利的牛主要依靠兼用牛发展牛肉生产,不仅产奶量高,而且产肉量也很突出,小公牛可肥育到 600～650 kg 屠宰。荷兰 20% 的乳母牛与肉用品种公牛杂交生产肉用犊牛,来保证高档牛肉的生产。在世界乳牛单产最高的国家以色列,其全国生产牛肉 1/3 来自于乳用犊公牛。我国利用乳用犊公牛生产牛肉尚未形成商品生产,潜力很大,应尽快开发。

一、生产小牛肉的犊牛饲养

生产小牛肉的良好犊牛,应选择在 6～8 周、体重 90 kg 左右、具有优良肌肉的胴体,并在背部覆盖有一层脂肪。肉的颜色应较浅,这表明它们不是用甘草或谷物饲喂的,故亦称小白牛肉。

　　在整个饲养期均用全乳、代乳料或人工乳进行饲喂。如用全乳饲喂,最初几周的饲喂量相当于犊牛体重的 10% 左右。采用这种饲养方式,犊牛增重虽快,但成本太高,在 6~8 周龄时,平均每生产 1 kg 小牛肉消耗 10 kg 左右的全奶,肉价与奶价相比,太不经济。因此,近年都采用代乳料或人工乳进行饲喂,平均每生产 1 kg 小牛肉约需 1.3 kg 干代乳料或人工乳。在美国密执安州,采用代乳品培育乳用公犊,获得了良好的效果。这种代乳品种,除乳品外,还有经过乳化的动物脂肪。现将日本常用的犊牛哺乳期全乳、脱脂乳、人工乳培育方式的饲料量列于表 11-6。

表 11-6　哺乳期全乳-人工乳-脱脂乳方式的饲料给量(单位:kg/日·头)

周龄 饲料	1	2	3	4	5	6	7	8	9	10	11	12	13
全乳	4.0												
脱脂乳粉	0.05	0.5	0.5	0.3	0.05								
人工乳	0.04	0.15	0.43	0.83	1.22	前期 0.4 后期 1.4	2.38	2.62	2.65	3.07	3.40	3.65	3.0
干草	—	0.09	0.22	0.28	0.42	0.56	0.76	0.94	0.97	0.94	0.99	0.75	0.74

　　在犊牛培育期的 90 天内,共计消耗全乳 28 kg、脱脂乳粉 12 kg、人工乳 181 kg(前期用 22 kg,后期用 159 kg),平均日增重为 0.92 kg。人工乳的配方与乳用犊牛所采用的基本相同,所不同的是哺乳期较长和人工乳中含动物脂肪较多。

二、肉用乳公牛的饲养

　　在次等级时出售乳用家畜,一般比饲养到高等级时出售有利,这可以通过几种饲养方式来完成,在青贮玉米比较丰富的地区可给阉牛单喂青贮玉米,其屠宰重能达到 320~450 kg,平均日增重 0.77~0.91 kg。用苜蓿甘草代替部分青贮玉米也能获得相似的结果。

　　在粗饲料日粮中补饲精料,能获得较高的增重。按体重的 1% 饲喂精料,与全粗日粮相比,达到 320~450 kg 体重时的饲养期可缩短 30~50 天。用这种方法饲养时,平均日给精料 1.0~1.14 kg。

　　据美国试验,与其采取自由采食精料和限量喂给精料的方法,不如从断乳到屠宰前给犊牛提供全精料日粮,这样可使犊牛生长得更快。日粮以大麦、干甜菜渣、其他副产品饲料、尿素和 5% 左右的苜蓿草粉为基础,任其自由采食,可使周岁阉牛上市体重达 410~450 kg,平均日增重约 1.27 kg,每增重 1 kg 的饲料消耗为 6.5 kg。在谷物价格低于牛肉价格的情况下,这种方法是比较有利的。利用奶牛资源提供生产优质牛肉的来源,是国外成功的做法。法国、英国、以色列、荷兰、美国、匈牙利等国都大量采用奶牛与肉用牛杂交生产肉用犊牛,以保证高档安全牛肉的供应。借鉴国外通行的做法,将头胎乳牛、低产乳牛、淘汰乳牛用中等体型的专门化肉牛品种配种生产犊牛,再采用先进的饲养、屠宰和加工技术,完全可以生产出优质安全的牛肉。

　　乳用公犊前期体重增长快,后期比较缓慢,抓住前期生长快的特点,提高其生产效率。公牛过去要去势后育肥。近几十年国内外育肥公牛一般不去势,这样长得快、肉质好、瘦肉率高,饲料报酬也较高。但2周岁以上的公牛应去势,否则不易管理、肉有腥味,胴体品质也较差。

思考题

1. 后备牛培育有何重要意义?
2. 后备牛各阶段饲养管理要点是什么?
3. 如何降低后备牛饲养成本?
4. 初生犊牛为什么要早喂初乳?
5. 犊牛消化和瘤胃发育有何特点?
6. 犊牛早期断乳的条件是什么?

参 考 文 献

1. 王福兆. 乳牛学(第三版). 北京:科学技术文献出版社,2004,5.
2. 陈英伟. 奶牛犊牛的饲养. 动物科学与动物医学,2001,5.
3. 何生虎,马志平. 犊牛饲养方法探究. 中国奶牛,2002,6.
4. 邱 怀. 现代乳牛学. 北京:中国农业出版社,2002,5.
5. 莫 放. 养牛生产学. 北京:中国农业大学出版社,2003,2.
6. 王晓霞,邓 蓉,鲁 琳,等. 北京:畜牧业经济与发展. 北京:中国农业出版社,2002,2.
7. 孟庆翔. 奶牛营养需要(第7版). 北京:中国农业大学出版社,2002,8.

第十二章　成乳牛饲养管理

成乳牛除受遗传影响外,饲养管理是影响乳牛产乳量和乳质量最重要的因素。为了生产符合标准的生鲜乳,必须加强成乳牛的饲养管理。此外,饲养乳牛绝对不能使用国家禁止的饲料、饲料添加剂、兽药等对乳牛和人体具有直接和潜在危害的物质。

第一节　一般饲养管理技术

乳牛饲养管理是维护乳牛健康,增强抗病力,保持正常繁殖机能和不断提高产乳性能的最基础工作。乳牛生产者稍有疏忽,往往会造成很大损失。所以,成乳牛饲养管理必须保持良好环境卫生,精心饲养,细心管理,合理安排工作日程。

一、保持良好环境卫生

实践证明,保持良好环境卫生是成乳牛饲养管理能否成功的重要因素。对牛舍环境决不可忽视;牛舍必须保持干燥、洁净、舒适,这是维护乳牛健康不断提高产乳性能的关键。牛舍内必须保持通气良好。污浊空气不排出,新鲜空气不能进入,牛舍湿度过大,势必影响牛的健康和乳产量,为此,牛舍内必须控制用水量,粪尿及污湿的垫草必须及时清除,并使粪尿分离、粪水分离。与此同时,牛舍内牛采食后的饲槽每天一定要刷洗,以防残余饲料腐败,造成环境污染。其次,为了给乳牛创造舒适的休息环境,牛床必须定期更换清洁干燥的垫草;这不仅对保护牛体乳房、蹄与肢关节健康有重要作用,而且对生产优质牛乳更为重要。

二、精心饲养

(一)根据乳牛生理特点饲养

乳牛为反刍类动物,瘤胃中有大量微生物,每毫升瘤胃内容物中含细菌 150 亿～180 亿个,纤毛虫 100 万个。能消化和分解饲料中纤维素,对粗纤维消化率最高(50%～90%)所以日粮应以体积较大青粗饲料为主,补加适量的精料补充料;此外,瘤胃微生物还能利用尿素等非蛋白质氮化合物,合成微生物蛋白,为宿主提供营养。

乳牛喜欢采食青绿饲料、精料和多汁饲料,其次为优质青干草,低水分青贮料,不爱吃秸秆粗饲料,所以秸秆为主的日粮中应将秸秆切短,并拌入精料或打碎的块根茎类饲料混喂。

饲喂精料,对谷物应加工后再喂,否则会有较多的谷物通过瘤胃随粪便排出。所以,谷物应稍加粉碎(1~2 mm)或简单地碾压;如磨成细粉喂牛,反而消化率低下,导致营养成分在消化过程中损失,造成饲料浪费。

乳牛习性喜食新饲料,对拱食而沾附鼻镜黏液的饲料,往往拒食,所以饲喂草料方法应采取少添勤喂,以便使乳牛经常保持良好食欲。同时可减少饲料浪费,降低饲养成本。

乳牛舌上面长有许多尖端朝后的角质刺状凸出物,饲料的饲草中一旦混入铁钉、铁丝等异物被牛吞食后很难吐出,造成创伤性胃炎,有时还会刺伤心包,引起心包炎。所以在饲喂的草料中一定要清除饲料异物。

(二)合理安排日饲喂次数

实践证明,高精日粮的饲喂次数越多越好。这不仅有利于保持瘤胃中 pH 值的稳定,提高瘤胃液中乙酸、丙酸比例,而且可使日粮及粗纤维能最大限度地进行消化,降低酮血症、乳房炎等发病率。此外,当日粮中含较多非蛋白氮时,增加饲喂次数可保持瘤胃中氨的平衡释放,从而使微生物蛋白质合成量增加,为乳牛产奶提供更多的优质蛋白质。根据测试,精料分 4 次喂比分 2 次喂,乳牛瘤胃内的 pH 波动小,产乳量和乳脂率分别高 2.7% 和 7.3% 还有人实验,每天饲喂 4 次比 3 次可增加青粗饲料采食量 15%,由此可见,日粮多分几次喂,对乳牛的健康和提高产乳量是有利的,但一天中饲喂次数太多,会增加工人的工作量和劳动强度。所以,每天乳牛精料饲喂次数最好安排 2~3 次为宜,并且每次饲喂间隔时间和喂量应大致相等。

(三)日粮中精粗饲料比例要适当

根据瘤胃生理特点,如只喂粗饲料,瘤胃内的纤维分解菌增多而活跃,乙酸生成的量较多,随着精饲料喂量的逐渐增加,则淀粉分解菌增多,丙酸生成的比例有所上升。挥发性脂肪酸(VFA)比例的变化将会影响牛乳成分。根据试验,生产牛乳较为理想的乙酸与丙酸之比,一般应保持在 3.5 以上。如果增加精饲料比例,提高日粮浓度,产乳量将会增加,但瘤胃内乙酸比例减少,乳脂率下降,瘤胃内 pH 下降(正常值为 6.3~6.8),将影响乳牛食欲和采食量。与此相反,增加粗饲料比例,尤其是用品质不好的粗饲料喂牛,势必影响牛的能量摄食,营养减少,瘤胃内乙酸比例增加,乳脂率提高,但产乳量下降。另有报道,瘤胃 pH 下降和乳酸蓄积,将会引起全身代谢紊乱性疾病,即发生瘤胃酸中毒。所以,以干物质计算,精饲料与粗饲料之比以 50:50 较为理想(范围 40:60~60:40)。如精料喂量超过总干物质的 65%,除影响采食青粗饲料外,还将引起消化障碍、厌食、第四瘤胃移位、代谢失调、酸中毒、过肥、繁殖力下降,甚至造成不孕症,从而严重影响乳牛健康和产乳性能的提高。所以,在饲养过程中切忌滥用大量精料喂牛催奶,实践证明,精料最大日喂量不超过 15 kg。日粮中粗纤维应控制在 17%~20%,酸性洗涤纤维(ADF)和中性洗涤纤维(NDF)分别不低于 17% 和 23%。

(四)坚持先粗后精的饲喂方法

试验表明,实行先粗后精的饲喂顺序,是控制瘤胃 pH 值稳定最简单最重要的技术措施。在开始饲喂精料前先喂 1.5~1.8 kg 粗料,既有助于启动咀嚼和促进唾液分泌,又可充分利用饲料纤维物质具有的促进反应、咀嚼以及缓冲特性的正面营养作用;另有人提倡,先喂多汁料,既可促其多吃粗料又有利于粗饲料的消化吸收。总之,先粗后精或以精带粗,其目的都是让牛多采食粗饲料。近年来,不少牛场用精粗全混合日粮(TMR)饲喂,效果良好。既避免乳牛挑食,又保持了瘤胃内环境稳定,有利于防止消化障碍,值得推广。

(五)保证充分优质的饮水

水是乳牛最重要的营养物质,饮水不足或质量不符合标准将影响乳牛健康和产奶性能。所以在牛舍、运动场必须安装自动饮水装置供牛自由饮用。同时要保证饮水器具卫生,每天冲刷,定期消毒。尤其夏季更应注意保持清洁卫生,防止微生物滋生,水质变坏。另外,运动场上的水槽卫生情况也不能忽视,要每天进行冲洗,定期消毒。无自动饮水设备的牛场,每天饲喂后必须按时供应饮水,冬天3次,夏天4～5次。根据季节变化,冬季饮水温度不应低于8～12 ℃,严禁给乳牛饮冰水、雪水。夏天应供凉水,或在饮水中添加一些抗热应激的药物,如小苏打、维生素C等,增加饮水器具,保证充足的饮水,增加饮水次数和饮水时间,或在高温天气给乳牛饮凉绿豆汤,以减缓乳牛的热应激,提高乳牛的产奶量。饮水要符合水质要求,每升水中大肠杆菌数不超过10个,pH在7.0～8.5,水的硬度在10～20度等。为了保证饮水质量,每年至少应检查一次。

三、细心管理

(一)运 动

在拴系饲养条件下乳牛运动是维护牛群健康,提高产乳性能的重要措施之一。实践证明,不运动或运动不足不仅会降低乳牛对气温以及其他因素急剧变化的适应力,而且容易患感冒及消化器官等疾病。据试验每天运动2 km、3 km的牛群比自由活动牛群,平均脂乳率分别提高0.18%和0.25%,牛乳干物质分别提高0.34%和0.47%,由此可见,在饲喂挤乳等工作完毕后放牛在舍外运动是一项不可缺少的管理工作(图8-13)。运动时间和强度可根据牛群的健康状况、产乳情况和季节灵活掌握,在一般情况下,每天安排以3～3.5 km/h速度或逍遥运动较为适宜,但不宜做剧烈运动,以免影响产乳性能。运动后乳牛可留在运动场上休息或自由活动,在天气正常情况下每天自由活动不少于8小时。

(二)护 蹄

护蹄是一项不可忽视的工作。在拴系条件下,乳牛活动量较小,牛蹄一般生长较快,使蹄形不正,造成肢蹄疾病,影响乳牛健康和产乳性能。据试验,及时给牛修蹄,每头牛年产乳量增加206 kg;修蹄和不修蹄比较日产乳量增加0.1 kg/头。由此可见,为了保持蹄形正,肢势良好,行走步伐轻快,必须适时修蹄。长久不修蹄,蹄壳过长使牛脚呈卧系,轻则饲料能量消耗大,重则行走不便,造成腿部创伤。长期不修蹄,乳牛采食量下降,产乳量降低,易引起腐蹄病发生和乳房、乳头损伤,所以,一旦发现变形蹄必须及时修蹄,使前蹄与地面呈45°～48°角,后蹄呈43°～45°角,以确保蹄底全面负重,使牛保持正确的站立姿态。

为了保护好牛蹄,应做好以下工作:①保持牛舍干燥,运动场设有水泥和泥土地面,用栏杆隔离,雨天只让牛在水泥地上活动,以保持牛蹄清洁;②牛床垫草,经常翻晒,或采用橡胶垫;③活动场地无积水,碎石、铁钉等及时清除;④牛蹄夹住的污泥、粪便及时冲洗干净;⑤必要时用3‰福尔马林溶液洗蹄。

(三)乳房护理

护理乳房在以下情况下可采取乳罩(或称乳房套,乳罩分有棉乳罩、纱乳罩和尼龙布乳罩)加以护理。①分娩后泌乳初期的乳牛,吊起乳房,给予保护;②乳房红肿内置热水袋,可以热敷,治疗乳房炎症;③悬垂乳房可以减轻乳房负担,帮助乳牛行走;④严寒地区冬天戴棉乳罩,预防乳头冻伤,增加乳房血液循环和乳腺活力;⑤炎热地区夏天戴纱乳罩,抹上凡士林油,可避免蚊虫叮咬,提高产乳量。

(四)刷拭牛体

每天定时刷拭牛体既可清除牛体上的粪土、灰尘、皮垢外寄生虫及虫卵等,保持皮肤清洁,又可增强血液循环,促进肠瘤胃蠕动,特别在闷热的夏天,刷拭还可舒畅毛孔散发体内热量,起到调节体温、减少外界高温影响的作用,从而增进乳牛食欲提高产乳量。此外,经常刷拭牛体能使牛养成温驯性格,利于人工挤奶。由此可见,刷拭牛体可一举多得。这一管理措施,必须坚持。

刷拭方法,牛体容易被污染,滋生寄生虫的部位是颈、背、腰、尻及尾根,每天应用毛刷梳理一次,将污物脱毛等清除干净;夜间尻部、乳房容易受粪便污染,每天应用温水及毛刷梳洗。刷拭方法是:左手持铁刷,但不许以铁刷刮牛,只用于清除毛刷上所粘的牛毛和污泥。右手持毛刷由牛颈部开始,由前到后自上而下,一刷紧接一刷,刷遍全身,不可疏漏。先逆毛刷,后顺毛刷。在刷拭过程中,刷下的牛毛应及时收集,以防牛舔食形成毛团,影响食欲;灰尘不要飘落在饲料中;有皮肤病的牛刷子要分开使用,用后浸入消毒药水中。刷拭工作应在挤奶前半小时结束,反之尘屑污染牛奶。

四、合理安排工作日程

工作日程合理与否直接影响着成乳牛的生产率和经济效益。安排合理工作日程,一般是根据劳动力的组织形式、挤奶次数、饲喂次数、牛群大小、产乳水平、交售鲜奶方式,以及地域季节等要求而定。整个工作日程应围绕挤乳,有利于牛的休息和职工劳动习惯。工作日程一旦确定,各个岗位都应按规定时间执行,不得随意变动。否则乳牛已建立的条件反射将会遭到破坏,正常泌乳机能就会受到不良影响,使生产受到损失。

目前我国各地普遍采用日挤乳3次间隔不均衡挤乳方式,为了职工健康,可采取两班日3次挤乳工作制,待条件成熟后实行2次挤乳工作。但不论采取2次或3次挤乳,零点到3点前必须使人牛得到充分休息。我国地域辽阔,各地还可根据地区和季节特点合理安排适用本地区的工作日程。

第二节　成乳牛的阶段饲养管理

实践证明,按阶段饲养是提高牛群产奶量、增加经济收入的有效方法。无论哪种管理方式都应实行阶段饲养,特别是对高产乳牛,在拴系式管理条件下可实行个体阶段饲养,在散栏式管理条件下可实行群体阶段饲养。

根据中华人民共和国专业标准《高产奶牛饲养管理规范》(简称规范)规定,泌乳牛划分以下 5 个阶段:①妊娠干奶期;②围产期;③泌乳盛期;④泌乳中期;⑤泌乳后期。

一、妊娠干乳期饲养管理

乳牛一个泌乳期正常应是 12~13 个月。泌乳期从分娩后第一天开始,并持续 305 天左右。泌乳结束后到产犊之间的期限称为干乳期,这是进入下一个泌乳期的过渡阶段。虽然,干乳期乳牛不产奶,但乳牛要为胎儿生长、泌乳细胞增生及下一个泌乳期的到来做营养准备。

妊娠干乳期是指从停止挤奶到产犊前 15 天的经产牛和妊娠 7 个月以上到产犊前 15 天的初孕牛,也称重胎牛。干乳期多安排在预产前 60 天或 45 天。

重胎牛饲养管理的正确与否,对其保胎、胎儿健壮、母牛正常分娩、产后增乳和下胎牛的繁殖、健康均有极为重要的影响。

(一)干乳母牛的管理

干乳前对妊娠牛应做一次妊娠复检,确诊怀胎并算准预产期后再进行干乳,与此同时还应做一次隐性乳房炎检查,如为阳性,应先做治疗,治愈后再干乳。

为了保证母牛体内胎儿的正常发育,为了使母牛在紧张的泌乳期后能有一充分的休息时间,使其体况得以恢复,乳腺得以修补与更新,在母牛妊娠的最后 2 个月采用人为方法使母牛停止产奶,称为干乳。

1. 干乳的意义

(1)体内胎儿后期快速发育的需要:母牛妊娠后期,胎儿生长速度加快,胎儿近 60% 的体重是在妊娠最后 2 个月增长的,需要大量营养。

(2)乳腺组织周期性修养的需要:母牛经过 10 个月的泌乳期,使器官系统一直处于代谢的紧张状态,尤其是乳腺细胞需要一定时间修补与更新。

(3)恢复体况的需要:母牛经过长期的泌乳,消耗了大量的营养物质,也需要有干奶期,以便母牛体内亏损的营养得到补充,并且能贮积一定的营养,为下一个泌乳期能更好地泌乳打下良好的体质基础。但近代的研究表明,恢复膘情的任务最好放在泌乳后期,干奶期过度增膘会使得产前、产后疾病增加。

(4)治疗乳房炎的需要:由于干奶期奶牛停止泌乳,这段时间是治疗隐性乳房炎和临床性乳房炎的最佳时机。

2. 干乳方法

(1)逐渐干奶法:在预定干奶期的前 10~20 天,开始变更母牛饲料,减少青草、青贮、块根等青饲料及多汁饲料的喂量,多喂干草,并适当限制饮水,停止母牛运动和乳房按摩,改变挤奶时间,减少挤奶次数,由每日 3 次改为每日 2 次或 1 次,以后再隔日或隔二三日挤奶 1 次,待日产奶量降至 4～5 kg 时停止挤奶。逐渐干奶法用时长,母牛处于不正常的饲养管理条件的时间长,会对胎儿的正常发育和母体健康产生一定的不良影响,但此法对于母牛的乳房较为安全,对技术要求较低,多用于高产乳牛。

(2)快速干奶法:快速干奶法的原理及所采取的措施与逐渐干奶法基本相同,只是进程较快约 5～7 天。最后一次挤奶后,应给母牛每个乳区注入干奶牛专用的长效抗乳房炎制剂(抗生素),乳头浸蘸封乳头剂(如 3% 次氯酸钠)。干奶后 10～14 天内要密切观察母牛是否有乳房炎症状。注意,干奶几天以后不应再给母牛挤奶。否则,将诱发乳热并增加乳房炎患病危险。快速干奶法所用时间短,对胎儿和母体本身影响小,但对母牛乳房的安全性较低,容易引起母牛乳房炎的发生,对干奶技术的要求较高,对有乳房炎病史的牛不宜采用。

(3)骤然干奶法:在乳牛干奶日突然停止挤奶,乳房内存留的乳汁经 4～10 天可以吸收完全。对于产量过高的乳牛,待突然停奶后 7 天再挤奶一次,但挤奶前不按摩,同时注入抑菌的药物,将乳头封闭。

干奶时母牛的体况评分应为 3.5～3.75 分,在干奶期要求奶牛的体况评分既不增加,也不减少。干奶时母牛体况不佳,允许体况评分稍有增加,但不应超过 0.5 分;增加超过 0.5 分会对下个泌乳期产生不利影响。母牛切勿过肥,以免产犊后食欲不振和发生胎衣不下、乳房炎、子宫炎及酮病等疾病。所以停奶后乳牛前 2 周应多喂干草,然后根据乳牛体况、乳房膨胀以及食欲等情况,从第 3 周开始调整日粮。干乳期营养需大幅度增加(表 12-1),如母牛体况差(低于 3 分)极易发生胎衣不下、恶露滞留、子宫炎、卵泡发育迟缓等,为此应适量补喂精料,一般日粮干物质喂量应控制在乳牛体重的 2%～2.5%,其中精料喂量为体重 0.6%～0.8%,精粗比25：75。为增进乳牛健康,日粮还应补喂矿物质、维生素和食盐。精料饲喂过多,产后易于发生肥胖综合征、酮病、乳房炎、蹄叶炎等。

表 12-1　荷斯坦牛妊娠期能量和蛋白质的蓄积量

妊娠天数	能量(kcal/头·d)		蛋白质(g/头·d)	
	子宫	胎儿	子宫	胎儿
210	610	500	76	54
230	649	601	90	73
250	757	703	103	91
270	821	805	117	110

干奶期母牛的营养需要与泌乳母牛相差较大,因而最好设单舍、单群饲养。为有益于保胎,在这个阶段不采血、不做预防接种、不修蹄。

重胎牛绝不可喂腐败变质精粗饲料以及冰冻根茎饲料,以免引起流产和膨胀症等。

重胎牛饮水要洁净,冬天水温不低于 10 ℃,否则容易产生流产。

有条件的乳牛场,重胎牛每天可逍遥运动 2～3 小时,以利于分娩和预防产后胎衣不下、瘫痪及肢蹄病等。

（二）干乳母牛的饲养

母牛在泌乳期间其消化道高效发酵大量高浓缩饲料,干奶期应是消化道进行自我调整的好机会。采食粗饲料,尤其是长茎干草,对干奶期间刺激瘤胃肌肉张力极为重要。如果饲喂优质干草,可不必饲喂精饲料。干奶阶段的日粮配合应根据母牛体况和体型大小。干物质日采食量应为母牛体重的2%左右,其中干草中干物质采食量至少为体重的1%;谷物饲料应根据需要补给,但精料干物质采食量最多不应超过体重的1%。干奶母牛不应过肥,因此干奶期间不应饲喂过度增加体重。饲喂低质牧草(容量大的),如玉米秸或禾本科干草,有助于限食。

二、围产期乳牛饲养管理

围产期乳牛是指分娩前后15天内的母牛,也可适当提前或延至21天。

根据阶段饲养理论和实践,划分这一阶段对增进临产前母牛、胎犊、分娩后母牛以及新生犊牛的健康极为重要。实践证明,围产期母牛在粗饲料品质差、采食量不足、营养缺乏情况下很易造成体重明显下降,能量代谢紊乱,因而发病率高。据统计,乳房炎、卵巢囊肿、子宫炎、胎衣不下、真胃移位及酮病等发病率较高。所以,这个阶段的饲养管理应以保健为中心,上海称此期为产后康复期。围产期医学已发展成一门新兴科学,乳牛科学应加以借鉴。

（一）围产前期

临产前母牛生殖器最易感染病菌,为此,母牛产前14天应转入产房。产房事先必须用2%火碱水喷洒消毒,并进行卫生处理,母牛后躯、乳房、尾部和外阴部用2%~3%来苏尔溶液洗刷后,用毛巾擦干。

产房工作人员进出产房要穿清洁的外衣,用消毒液洗手。产房入口处设消毒池,进行鞋底消毒。产房昼夜应有人值班。发现母牛有临产征状——表现为腹痛、不安、频频起卧,即用高锰酸钾液擦洗生殖道外部。产房要经常备有消毒药品、毛巾和接生用器具等。

产犊前2周应逐渐增加精饲料饲喂量,使瘤胃和瘤胃微生物适应日粮的变化,增加消化淀粉微生物的数量。此外,这些微生物产生的丁酸盐能够增加瘤胃乳头表面积,为产后立即大量采食精饲料作准备。日粮渐变也有助于维持采食量。此外,干乳期到泌乳早期乳牛日粮将从粗饲料为主转换成高精饲料比例,这一转变过程应逐渐进行才能最大限度地减少乳牛对这一转变过程的应激反应。临产前10天内保持母牛的干物质采食量,是避免大多数围产期问题的最佳策略。由于母牛机体准备分娩和泌乳时激素发生变化,导致干物质采食量下降。群体平均干物质采食量下降幅度为30%。必须采取措施刺激母牛采食,阻止其停止采食的自然倾向。要保持干物质采食量,应少量多次。首先,优先保证饲料成分的适口性,这个阶段日粮中最重要的原料是粗饲料,然而不仅粗饲料质量影响适口性,日粮精料补充料中的其他成分可严重影响适口性。改变日粮配方调整阴离子含量时需要谨慎,以避免对干物质采食量产生副作用。饲喂全混合日粮时采食量大于各种饲料原料分开饲喂时的采食量。在此期间,饲料原料充分混合意义重大。如果不具备混合设备或者对母牛实施单独饲喂,可以手工混合日粮后饲喂。还应充足供应饲料和新鲜、清洁饮水。临近分娩的母牛很少喜欢冒险带着不便的身体进食或饮水,更不愿争抢。应始终保持母牛周围环境清洁、干燥和舒适。

临产前 15 天以内的母牛,除减喂食盐外,还应饲喂低钙日粮,其钙含量减至平时喂量的 1/2～1/3,或钙在日粮干物质中的比例降至 0.2%。产前乳房严重水肿的母牛,不宜多喂精料。

如果可能发生产乳热,就要密切监测日粮的阴、阳离子差。另外,可能需要补充维生素 A、维生素 D、维生素 E 并添加硒。但需要注意,干奶母牛产前不能过肥,体况过肥的母牛采食量下降较多。上个泌乳后期超量饲喂的母牛,以及进入干奶期后体况过肥的母牛,其围产期管理比较困难。

如果牛舍设施不能满足母牛单独饲养,也可以在干奶舍内安装电子饲喂器,以保证围产期母牛分别采食。

(二)分娩期

临产乳牛进产房后首先要对其后躯及外阴部用 2%～3%来苏儿溶液或其他消毒液进行擦洗消毒。产房工作人员进出产房要穿清洁的工作服,用消毒液洗手。产房入口处设消毒池,进行鞋底消毒。产房昼夜应有专人值班。发现乳牛表现精神不安、停止采食、起卧不定、后躯摆动、频回头、频排粪尿、甚至鸣叫等临产征候时,应立即用 0.1%高锰酸钾液(或其他消毒液)擦洗生殖道外部及后躯,并备好消毒药品、毛巾、产科绳,以及剪刀等接产用器具。

舒适的分娩环境和正确的接生技术对母牛护理和犊牛健康极为重要。母牛分娩必须保持安静,并尽量使其自然分娩。一般从阵痛开始需 1～4 小时,犊牛即可顺利产出。如发现异常,应请兽医助产。

母牛分娩应使其左侧躺卧,以免胎儿受瘤胃压迫产出困难。母牛分娩后应尽早驱使其站立,以利子宫复位和防止子宫外翻。

母牛分娩后体力消耗很大,应使其安静休息,并饮喂温热麸皮盐钙汤 10～20 kg(麸皮 500 g、食盐 50 g、碳酸钙 50 g),以利母牛恢复体力和胎衣排出。

母牛分娩过程中的卫生状况与产后生殖道感染的发生关系极大。母牛分娩后必须把它的两肋、乳房、腹部、后躯和尾部等污脏部分,用温消毒水洗净,用干净的干草全部擦干,并把玷污的垫草和粪便清除出去,地面消毒后铺以厚的清洁垫草。

为了使母牛恶露排净和产后子宫早日恢复,还应喂饮热益母草红糖水(益母草粉 250 g,加水 1 500 g,煎成水剂后,加红糖 1 kg 和水 3 kg),饮时温度 40～50 ℃,每天 1 次,连服 2～3 次。犊牛产后一般 30～60 分钟即可站立,并寻找乳头哺乳。所以母牛产后 2 小时内应开始挤奶,挤奶前挤奶员要用温水和肥皂洗手,另用一桶温水洗净乳房。用新挤出的初乳哺喂犊牛。

母牛在分娩过程中是否发生难产、助产的情况,胎衣排出的时间、恶露排出情况,以及分娩母牛的体况等,均应详细进行记录,以便汇总、总结经验。

(三)围产后期

母牛产后每天定时刷拭牛体,详细内容参见本章第一节三、(四)刷拭牛体。有条件的牛场可以使用电动刷拭装置,这样可以大大节省劳力。

产后要利用各种办法鼓励母牛站立、行走并采食。同时密切观察母牛的健康状况,应每天监测直肠温度、尿酮水平、采食量以及产奶量状况。有了这些监测数据可迅速发现母牛的健康问题,并及时对症治疗。另一个需要监控的方面是产后奶牛繁殖器官的恢复情况。母牛产后产奶机能迅速增加,代谢旺盛,容易发生各种代谢疾病,如饲喂精料过多,极易患瘤胃酸中毒,并诱发其他疾病,特别是蹄叶炎。患蹄叶炎牛由于运动不足,造成泌乳明显下降,繁殖性能受损。所以这一阶段饲养的重点应当以尽快促使母牛恢复健康为中心,千万不要过早催乳。

为照顾母牛产后消化机能较弱的特点,母牛产后 2 天内饲料应以优质干草为主,适当补喂易消化的精料,如玉米、麸皮等。日粮中钙的水平应由产前占日粮干物质的 0.2%～0.4%增加到 0.6%～0.7%。对产后 3～5 天的乳牛,如母牛食欲良好、健康、粪便正常,则可随其产奶量的增加,逐渐增加精料和青贮喂量。实践证明,每天精料最大喂量不超过体重的 1.5%。

产后 1 周内的乳牛,不宜饮用冷水,以免引起胃肠炎,所以应坚持饮温水,水温 37～38 ℃,1 周后可降至常温。为了促进食欲,尽量多饮水,但对乳房水肿严重的乳牛,饮水量应适当减少。

挤奶过程中,一定要遵守挤奶操作规程,保持乳房卫生,以免诱发细菌感染,而患乳房炎。

母牛产后 12～14 天肌注 GnRH$_1$ 可有效预防产后早期卵巢囊肿,并使子宫提早康复。母牛产后 15～21 天,如食欲正常、乳房水肿消失,即可进入泌乳期饲养。

三、泌乳盛期饲养管理

泌乳盛期指产后 16～100 天。本期内在保证乳牛健康状况下,应充分发挥产奶潜力,延长高峰泌乳时间,使本期产奶量达到全泌乳期产量的 40%～45%,并于产后 60～110 天配种受孕。在产后 1～2 个月内,乳牛的健康和营养对整个泌乳期的产奶量具有重大影响。乳牛产奶遗传潜力主要体现在这个时期,如果营养不足环境又差,整个泌乳期的产奶量会受到极大影响。一般来讲,一头成年乳牛在泌乳高峰期每天只要增产 1 kg 牛奶,整个泌乳期的产奶量可增加近 250 kg。在这一阶段,乳牛是在应激状态下生产了大量牛奶,但这时乳牛能够摄入的饲料量却有一定限度,未达到最大采食量,出现了能量负平衡。因此,乳牛在这一时期动员体脂来获得能量,体重下降是正常的。能量主要来自脂肪组织、部分肌肉蛋白以及骨骼中的钙和磷。这一时期乳牛体重下降可高达 0.7 kg/d,大部分体重损失是由于动员体脂的结果。具有较高产奶遗传潜力的乳牛,大量动员体脂的时间可达 3 个月。相反,产奶遗传潜力低的乳牛,只能动员少量体脂,而且能量负平衡期也短(少于 2 个月)。低产乳牛的产奶高峰不仅比高产乳牛低,而且比高产乳牛结束早。

这个时期日粮设计的目标是使乳牛的干物质采食量和营养物质摄入量最大化。提高乳牛干物质采食量的措施主要有:①最佳瘤胃发酵模式,刺激食欲以及利用奶牛进食的行为模式;②避免日粮的突然变化,增加给料频率有助于稳定瘤胃的 pH 值。饲喂频率同样可以刺激乳牛的采食行为,当与饲喂相关的声音和气味出现时(开动饲喂器或者开饲料搅拌车经过牛舍),母牛会站起和采食。每日完成最大采食量最少需进食 10 次(每次大约 0.5 小时)。高采食量的乳牛与低采食量乳牛的区别在于每次采食的饲料量而不是采食的次数。高产乳牛比同群的低产乳牛每次要多采食 1/3 饲料。同时还要保证饲料 24 小时新鲜。

　　这个时期乳牛营养之所以重要,是因为这一时期的营养与最大限度地发挥产奶遗传潜力密切相关。只有整个泌乳期均饲喂营养平衡日粮,才能使乳牛的产奶能力得到最大水平的发挥。泌乳盛期乳牛饲喂不足,特别是能量不足,对整个泌乳期都会产生负影响。泌乳期前 3 个月由于营养不足而引起的奶产量巨大损失,即使在以后的 8 个月均饲喂营养平衡日粮也无法补回。营养不足或日粮营养不平衡时,奶产量的损失与日粮中所缺乏的那部分营养(主要指能量)是成比例的。在泌乳期前 2 周,日粮精饲料的增加速率应当为每天 0.5~0.7 kg。同时维持乳牛正常反刍也很重要,日粮粗饲料干物质至少要占 40%(即粗纤维占日粮干物质的 15%)才能达到刺激反刍的效果。而且其中 50% 的粗饲料至少要有 2.6 cm 长才能有效地刺激反刍。日粮中 ADF 含量应该在 19%。对于这个阶段乳牛为保持瘤胃最佳功能,日粮中 NDF 含量应保持 28%。这些要求随饲喂方式有微小变化,全混合日粮允许 NDF 含量降低到 27%;如果日粮中饲料颗粒大小不适宜,为防止酸中毒需要 NDF 含量达到 29%。饲料颗粒大小是日粮平衡中的一个关键因子。滨州饲料颗粒箱式分离器可用于检测各种日粮颗粒大小的分布状况。这套工具由 3 级箱子层叠而成(也有 4 级的)。顶层箱底有直径 1.9 cm 的孔,中部有直径 0.76 cm 的孔,底层箱底没有孔用来收集粉碎的细小颗粒。已知量的饲料放入顶层箱内用力摇动,最后留在每层箱内的饲料比例可用于确定饲料颗粒大小的分布情况。理想的饲料粒度分布为全混合日粮的 8%~10% 留在上层箱内,50% 以下到达底箱,其余留在中间箱内。

　　在泌乳盛期蛋白质也是极为重要的营养物质。与能量物质相比,每天能够动员的体内蛋白质量非常有限(最多 145 g),因而日粮蛋白基本上是乳牛所需蛋白质的惟一来源,瘤胃内细菌合成的蛋白质只能部分满足乳牛对蛋白质的需求。因此,日粮蛋白质的供应具有重要意义,日粮蛋白质的供应不仅设计日粮粗蛋白的含量,而且粗蛋白的类型也很重要。既要含瘤胃可降解蛋白或可利用的氮(非蛋白氮,如尿素),又要含有瘤胃非降解蛋白。这部分过瘤胃蛋白对提高乳牛氨基酸具有重要作用。据美国 NRC 饲养标准,泌乳初期饲料中粗蛋白含量要提高到 19%,同时还应提高过瘤胃蛋白比例和加喂蛋氨酸、赖氨酸和苏氨酸含量高的蛋白质饲料或添加剂。

　　在适口性方面,日粮最关键的成分是粗饲料。当然其他精料补充料成分会影响采食量。全混合日粮的采食量比饲料分别投喂时的采食量高。

　　另外,需要随时提供新鲜、清洁的饮水。特别是在热天、干燥的环境里,乳牛耗水量会迅速增加。限制饮水或水质不良会导致干物质采食量迅速降低。乳牛喜欢挤奶后立刻喝水,若此时饮水受到限制则饮水量会受到影响。如果很多母牛争先涌向同一水槽时,只有少数强壮者能有机会饮水。存在竞争的环境条件下,强壮的牛甚至控制水源通道,如果水槽一次仅能容纳 1 头牛饮水就需要增设多个水槽,只靠提高水槽中水的流速不会改善情况。

　　据测定,高产乳牛吃足定量饲料,每天至少需 8 小时采食时间,但在目前,每日 3 次挤奶情况下乳牛采食时间一般不够,干物质采食量不足,健康受到影响,产奶潜力不能充分发挥。所以,泌乳盛期乳牛应尽可能延长饲喂时间和增加饲喂次数。

　　泌乳盛期,随着乳牛产奶量的上升乳房体积膨大,内压增高,乳头孔内充满乳汁,乳房很容易感染病菌而引起乳房炎。所以,对乳房炎必须严加预防。另外,泌乳盛期随着产奶量增加,由于日粮能量不足,一般乳牛产后子宫复旧缓慢,受胎率下降,发情时间将大大推迟。为此,必须尽快增加能量、蛋白质的摄入,并使能量和蛋白质的比例保持在一定水平。如果蛋白质过量,将造成氮不平衡,影响乳牛繁殖,降低受胎率。所以产后乳牛补喂蛋白质饲料,必须考虑产奶和繁殖两方面的需要。此外,日粮中钙磷也应满足其需要,钙应占日粮干物质 0.8%~1%,磷为 0.5%~0.6%。如钙磷不足,将会出现异常发情,降低受胎率。

四、泌乳中后期饲养管理

(一)泌乳中期饲养管理

泌乳中期指产后 101~200 天的一段时间。这个时期,乳牛食欲旺盛,采食量达高峰,在正常情况下,多数乳牛处于怀孕早、中期。所以,泌乳中期仍是稳定高产的良好时机,产奶量应力争达到全泌乳产量的 30%~35%。但这个时期,随着母牛怀孕天数增加,产奶下降幅度日渐加大,下降幅度一般为每月递减 5%~7%或更多。这个阶段的乳牛应尽可能维持其高产奶量水平(泌乳期持续力)同时不增重。所以,这时应根据乳牛体况和产奶量,及时调整精料喂量,在满足能量和蛋白质营养需要的前提下,适当减少精料,逐渐增加优质青粗饲料喂量,粗饲料干物质的摄入量应占日粮干物质摄入量的 50%~55%。精饲料若全部采用淀粉形式(如谷物籽粒)会对瘤胃环境不利,应含高度可消化纤维(如甜菜、谷物糠麸、酿酒谷物以及棉籽饼粉等)可有助于维持瘤胃最佳环境。为维持瘤胃的正常功能和正常的乳脂率,应提供高质量的饲草。

(二)泌乳后期饲养管理

泌乳后期指产后 201 天至停奶,这个时期多数乳牛体况不好,且处于怀孕后期,产奶下降幅度较大。提供足够的营养不仅能够满足产奶需求,而且可以弥补泌乳早期所丢失的体重,使乳牛增重。增重主要是弥补泌乳早期丢失的脂肪和肌肉组织。在泌乳接近结束时,体重增加的部分主要是由于胎盘和胎儿的生长。这个阶段的目标是母牛泌乳期结束干奶时体况评分(BCS)达到 3.5 分。母牛体重的增加情况应根据其繁殖情况进行校正。预期产犊间隔延长的乳牛,无论是计划延长还是障碍性延长,都应以最小增重率为目标来饲喂。泌乳期内妊娠早的乳牛,产犊间隔少于 12 个月,如果想在干奶时达到目标 BCS,应喂饲增重速度较快的饲料。因此,乳牛需要以生产水平、BCS 和繁殖状况为标准谨慎分群饲养。能量采食水平应满足生产需要和弥补泌乳盛期阶段的体重损失。与干奶牛相比,产奶牛增补 1 kg 体重所需要饲料量少。因此,乳牛在产奶阶段增重比在干奶阶段增重的效率更高。据测定,泌乳后期饲料利用率为 61.6%,而干乳期利用率仅为 48.3%。所以,本期在力争产奶达全泌乳期产奶量 20%~25%的情况下,应抓住时机尽快恢复乳牛体况。

与泌乳盛期和泌乳中期阶段相比,日粮中的粗饲料可以是低质的并只需要添加少量的精饲料。可用非蛋白氮和容易被利用的碳水化合物配制便宜的日粮饲喂这个阶段的乳牛。根据《规范》规定,日粮干物质占体重 3.0%~3.2%,每千克干物质含 1.87NND,CP 12%,CF 不少于 20%,Ca 0.45%,P 0.35%,精粗比 30:70。

对头、二胎母牛,还应考虑生长的营养需要,所以一胎母牛在维持需要基础上按饲养标准增加20%,二胎母牛增加10%。

第三节　高产乳牛的特殊饲养管理

高产乳牛是指那些泌乳量特别高(头胎牛7 500 kg以上,经产牛9 000 kg以上)、乳成分好、乳脂率(3.4%～3.5%)和乳蛋白含量(3%～3.2%)高的乳牛,全群平均泌乳量应该在7 500 kg以上。高产乳牛是一个精细调节的机体,在生化极限的边缘运作,它易患各种代谢疾病。饲养中既要使生产性能最高又要使各种代谢病发生的几率最小,同时还要保证较高的繁殖率,这是一个富有挑战性的任务。

产后的饲养管理对总产奶量有很大影响,其原则是在避免消化紊乱的同时要使精料的采食量达到最大。这需要足够的粗纤维水平(17%～19%的酸性洗涤纤维)来维持瘤胃最佳的功能。当玉米青贮做为主要粗料时,精饲料不应超过50%;当干草作为粗饲料来源时,精饲料用量可达60%～65%。高精料水平(60%～65%)除可导致发生皱胃异位外,还可导致酸中毒和乳脂率下降。

一、良好的膘情及干奶期的科学饲养管理

乳牛的泌乳周期从产犊开始,产犊后大约6周时达到泌乳高峰以后逐渐地下降,母牛产后要尽早地配上种(通常在60～90天以内),大致泌乳10个月以后进入干乳阶段。由于采食量只有在泌乳量达到高峰后的一段时间才达到最大,所以高产乳牛在泌乳初期的头几周处于能量的负平衡。干乳期沉积的脂肪会在泌乳初期动用,确切地讲,沉积体脂的任务应放在泌乳后期。在干乳期应限制能量的摄入以防止过肥,干乳期过度肥胖将导致产后代谢紊乱增加和早期产奶量下降(Fronk等,1980)。

二、保证足够的采食时间

乳牛获得最大的干物质采食量有赖于充足的采食时间。高产乳牛的一个典型的特点是采食量大。为使得高产乳牛获得最大的干物质采食量,每天要保证8小时以上的采食时间,使用全混合日粮时每天空槽的时间不应超过2～3小时,在传统的拴系式饲养体系中,采食时间可能不足,可以通过增加饲喂次数或在运动场设置补饲槽来解决。

三、优质粗饲料供应

由于高产乳牛泌乳量特别高,所以对营养的要求也特别的高。首先应该确保优质粗饲料的供给,使用的苜蓿最好其中中性洗涤纤维不超过40%和粗蛋白含量至少大于20%。如果没有优质的粗饲料,可使用一些副产品,如玉米酒精糟、全棉籽、甜菜渣都是很好的替代物。日粮中性洗涤纤维最少占干物质的26%～28%。当日粮纤维含量小于推荐水平时,可能会导致代谢紊乱并产生低乳脂牛奶。满足高产乳牛的纤维需求,不仅要满足需要水平还要注意颗粒大小,粗饲料磨的太细将不能维持高产乳牛正常的瘤胃功能和乳脂水平。

四、增加日粮能量浓度

能量需要是乳牛的第一营养需要,在满足能量需要时采食量是一个非常重要的因素。干物质的摄入量受精、粗饲料比例的影响,要想维持瘤胃正常发酵和乳脂率不下降,日粮中必须最少含有40%粗饲料。一般讲当日粮消化率在65%～70%时,对干物质的摄入量最大。当消化率低于此限时,瘤胃容积限制采食量;当消化率高于此限时,化学调节对采食发挥作用。瘤胃容积停止对采食量调节的点随生产水平变化而变化。对高产乳牛而言,采食量的化学调节机制只有在更高的干物质消化率(即更高的日粮能量浓度)时才发挥作用。也就是说,生产性能愈高,采食量越大,瘤胃容积(物理调节)与食欲中枢(化学调节)对采食量的控制转换时的日粮能量浓度就愈高。乳牛对豆科牧草的采食量比禾本科牧草高20%,这可能是因为禾本科牧草含有更多的中性洗涤纤维。牛对发酵饲料的采食量也偏低,如牛可采食其体重的2.2%～2.5%青贮玉米,但可采食其体重3.0%的豆科牧草。精饲料在满足泌乳的能量需要中是非常重要的,而谷物(如玉米)是主要的能量饲料。当乳牛单产上升时,很难通过谷物饲料提供足够的能量,过瘤胃保护脂肪及全脂油料籽实(如棉籽)等高能饲料在泌乳期饲粮配合中是有益的。

五、保证日粮中充足的过瘤胃蛋白及日粮的氨基酸平衡

乳牛的蛋白质需要量可划分为瘤胃可发酵氮和可吸收氨基酸。高产乳牛的日粮中粗蛋白成分可能超过16%(干物质基础),其中应含有30%～35%瘤胃非降解蛋白。常用的非降解蛋白补充料有鱼粉、肉骨粉、羽毛粉、血粉、玉米蛋白粉、干酒糟等,Santos(1998)对1985—1997年12年间发表在Journal of Dairy Science的试验进行了综述,发现补充过瘤胃蛋白质饲料的效果非常不一致。总体来讲鱼粉及保护豆粕的效果较好,玉米蛋白粉的效果较差。这可能是因为增加过瘤胃蛋白的同时降低了瘤胃降解蛋白的数量,并改变了可吸收氨基酸的模式,而鱼粉提供了较好的氨基酸平衡。乳牛蛋白质营养实质上是氨基酸的供应,现在越来越多的研究表明,平衡乳牛日粮中的赖氨酸和蛋氨酸可以提高乳牛产奶量和饲料蛋白的利用效率,NRC(2001)已提出乳牛赖氨酸和蛋氨酸的平衡模式。

六、饲料添加剂的使用

目前有很多饲料添加剂已经在乳牛生产中得到成功的应用。

1. 缓冲剂　缓冲剂在增加采食量、产奶量和预防乳脂下降方面有效果。日粮干物质中添加0.6%～0.8%的碳酸氢钠和0.2%～0.4%的氧化镁可作为有效的缓冲剂。缓冲剂在下列情况下有最大的效益:①泌乳早期;②当饲喂大量易发酵精饲料时,特别是饲喂次数少的情况下;③当青贮是主要或惟一粗饲料时;④当精、粗饲料分开饲喂时;⑤当饲草切碎、粉碎或制粒即饲料颗粒较小时,饲料颗粒小导致发酵速度加快,且具有缓冲功能的唾液分泌减少;⑥当母牛突然由高粗料日粮到高精料日粮转变时;⑦当发生乳脂率下降时;⑧当饲喂高度易发酵饲粮发生拒食时。

2. 烟酸　烟酸作为辅酶系统的重要组分,而在乳牛的三大营养物质代谢中起重要作用。在乳牛生产中其可以改善能量负平衡,降低酮病发生以及刺激瘤胃原虫生长。对于高产乳牛

或膘情过肥过瘦的牛可在产前 2 周开始每天饲喂 6 g,而产后每天饲喂 12 g 一直到采食高峰(约产后 10~12 周)。

3. 酵母培养物　酵母培养物可以刺激纤维分解菌的生长,保持稳定的瘤胃内环境以及促进乳酸的利用。一般是在产前产后各 2 周使用或在乳牛拒食饲料或应激期使用。

4. 其他　目前另外一种效果确切的乳牛饲料添加剂是蛋氨酸锌,其可以改善机体免疫力,提高蹄壳硬度、减少蹄腐烂、蹄裂、蹄间皮肤炎、蹄叶炎、蹄底白线疾病和蹄底溃疡的发病率。通常适用于有蹄病的牛群。

七、保证充足的饮水

高产乳牛需水量特别大,一头日产 50 kg 乳,采食 25 kg 干物质的乳牛,每天需要的水量就高达 120~170 kg。如果在炎热的夏季,需水量将会更大。因此,必须保证充足的饮水,否则会严重影响乳牛的干物质采食量和泌乳量。有条件的牛场最好安装自动饮水器;没有条件的牛场,每天饮水次数要在 5 次以上。同时,在运动场设置饮水槽,供其自由饮水,并保证水质。

第四节　全混合日粮(TMR)饲养技术

TMR(total mixed ration,TMR)饲养技术 20 世纪 60 年代最早应用于英、美、以色列等国。近年来,我国正在逐渐推广使用。全混合日粮(TMR)是根据乳牛不同生长发育和泌乳阶段的营养需要,按乳牛营养专家设计的日粮配方,用 TMR 搅拌机对日粮各组分进行切割、搅拌、混合和饲喂的一种先进的饲养工艺,是惟一对大小牛群均适用的饲养方式。

经实践,TMR 在与散栏饲养方式相结合的情况下,具有以下优点:

(1)可提高产奶量:饲喂 TMR 的乳牛每千克日粮干物质能多产 5%~8%的奶。即使奶产量达到每年 9 吨,仍然能有 6%~10%奶产量的增长。

(2)改善饲料的适口性,消除挑食,减少饲料浪费。TMR 可以掩盖一些饲料的不良适口性。TMR 可以消除乳牛的挑食,个别乳牛可能会喜好某一种饲料,导致浪费和不必要的消耗。正确的 TMR 方式使得乳牛可以最大化地利用所有的饲料成分。更重要的是可以按照分群和产奶量饲喂 TMR 日粮。低质量的饲料可以用来饲喂低产奶量的牛群,高产奶量的牛群可以饲喂高质量的青贮和精料,可以减少饲料浪费。

(3)提高牛奶质量:粗饲料、精料和其他饲料均匀地混合后,被乳牛一起采食,另外乳牛采食次数增加,减少了瘤胃 pH 值波动,从而保持瘤胃 pH 值稳定,为瘤胃微生物创造了一个良好的生存环境,促进微生物的生长、繁殖,提高微生物的活性和蛋白质的合成效率,乳脂含量也会显著增加。

(4)增进牛的健康:乳牛瘤胃 pH 值波动地降低,减少乳牛瘤胃微生物的应激,增进乳牛健康。由于在产奶量相同的分群饲喂的牛群中全混合日粮的精粗比例保持不变,所以乳牛采食 TMR 日粮后,瘤胃的 pH 值变化不大;而精粗饲料分开饲喂,避免不了单独饲喂精料后,瘤胃 pH 值的急剧下降和单独饲喂粗饲料后 pH 值的上升,这样瘤胃微生物不断地处于 pH 值升高和下降的应激过程中。瘤胃健康是乳牛健康的保证,使用 TMR 能预防和减少营养代谢紊乱,如真胃移位、酮血症、产褥热、酸中毒等营养代谢病的发生。

(5)提高乳牛繁殖率:泌乳高峰期的乳牛采食高能量浓度的 TMR 日粮,可以在保证不降低乳脂率的情况下,维持乳牛健康体况,有利于提高乳牛受胎率及繁殖率。饲喂 TMR 日粮时纤维水平可以降低。采用传统方式饲喂时泌乳牛日粮(额外添加谷物和蛋白)中需要大约 21% 的酸性洗涤纤维,而使用 TMR 时一般 19% 的酸性洗涤纤维就可以,这样就可以为乳牛配置更高能量浓度日粮,以增加牛奶产量和减少体重的损失,而乳牛良好体况的维持有助于提高受胎率。

(6)节省饲料成本和劳力时间:TMR 日粮使乳牛不能挑食,营养素能够被乳牛有效利用,与传统饲喂模式相比饲料利用率可增加 4%。TMR 日粮的充分调制还能够掩盖饲料不良的适口性,使得一些适口性较差但价格低廉的工业副产品或添加剂添加入乳牛日粮中,可以节约饲料成本。采用 TMR 后,饲养工不需要将精料、粗料和其他饲料分别发放,只要将料送到即可;采用 TMR 后使得管理变得轻松,降低管理成本。

通过饲养实践,应用 TMR 尚存在一些问题:

(1)饲料切短机械、称量机械、混合搅拌、分发机械等设备投资,以及运转、保养维修等费用较大。

(2)这些机械对牛场内道路、牛舍内饲料通道标准均有严格要求。

(3)技术管理操作水平要求高,一旦某一环节疏漏或失误,将会造成损失。为此在条件不成熟的牛场不宜急于应用,应先积极创造条件,培训技术力量。

全混合日粮饲养技术要点有:

一、合理分群

(一)小群

小于 100 头的乳牛场和家庭式的拴系式牛舍,可经常饲喂一种 TMR 而不考虑乳牛产奶量和体况。其优点是混合简单,减少饲喂的劳动力,消除乳牛从一种 TMR 日粮转变到另一种 TMR 日粮时经常发生的牛奶产量损失。一群乳牛只饲喂一种 TMR 的缺点是饲料成本的增加、容易导致乳牛肥胖等。

(二)大群

对大于 100 头乳牛的牛群,以营养需要和干物质的采食量为依据推荐泌乳乳牛饲喂群数量的最小量。

1. 新产牛群(0~15 天)　这个群的采食量偏低,但是要求高的营养供应。最基本目标是在保证瘤胃功能和避免代谢紊乱(酮症、酸中毒)的前提下提供更高的营养,使乳牛有更高的产奶量。新产牛日粮的中性洗涤纤维要略高于高产牛的日粮,所以给乳牛额外提供长干草十分有益。另外,新产牛日粮中添加丙酸钙盐、烟酸和瘤胃保护 B 族维生素,可以帮助乳牛承受一定程度的酮体。这个牛群应该保证低密度和每头牛有大的饲槽空间,而减少了乳牛间争夺饲料和饲槽的应激。

2. 高的产奶牛群(16～100 天) 这个牛群中的乳牛应该是接近摄食高峰和产奶高峰,目标是保持高的产奶量并使得乳牛在这个期间重新妊娠。应该密切注意保证日粮中足够的有效纤维,来平衡高的牛奶产量。

3. 产奶中期群(101～200 天) 这些牛的繁殖率和产奶量都有所下降。目标是更经济的维持产奶量。

4. 产奶末期群(201～305 天) 这些牛有低的营养供应即可,主要通过青贮满足需要。这个时期的目标是避免体况过肥。

5. 高产头胎牛群 该牛群胆子小,少吃多餐,采食持续时间短。在同一产奶水平下头胎牛干物质采食量比成乳牛低 15%～20%,因此需要单独的饲料配方。

6. 干奶牛群 不论群大小,所有的群分离干奶牛应该至少分为两个群。这段时期日粮的目标是为下一产作准备。预防体况的丢失(使用中等质量的饲料)和调节瘤胃适应长的干草。供应充足的蛋白和维持矿物质的平衡。围产前期:依靠体况必须分为一个或两个群。过度肥胖的干奶牛(体况评分大于或等于 3.75)应该在干奶期的前 30 天到 45 天限制日粮。体况在 3 到 3.25 或小于 3 的干奶牛应该在干奶期的 30 天到 45 天每天增重 0.81 kg。围产后期:这群牛干物质采食量偏低,但是要增加蛋白和能量的供应来满足日益增大的犊牛需要,这个日粮要很好地过渡到新产牛日粮。目标是满足营养需要、调节瘤胃微生物和瘤胃乳头适应大量谷物的同时,在低的和上下浮动的干物质采食量情况下保证瘤胃功能。日粮要包含 32%～34% 非纤维碳水化合物,保证日粮中矿物质的平衡以避免产乳热的发生,同时要时常关注日粮的适口性。

7. 体况异常牛群 由瘦牛、胖牛和因繁殖障碍导致泌乳期过长的牛组成。

二、随时检测饲料干物质的含量和持续监控乳牛干物质摄食量

(一)饲料中干物质含量

添加在 TMR 中小于 75% 干物质的饲料,应该每周检测实际干物质含量。当饲料中的干物质含量改变或日粮比例没有及时调整,会使得按配方正确供给的 TMR 日粮变得不平衡。用最小纤维量的高产日粮,粗饲料干物质的减少可能导致过度饲喂和酸中毒。正确记录饲料采食量,当饲料干物质变化时饲料采食量需要验证。

(二)干物质采食量(DMI)

知道乳牛的干物质采食量对于牛奶的最大量生产非常重要。干物质中的营养物质,特别是能量和蛋白质,是影响泌乳期乳牛牛奶生产和体况改变的主要因素。没有很好的干物质摄入量、正确的日粮配比,则很难满足生产的营养需要。低营养饲喂导致生产的损失,过度饲喂又增加了饲料成本。乳牛干物质采食量计算公式为:

非头胎牛:DMI(kg/d)=0.959+1.051×泌乳周−0.042×泌乳周^2+0.0005×泌乳周^3+0.012×体重(kg)+0.354×4%脂肪校正奶(kg/d)−1.966×乳脂肪率%+0.941×乳蛋

白率%

头胎泌乳奶牛：DMI(kg/d)＝－2.12＋0.882×泌乳周－0.031×泌乳周^2＋0.0003×泌乳周^3＋0.016×体重(kg)＋0.351×4%脂肪校正奶(kg/d)－1.51×乳脂肪率%＋0.752×乳蛋白率%

如果实际采食量与预测相差在5%以上，应寻找原因，是采食率问题还是称重或是其他问题，并加以校正。

(三)良好的饲槽管理

饲槽管理的目的是取得最大的干物质采食量，保证每一头奶牛可吃到新鲜、适口、平衡的TMR日粮。随着牛群生产性能的上升，干物质采食量作为维持生产性能的主要因素就显得越来越重要。饲槽管理的多个方面如下：

1. 饲料应该均匀地撒在料槽里。
2. 乳牛应该有75 cm左右的采食空间。
3. 饲喂顺序应该固定，剩料应该统一记录。如果有饲料剩余，剩料在外观及组成应和饲喂的TMR非常接近。当日粮中含有青贮或大颗粒饲料时应特别注意。
4. 剩料应该新鲜　发现有热的发霉剩料，应该考虑补饲新鲜的饲料。
5. 总的剩料应该占总饲料的5%，且应每天清除。
6. 每天投料2～3次。
7. 空槽时间每天不超过2～3小时。
8. 添加饲料时要观察乳牛的行为，病牛、跛行牛往往食欲不佳。
9. 饲槽应该有光滑的表面，以便清理和更好地采食饲料。
10. 应保持母牛低头采食的良好习惯，低头采食便于唾液吞咽，又可达到最佳采食量，还可避免甩料。
11. 每天保证水的充足供应，并且保证饮水新鲜。
12. 每天早上或晚上投放饲料的时间，应于乳牛频率最高的采食时间相一致。

(四)TMR日粮的推荐营养水平

合理分群是最大限度发挥TMR作用的保证。由于在同一群中需求量低的那部分乳牛将会营养过剩，而需求量高的那部分乳牛营养摄入量可能不足，因此同一组中乳牛的同质性越好，组内乳牛营养需求量差异就越小，该组乳牛配制的日粮就越能满足大多数乳牛的营养需求。为了尽可能满足高产乳牛的营养需要，应对组内的产奶量适当加以调整，经过调整以后的产量既是目标产奶量。如果为特定牛奶量的乳牛配置日粮，则目标牛奶产量的日粮营养需要可按平均牛奶产量和最高牛奶产量牛的营养需要之和除以2。

如果1个产奶组，营养水平应该高于平均水平的30%。2个产奶组，营养水平应该高于每个组的平均水平的20%。3个产奶组，营养水平应该比每组平均水平高于10%。以这种产量为目标而配制的日粮将能满足泌乳早期乳牛的营养需要，并能使泌乳后期的乳牛恢复体膘。乳牛中推荐的TMR中营养含量见表12-2。

表 12-2 各种 TMR 的营养水平

营养水平	干奶牛	高产牛	中产牛	低产牛	后备牛
干物质 DMI(kg)	13～14	23.6～25	22～23	19～21	8～10
总能 NE$_L$(Mcal/kg)	1.38	1.68～1.76	1.6～1.68	1.5～1.6	1.3～1.4
脂肪 Fat(%)	2	5～7	4～6	4～5	
粗蛋白 CP(%)	12～13	17～18	16～17	15～16	13～14
非降解蛋白 CP%	25	34～38	34～38	34～38	32
降解蛋白 CP%	70	62～66	62～66	62～66	68
酸性洗涤纤维 ADF(%)	30	19	21	24	20～21
中性洗涤纤维 NDF(%)	40	28～35	30～36	32～38	30～33
粗饲料提供的 NDF(%)	30	19	19	19	
可消化总养分 TDN(%)	60	77	75	67	65
Ca(%)	0.6	0.9～1	0.8～0.9	0.7～0.8	0.41
P(%)	0.26	0.46～0.5	0.42～0.5	0.42～0.5	0.28
Mg(%)	0.16	0.3	0.25	0.25	0.11
K(%)	0.65	1～1.5	1～1.5	1～1.5	0.48
Na(%)	0.1	0.3	0.2	0.2	0.08
Cl(%)	0.2	0.25	0.25	0.25	0.11
S(%)	0.16	0.25	0.25	0.25	0.2
维生素 A(u/kg)	100 000	100 000	50 000	50 000	
维生素 D(u/kg)	30 000	30 000	20 000	20 000	
维生素 E(u/kg)	1 000	600	400	400	

表注:①本表引用标准为NRC2001年版所用标准,实际日粮配制过程中应该以本地饲料条件和实际牛群的生产水平和气候环境做出合适的调整。②表中营养浓度都是干物质为基础。③干奶牛营养水平为干奶到产前21天的营养水平。④后备牛营养水平依据14月龄营养需要,如果牛群较大时,建议将后备牛群的分群细化,有利于后备牛群的生长发育和饲料成本的控制。⑤表中的纤维含量为维持瘤胃健康的最低纤维需要量。⑥夏季日粮钾含量提高,减少热应激。

(五)定期检测日粮及其原料的营养含量

测定原料的营养成分是科学配制全混合日粮的基础。即使同一原料(如青贮、干草等)因产地、收割期及调制方法不同,其干物质含量和营养成分也有较大差异,所以应根据实测结果配制相应的全混合日粮。还必须经常检测全混合日粮的水分含量和乳牛实际的干物质采食量，以保证乳牛能食入足量的营养物质。一般全混合日粮水分含量以 45％±5％ 为宜，过湿或过干的日粮均会影响乳牛干物质的采食量。据研究，全混合日粮中水分含量超过 50％ 时，水分每增加 1％，干物质采食量按体重 0.02％ 下降。

（六）日粮的营养要平衡和均匀

配制全混合日粮是以营养浓度为基础，这就要求各原料组分必须计量准确，充分混合，并且防止精粗饲料组分在混合、运输或饲喂过程中的分离。同时，为了保证日粮混合质量，还应制定科学的投料顺序和混合时间。投料的基本原则：先干后湿、先长后短、先粗后精、先轻后重。添加顺序：干草、全棉籽、副饲料、青贮、精料、湿糟类。特别注意：配方干草用量较大时，干草添加后可以适当搅拌 2～3 分钟，再加入下一原料。混合时间：转轴式全混合日粮机通常在投料完毕后再搅拌 5～6 分钟，若日粮中无 15 cm 以上粗料，则搅拌 2～3 分钟即可。

（七）控制分料速度

采用混合喂料车投料，要控制车速（20 km/h）和放料速度，以保证全混合日粮投料均匀。每天投料 2 次以上，每次投料时饲槽要有 3％～5％ 的剩料，以防牛只采食不足，影响产奶量。

（八）检查饲养效果

注意观察乳牛的采食量、产奶量、体况和繁殖状况，根据出现的问题及时调整日粮配方和饲喂工艺，并淘汰难孕牛和低产牛，以提高饲养效果。

TMR 饲喂技术是中国乳牛养殖业走向现代化、科学化的必由之路，它可使乳牛养殖科学管理和科学饲养得到充分体现。随着我国乳牛业规模化、集约化和现代化步伐的加快，以及草业产业化进程的不断加快和牧场粗饲料条件日趋改善，TMR 饲养技术必将得到大力推广应用。

第五节　冬夏季饲养管理

我国地域辽阔，境内气候相当复杂，同一季节各地气候相差也较明显。实践证明，季节变化与乳牛生产有着密切关系。所以，为了减少或克服季节对乳牛生产的不利影响，研究和制定冬、夏季饲养管理规章具有十分重要的意义。

一、夏季饲养管理

据多数研究者认为，乳牛最适宜泌乳的气温为 5～15 ℃，也有人认为最适气温为 0～20 ℃和 10～21 ℃。生产环境界限上限为 27 ℃，相对湿度不超过 80％，风速大于 1 m/s；下限为 −13 ℃，相对湿度不超过 80％，风速小于 1 m/s。如湿度超出范围，则会影响乳牛的蒸发散热，如超出适温范围对乳牛则开始有不利影响；如超出生产环境界限，则会使产奶量明显下降，甚至危及健康。我国夏季绝大部分地区，除青藏高原和大小兴安岭等地低于 20 ℃ 外，都超过

24 ℃,在东南部地区大部分都在 28 ℃以上,重庆、武汉、南京素有"长江三大火炉"之称,极端最高气温 42～43 ℃。在此气温下,我国乳牛每年产奶量普遍均有所下降。例如,温书斋等人报道,北京地区每到夏季由于气温高导致乳牛产奶量下降约 10%。又据报道,当气温从25.9 ℃升到 28.6 ℃,标准乳下降 25.4%,受胎率下降 33.3%。美国的一项研究表明,在温度为 29 ℃、相对湿度为 40% 时,荷斯坦牛产奶量下降 8%,在同等温度条件下,相对湿度为90%,产奶量则下降了 31%。热应激下乳牛的繁殖率也会明显降低。据试验报道,当温、湿度量数(THI)由 68 升至 78 时,乳牛的受胎率从 66% 降至 35%。Lee(1993)研究表明,在配种当天或次日阴道温度增加 0.5 ℃,即会影响受胎率。这也与热应激时乳牛血清中促黄体素(LH)和孕酮分泌量的减少及前列腺素分泌量的增加有关。研究还表明,在热应激下乳牛主导卵泡发育提前,到正式排卵时已经老化,从而影响受胎率。此外,热应激时,乳牛表皮血管舒张,毛细血管血流量减少,造成胚胎营养不足,引起胚胎死亡或胚胎吸收。热应激不仅发生在夏季,也可发生在天气已经转凉的秋季(10—11 月份)发生,这就是典型的夏季热应激影响的滞后效应。由此可见,夏季给乳牛生产造成的损失是巨大的。为了减缓夏季对泌乳牛的不良影响,使乳牛生产水平全年相对平衡,必须采取相应措施。

(一)加强乳牛管理,积极改善环境条件

众所周知,影响乳牛热调节的环境因素除气温外,还有气湿、气流和太阳辐射,所以夏季乳牛的管理首先应力争隔绝太阳辐射,加大气流,避免人为增高气温。隔热与通风是改善乳牛舍夏季环境的两个关键环节,为此建议:①严格按建舍要求修建牛舍;②牛舍干燥卫生,每天早晚打开门窗,及时清理粪尿,清扫饲槽,刷拭牛体;③夏季蚊蝇多,既干扰乳牛休息,又易传染疾病,应定期用 1%～1.5% 敌百虫药液喷洒牛舍及其周围环境;④重视挤奶卫生,挤奶场所必须通风良好,干净卫生,每次挤奶后用 1.5% 次氯酸钠溶液浸洗乳头;⑤配种场所讲求卫生,对产后乳牛生殖器官经常检查,发现疾病及时治疗。

(二)改善日粮结构

在夏季高温下,牛减少采食量在于减少饲料体增热所引起的热负荷,是乳牛对付高温的保护性反应。所以夏季日粮应在保证其营养平衡的情况下,以减少体增热为原则。

能量摄取量可与干物质摄取量相等,干物质摄取量在日粮中起重要作用。干物质摄取量与产奶量有密切关系。多数人认为,日粮中干物质含量最好为 50%～75%。日粮中纤维含量增加会降低饲料消化率和干物质采食量,进而降低能量摄取量。据测定,每升高 1 ℃,乳牛要消耗 3% 的维持能量。所以,夏季日粮中能量浓度应适当增加或添加部分脂肪,并含 15%～17% 的粗纤维,如棉子粒、大豆粒等对缓解热应激有良好效果。

夏季乳牛皮肤蒸发量加大,其氮的排出相应增加,热应激引起代谢率升高,从而加速了乳牛体内蛋白质的降解。为此,夏季日粮中应提高能量蛋白质水平(不超过 18%)。在夏季乳牛日粮中添加蛋氨酸有较好的饲养效果。有研究表明,在日粮蛋白和过瘤胃蛋白进食量相同(18.5% 和 43%)情况下,日粮赖氨酸与蛋氨酸的比例由 1.6:1 提高到 3.0:1 时,夏季产奶量提高 11%。

夏季乳牛受到热应激时,采食钾、钠、镁含量高的日粮,可使产奶量增加,还可使乳牛少受应激。其合理喂量一般占日粮干物质:钾 1.5%,钠 0.5%～0.6%,镁 0.3%～0.35%。另据报道,给处于炎热季节的乳牛补充三价铬可降低直肠温度,减少血清皮质醇对乳牛代谢的影响,改善泌乳性能;添加烟酸可以缓解热应激。

夏季在多采食精料情况下,为改进粗饲料摄入和消化率,精料中加入适量小苏打可抑制体温升高,增加产奶量,还可提高乳脂率和牛奶总干物质。

综上所述,夏季泌乳牛日粮,除增加能量、蛋白质外,还应补加矿物盐和缓冲剂。如可在全混合日粮干物质中添加 0.75%～1.5%的碳酸氢钠或 0.35%～0.4%的氧化镁等。要适当控制增加蛋白质的量,由于蛋白质产生体增热多,大量提高蛋白质水平会导致热负荷的加重,产生事与愿违的效果。

(三)增加饮水量

一般说,乳牛每采食 1 kg 干物质需耗 3～5 kg 水。在炎热夏季干物质摄取量和牛奶产量均有所下降。但饮水量却反而增加,所以应饮用低温水,加快水分蒸发加快散热,这对泌乳牛很有好处。

(四)改变饲喂时间与次数

为满足乳牛营养需要,每天饲喂次数由 3 次改为 4 次,夜间增加 1 次。在夜间和清晨凉爽时饲喂乳牛采食量高,所以最好把 60%以上的日粮放在晚上饲喂。

二、冬季饲养管理

乳牛是耐寒怕热的畜种之一,但实际上乳牛在不同温度下出现不同的生理反映。例如,荷斯坦牛泌乳适宜温度为 0～20 ℃,此时汗腺分泌正常,身体的一切代谢处于正常状态中,尤其是 5～15 ℃范围最为适宜。当温度低于-5 ℃或高于 24 ℃时,泌乳量开始下降,维持体温出现应激反应。为了克服外界气候对乳牛的影响,减少冬季鲜乳生产大幅度下降,乳牛场冬季必须重视保暖防潮。

(一)改善冬季饲养

冬季乳牛的维持营养需要增加,吃进的饲料不仅用于产奶,还要用于维持体温的消耗,所以冬季应结合气候变化补足能量饲料,及时调整饲料配比,力求多样化。在精饲料供给方面,蛋白质饲料不变,玉米的供给量要增加 20%～50%,从而增加能量饲料的比重。在粗饲料方面,最好饲喂青贮、微贮饲料或啤酒糟等,以此代替夏秋季乳牛采食的青绿多汁饲料。单独饲喂精料时最好用热水拌料或喂热粥料,不喂冷料。冬季喂 38 ℃左右的热粥料,不仅可增强牛体抗寒力,还可提高产奶量 10%。

(二)改饮温水

泌乳牛冬季饮用冷水会消耗体内大量热能,从而使产奶量减少。例如饮用低于 8 ℃的水,

则产奶量明显降低。冬季将乳牛饮水温度维持在 9~15 ℃,可比饮 0~2 ℃水的乳牛每天多产
0.57 L 奶,即提高产奶率 8.7%。如改为饮温水,不仅可保持体温、增加食欲、增强血液循环,
而且还可提高产奶量。所以冬季应设温水池,供牛自由饮用。

(三)牛舍保暖防潮

各地经验表明,冬季保暖防潮具有同夏季防暑降温同等重要的作用。牛舍气温低,空气不
流畅、不新鲜,不仅影响乳牛泌乳、繁殖、生长和牛奶的风味,还会引发各种代谢疾病。据研究,
荷斯坦牛在−12 ℃以下,产奶量下降的原因主要是乳房被毛保温作用不良,散热面积大,易受
低温的影响,降低乳房的血流量和乳腺细胞中酶的活性,使乳形成的原料来源缺少和加工乳成
分效率下降。此外,低温还会使催乳素分泌减少,也与产奶量下降有关。所以冬季牛舍应:
①按建舍要求修建牛舍(见乳牛场建设与环境保护),且舍内温度应保持在 0 ℃以上;②保护乳
房,牛舍牛床保持干燥卫生,牛床加厚垫草;③挤奶后除药浴乳头外,并涂凡士林油剂,以防乳
头冻裂;④运动场粪尿及时清理,并垫土或稻草,以便保持地面干燥。

第六节　乳牛饲养管理效果评价

为了使牛群年年高产、稳产和长寿,并获得良好的经济效益,必须对乳牛群定期进行饲养
管理效果分析。

一、牛体体况分析

乳牛体况是分析牛群饲养管理效果一项重要的指标。体况不仅与乳牛脂肪代谢、健康有
关,而且与乳牛泌乳、繁殖均有密切关系。所以 1 年之内要定期对牛群进行体况评分。

评分标准一般采用乳牛体况评分法(表 12-3),过瘦的评 1 分,瘦的评 2 分,一般的评 3 分,
肥的评 4 分,过肥的评 5 分。

表 12-3　乳牛体况评分标准

体况评分	评　分　标　准	备　　注
1.0分	1. 脊椎骨明显,根根可见 2. 短肋骨根根可见 3. 髋部下凹特别深 4. 荐骨、坐骨及联接二者的韧带显而易见 5. 尾根下凹	乳牛太瘦,没有可利用的体脂贮存来满足其需要
2.0分	1. 脊椎骨突出,但并非根根可见 2. 短肋骨清晰易数 3. 髋部下凹很深 4. 荐骨、坐骨及联接二者的韧带明显突出 5. 尾根两侧皆空	有可能从这些乳牛身上获取充分的产奶量,但是其缺少体脂贮存

续表

体况评分	评 分 标 准	备 注
2.5分	1. 脊椎骨丰满,看不到单根骨头 2. 椎骨可见 3. 短肋骨上覆盖有 1.5～2.5 cm 体组织 4. 肋骨边缘丰满 5. 荐骨及坐骨可见,但结实 6. 联接荐骨及坐骨的韧带结实并清晰易见 7. 髋部看上去较深 8. 尾骨两侧下凹,但尾根上已开始覆盖脂肪	理想的体况,这些乳牛在大多数产奶阶段都是健康的
3.5分	1. 在椎骨及短肋骨上可感觉到脂肪的存在 2. 联接荐骨及坐骨的韧带上脂肪明显 3. 荐骨及坐骨丰满 4. 尾根两侧丰满 5. 联接荐骨及坐骨的韧带结实	奶牛理想体况评分的上限,再高一点则归入肥牛行列。3.5 分是后备牛干奶时及产犊时理想体况
4.5分	1. 背部"结实多肉" 2. 看不到单根短肋骨,只有通过用力下压时才能感觉到短肋骨 3. 荐骨及坐骨非常丰满,脂肪堆积明显 4. 尾根两侧显著丰满,皮肤无皱褶	这些乳牛身体上脂肪太多

　　体况评分必须结合不同的泌乳阶段。根据体况分析总结和分析各阶段的饲养效果,查找存在问题,并采取相应的措施,从而有针对性地改进饲养管理。产奶阶段体况评分反映的问题及其措施见表 12-4。

表 12-4　产奶阶段体况评分反映的问题及其措施

产奶阶段	评分	反映的问题	采取措施
泌乳后期 理想评分 2.5～3.5	≤2.5	1. 长期营养不良 2. 产奶量低,牛奶质量差	1. 检查日粮中能量、蛋白质是否平衡 2. 考虑提高日粮中能量浓度
	≥3.5	1. 干奶及产犊时过肥、难产率高 2. 下一胎次的泌乳早期食欲差,掉膘快 3. 下一胎次酮病及脂肪肝发病率高 4. 下一胎次繁殖率低	1. 在干奶前降低体总评分 2. 应减少精料含量,尤其是在使用高淀粉类全价料的情况时更应该如此
干奶后期 理想评分 2.5～3.5	≤2.5	产犊时体况差,为维持产奶及牛奶质量,动用了过多的体脂贮存	在干奶期提高膘情差的乳牛体况
	≥3.5	1. 这时再要大量减少体况已太迟(如这样做会导致毁灭性后果) 2. 由于贮存在骨盆内的脂肪会堵塞产道,难产率高	1. 如已出现脂肪肝,应在干奶期降低体况评分 2. 减少能量摄入

续表

产奶阶段	评分	反映的问题	采取措施
产犊期理想评分 2.5~3.5	≤2.5	1. 不能获取足够能量来满足泌乳和维持需要;饲喂的日粮能量浓度低时尤其严重 2. 缺少体况意味着在营养不良时可动用的体脂储存不足 3. 奶蛋白率可能会低	饲喂高能量浓度日粮
	≥3.5	1. 食欲差,粗饲料利用率低 2. 产乳热发病率高 3. 不能达到潜在产奶量	1. 配合日粮时要考虑干物质摄入量已减少 2. 保证日粮足够蛋白水平
泌乳早期产后检查理想评分 2.25~3.5	≤2.25	1. 不能达到潜在高峰产奶量 2. 乳蛋白比较低 3. 第一次配种受胎率低	1. 如整群牛体况差,应调整日粮配方,确保不再继续掉膘 2. 将体况差、产量高的乳牛区分开来,在恢复能量正平衡之前很难受胎 3. 产量不高且瘦的乳牛获得的能量不够
	≥3.5	1. 动用体组织更快更多,有缺陷的卵子数量增多,导致繁殖率低 2. 饲料转换率低 3. 亚临床/临床酮病发病率高 4. 脂肪肝发病率高 5. 胎衣不下发病率高	如有可能,将肥牛移至饲喂低能量浓度日粮的牛群中
泌乳中期妊娠检查理想评分 2.0~3.5	≤2.0	很可能第一次人工配种时受胎率低	1. 进行妊娠检查 2. 调整日粮,干奶前至少要达 3.5 分 3. 如体况太差,应提高日粮能量浓度
	≥3.5	1. 进入泌乳晚期可能会太肥 2. 下一次酮病及脂肪肝发病率高 3. 易见于采用 TMR 方式饲喂的未分群的牛场	1. 减少能量摄入量或提早移至低产牛群 2. 避免饲喂高淀粉全价料

二、繁殖效果分析

《规范》7.2 条中指出:"对超过 70 天不发情或发情不正常的母牛,应及时检查,并应从营养和管理方面寻找原因,改善饲养管理。"

为了准确地分析牛群的饲养对繁殖的效果,必须对每头牛进行正确的繁殖记录,评定饲养管理对繁殖的效果通常采用以下方法:

1. 检查空怀率　通常产后 60~110 天不孕的母牛称为"空怀",每超过一天算作 1 天空怀。1 个牛群成母牛空怀头数占 5% 以上,则将严重影响全年产奶量。为此,每个月应进行一次检查，并采取措施，尽快降低空怀率。

2. 检查泌乳牛占全群成母牛的比例　实践表明，正在泌乳的母牛只占全群成母牛头数75％以下，说明已出现严重的繁殖问题，即使改进饲养管理产奶量也难以提高，必须进行全面检查。

3. 检查成母牛群泌乳阶段　如出现泌乳牛头数仅占全群成母牛75％以下，还应检查泌乳5个月以上的头数，如果已占全群成母牛45％以上，则更加说明存在严重的繁殖问题。

4. 检查产犊间隔　产犊间隔是评价牛群繁殖力的重要指标。生产实践表明，乳牛产犊间隔超过400天则会造成重大经济损失。所以首先应从饲养管理入手，尽快查明产犊间隔较长的原因，并采取相应措施，加以改进。

三、产乳效果分析

评定和分析牛群的产奶性能是检查乳牛群饲养管理效果的最重要指标。

从产奶成绩检查分析饲养管理效果，常用的方法是制作年间泌乳曲线——哪个月泌乳最高，哪个月泌乳最低，历年趋势如何，并与以前记录进行比较。如泌乳曲线发生异常或普遍下降，应立即寻找原因，改善饲养管理。此外还可以分析总奶量、总脂肪量的增减，以及饲喂精料量的增减、奶饲比和饲料效率等指标。

1. 奶饲比 $= \dfrac{\text{精料费(元)} \times 100}{\text{售奶金额(元)}}$

2. 饲料效率(饲料报酬) $= \dfrac{\text{总奶量(kg)}}{\text{总精料量(kg)}}$ (2.5 以上为宜)

奶饲比、饲料效率的差大时，应重新考虑饲料喂量。

根据以上三项技术指标(体况评定记录、产犊间隔和产奶成绩)我们曾进行过试验，每月将每头牛的这三项记录进行统计分析处理，可较全面地分析每头牛的总成绩和存在的问题，对改进饲养很有帮助，值得推广。

四、粗饲料采食量的评定

饲养乳牛，测定牛群每天平均日采食粗饲料量非常重要，通常采用如下的公式进行计算与评定。

一日平均粗饲料量(干物质量) = 平均体重×头数×0.02

例如：饲养平均体重500 kg奶牛20头，每天应至少采食粗饲料量：

500×20×0.02＝200 kg

五、粪便评定

评定粪便可获得有关乳牛整体健康状况、瘤胃发酵及消化性能的信息。因为乳牛大约每天有1.5～2小时排粪时间，排泄出45.4 kg或更多的粪便。粪便数量可能会因为乳牛饲料和水的摄入量的变化而变化，也可能由于通过消化道时在消化道中异常堵塞而大幅减少。

粪便评定是乳牛消化及健康的一个有用的诊断工具，它是给营养工作者或牧场管理者关于消化过程可能正在发生的一些事情作出提示。对粪便观察包括颜色、黏稠度、内容物3个方面。

1. 颜色 粪便的颜色随饲料的品种、胆汁浓度和饲料的消化率的变化而变化。比较典型的情况是当乳牛采食新鲜青贮时,粪便是深绿色的。如果乳牛采食了一定比例的干草时,粪便变黑到褐色—黄褐色。采食含较多谷物的典型 TMR 日粮时,粪便通常是黄褐色。这个颜色是由于谷物和粗饲料的结合及谷物的数量和加工处理不同而改变。如果乳牛腹泻,粪便的颜色将变成灰色。正接受疾病治疗的乳牛,其粪便可能会因所用药物的作用而呈异常。痢疾和球虫病引起的肠道出血,其粪便呈黑色并且带血。而像沙门菌引起的细菌感染,就产生浅黄色或浅绿色腹泻粪样。

2. 黏稠度 粪便的黏稠度主要取决于水的含量、粪便黏稠度,是饲料水分含量、饲料停留在动物体内的时间的一个对应的反应。正常粪便中的物质具有中度的粥样黏稠度,可形成一个圆顶形堆积体,高度在 2.5～5.0 cm 之间。腹泻不但可由中毒、感染和寄生虫引起,也可由碳水化合物在后肠过度发酵而导致产酸增加引起。稀松的粪便也可能由于采食过多的蛋白或高水平的瘤胃降解蛋白产生,这很可能是因为为了通过尿排泄过量的氮而增加了水的消耗。另外,热应激时,粪便可能会变得稀松;限制饮水和限制蛋白进食量常常产生坚硬的粪便;严重脱水时粪便呈坚硬的球状;左侧真胃移位的乳牛经常排出糊状粪便。

3. 内容物 理想情况下,粪样应能揭示主要饲料的消化和利用效率。如果看到粪便中含有大量未消化的谷物和长粗饲料(大于 1.27 cm),那就说明可能瘤胃发酵功能有问题,或存在较多的后段肠道发酵和大肠发酵。粪便中出现大量的粗饲料颗粒或未消化的谷物,显示出乳牛反刍不正常或瘤胃通过速度过快,这可能是因为能有效刺激反刍或保持瘤胃 pH 正常的粗纤维摄入量不足。仔细观察黄颜色的粪便,它可能有未消化的谷物颗粒的存在,或观察干粪便,其表面如呈现灰白色,则说明有未消化的淀粉存在,淀粉越多,白色越明显。粪便中出现大量黏液的话,表明有慢性炎症或肠道受损。有时也能看到黏蛋白在其中,这些都说明大肠有损伤,是由于过度的后段肠道发酵和过低的 pH 所引起,黏蛋白是由小肠黏膜层表面细胞分泌的,其主要是用于治疗肠道的损伤或炎症。粪便中如有气泡,表明乳牛可能乳酸酸中毒或由后肠过度发酵产生气体所致。

检查整个牛群的健康和营养需要收集牛场所有方面的信息,粪便评估仅仅是几个有价值信息的来源之一。结合仔细检查饲养管理情况,粪便评定可能会帮助解释整个牛群关于乳牛健康的营养利用问题。

六、舒适度评估

牛群管理的最重要方面之一是对乳牛舒适性进行正确评估。乳牛的舒适性是畜舍、配套设施的设计与乳牛行为和乳牛福利的结合。当排查某乳牛场的养殖问题时,应该首先评估乳牛场管理中母牛的舒适性,它能影响母牛和牛群生产性能的所有方面。舒适性差会影响采食量、生长速度、产奶量、牛群健康、繁殖效率等奶业生产的所有方面。保持乳牛舒适性的几个关键因素,包括畜栏空间充足、垫料适宜、饲料和饮水方便、行走地面平坦不滑、通风适宜、散热良好、光照充足的控制。

评估乳牛舒适性主要依靠母牛本身。安逸舒适的乳牛应正常地采食、饮水、泌乳及等待挤奶、正常发情或躺卧和反刍。牛群中多数母牛只是站着不动,说明存在乳牛舒适性问题。在许多情况下,人们对不正常的行为方式过于习惯,以至于把它们看作是乳牛的正常表现。因此,首先应该弄清哪种行为表现真正是正常的,而哪种行为表现显示存在舒适性问题。

(一)休息和睡眠

牛总是斜卧并顺坡度向上躺卧。牛的典型姿势是胸骨横卧或向一侧倾斜,前肢向身体内侧下部弯曲,一侧后肢向前伸展,而另一后肢向外伸展。虽然牛以这种方式休息,但是在感官上通常认为它们没有睡觉。在牛躺卧时,的确会闭上眼睛一段时间。通常犊牛躺卧时头转向腹面,一次休息0.5小时以内。

乳牛通常采取4种姿势休息。伸展姿势虽然不会保持较长时间,但其在休息的程序中仍然很重要。这种姿势指乳牛半侧躺(侧卧),头与一只或两只前肢伸出。乳牛正身卧(前胸支撑)的缩紧姿势是头抬高,一只或两只前肢弯曲且压在胸部下方。短暂休息姿势指乳牛正身卧,两前肢弯曲压在胸部下,头部伸向后躯侧腹部。长久休息姿势的乳牛正身卧而两前肢伸展,这样比其他姿势时脖颈向前伸得更长。短暂休息时,乳牛采取综合上述各种姿势。

当起立时,乳牛必须以膝盖为支点向前跃起,这个动作把大部分体重从后肢转移,先让后腿及臀部站起,然后完成站立的姿势。

(二)圈舍设计

理想的圈舍设计既要体现对乳牛行为的理解,又要考虑成本因素、空气运动、乳牛对通风的需求以及维护需要的人工。理想条件下,乳牛每天躺卧的时间在14小时以上,圈舍的舒适性对最佳乳牛性能的发挥至关重要。躺卧时间减少2小时对乳牛的生产性能和经济效益有显著影响。圈舍设计的关键因素包括充足的休息空间、乳牛可以轻松站起的跃起空间和上下起卧活动的适宜空间、选用适量垫料增加弹性减少摩擦。乳牛还必须能够采取4种姿势休息。

垫料的选择对乳牛也非常关键。在各类垫料中,沙子经常被认为是最好的。其他的垫料包括稻草、刨花、稻壳、碎报纸和许多其他东西。与垫料发挥作用有关的因素包括垫料的充足性、减少摩擦、阻止微生物滋生和排出乳牛的湿气。不管何种类型的垫料,提供适宜的弹性需要垫料厚度至少15 cm。垫料应该与牛床外沿高度保持水平。垫料不足的牛床经常造成母牛内侧跗关节损伤。母牛应避免顺斜坡向下躺卧。无论是由于维护不当或母牛刨挖造成牛床后部较前部高,都需要修整。

如果牛舍内牛栏设计合理、维护良好,牛群中90%的乳牛挤奶后在栏内躺卧休息2~3小时。如果母牛不是在采食和饮水,应该有80%以上的时间躺卧休息;这样跗关节损伤和关节肿胀发病率低、乳牛身体清洁、跛行和乳房炎发病率低、易观察到发情而且产奶量较高。牛栏使用不当的主要原因包括跃起空间不足、颈部隔栏安装不合适、垫床弹性不足和栏内缺少通风。不舒适畜栏表现出母牛拒绝使用畜栏、站立个体比例高(经常是前腿在畜栏内,后腿在过道上)或观察到当乳牛进出牛栏时行为异常。异常行为包括不能或难以采用正常的休息姿势、很难从卧姿到站姿、倒进畜栏、躺卧在畜栏边或者在进入畜栏前行动忧虑。进入不舒适环境之前的这些犹豫表现能持续几分钟。如果牛栏跃起空间不足,乳牛躺卧后试图起身时会企图从前端起身,呈坐犬姿势。牛栏跃起空间不足时乳牛经常斜卧在牛栏里,造成相邻栏位的空间问题,更可能将粪尿排泄在牛栏一角,而不是排泄到排粪沟内。缩小栏位长度,可解决排泄粪尿问题并迫使乳牛更向栏位后部躺卧以便起身。乳牛经常被迫在牛床外悬垂一只后腿(连同尾巴)。经常移动后肢上下牛床可造成跗关节内侧损伤,也会产生清洁问题。牛栏前部开放更鼓励乳牛朝前躺卧,解决了乳牛舒适性问题。

胸挡板用于引导母牛躺卧在最佳位置,但也限制它不能采用长久休息姿势,特别是如果胸挡板太高或垫料不足时。垫料不足胸挡板裸露更多并形成障碍。在这种情况下,乳牛经常横向伸展前肢,而不是向前伸展,导致不舒适而且更不安(特别是后肢频繁活动)。这种不安的增加导致跗关节损伤率大量增加。

在拴系式饲养中,经常由于牛栏上的链子太短,乳牛无法采用短暂休息的姿势。由于试图找到更舒适的体位,乳牛在栏内更频繁地变换姿势,但事实上根本不存在可以让母牛完全感觉舒服的姿势。拴系式饲养时颈链太短也与安静发情率增加有关,增加了发情观察的难度。

(三)行走地面

乳牛可以轻松活动,对其舒适性、蹄健康和对乳牛的最终养殖效益都很重要。如果母牛对立足之处不放心(地面太滑)或走行时有痛苦经历(维护不好、粗糙的地面),其采食量降低、产奶量降低、发情表现不突出,也增加引发蹄和关节疾病的风险。

改善地面以便站稳的方法,包括在水泥地面开槽或在地表面粘贴橡胶带。贴橡胶带减少母牛呆在水泥地面的时间、改善蹄健康和延长生产寿命,但橡胶带价格贵并且必须按一定的方式牢固粘贴。

(四)饲料与水

乳牛舒适性是达到最大采食量的一个重要因素。设计能促进母牛随时自由摄取饲料和水的设施,有助于改善乳牛的生产性能。许多设施的设计只考虑管理员方便而不注意对乳牛舒适性的影响,因此降低饲料和水的摄取量。对饲槽设计的各个方面,都应考虑影响母牛接近饲料和摄食饲料的便利性。

任何影响乳牛接近饲料的障碍,都应该拆除或重新设计。为增加饲料的可利用率和避免发生颈部擦伤,饲槽底板应该是倾斜的。倾斜的栅栏可增加乳牛能接近饲料的距离。当牛槽的栅栏设计不佳(特别是牛栏太高)或维护不好时,乳牛产生逃避行为,这些行为直接影响饲料采食量和产奶量。与使用抬高的饲槽采食相比,乳牛更喜欢从地面水平的饲槽中采食。低头摄食的乳牛产生更多唾液,增加了瘤胃对过量酸的缓冲能力。另外,饲槽表面粗糙会降低乳牛的采食量,在饲槽上增加光滑的塑料衬垫能够延长饲料的保鲜期和减少乳牛摄食时对舌头的刺激。饲槽后母牛周围的空间也很重要。身边留有充分空间、安静采食的乳牛与身边经常有其他乳牛走过的情况相比,后者感觉被迫摄食,降低采食量。

对乳牛来说,水是必需的营养物质。而对泌乳牛来说,水是最重要的营养物质。饮水不便严重影响奶产量。使用颈枷或拴系式牛舍,应通过单独的水碗或贯通牛栏全长的水槽提供饮水。在共用水碗的条件下,弱者饮水量减少。乳牛饮水量减少(大多数情况下很难测量)和改变饮水行为表明水源设施或者设计有问题。乳牛一般每天饮水 15 次,每次饮水 4 L 左右。如果水质不良或水槽的维护不当,乳牛不喝水而是舔水,与饮用清洁新鲜水时相比,会溅出更多的水。

(五)通风

规划牛舍时应保证最大的通风量。在两栋建筑之间留 30 m 的间隔可使空气流动最优化,但会降低牛群迁移的效率。高侧壁、窗帘和开放的屋脊都有助于自然通风。应该对乳牛经常停留的地方通风是否适宜作出评价,特别确保乳牛直接使用的牛栏和饲喂区空气流动量适宜。牛栏之间或牛栏前有障碍影响通风,去除障碍后牛舍通风良好。

如果牛舍通风不良,乳牛则聚集在门口或其他空气流动好的区域(特别是牛舍的下风口附近)。牛舍通风不良时乳牛可能使用牛栏,但是在牛栏休息的时间比在通风良好的牛舍中要短。在拴系式牛舍或颈枷式牛舍或圈栏区,采取管道通风可改善其通风效果。在热应激的环境下,也能通过空气直接在舍饲牛周围交叉流动为牛降温。

(六)减少热应激

寒冷天气不会影响乳牛的舒适性,但是炎热的天气常常对乳牛的舒适性产生冲击,采食量减少,繁殖功能下降、产奶量降低和对经济效益产生不利影响。当总的热负荷超出乳牛的散热能力,乳牛就会表现为热应激。热负荷包括乳牛的产热(包括瘤胃发酵产热)和高温环境。环境负荷受许多因素影响。而温湿度指数(THI)包括了其中大部分的因素,可用于评估环境热应激。对于乳牛,THI 的计算公式是:

$$THI = T_{db} - (0.55 - 0.55 \times RH/100) \times (T_{db} - 58)$$

式中:T_{db} 是周围空气的温度;RH 是相对湿度(%)。当 RH＝1 005,那么 $THI = T_{db}$。

一般当 THI>70 时,出现轻微热应激;当 THI>90 时,表示出现严重热应激。在严重热应激情况下乳牛的反应取决于牛舍的除热措施。乳牛对应激环境的反应程度决定于应激刺激的强度和时间的长短。发生热应激的反应,乳牛采用几种方式与环境进行热交换:蒸发、对流、传导和辐射。

喘气和出汗蒸发散热。乳牛的呼吸散热是蒸发散热的主要途径。急速浅表呼吸使气流通过鼻腔的潮湿黏膜量最大。黏膜湿气的蒸发起到了冷却吸入空气的作用。此时散热通过肺组织完成。出汗是另一种蒸发散热的途径,虽然乳牛有大量的汗腺,但是腺体的分泌速度很低,影响了这种方式的散热效果。

对流的热交换是与空气进行的热交换。虽然这种散热方式不是乳牛的主要散热途径,但是如果空气流动快,这种散热见效很快。热量从乳牛传导到其他物体的运动称为传导散热。这不是乳牛的主要散热途径,除非它们躺卧的地方是湿的或乳牛半卧在水里。

辐射热交换取决于来自太阳的光能。虽然对散热没有作用,但它是增加牛热应激的最重要的形式,因此减少辐射能对减轻热负荷有重要的作用。

乳牛对热应激的生理反应,包括外周血流增加、呼吸频率增加和出汗。在极热的情况下,饮水量增加 1 倍。这些生理反应降低饲料采食量、产奶量、抵抗微生物的免疫力,以及繁殖性能,因而影响生产性能。在极热的情况下,成年个体失水量增加1倍,而幼年个体失水更多,因为它们的体表面积与自身体重之比更大。应大量饮水,否则脱水危险很大。

减少热应激的有效对策包括冷却通道或洒水或喷雾、提供额外的纳凉面积、风扇和其他蒸发降温设施系统。

风扇吹动空气经过牛体,增加了对流的热传导。因此,只有当周围的空气温度低于乳牛的体温或者如果乳牛体表潮湿时,风扇才有效。为取得最佳的空气和乳牛之间热传导的效果,风扇应向下倾斜30°。为在乳牛之间制造最佳气流,应在饲槽、牛栏、出口通道和围栏缓冲区顶部设置电风扇。围栏缓冲区风扇的密度应随乳牛密度增加而增加。在挤奶厅,风应从挤奶机架吹向乳牛的面部。为保持适宜的空气流动,风扇的维护至关重要。在干燥的气候条件下,为冷却空气应在使用风扇基础上增加喷雾,并在乳牛身上洒水,由此来增加蒸发散热。在非常潮湿的条件下,这种方法不能改善降温效果,而且还对乳牛的健康产生危害。

在乳牛场,喷雾器和洒水装置都可用做乳牛的降温系统。洒水装置通过低压水泵抽水,而喷雾器或弥雾机是用高压泵,大大减少了用水量。一般在温度高于26 ℃时启动这些降温系统。风扇连续运转,喷淋则每间隔15分钟工作1分钟。洒水装置相对便宜且易安装、操作和维护。洒水装置直接给牛降温(蒸发散热)而不是给空气降温。理想状况下,安置的洒水装置应直接把牛淋湿,通过低压喷嘴滴下的大水滴能浸透被毛。如果洒水装置在乳牛的上方设置得太高,它不仅淋湿乳牛,而且还淋湿下面的牛栏、饲槽和地板,增加了牛栏病原体的滋生和乳牛蹄病发生的风险。相比之下,喷雾不会淋湿周围的环境,与洒水装置相关疾病发生的风险大大降低。喷雾通过蒸发降温可以冷却空气,冷却空气的流动可以为乳牛降温。它们与洒水装置使用的水量相同,但不仅设备更加昂贵,而且其过滤系统需要更高水准的维护。

使用喷淋系统降温时,另一个需要考虑的重要因素是防止水积存在乳牛身上。乳牛身上大量积水则不会迅速蒸发而形成绝缘作用,实际上增加了热负荷。存留在被毛上的水滴阻碍了对流散热。

使用凉棚可以减少乳牛辐射热的负荷。自然的荫凉,在牧场和较小的活动区里,偶尔有成年大树可用来乘凉,但必须加以保护防止过度使用;树根附近过多的粪尿堆积会危及树木的生存。对乳牛运动场可以考虑建设人工遮荫棚,否则不能有效预防持续周期性的辐射热。

(七)照　明

适宜照明除了有生理作用外,还可以有益于乳牛运动。乳牛视力的灵敏度受牛舍设施中光照强度的影响。在特别阴暗和强烈光线的区域里乳牛看不清楚,在经过这样的区域时,它们行走的步态异常或拒绝进入这些区域。由于相同的原因,深水沟(如交叉口)对乳牛的活动构成了可怕的障碍。因而这些区域既不能太亮(牛舍昏暗但此处很亮),也不能太暗,否则会导致回避行为和影响乳牛的运动或牛栏的使用。

思考题

1. 乳牛一般饲养管理的主要内容是什么?
2. 干乳期、围产期和盛乳期乳牛在饲养管理上应注意哪些问题? 各有何特点? 试比较说明。

    3. 全混合日粮饲养技术要点有哪些?

    4. 乳牛夏季防暑降温可采取哪些技术措施?

    5. 分析饲养管理效果有何重要意义?

参 考 文 献

1. 中华人民共和国专业标准《高产奶牛饲养管理规范》ZBB43002-85.

2. 中华人民共和国农业行业标准《无公害食品畜禽饮用水水质》NY/T5027-2001.

3. 王福兆. 乳牛学(第三版). 北京:科学技术文献出版社,2004.202～213.

4. 王加启. 现代奶牛养殖科学. 北京:中国农业出版社,2006.129～131.

5. 梁学武,著,邹霞青主审. 现代奶牛生产. 北京:中国农业出版社,2002.238～239.

6. 郗伟斌,等. 高产奶牛的营养与饲养. 饲料工业,2001,22(4):15～17.

7. 张 沅,王雅春,张胜利主译. 奶牛科学(第四版). 北京:中国农业大学出版社,2007.337～423.

8. 米歇尔·瓦提欧著,石 燕,施福顺译. 营养和饲喂. 北京:中国农业大学出版社,2004.101～105.

第十三章 乳牛群健康管理

随着乳牛生产规模化的发展和人们对牛乳质量安全的要求,国家对乳牛业牛群的健康管理更加重视。没有健康的牛群,就不可能生产优质的牛乳。近年来,我国为了保证人民健康,农业部和各地对牛群的健康颇为重视,2001年4月农业部饲料工业中心与美国国际金苜蓿企业联合举办第二届全国优质粗饲料与优质牛奶和乳牛健康培训班;2008年12月第1137号公告指出,为了提高动物健康水平,保证生鲜乳质量,维护公共卫生安全特颁布了《乳用动物健康标准》。中华人民共和国标准《高产乳牛饲养管理规范》IBB43003—85(简称规范)总则第一条提出,制定本规范的目的,在于维护高产乳牛的健康,延长利用年限,充分发挥其产奶性能,降低饲养成本,增加经济效益。由此可见,乳牛高产与健康是饲养乳牛的目的,其中健康是关键,只有健康才能高产。

第一节 健康管理内容与目标

一、健康管理内容

乳牛场的健康管理内容很广。上列各章都涉及乳牛健康管理内容,特别是乳牛的营养管理等,稍有疏忽就会影响乳牛健康,造成损失。所以保证牛群健康,必须搞好饲养与管理。

常规健康管理内容主要包括翔实的记录、疾病预防、疾病监控、诊断和治疗。

(一)预防

保证牛群健康,预防是基础。贯彻预防为主、防重于治的方针,做到防患于未然。许多疾病主要靠预防。

1. 加强饲养管理 乳牛饲养管理的章节中有详细的相关内容,在这里就不作介绍。

2. 卫生与消毒 乳牛场的环境卫生状况及病原体的污染程度与牛群健康有直接关系。疾病多是由于卫生太差,病原体污染严重而引起。如大肠杆菌、炭疽杆菌、葡萄球菌及多种病毒都广泛存在于污染环境之中,如不经常消毒,其病原体必然会感染牛群;卫生太差,还易于招致鼠类、昆虫及鸟类等造成疫病流行和扩散。牛舍、运动场、道路等应用0.5%过氧乙酸、2%~3%火碱水消毒;空气用甲醛熏蒸、过氧乙酸等消毒;工具、衣物等用0.1%新洁尔灭、10%漂白粉等消毒;牛场牛舍门口设紫外线灯、消毒池或喷雾消毒装置;对出入的人员、车辆及工具等进行严格消毒,定期杀虫灭鼠,防止传播疾病。为防止交叉感染或相互传播疾病,应禁止混养犬、猫、猪、羊、禽等。

3. 免疫接种　采取接种疫苗等手段是牛群健康管理中最主要的措施之一。迄今,接种免疫尚不能预防所有疫病。但许多疾病可通过免疫程序得到预防(表 13-1)。

表 13-1　乳牛常见传染病免疫程序

病名	疫苗名称及免疫方法	备注
炭疽	11 号炭疽芽孢苗,皮下注射 1 ml,每年 1 次	免疫期 1 年
布氏病	猪种布氏菌 2 号苗,断奶时饮水免疫 1 次	免疫期 3 年
口蹄疫	O 型口蹄疫灭活苗皮下注射 3 ml,每年 1~2 次	免疫期 1 年
牛流行热	每年 6—7 月用弱毒菌和灭火苗同时免疫成年牛	免疫期 6 个月
结核病	无专用疫苗,可在断奶时给犊牛试用卡介苗,皮下注射	免疫期 6 个月

建立免疫接种档案,每接种一次疫苗,都应将接种日期、疫苗种类、生物药品批号等详细登记。

(二)诊断

诊断是乳牛的健康管理工作中不可缺少的一部分。

没有正确的诊断,就不能及时发现病牛及时治疗,做不到有病早治。

乳牛的疾病诊断包括牛群定期的一般健康检查、发病时的临床诊断,也包括必要时的血清学、血液学诊断,尸体解剖和病理组织等诊断。

1. 一般健康检查　在饲养管理中结合饲养状况检查乳牛健康,例如精饲料喂量过多,又缺少粗饲料,一般容易发生酮病、瘤胃弛缓、瘤胃积食和瘤胃酸中毒;又如在饲养过程中产后母牛卧地不起,行走时步态不稳,这可能是产后瘫痪的预兆;在挤乳时发现乳汁稀薄,且有絮状物,则表明已患乳房炎。

2. 兽医诊断　对已发病的乳牛,应及时准确地做出诊断,从而采取正确的治疗方案,以保证牛群的健康。所以兽医人员必须根据初诊结果,采取相应措施。如不能立即确诊应采取病料送检。

(三)治疗

经确诊后,应对症下药。用药必须使用符合规定的乳牛疾病药品。牛奶的品质直接与人类健康有关。治疗用药无论是口服、注射或其他途径,药物都将通过血液循环进入牛体,药物的残留必将影响牛奶品质,危害人类健康。所以在治疗过程中,不要滥用抗生素和一切有损于乳牛健康和牛奶品质的药物,并注意以下几点:

1. 体重和妊娠与否,选择适当剂量,避免用药过量造成残留量超标。

2. 休药期应遵守无公害食品乳牛饲养兽药使用准则 NY5046—2001 规定,对其中未规定的休药期的药品,奶废弃期不少于 7 天。

3. 抗寄生虫药,外用时注意避免污染鲜奶。

4. 所用药物应有准确记录,并于每次诊治时做详细记录(表 13-2)。

表 13-2　乳牛疾病诊断治疗记录

日期	牛号	症状与诊断	治疗	效果	兽医

（四）驱 虫

在寄生虫病流行地区，特别是肝片吸虫、球虫所引起的感染，每年应定期驱虫，同时调查虫体的发育史，及时清除粪便，避免饲草污染，控制卵虫发育，以减少感染机会。

二、健康管理目标

健康管理目标，一般是指乳牛健康状况所要达到的理想标准。为了提出适合本地区、本单位牛群健康标准，应结合自己地区气候、地理、饲料以及饲养管理等条件，制定当前和长远的健康标准。一般而言，牛群的健康状况及对疾病的控制应达到如下目标：

1. 全年死亡率在 3% 以下。
2. 全年怀孕母牛流产率不超过 6%。
3. 全群全年产犊间隔不超过 13 个月。
4. 全群成母牛每个月隐性乳房炎乳区阳性率不超过 1%～2%，临床型乳房炎发病率，按乳区计算率不超过 6%。
5. 牛群的淘汰率 20%～25%。

第二节　乳房健康管理

健康乳房是指从采取的乳样中未检出病原的个体。乳房不健康给饲养者造成的损失是巨大的，不仅影响产奶量，而且影响奶的品质，危害人类健康，为此，对乳房的管理，特别是对乳房炎的预防必须给予高度重视。

乳房炎分临床型乳房炎和隐性乳房炎。前者发病少，症状肉眼可见；后者发病多，肉眼观察无异常；前者产奶量下降明显，后者下降较少。临床型乳房炎应以治为主，杀灭侵入的病原菌和消除炎性症状；隐性乳房炎则应以防为主，防治结合，采取综合措施，加强防治。

一、乳房炎的预防

乳房炎的发生与环境、饲养管理、挤奶设备的正确使用与保养、挤奶程序等因素密切相关。因此，从这几方面着手才能使乳房炎得到有效地控制。而在这几种因素中，不正确的挤奶程序是引起感染的主要原因。挤奶过程中，牛的乳头为释放乳汁而开放，细菌很容易入侵，隐性乳房炎没有临床症状，产奶量的逐渐降低也不易觉察，但牛确实是受到了感染，而且会感染其他牛。我们在许多牛场中看到：挤奶员用一条毛巾擦洗所有牛的乳房，这是乳房炎最不易觉察的传染途径之一。

（一）正确的挤奶程序

1. 温和的对待牛只　如果在挤奶前，粗暴对待牛只或大声叫喊，使牛受到惊吓，牛则会释放肾上腺素，而肾上腺素抑制催产素的释放，使乳汁排不完全，影响产奶量。

2. 清洗乳头　清洗乳头有三个过程：淋洗、擦干、按摩。淋洗时应注意不要洗的面积太大，因为面积太大会使乳房上部的脏物随水流下，集中到乳头，使乳头感染的机会增加。淋洗后用干净毛巾或纸巾、废报纸擦干，注意一只牛一条毛巾或一片纸，毛巾用后清洗、消毒；然后按摩乳房，促使乳汁释放。这一过程要轻柔、快速，建议在15～25秒内完成。

3. 废弃最初的1～2把奶　可在清洗乳头前进行，也可在清洗乳头后进行。建议在清洗乳头前进行，因为这样可提早给乳牛一个强烈的放乳刺激。废弃奶应用专门容器盛装，减少对环境的污染。

4. 乳头药浴　专家建议，挤奶前用消毒药液浸泡乳头，然后停留30秒，再用纸巾或毛巾擦干。乳头药浴的推荐程序如下：用手取掉乳头上的垫草之类的杂物，废弃每一乳头的最初1～2把奶，对每一乳头进行药浴，等待30秒，擦干。注意：如果乳头非常肮脏，应先用水清洗，再进行药浴。

5. 挤奶　如果是机器挤奶，应注意正确使用挤奶器，并观察挤奶器是否正常工作，机器运转不正常会使放乳不完全或损害乳房。手工挤奶则应尽量缩短挤奶时间。

6. 挤奶后药浴乳头　挤完奶15分钟之后，乳头环状括约肌才能恢复收缩功能，关闭乳头孔。在这15分钟之内，张开的乳头孔极易受到环境性病原菌的侵袭。及时进行药浴，使消毒液附着在乳头上形成一层保护膜，可以大大降低乳房炎的发病率。

（二）控制环境污染

乳房炎是由于环境中的病菌通过乳头进入乳腺而引起的感染，所以，给牛提供一个舒适、干净的环境有利于乳房炎的控制。环境控制应注意以下几方面：

1. 研究证明　维生素和矿物质在抗感染中起重要作用，体内缺硒、维生素 A 和维生素 E 会增加临床性乳房炎的发病率，在配制高产乳牛日粮时，应特别注意。

2. 牛舍、牛栏潮湿、脏污的环境有利于细菌的繁殖。因此，牛舍应及时清扫，运动场应有排水条件，保持干燥。牛栏大小设计要合理，牛床设计尽量考虑牛卧床时的舒适，牛床应铺上垫草、沙子、锯末等材料以保持松软，坚硬的牛床易损伤乳房，引起感染。

（三）挤奶设备的维修与保养

挤奶设备在维持高水平的乳房健康和牛奶质量方面发挥关键作用，定期对整个挤奶系统进行检查与评估是非常重要的。建议每年2次对挤奶系统进行彻底全面的评估，绝对不能少于每年1次。挤奶系统的日常监测应包括以下内容：真空泵气流量、系统真空水平、真空稳定性、奶爪及整个管道内牛奶流动特性、真空调节效率、脉动、橡胶部件的状况、系统卫生状况、牛奶冷却器、个体牛及群体产奶量等。根据要求定期更换橡胶部件。

二、干乳期乳房炎的防治

干乳以后,乳房内的白细胞和免疫球蛋白数量骤然减少,加之取消了每天的乳头药浴,因此停奶后3周内极易发生环境性病原菌的感染。对耐药性强的病原菌,如金黄色葡萄球菌在泌乳期间难以在乳房内彻底消灭,经过干乳期治疗后,可使乳房有机会在下个泌乳期到来之前修复受损的乳腺组织。实践证明,干乳期的治疗可显著降低牛群下一个泌乳期乳房炎的发病率。

干乳期预防主要是向乳房内注射长效抗菌药物,杀灭已侵入和以后侵入的病原体,有效期可达4~8周。

(一)乳房灌注

采用乳房灌注方法较为普遍,但存在一定风险性,如无菌操作意识不强,反而会将环境中抗药性强的病原菌带入乳房,这些环境中的病菌比寄生在乳房中的病菌对乳房造成的危害与损失更严重、更广泛。

为避免上述情况的发生,应按下列方法操作:将乳房中的乳挤净;迅速药浴乳头;用消毒毛巾或纸巾擦干乳头上药液;用酒精棉球消毒乳头,一个棉球只消毒一个乳头,先消毒外侧的一对乳头;灌注药物先从内侧一对乳头开始;为了避免感染,乳针不要插入乳头管太深(6 cm 即可),灌注后要按摩乳房;一支针头只能用于一个乳头;灌注结束,再进行一次乳头药浴。干奶后头2周和预产前2周每天药浴乳头1~2次。

灌注药物,应根据细菌种类及其药敏试验结果进行选择。发达国家,对于即将干奶的牛,将其最后一个挤奶采的奶送交专门的实验室进行菌种鉴定和药敏试验,从而使药物选择更有针对性。一般选用光谱(能杀灭多种乳房炎病原菌)、高效(杀灭乳房炎病原菌最有效)、低抗药性(用后各种病原菌不易产生抗药性)抗生素。乳炎克-L(cafa-lak 头孢匹林钠)是少数几种既能控制无乳链球菌又能控制金黄色葡萄球菌,包括对青霉素有抵抗力的金黄色葡萄球菌菌株的药物之一。

灌注剂量,一般使抗生素的有效浓度在乳房内保持20~30天即可。

市场上干乳针很多,最好选用一次性干乳针,一支注射器所装的药物刚好灌注一个乳头,处理一头牛需要4支。在使用大剂量包装的药物时,如果处理不当,易被环境中的病原菌和酵母菌所污染。因此抽取药物前必须用酒精棉球消毒瓶塞,不允许将未使用完的药物从注射器返还到瓶中,也不能将两瓶未使用完的药物倒入一个瓶中混合。

(二)肌肉注射配合乳头灌注

当发生临床型乳房炎后,尽可能多地增加挤乳次数,可由原来的每日2~3次,增加到5~6次(可2小时挤1次),在多次挤乳的间隔不使用抗生素,晚间最后一次挤尽乳汁注入抗生素,此法效果明显,肌注配合乳头管内注入抗生素,增加乳房部位抗生素有效浓度。重者全身治疗,多使用脂溶性抗生素或增强机体免疫机制的药物。如左旋咪唑,能调动机体自身免疫能力。左旋咪唑为驱虫药,具有免疫调节作用,乳牛产后每日皮下注射 1 次,注射 3 天停药 11 天,可有效增强乳牛机体及乳腺的防卫机能。

(三)口服药物

对隐性乳房炎阳性牛,不分反应强弱,一律按 7.5 mg/kg 体重的剂量,将左旋咪唑拌入精料中喂服,1 日 1 次,间隔 1 周重复喂 1 次。其作用是通过胃肠吸收,激发机体巨噬细胞的活性,提高组织器官内皮细胞的免疫功能,增强机体抗感染能力,以便把隐性乳房炎控制在萌芽状态。通过检测分析,对乳牛场进行规范化技术指导,1 个月后进行回归检测,达到群体 50% 的防治效果,头均日产奶量提高 2.0 kg,提高 10.8%,群体回报率(投入∶产出)为 1∶75。此法的特点为经济、快捷、易行,有待日后做更多的研究探讨。

(四)干乳期治疗方案

1. 逐头治疗方案　对进入干乳期的牛逐头逐个乳区进行治疗。符合下列条件任何两项者均可应用。

(1)奶罐混合奶样的体细胞数高于 50 万/ml。

(2)每百头泌乳牛,在 3 天之内出现 4 头以上临床型乳房炎。

(3)乳区感染率大于 15%。

(4)在全群中,每头牛体细胞数的平均值高于 25 万/ml。

2. 选择性治疗方案　只处理体细胞含量高的牛和乳区,符合下列条件之一者均可应用。

(1)在泌乳盛期,体细胞数高于 25 万/ml。

(2)泌乳期内发生过临床型乳房炎者。

(3)在奶样中检测出引发乳房炎的主要病原菌。

三、开展 DHI 测定,加强隐性乳房炎的监控

在目前尚没有条件进行 DHI 测定的地区和单位,可先用隐性乳房炎诊断液进行检测、监控。凡阳性反应在"＋＋"以上的乳区超过 15% 时,应对牛群及各挤乳环节进行全面检查,找出原因,制定相应的解决措施。干奶前 10 天进行隐性乳房炎监测,对阳性反应在"＋＋"以上的牛只及时治疗,干奶前 3 天再监测一次,阴性反应的牛才可停乳。每次检查结果应详细记录。

在进行乳牛 DHI 测定时,牛乳中体细胞数量(SCC)的测定是牛隐性乳房炎监控的有效方法。体细胞计数越高,乳房炎越严重。因此,在生产上应大力推广牛乳体细胞监测体系(详见第三章)。

四、利用育种手段

乳房炎的控制还可以通过育种手段,增强乳牛对乳房炎的抵抗力。研究证明,乳房炎发病群体病例与体细胞数、体型及乳房结构、排乳速度有关,把这些性状的育种值综合为一个指数,即抗乳房炎指数,也叫乳房健康指数。这个指数反映对乳房炎抵抗力的遗传性状范围。

体细胞数低,表明乳房健康,机体对乳房炎的抵抗力强;

体型要求相对高大,乳房附着前伸后延,附着良好,不下垂,乳头长短适中,不过长,乳头管封闭良好;

排乳速度适中,不过快,排乳速度过快感染乳房炎的危险性大;

应用抗乳房炎指数进行选育,在生产中已经取得一定进展。

第三节　肢蹄护理

肢蹄护理指对乳牛的肢和蹄进行健康管理。肢蹄健康是乳牛健康的重要特征之一。健康的乳牛不仅可以自由的采食和饮水,而且可以保持旺盛繁殖力和产奶性能。与此相反,将导致体况下降,医疗费增加,繁殖率下降,利用年限减少,造成严重的经济损失。据报道,我国乳牛肢蹄发病率为 30%～80%,其中以南方潮湿和炎热地区尤为严重。所以饲养者应经常检查和保护乳牛的肢蹄,尽可能减少肢蹄病的发生。

据调查,我国乳牛肢蹄病主要是肢蹄增生而形成变形蹄,以及蹄底溃疡、蹄底外伤、蹄叶炎等疾病。肢蹄病发生有多种因素,如遗传、营养、环境、管理等,所以为了保证肢蹄健康必须采取综合措施。

一、运动评分

乳牛运动评分是早期监测乳牛肢蹄病,监控乳牛跛行的一个有效系统,是测定乳牛正常行走时一个定性的指数。乳牛的运动评分是以观察乳牛的站立和行走(步态)姿势为基础的,特别着重于它们背部的姿势。

(一)运动评分的标准

评分时乳牛应该站在平地上。一般来说在视觉上得分可分为 1.0 至 5.0 分。当运动评分为 1.0 时乳牛为肢蹄较正常,无跛行表现;运动评分达到 2.0 和 3.0 时乳牛被认为是亚临床跛行;运动评分超过 3.0 时为有较重肢蹄病和跛行。所以,如果评分大于 1.0。建议采取措施来预防乳牛健康更进一步的下降。

运动评分为 1.0 时:乳牛站立和行走正常,站立和行走时背部是水平的,行走较快时没有明显的疼痛且有较大的步伐,背部一般保持直线,头也是保持直线的。行走时蹄部没有提起,因而对体况评分没有影响。

运动评分为 2.0 时:乳牛站立时背是水平的,行走时背成轻度弓形。行速稍有缓慢,步态轻度不正常,步伐比评分 1.0 时要小。通常头部保持直线。行走时蹄部没有提起。通常不影响体况评分。

运动评分为 3.0 时:乳牛站立和行走时背部成弓形。中度跛行,行走慢且常有停顿,头有明显的上下跳动,因为疼痛导致步伐较小,可看出所有的蹄在承受体重上不一致。有较小的体况评分损失。

运动评分为 4.0 时:乳牛站立和行走时背严重成弓形。行走时非常缓慢,经常有停顿,头严重地上下跳动。因为非常疼痛,步伐非常小。经常从地上提起蹄和使体重承担在其他的蹄上。严重的体况评分损失。

运动评分为 5.0 时:乳牛站立和行走时背严重成弓形。严重跛行,勉强移动。拒绝用伤的肢蹄承重,几乎所有的身体重心都从患肢上移出。

(二)运动评分的注意事项

1. 每月应该对牛群进行运动评分(最大间隔为 60 天)。
2. 评分时乳牛在平地上,保证平地表面可以提供足够的牵引力。
3. 在相同的位置对乳牛评分来减少评分差异。评分在草地运动场,在硬的或混凝土运动场表面,将会导致较低的运动评分。
4. 每次由同一个人来对牛群评分,保证一致性。
5. 使得乳牛能够在它们自己的空间站立和行走。
6. 评分时表现不安的乳牛不能进行准确的评估和评分。
7. 对要进入泌乳群的后备母牛,要在前 2 周进行评分来制定小母牛饲养计划。
8. 记录运动评分。
9. 可以与牛群营养师、修蹄工作者、兽医讨论,来减少牛群跛行发病率。

二、环境与牛舍卫生

当前,国内乳牛场牛体不清洁是影响牛乳质量的最大因素,而牛舍及其周围环境过于污秽是导致牛体不洁的根本原因,所以必须给乳牛提供一个舒适干净的环境。例如,空气中悬浮着 10^5 个/L 以上的芽孢杆菌、微球菌和霉菌孢子,附在乳牛体上的污物往往含大肠杆菌 $10^7 \sim 10^8$ 个/g。所以,牛舍必须通风、采光良好,定期消毒,牛舍不得堆放粪尿或青贮饲料,以免将臭味或饲料味吸附于牛乳之中。特别重要的是每次挤乳前,必须将母牛的乳房清洗洁净,以防尘土、污物落于牛乳之中;此外,乳房上生有长而浓密的被毛,极易沾染粪尿,每隔一定时间对乳房及四周被毛必须修剪。

三、修蹄

在正常的情况下,牛蹄外侧趾负重比内侧趾大,角质生长也快,逐渐变大、变厚的外趾负重更加增大,过度的异常压力,压迫真皮层使其极易受损,外侧趾比内侧趾的蹄底损伤发病率高。如发生变形蹄、蹄叶炎或趾间皮炎,牛蹄脚趾生长异常,蹄底负重不平衡,更易造成真皮层损伤。所以 1 年定期 2 次修蹄对防止蹄病十分重要,以保证真皮层负重均衡。已患蹄病乳牛,必须及时整修和治疗。

乳牛场应配备熟练的修蹄工,配备成套的修蹄工具,并保持完好的工作态度。修蹄工具主要包括:修蹄刀 1 把、磨石 1 块、蹄切刀 1 把,弯曲手锉 1 把。

四、蹄浴

蹄浴是预防腐蹄病的有效办法。其药物一般用 3% 甲醛液或 10% 硫酸铜溶液,可达到消毒作用,并使牛蹄角质和皮肤坚硬,达到防止趾间皮炎及变形蹄的目的。蹄浴方法:拴系饲养的乳牛注意清除趾间污物,将药液直接喷雾到趾间系和蹄壁;散养乳牛在挤乳厅出口处(不是在入口处)修建药浴池[长×宽×深=(3~5)m×0.75 m×0.15 m],池地板应注意防滑。药液(3~5 L 福尔马林+100 L 水)或 10%硫酸铜。一池药液用 2~5 天。每月药浴 1 周。采用此法,乳牛走过遗留粪土等极易沾污药液,应及时更换新液,浪费大。

第四节　繁殖障碍预防

随着遗传改良和饲养管理的改善,乳牛产奶水平的提高,不孕症的发病率呈上升趋势。据报道,高产牛群(年产量超过 8 000 kg)母牛子宫和卵巢疾病发病率较一般牛群高 5%~15%。为此,必须采取综合措施加以防范。

一、保持良好体况

大量的调查表明,泌乳初期和泌乳高峰期,由于营养不足和体重下降,受孕率明显下降,所以应配制适口的日粮,确保乳牛营养平衡。定期对饲料营养成分化验监测,充足供应,保证优质干草和青贮饲料供应是克服繁殖障碍行之有效的措施。实践证明,应用体况评分方法,监测饲养管理方案和乳牛繁殖性能是简便、易行而有效的。

1. 泌乳期体况的变化与能量平衡和产奶量的关系　高产乳牛在泌乳期的 60~90 天内,由于不能采食与产奶量增长相适应的足够饲料干物质,致使采食量的增加滞后于产奶量的增加,造成乳牛能量代谢为负平衡。因此,必须动员体脂来维持高产奶量,而使体重降低。能量负平衡的最大值常出现在产犊泌乳后的 2~3 周,直到 8~9 周后才出现能量的正平衡。正常情况下,牛群中 80%的乳牛从产犊开始到泌乳 30~40 天内,体况分数要降低 0.5~0.75 分。经产牛一般在产后 50~60 天,体况才开始恢复,每周将增重 1.8~2.3 kg。由于每 1 分体况约相当于 55 kg 成年乳牛的体重,泌乳早期降低的体况分数,大约需要 6 个月时间才能逐渐恢复。对初产小母牛来说,因为正处于生长期,所以需要增加约 73 kg 体重才能恢复到适当的体况分数。如果泌乳早期降低体况超过 1 分或降低不到 0.5 分,都说明在维持正常产奶量和健康的前提下,没能保持最适宜的体况而发生了体脂肪沉积过少或过多的情况。从而证明,在此期间采用的饲养管理方案是不适当的。正常情况下,在泌乳期的第 4 周至第 5 周,体况分数应降低约 0.5 分,如果在泌乳的 2~3 周内,体况分数快速降低达 1.0 分,即说明营养供给水平低于维持适宜体况的营养需要,应及时加以调整。饲养者要适当控制乳牛体况,最大限度地缩短能量负平衡的持续时间,如果饲养方法得当,即使是高产牛也不会使体重降低过多。

2. 体况与营养的关系　产犊时较肥胖的乳牛其产奶高峰和采食高峰的间隔延长,能量负平衡持续时间长。而产犊时体况分数为中等膘情的乳牛采食量增长较多,产奶高峰和采食高峰的间隔时间短,趋向于吻合。所以,前者在产犊泌乳后体况明显降低,而后者则降低较少。这说明体脂沉积过多会抑制采食,肥胖牛在产犊后一段时间,随着体脂的消耗和体况分数的降低才会达到采食量的高峰。从饲养管理方面来说,在泌乳早期每头乳牛都应有各自的目标体况,通过使用合理设计的配合日粮饲养,就可达到适宜的体况。高产乳牛理想的体况应该是稍低一些,这样才能达到与产奶量相适应的较大采食量。

3. 泌乳期维持适宜体况的饲养方法　在查找乳牛体况较差的原因时,首先要考虑是否患有肢蹄病,再研究牛群的整体疫病防治、健康状况和饲养管理方案。任何健康方面的问题都会限制乳牛上槽采食,从而影响采食量,也影响正常体况和产奶量。

从饲养管理方面调整和控制体况主要包括:

最大限度增加采食量;调整饲料的能量浓度;调整饲料粗蛋白和过瘤胃蛋的水平;饲料中提供足够的粗纤维,以防止食欲不良或慢性消化不良;适时检测饲料中的无机盐(Ca、P、K、Mg)水平和饮水量。

饲养管理的主要目标是在泌乳早期尽量增加采食量,只有当采食量达到高峰时,才能有效地避免能量代谢的负平衡,同时,繁殖性能和产奶量也能得到相应的改善和提高。

日粮配方成分必须满足高产乳牛能量和蛋白质的需要。日粮的能量主要由高质量的青贮、饲草、谷类和补充添加的脂肪类饲料提供,其关键是既满足能量需要又不过多饲喂谷类或脂肪而引起酸中毒、代谢病或消化性疾病。要保证能量和蛋白质的饲喂量,满足产奶和维持适宜体况的需要,日粮中应含有适量的粗蛋白和过瘤胃蛋白,这对过度肥胖的乳牛在泌乳初期可收到良好的效果。

4. 不同泌乳阶段的理想体况　产犊后4周:乳牛在产犊时的体况最好为3.0～3.5,泌乳4周后降低到3.0～2.5,而高产乳牛甚至可降低到2.0。如此期间体况下降过快,除考虑健康原因外,还需检查日粮的能量、蛋白质和粗纤维含量及采食量和饲喂方法。

泌乳1～4个月:这时期的适当体况为2.5～3.0,最好维持3.0左右。如果牛群中的大多数非高产牛的体况降低到2.0,应检查采食量和饲喂方法,因为在采食量较大的情况下,可在保证高产的情况下维持较好的体况。如果乳牛体况保持在3.0～3.5,但产奶量并不高,应检查蛋白质、常量元素的采食量和饮水量是否正常。

泌乳中期4～8个月:适宜的体况为3.0。此时的营养供给目标是满足或稍过量供给能量,以增加体脂肪沉积、改善体况。对此时体况为3.5～4.0的肥胖乳牛则需降低饲料的能量浓度,检查蛋白质的供给水平,如饲料和饲养管理正常,可考虑淘汰那些身体过肥,产奶量过低的乳牛。体况低于2.0～2.5,且产奶量正常的乳牛,可能是由于日粮中的能量较低,尤其是在泌乳早期的能量供给不足,体况会在此时明显降低。

泌乳后期8个月～干乳:随着产奶量的降低,此时的脂肪沉积增多,正常的体况约为3.5。营养供给的目标是改善体况,在避免过肥的前提下,为下一个泌乳期贮存充足的能量。如果牛群中许多体况达到4.0或低于3.5,都需要合理调整能量供给,同时应检查泌乳早期和中期的饲料能量,因为问题的根源多发生在此阶段。

二、体况和干乳期饲养

1. 干乳期合理投料,适当运动,控制母牛膘情(7～8成膘),防止过肥或过瘦。过肥产后易出现繁殖障碍,如胎衣不下、子宫炎、子宫复原慢,平状卵泡等,使产后再配种延迟。

2. 围产期注意维生素A、维生素D、维生素E和微量元素硒的补充,矿物质Ca、P比例,以减少胎衣滞留和子宫复旧延迟。

干乳期是乳牛生产中的一个重要环节,其意义在于恢复体质,促进乳腺组织的恢复与机能的恢复和有利于胎儿的生长发育。此时的饲养目标是继续改善和维持膘情,使乳牛在产犊时达到 3.0～3.5 的适宜体况。另外,在产犊前不断提高采食量和泌乳期的高精料日粮,保证产犊后具有与产奶量逐渐增加相适应的采食量。有研究表明,延长干乳期或干乳期饲喂大量的谷类精料或全株玉米青贮,将会使体况升至 4.0～4.5;而干乳期体况迅速降低超过 20%,将会导致下一个泌乳期的乳脂率降低。此期内还应有效地防止各种疫病的发生。

三、配种卫生操作和产房管理

配种员对所用输精器械必须严格高温蒸煮消毒或干燥箱烘干消毒,并做到一头母牛一只输精枪。在配种前对自身手臂、母牛的外阴要进行消毒,配种员要穿戴好工作衣帽、长胶鞋和长臂手套,以保证配种卫生操作,以防细菌感染。

产房管理是乳牛健康管理的重点。它是乳牛健康与泌乳的起始点,又是乳牛再生产的基础。

产房人员必须接受培训合格后才能上岗,大型乳牛产房 24 小时有人看守。

产房保持清洁干燥,每周进行一次大扫除和大消毒,并保持室内通风、干燥,以防产后感染。接产人员手臂和器械要消毒。

接产遵守自然分娩原则,对初产母牛的助产应待胎儿蹄肢露出产道时再行助产。尽量减少手臂和器械进入母牛产道,拉出胎儿要配合母牛努责,防止造成创伤与安静。

胎儿出生后如出现休克,应立即倒提后腿做人工呼吸急救。待正常呼吸后,将去脐血,用 5%碘酊做脐部消毒,并移至保育栏。在 0.5～1 小时内哺喂初乳。

四、实施母牛产后监控

产后 0～24 小时观察胎儿产出情况和产道有无创伤、失血等,还应注意观察胎衣排出时间和是否完整,以及母牛努责情况,要预防子宫外翻和产后瘫痪等。

产后 1～7 天为恶露大量排出期,要注意颜色、气味、内含物等变化。并应于早晚各测体温一次。

产后 7～14 天,重点监控子宫恶露变化(数量、颜色、异味、炎性分泌物等)。必要时还应做子宫分泌物的微生物培养鉴定。并根据药敏试验结果进行对症治疗。

产后 15～30 天,主要监控母牛子宫复旧进程卵巢形态,并描述卵巢形状、体积、卵泡或黄体的位置和大小。必要时可检测乳汁孕酮分析。此间还可以称量体重,如失重过多,应设法在 3 个月内恢复,如超过 4 个月将对繁殖造成不良影响。

产后 30～60 天,重点监控卵巢活动和产后首次发情出现时间。如出现卵泡囊肿、卵巢静止应对症治疗。到 60 天如仍未见发情症状,须查清原因,及时采取措施。

五、建立繁殖记录体系

为了不断改进管理措施,乳牛开始繁殖以后就要建立终生繁殖卡片(表 13-3)和产后监控卡片(表 13-4)。

表 13-3　母牛终生繁殖记录卡

与配公牛	配妊日期	配种情期次数	性周期(d)	妊娠期(d)	分娩日期	胎次	分娩产程	胎衣	犊牛性别	出生体重(kg)	产后子宫复旧(d)	产后初情(d)	产后始配(d)	产后配妊(d)	生殖疾病	备注

表 13-4　母牛产后监控记录卡

牛号	配种日期	妊娠天数	胎次	犊牛性别	犊牛出生重	产程	胎衣	产后7天颜色	产后7天气味	产后7天处置	产后15天子宫分泌物	产后15天处置	产后30~35天卵巢	产后30~35天子宫	产后初情日期	产后初配日期	备注

第五节　营养代谢病的监控

乳牛的营养代谢病主要包括产乳热(生产瘫痪、低血钙症)、酮病(低血糖症)、瘤胃酸中毒、真胃变位和胎衣不下等。这些疾病多发生在产犊前后、泌乳高峰期,与乳牛的日粮结构、营养平衡、饲养管理关系密切。并且随着牛群产奶水平的提高有上升趋势。在生产上必须加强对这些疾病的监控,改进饲养管理,做好预防工作;早发现、早治疗,尽量避免或减少给乳牛健康和生产造成影响和损失。

1. 定期进行血样抽检　每年抽检2~4次,了解血液中多种成分的变化情况,如有异常,及时采取补救措施。检测项目包括,血糖、血钙、磷、钾、钠、碱贮(CO_2结合力)、血酮体、谷草转氨酶、血脂(FFA)。

2. 高产牛在停奶时和产前10天做一次肝功能值和有关生理指标的检测(表13-5)。

表 13-5 乳牛正常生理指标

生 理 指 标	
肛温 38.5 ℃(犊牛 39.5 ℃)	血酮 0.6~6 mg%
	乳酮<3 mg%
脉搏 60~70 次/分(犊牛 60~80)	尿酮 0.3~3 mg%
呼吸 12~16 次/分(犊牛 20~40)	血钙 12.07(10.8~13.4)mg%
(犊牛 30~56 次/分)	血磷(3.0~6.44)mg%
瘤胃液 pH 值 6~7(5.5~7.5)	血糖 50 mg%
	碱贮 30 容积%CO_2

3. 每月检查一次牛奶尿素氮(正常值为 140~180 mg/L);产前 1 周隔日测尿 pH 值(正常值为 5.5~6.5)、尿酮体一次;临产前检验血液非酯化脂肪酸(应小于 0.40mEq/L)。产后当天测 pH 值、乳酮一次,以后 2 个月内,每隔 1~2 日监测一次,凡检出阳性或可疑者,都应采取糖钙疗法或其他有效方法处理。

4. 随机抽检 30~50 头高产牛血,做钙磷检测。

5. 对高产、体弱、食欲不振的牛,在产前 1 周可适当补 10% 葡萄糖酸钙 1~3 次,每次 500 ml,以增强体质。

6. 高产牛在泌乳高峰期,应在精料中加喂日粮中干物质量 1%~1.5% 的碳酸氢钠,青贮料不要喂的过多,一般控制 30~35 kg/(头・日),保证优质干草日采食量不低于 4~5 kg。

7. 母牛围产期、干乳期、特别是妊娠后期不宜喂酸性的糟渣饲料和品质不佳的青贮料。有些地区将玉米淀粉渣喂前用生石灰中和,效果较好。

8. 保持牛舍清洁、卫生、通风、采光良好,运动场干燥、宽敞,保证乳牛每天有足够的活动量,对增强体质十分重要。西北农大乳牛场在著名乳羊专家刘荫武先生指导下,除建有乳牛运动场之外,还建有周长 500m 的环形运动道,中间是果园,空气清新,环境优美,路面平整,每天早上乳牛下槽之后,由工人驱赶,慢步转圈运动 1 小时。半个世纪的生产实践证明,对预防高产乳牛的各种疾病、增强乳牛体质、提高牛群产奶水平都收到了惊人的效果。

第六节 乳牛常见疾病的防治

一、乳牛代谢病

(一)酮病

酮病是泌乳乳牛常见的一种严重的营养代谢病,多发于产犊后 10~60 天。酮病虽然能够治愈,也很少引起乳牛死亡,但酮病会使乳牛的泌乳量下降、乳质量降低、繁殖率降低,以及引起生殖系统疾病和内分泌紊乱等多种疾病,增加了治疗费用,给乳牛养殖业造成严重经济损失。

1. 病因　乳牛酮病可分为原发性酮病和继发性酮病。前者因能量代谢紊乱,体内酮体生成增多而引发;后者因其他疾病,如真胃阻塞、创伤性网胃炎、肝脏疾病、乳房炎等引起食欲下降、血糖浓度降低,导致脂肪代谢紊乱,酮体生成增多而引发。酮病发生的主要原因是能量摄入不足、血糖浓度下降。凡能造成瘤胃内生成丙酸减少的因素都可导致酮体生成增多,引发酮病,例如胰岛素分泌不足、胰高血糖素分泌增多、原发性或继发性肝病等。酮病发生还受许多诱因影响,如营养不良、应激、恶劣环境、饲料中维生素或微量元素缺乏、采食霉烂饲料等。

(1)乳牛高产:在正常生理情况下,母牛分娩后的 4～6 周出现泌乳高峰,但其食欲恢复和采食量的高峰约在产犊后 8～10 周。因此,在产犊后 10 周内乳牛的食欲较差,能量和葡萄糖的来源本来就不能满足泌乳消耗的需要,如果母牛泌乳量过高,将势必加剧这种不平衡。

(2)日粮营养不平衡和供应不足:饲料供应过少、品质低劣,饲料单一、日粮不平衡;或精料(高蛋白质、高脂肪和低碳水化合物饲料)过多、粗饲料不足等,均会使机体的生糖物质缺乏,可引起能量负平衡,产生大量酮体而发病。

(3)产前过度肥胖:干奶期供应能量水平过高,母牛产前过度肥胖,分娩后严重影响采食量的恢复,同样会使机体的生糖物质缺乏,引起能量负平衡,产生大量酮体而发病。

(4)脂肪肝引起酮体代谢障碍:脂肪肝的发生多在临床型酮病的发生之前,并认为乳牛先有脂肪肝,后才患有酮病。由于脂肪肝引起肝脏代谢紊乱、糖原合成障碍而加剧了血中酮体含量的升高。此外,产乳热、真胃变位、肾炎、蹄病等疾病均可引起继发性酮病的发生;饲料中钴、碘、磷等矿物质缺乏和各种应激因素及其他内分泌紊乱也可促进酮病的发生。

2. 临床症状　临床上表现两种类型,即消耗型和神经型。其中消耗型酮病约占 85%,但有些病牛消耗症状和神经症状同时存在。

(1)消耗型:病牛表现食欲降低和精料采食减少,拒绝采食青贮饲料,仅采食少量干草;体重迅速下降,很快消瘦,腹围缩小;产奶量明显下降且乳汁容易形成泡沫。皮肤弹性降低,粪便干燥、量少,有时表面附着一层油膜或黏液;瘤胃蠕动减弱甚至消失。呼出的气体、排出的尿液和乳汁中有烂苹果气味(丙酮味),加热时气味更明显;但这种气味只有在病情严重时才能闻到,大多数病例不易闻到这种气味。消耗型酮病病程长,会使乳牛极度消瘦和衰竭,最终卧地不起、骨瘦如柴,死亡或淘汰。

(2)神经型:病牛除了表现消化系统的主要症状外,常突然发病,初期表现兴奋,精神高度紧张,大量流涎,磨牙空口咀嚼;视力下降,走路不稳,横冲直撞。个别病例全身肌肉紧张,四肢叉开或相互交叉,震颤、吼叫,感觉过敏,而且神经症状间断地多次出现。这种兴奋过程一般持续 1～2 天后转入抑制期,反应迟钝,精神高度沉郁,严重者处于昏迷状态。少数轻型病牛仅表现精神沉郁,头低耳聋,对外界刺激的反应性下降。

(3)隐性型:除了上述两种典型症状外,临床上还有一种隐性酮病,其临床症状不明显,一般在产后 1 个月内发病,产奶量稍微下降;病初血糖含量下降不显著,尿酮浓度升高,后期血酮浓度才升高,这种情况只有通过酮体检测和血糖含量检测才能确诊。但长期的隐性酮病会使乳牛的内分泌紊乱和激素分泌失调,引发繁殖性能下降。

3. 预防　主要的原则是:减少精料,增加含糖及维生素多的饲料,同时增加运动。

(1)合理饲养干奶期乳牛:重点是防止干奶期乳牛过肥。可以采取干奶期乳牛与泌乳乳牛分群饲养,限制精料给量,增加干草量,精粗比以 3∶7 为宜。按混合料计,每日给 3 kg 左右,青贮 15～20 kg,优质牧草随意采食。泌乳期高产乳牛日粮中的优质干草不少于 4 kg,在泌乳盛期增加精料时,不能减少干草喂量,每次饲喂都不能用单一的青贮、精料或糟渣,必须配合干草。

(2)根据乳牛不同生理阶段进行分群管理:对在舍饲期间的妊娠后期乳牛,务使在平坦运动场地上做一定时间的运动。同时加强临产和产后乳牛的健康检查,尤其要建立牛群的酮体监测制度,即对血酮、尿酮和乳酮定期检验。对产前 10 日的乳牛,每隔 1～2 天检测 1 次,另检测尿 pH 值 1 次。产后 1 日,可检测尿酮、尿 pH 值和乳酮 1 次,隔 1～2 日再检测 1 次。凡呈阳性反应的,应立即对症治疗。

表 13-6 酮病的临床生化指标

指标	正常乳牛	酮病乳牛
BHBA(乙酰乙酸＋丙酮)	7～8∶1	1∶1
血糖(μmol/L)	2 800	1 120～2 240
血酮(μmol/L)	0～1 720	1 720～17 200
尿酮(μmol/L)	<12 040	13 760～223 600
乳酮(μmol/L)	516	6 880
pH	7.43±0.01	7.38±0.02

(3)添加饲料添加剂:某些饲料添加剂(如烟酸、丙烯乙二醇、丙酸钠、离子载体等)都有助于降低酮病的发生率。有人给泌乳早期的乳牛每日喂 12 g/头的烟酸,结果发现血液中游离脂肪酸和酮体水平明显降低。还有研究报道,产后饲喂莫能菌素 84 天和 5 个月,血液中非酯化脂肪酸(NEFA)和 β-羟丁酸(BHBA)的浓度就会减少。离子载体也能降低乙酸的生成,并促进瘤胃微生物细菌产生丙酸。而且由于比较便宜和使用方便,也成为预防酮病的一个好方法。

4. 治疗 对发病牛以提高血糖为主,并补碱解除酸中毒和调整胃肠机能。首先应根据病因调整日粮,增加碳水化合物饲料及优质牧草。临床采用药物治疗和减少挤奶次数相结合的方法取得了比较理想的治疗效果。

静脉注射 25%～50%葡萄糖注射液 500～1 000 ml,1～2 次/d,连用 5～10 天以提高血糖浓度。

为增加体内生糖物质的来源,将白糖、红糖拌饲料中喂食。每头牛每天给予食糖 300 g,连续 5～7 天。

激素有促进糖异生的作用,可很快缓解酮病症状。可选用醋酸可的松或氢化可的松 1 g,肌肉或静脉注射。

补钙对本病的治疗也有益处,可缓解神经症状,用 10%葡萄糖酸钙溶液 500 ml,或 5%氯化钙溶液 200 ml,单独或与葡萄糖混合静注。

为改善瘤胃的消化机能,可内服酵母粉 100 g,酒精 50～100 ml,葡萄糖 200 g,水

1 000 ml,效果良好。

对神经型酮病可用水合氯醛内服,首次剂量为 30 g,以后用 7 g,2 次/d,可连用 3～5 天。

(二)酸中毒

酸中毒,又称乳酸性消化不良、中毒性消化不良,是乳牛过食富含碳水化合物饲料或其他易发酵的物质,致使乳酸在体内蓄积,引起腹泻、脱水、血中乳酸浓度升高、全身代谢紊乱的前胃机能障碍病。该病以消化紊乱、瘫痪和休克为特征,为临床上最严重的消化不良,也是乳牛的常见病、多发病,尤其多发生于高产乳牛。

1. 病因　主要由于食入过量易发酵的饲料或突然饲喂含多量粉碎且易发酵的精料(如玉米或小麦粉)的日粮或长期过量饲喂块根类饲料(甜菜、马铃薯等),以及酸度过高的青贮饲料。乳牛发病则是由于过快的饲料变更,如由含纤维素较多的精料转换为玉米和小麦粉时则可能导致发病;片面认为精料多、妊娠牛膘大就能高产,临产乳牛入产房后精料喂量不限;或添料不均,偏饲高产牛;精饲料喂量过大,粗饲料(干草)品质低劣,进食不足。此外,临产牛、高产牛抵抗力低,寒冷、气候骤变、分娩等应激因素都可促使该病的发生。乳酸中毒的发生常与管理因素有关,因此,在畜群中可有多个动物同时发病。

2. 临床症状

(1)最急性型:病牛体温下降至 36 ℃,心率 120 次/min;精神高度沉郁,肌肉震颤,卧地不起,瞳孔散大,双目失明,腹部膨胀,瘤胃蠕动停滞;重度脱水,循环衰竭,血管充盈,突然死亡。

(2)急性型:食欲、反刍停止,瘤胃臌气,蠕动减弱或停止,拉稀,味恶臭;眼球凹陷,血液黏滞,尿少或无尿,四肢无力,行走困难,左右摇摆,体温正常或偏低,头向背部弯曲、甩头;呼吸、心跳加快,后期有明显的神经症状,倒地不起,最后死亡。

(3)亚急性型:精神萎顿,食欲减少,供给失调,明显脱水,孕牛流产,体温升高,瘤胃内容物高度充满,收缩无力,继发胃肠炎为特点。

3. 预防　预防的办法是严格控制精料喂量。日粮供应合理,精粗比要平衡,严禁为追求乳产量而过分增加精料喂量。根据乳牛分娩后发病多的特点,应加强产乳牛的饲养,对高产乳牛在 40%玉米青贮料(或优质干草),60%精饲料(按干物质计)的平衡日粮中添加 1%～2%的碳酸氢钠长期饲喂。干奶期精料不应过高,以粗料为主,精料量以每天 4 kg 为宜。牛只每天运动 1～2 小时;对产前产后牛只应加强健康检查,随时观察乳牛异常表现并尽早治疗。

4. 治疗　治疗的原则是补液、补糖、补碱、补钙,增加血容量,促进血液循环,防止或缓解酸中毒。临床采取:①5%葡萄糖生理盐水 3 000～5 000 ml,5%碳酸氢钠液 1 000～1 500 ml,安那加 2 g,5%氯化钙 200 ml,1 次静脉注射。②精神兴奋的可用山梨醇或甘露醇 300～500 ml,1 次静脉注射;病情稍长要用庆大霉素 100 万 u 1 次肌肉注射,日注 2 次,以降低瘤胃内病菌数量。③洗胃疗法:向瘤胃中灌入常水后,再将其导出。④瘤胃切开术:切开瘤胃,取出内容物,以降低其酸度。

(三)产后瘫痪

产后瘫痪亦称乳热症,中兽医称之为产后风,是母畜分娩前后突发的一种代谢性疾病,是乳牛常发病之一,一般见于5~8岁的高产乳牛,特别是3~6胎次高产乳牛的多发疾病,通常是在乳牛分娩后72小时以内发病,主要发病原因是由于分娩前后血糖、血钙浓度降低所致。

1. 病因

(1)分娩前后大量血钙进入初乳,且动用骨钙的能力降低,引起血钙浓度下降。

(2)分娩前后甲状旁腺功能减退,引起血钙在体内失调。

(3)分娩前后胃肠道消化功能减弱,分娩时雌激素水平增高,对消化和食欲产生影响,引起肠道吸收的钙量减少。

(4)体内血糖、血钙、血磷或血镁含量降低。

(5)体内维生素D缺乏。

2. 临床症状

(1)初期(兴奋期):呈现食欲不振或减退,磨牙空嚼,瘤胃蠕动减弱,粪便干而少等前胃弛缓症状。继之发生摇头、伸舌、不安或过敏现象。头颈和四肢肌群发生痉挛性震颤,站立不稳,走动时后肢僵硬,步态跟跄,共济失调。可能发生本病典型症状——瘫痪,被迫躺卧地上,时时企图站起,一旦站起后,四肢乏力,左右摇晃,往往摔倒。也有的卧地后两前肢直立而后肢无力,呈犬坐姿势。当经几次挣扎而不能站立后,病牛便安然静卧。

(2)中期(躺卧期):病牛取躺卧姿势,除个别病牛取伏卧姿势外,较多的见四肢缩于腹下,颈部弯曲呈S状,将头偏于体躯一侧。有的病牛四肢伸直、无力,整个体躯平卧于地,球关节弯曲。四肢末梢冰凉,体温下降至37.5~38 ℃,呼吸微弱而浅表,心音微弱,心率增数达100次/min以上。瞳孔正常或散大,对光反射减弱,皮肤感觉减退乃至消失,肛门松弛,反射消失。

(3)后期(昏睡期):病牛精神高度沉郁,全身肌肉乏力,食欲、反刍停止,伴发瘤胃臌气,呼吸困难,可视黏膜充血或发绀,心搏动微弱,脉细小,脉搏数达120次/min以上。颈静脉压降低并出现颈静脉凹陷。瞳孔散大,对光反射消失,多数陷于昏睡状态。

3. 预防

(1)怀孕期间增加矿物质(主要是钙)和富含维生素的饲料,并经常进行适当的运动。

(2)加强干奶期牛的饲养管理工作,限制精料喂量并饲喂低钙日粮。干奶期乳牛每日摄入的钙量限制在100 g以下,增加谷物精料和干草的喂量,减少高蛋白质的饲料,使摄入的钙磷比例保持在1.5~2∶1。

(3)母牛分娩前2~3周开始,饲喂低钙高磷饲料,促使甲状旁腺功能增强,有利于钙的吸收和提高动用骨钙的能力。并在分娩前6~10小时,肌内注射维生素D_3(10 000 u,1次/d)。

(4)乳牛在产前、产后,每头每日摄入钙量增加到125 g以上,使总钙量达到日粮的0.6%,钙磷比例始终保持不变。

(5)产后要给予大量的温盐水,视乳牛体能情况适时补钙、补糖,静脉注射葡萄糖酸钙液300~500 ml。不要立即挤奶,在产后6天内不要把初乳挤净,以维持乳房内有一定的压力和防止钙损失过多。

(6)合理利用阴离子盐类:研究和实践证明,乳牛围产期饲喂的日粮阴阳离子差(DCAD)达到-100~-150 mg当量/1 000 g时,乳牛处于轻微的酸中毒,可有效防止乳牛产乳热的发生。

4. 治疗

(1)钙制剂疗法:常用 10％～20％葡萄糖酸钙注射液 500～800 ml,或 5％氯化钙注射液 100～200 ml,1 次静脉注射,2 次/d,连用 3～4 天为一疗程。同时,选用 15％磷酸二氢钠注射液 200～400 ml,或用 15％硫酸镁注射液 200～250 ml,1 次静脉注射。

(2)采取乳房送风疗法:使用前将送风器的金属筒或连续注射器消毒后放在消毒棉花内,挤净乳房中的积奶并消毒乳头。然后将乳导管插入乳头管内,利用生理盐水将青霉素 80 万 u、链霉素 100 万 u 化解,并注入乳房中,将 4 个乳头均打满气体,并用沙布条将乳头扎紧。待患畜起立半小时后,将沙布条解开。此时患畜病情减轻,逐步恢复正常。

(3)激素疗法:用地塞米松磷酸钠注射液,每次 10～30 mg,肌内注射。还可应用氢化可的松 0.2 g、5％葡萄糖注射液 500 ml,溶解后 1 次静脉注射,1 次/d,连用 1～2 天。

(4)对症疗法:为了强心、解毒和提高血糖含量,可用 25％葡萄糖注射液 500 ml、复方生理盐水 1 500 ml、20％安钠咖注射液 10 ml,1 次静脉注射,1 次/d,连用 2～3 天。

(四)脂肪肝

乳牛肝脏内脂肪代谢受阻,使脂肪在肝脏中蓄积,并超过肝脏中正常含量的 5％时,即称为脂肪肝。由于此病常发生于围产期的乳牛,所以又叫围产期乳牛脂肪肝。

1. 病因　围产期的乳牛常因肝功能障碍,引发胆汁分泌不足,不但影响消化功能,而且还会导致其他疾病发生,如胎衣不下,生产瘫痪和子宫疾病等,使免疫力降低,产奶量下降。乳牛患脂肪肝多因饲养管理不当所致,乳牛发病期集中在 5～9 岁。乳牛产犊后,体内的糖等营养物质不断随乳汁排出,如营养补充不及时,造成体内营养失调,乳牛便要调动体内的其他营养和贮备脂肪为机体供应能量。因进入肝脏的游离脂肪酸过多,使蛋白质运出肝脏的过程受阻。饲喂精料过盛,便容易引发脂肪肝。也有的乳牛因内分泌失调,及一些消耗性疾病而引发脂肪肝。

2. 症状　患脂肪肝的乳牛拒食青贮料和精料,身体消瘦,皮下脂肪很少,皮肤反弹较弱,粪便干硬,严重时也会出现稀便。病牛无精打彩,有时有轻度腹胀现象。体温脉搏正常,瘤胃运动变弱,病情过长瘤胃运动可消失。病牛产奶量下降,免疫力和繁殖力都会受影响。

3. 预防　乳牛脂肪肝要早点从饲养管理入手,除营养供应合理外,对妊娠期乳牛还要少喂精料,以免产前过度肥胖引发内分泌失调。妊娠期日粮内要补充钴、磷、碘,妊娠后期适当加强户外运动。产后要加强日粮的适口性,逐渐增加精料。发生胃肠道疾病要早治疗。口服烟酸、胆碱烟酸具有减低血浆中游离脂肪酸、酮体含量和抗脂肪分解的作用;胆碱和脂肪代谢密切相关,缺乏胆碱,可使体内脂肪代谢紊乱,并易形成脂肪肝。从产前 14 天开始,每天每头牛补饲烟酸 8 g、氯化胆碱 80 g 和纤维素酶 60 g,用于防治围产期乳牛脂肪肝,可取得较为满意的效果。

4. 治疗　本病的治疗效果不佳,且费用较高,应以预防为主。对已发生脂肪肝的乳牛,可静脉注射 50％葡萄糖溶液 500 ml,每天 1 次,5 天为一疗程。同时肌内注射倍他米松 20 mg,并随饲料口服二醇或甘油 250 ml,每天 2 次,连服 3 天,然后改为每天 110 ml,再服 5 天。每天每头乳牛喂烟酸 8 g,氯化胆碱 50 g 和纤维素酶 60 g,配合采用高浓度葡萄糖溶液注射。

（五）乳房水肿

乳房水肿是分娩前后的一种代谢紊乱疾病，主要特征是在乳腺细胞间组织中积累了过多的液体。情况严重时，水肿在乳房和脐部发生，还可能波及外阴和胸部。通常，乳房水肿在妊娠青年乳牛中发病率较高，情况也较严重，而且在大龄小型的青年母牛中有更严重的趋势。如挤奶器械不能很好的附着，增加乳头和乳房损伤得危险，以及乳房炎的发生率。严重的乳房水肿会降低产奶量，并引起乳房下垂。

1. 病因 乳房水肿的确切原因还不清楚，很可能是多重因素造成的。

（1）在妊娠后期由于盆腔中胎儿的压力，乳房静脉和淋巴液流出受到限制或淤积。

（2）流入乳房的血液增加，而从乳房流出的血液却没有相应增加，导致静脉压力提高。这些都可能成为导致乳房水肿的因素。

（3）妊娠后期类固醇激素的数量和比例变化也有可能影响乳房水肿的发生，但对此尚未了解清楚。随着动物接近产犊，血液中蛋白质浓度尤其是球蛋白浓度的降低，表明血管渗透压增加，患乳房水肿的可能性更大。

（4）其他潜在的原因如遗传和日粮因素，也与乳房水肿有关。下面主要讨论可能有关的营养因素。

2. 预防

（1）分娩前高精料（谷物）饲养：许多早期的研究显示，不管胎次多少，分娩前饲喂精料对乳房水肿都没有影响。但是，Hathaway 等（1957）和 Hemken 等（1960）报道，分娩前饲喂高精料增加了乳房水肿的严重程度。

肥胖乳牛更容易患乳房水肿。妊娠最后 60 天饲喂不同浓度的日粮蛋白质并没有影响乳房水肿的发生率，但青年初产乳牛的严重性要比经产乳牛大得多。

（2）矿物质：一些证据证实，过多地摄入 NaCl 和 KCl 会提高乳房水肿的发生率，尤其是妊娠后期的初产乳牛。

（3）氧化应激：由活性氧代谢产物引起的氧化应激在乳房水肿的发生中起作用。

内源性分子（如转铁蛋白、乳铁蛋白、血浆铜蓝蛋白、血清球蛋白、抗氧化物酶和谷胱甘肽）和外源性抗氧化剂（如 β-胡萝卜素和 α-生育酚）对于抑制过度氧化有重要作用。因此，日粮中必须添加足够数量的 α-生育酚作为终止反应链的抗氧化剂，添加足够数量的铜、锌和锰形成超氧化物歧化酶，添加足量的硒形成谷胱甘肽过氧化物酶，添加足量的锌置换催化性的铁，足量的锰和锌稳定细胞膜结构和维持细胞的完整性。

在不考虑日粮铁浓度的情况下，添加维生素 E 降低了乳房水肿的严重性。

通过日粮补充抗氧化剂满足需要，似乎能够实现通过营养措施防止氧化应激。

（六）胎衣不下

胎衣不下是乳牛产后的一种常见病，一般母牛产后经过 12 小时胎衣尚未全部排出即称为胎衣不下。胎衣不下不但可引起乳牛产奶量下降，还可引起子宫内膜炎、子宫复旧延迟和子宫脱出，从而导致不孕，致使许多乳牛被迫提前淘汰。

1. 发病原因　乳牛胎衣不下的病因极其复杂，与多种生理因素和营养因素有关。试验研究表明，胎衣不下不仅仅是一种病理性疾病，更主要的是一种营养代谢性疾病。具体病因分析如下：

(1)干奶后期日粮中钙和磷的含量过多：干奶期日粮中钙和磷的含量过多，会导致体内钙磷代谢失调，从而影响钙、磷的吸收，造成产后低血钙导致胎衣不下。

(2)干奶期乳牛的饲养管理较差：干奶期日粮中能量和蛋白质过度缺乏，牛体况较差，产后无力排出胎衣。据测试，干奶期乳牛日粮中蛋白质的水平为 8％时，产后胎衣不下的发病率为 50％，蛋白质的水平在 15％时，产后胎衣不下的发病率为 20％。但干奶期如果能量过高则牛会过肥，同样也会导致胎衣不下。

(3)干奶期牛的日粮中硒、维生素 A、维生素 E 含量不足，可增加胎衣不下的发病率。经过大量的饲养实验证明，在干乳牛的日粮中补充硒、维生素 A、维生素 E，可大大降低胎衣不下的发病率。

(4)遗传因素：围产期牛血液激素比例不正常，前列腺素 F_{2a} 的浓度过低，产后催产素释放不足，影响子宫收缩，导致胎衣不能正常排出。

(5)胎盘炎：怀孕期间子宫受到某些细菌和病毒感染，发生了子宫内膜炎和胎盘炎，使胎儿胎盘和母体胎盘发生粘连，导致胎衣不下。

(6)胎儿过大，发生难产：子宫持久扩张，产后收缩无力，也可导致胎衣不下。

(7)妊娠期母牛运动不足。

(8)母牛受到热应激，夏季胎衣不下发生率显著高于其他季节。统计某乳牛场 11 年的临床资料，6～9 月与 10～5 月乳牛胎衣不下发生率分别为 21.7％和 16％，前者比后者高 35.6％。

(9)母牛年龄、胎次大：调查 2 740 头分娩母牛，初产母牛与经产母牛胎衣不下发生率分别为 11.5％和 19.6％，后者比前者高 70.4％；1～5 胎与 6～11 胎母牛的胎衣不下发生率分别为 14.5％和 29.6％，后者比前者高 1 倍。

2. 预防措施

(1)产前 30 天和 15 天肌注维生素 E5 000 u 和亚硒酸钠 20 mg。

(2)产前 7 天肌注维生素 AD10 ml，含维生素 A 50 万 u、维生素 D25 万 u 或产前 20 天肌注维生素 $D_3$300 万 u。

(3)产后立即让母牛舔干初生犊身上的黏液，并灌服羊水 500 ml，4 小时后再灌服一次。尽早让犊牛吮乳或挤奶，以促使催产素释放。

(4)产后 2 小时静注 10％葡萄糖酸钙和 50％葡萄糖各 500 ml。

(5)产后 4 小时肌注苯甲酸雌二醇 20 mg，10 分钟后肌注催产素或脑垂体后叶素 200(100)u，雌二醇可提高子宫肌对催产素的敏感性。

(6)产后 6 小时肌注新斯的明 30 mg，6 小时后再肌注一次。

(7)产后 8 小时同时静注和宫注 10％盐水 500 ml，可使胎儿胎盘缩小，脱离母体胎盘。

(8)产后 10 小时子宫注入双氧水 50～70 ml，其泡沫可渗入母体胎盘腺窝，达到与胎儿胎盘松离的目的。

（七）皱胃移位

皱胃移位与许多导致的胃肠蠕动减弱、平滑肌收缩乏力有关。特别是干乳期,在精饲料喂量多、缺乏运动饲养管理条件下的乳牛极易发病。

1. 发病原因

(1)任何导致食欲下降、进食量减少的原因。

(2)日粮粗饲料质量不适宜:粗饲料品质太差,中性洗涤纤维含量太高,影响适口性;但粗饲料质量太好,能值高,中性洗涤纤维含量不足。

(3)围产期日粮精料比例过高:围产前期采用引导饲养时,精料用量应为体重的0.5%～0.75%;泌乳早期日粮粗料比例不低于45%。

(4)日粮转换过急:由干乳期高粗料日粮转换为产后高精料日粮过程过急,将诱发皱胃移位和其他代谢病。

(5)在分娩期间,血浆中钙的含量降低,将直接影响皱胃的收缩力,导致皱胃弛缓和臌气。

2. 症状　皱胃移位也称皱胃扭转,这种病是母牛的第四胃室在分娩后移入体腔内,可能扭转,阻碍饲料通过。饲喂高含量谷物与低含量粗料饲粮的母牛,常在分娩时发生本病。皱胃移位症状与酮病症状相似,即产乳量下降,母牛停止进食,粪便少,似糊状。

3. 预防　乳牛每天必须饲喂长干草3 kg,如饲喂高含量的谷物饲粮应配合平衡,避免采用磨细或切碎的饲料,并可控制其他疾病(如乳房炎、子宫炎等)和代谢障碍的发生。

（八）瘤胃酸中毒

1. 症状　病牛步态不稳,心率加速,呼吸浅快,体温升高,当瘤胃内pH降到6以下时,瘤胃停止蠕动,瘤胃内容物逐渐变为液态,此时病牛少尿或无尿,鼻镜发红,精神抑郁。有的牛头歪向一侧,甚至昏迷;有的牛停止排泄,但过食颗粒饲料的病牛可排出稀稠带饲料颗粒的酸臭粪便。

2. 发病原因

(1)饲养管理不当:主要指动物饥饿后自由采食、突然改变日粮、从干乳期到泌乳期的日粮缺乏足够的过渡期、由人工饲养过渡为机械饲养,以及其他新工艺规程或饲喂量不合适等,让动物采食了过多的易发酵碳水化合物。若大量饲喂小麦、大麦、玉米及大豆等富含碳水化合物的饲料,这些饲料在瘤胃内微生物的作用和分解下,能形成生物胺并产生大量的乳酸,从而降低瘤胃液pH值,破坏正常的消化功能,并作用于全身引起酸中毒。反刍动物采用高谷物饲粮饲喂,通常需要有谷物饲粮含量逐步增加的过渡阶段。在此过渡阶段,如果突然改变谷物饲粮的结构或提高谷物的比例,通常可导致瘤胃酸中毒的发生。

(2)日粮配制不合理:主要指日粮中含有过多的易发酵碳水化合物物质(谷类饲料、块茎和块根类作物)、容易发酵的单糖物质(糖蜜、黑色糖浆、葡萄糖)和日粮pH值偏低(青贮、渣类、酒糟、蔬菜副产品等)。大量文献报道,日粮有效纤维含量(eNDF)太低或饲料颗粒太小也是引起瘤胃酸中毒的重要因素。也有一些资料表明,当日粮淀粉含量>28%(占DM%)、精:粗比例>55%、日粮纤维含量太低,如NDF<30%和来源于粗饲料的NDF<19%时,均可引发

瘤胃酸中毒。

3. 预防措施

(1)控制淀粉的进食量:由于淀粉在瘤胃中的发酵速度快且发酵程度高,因此控制淀粉的摄入是防止瘤胃酸中毒的最主要技术措施。实际生产中在提高日粮精料水平时通常采取 2~4 周的过渡期,并逐步提高精料水平,使瘤胃能够逐渐适应饲料的变化。此外,将发酵速度不同的几种谷物饲料以适当的比例搭配使用,有可能降低酸中毒发生的几率。

(2)维持饲粮中有效中性洗涤纤维:有效中性洗涤纤维(eNDF)是指日粮中可刺激反刍动物瘤胃蠕动,并促进反刍和唾液分泌的中性洗涤纤维。eNDF 减轻瘤胃酸中毒的机理:①粗饲料有一定的硬度,它伴随瘤胃运动而在瘤胃内移动,与瘤胃壁发生摩擦,可增强乳头的活力和瘤胃壁的厚度,加强瘤胃的收缩力和运动能力,从而促进瘤胃 VFA 和乳酸的吸收,减少了有机酸的积累。②eNDF 能增加唾液分泌,唾液中含有大量的碳酸盐和磷酸盐,可部分中和瘤胃中过多的酸性物质,使瘤胃内 pH 值保持恒定。因此保证乳牛获得足量的有效中性纤维,对预防瘤胃酸中毒有重要作用。为了避免发生 SARA,泌乳乳牛饲粮 NDF 含量至少应占饲粮干物质的 27%~28%。其中 70%~80%的 NDF 由粗饲料提供,以确保饲粮 eNDF 的充足。

二、乳牛的繁殖疾病

(一)乳牛不发情

在乳牛生产中,不发情较常见。由于母牛受各种因素的影响,卵巢机能受到扰乱,卵泡发育受阻,性周期停止,使母牛不能及时配种,产犊间隔延长。对 14 月龄以上的后备牛不见发情症状的和产后 60 天不发情的母牛,应及时进行分析和生殖检查,并从改善饲养管理和应用生殖激素着手,使其恢复性周期。造成乳牛不发情的卵巢疾病包括以下几种:卵巢发育不全、卵巢机能不全、持久黄体、黄体囊肿和急性卵巢炎等。

1. 引起不发情的因素

(1)饲料喂量不足,品质不良,营养负平衡,常导致母牛消瘦。

(2)母牛患有代谢疾病、蹄病和寄生虫病等疾病,引起体质下降。

(3)子宫积脓、干尸化、子宫肌瘤、子宫内膜炎等子宫疾患,使子宫内膜不能释放前列腺素,体内溶解黄体的机制遭到破坏。

(4)内分泌和神经调节机能紊乱:在卵泡发育的过程中,气温骤变容易发生卵巢囊肿,尤其在冬季发生卵巢囊肿的病牛较多。母牛多次发情而不予配种可导致囊肿的发生。

(5)管理不善,运动不足,牛只近亲交配等。

2. 乳牛不发情的外表症状　母牛长时间无发情症状,阴户有皱纹,阴道壁、阴唇内膜苍白、干涩,母牛安静。有些母牛消瘦,被毛粗糙无光泽;有些母牛体况较好,毛色有光泽。

3. 预防　科学饲养,改善日粮结构,增加优质粗纤维供应,预防代谢疾病发生。勤放牧,加强管理,确保牛只健康,及时修蹄,子宫疾患及时治疗。

4. 症状与治疗

(1)卵巢发育不全

症状:后备牛在性成熟之前,由于饲养管理不当,营养不足,在初情期甚至体成熟以后不见发情,直肠检查卵巢体积特别小(如玉米粒状),往往伴有子宫发育不良,如子宫颈细小,子宫角细小等。

治疗:一是加强饲养管理;二是给予异性刺激;三是利用促性腺激素(PMSG、HCG、FSH和LH)和雌激素促进卵巢的发育,对有先天性子宫发育不全的应淘汰。

(2)卵巢机能不全

症状:卵巢机能暂时受到干扰,使卵泡不能正常的生长、发育、成熟和排卵,导致发情和发情周期紊乱。表现为卵巢静止和卵巢萎缩。卵巢静止时,直肠检查卵巢无卵泡和黄体,卵巢大小和质地正常,有时不规则,多伴有黄体痕迹。相隔7~10天,再做直肠检查,仍无变化。卵巢萎缩时,直肠检查卵巢缩小,仅似大豆及豌豆大小,卵巢上无卵泡和黄体,质地较硬,子宫收缩微弱、弛缓,子宫缩小。

治疗:首先改善饲养管理条件,消除致病因素,以促进乳牛体况的恢复。同时结合激素治疗(3选1):可肌注促排3号(LHRH-A$_3$)50 μg,连续3天;促卵泡素(FSH)200 u+促黄体素(LH)100 u肌注1次;孕马血清(PMSG)1 000 u肌注1次,发情后肌注绒毛膜促性腺素(HCG)2 000 u。激素处理后,未见发情的牛只,应在激素处理后10天左右再检查,若有黄体,表示有效。反之则无效,应继续治疗。

(3)持久黄体

症状:乳牛在发情或分娩后,卵巢上有长期不消退的黄体,抑制了垂体促性腺激素的分泌,卵巢无卵泡生长发育,致使母畜乏情。直检发现黄体侧卵巢较大(2~4 cm),突出于卵巢表面,呈蘑菇状,质地较硬,但富有韧性。子宫松软下垂,稍粗大,触诊时无收缩反应,两子宫角不对称。在确诊未妊娠的情况下,如果母牛经过一定间隔(10~14天)检查,在卵巢的同一部位摸到同样显著突出的黄体。

治疗:肌注诱情素(氯前列醇钠/PG)0.4~0.6 mg,宫注减半。用药后2~3天开始出现发情。不伴有子宫疾患时即可配种,若伴有子宫炎时,应予治疗。

(4)黄体囊肿

症状:成熟的卵泡未能排卵,卵泡壁上皮黄体化,产生大量孕酮,抑制促性腺激素分泌,致使卵巢中无卵泡发育。直肠检查一侧卵巢体积增大,多为一个囊肿,直径较大(7~15 cm),但壁较厚,弹性弱。

治疗:诱情素(氯前列醇钠/PG)0.4~0.6 mg一次肌内注射,一般经治疗后预后良好,3~4天发情;肌注促黄体素(LH)200 u;肌注黄体酮100 mg,隔3~5天1次,连用2~4次。

(二)乳牛子宫内膜炎

子宫内膜炎是指在乳牛分娩时或产后由于微生物感染而引起的子宫黏膜发炎,是适繁乳牛所患的一种常见病。子宫内膜炎是影响乳牛人工授精提高受胎率的重要因素,各牛场每年都因乳牛子宫内膜炎致使乳牛屡配不孕、隐性流产,导致乳牛空怀期延长,更有甚者部分乳牛因久治不愈而被淘汰,严重影响各牛场的经济效益。

1. 病因

(1)分娩时消毒不严产后子宫颈开张,子宫及产道黏膜充分扩张,胎儿产出及助产等一些机械作用还可能造成黏膜浅表严重损伤,这些因素均会给病原入侵创造条件。

(2)继发性感染许多其他疾病是乳牛子宫发生感染的诱发因素,其中阴道感染是引起子宫内膜炎的主要诱因。此外,难产、子宫内恶露滞留、胎衣不下、死胎、阴道及子宫脱出、布氏杆菌病、结核病、各种产后代谢性疾病,以及围产期免疫功能低下等均可诱发子宫内膜炎。

(3)配种操作规程不严人工授精时消毒不严,如输精器、手套、母牛外阴不消毒或消毒不彻底,输精操作鲁莽,输精器械造成生殖道损伤。

(4)饲养管理与环境饲养管理不科学,光照不足,缺乏运动,营养不良;畜舍及产房卫生条件差,牛床不洁,通风不良,环境潮湿等。这些因素均会导致病原菌,尤其是环境性病原菌侵入子宫造成感染。

2. 预防

(1)坚持早发现、早治疗的原则:乳牛子宫内膜炎多在产后 2 周内发生,且多为急性病例,如患牛不及时治疗,则易造成炎症的扩散,从而引起子宫肌炎、子宫浆膜炎或转化为慢性炎症;此外,随着子宫颈口的收缩等产后生殖器官及其功能的恢复,也会给炎症的治疗增加难度,因此,对产后子宫内膜炎的乳牛力争做到早发现、早治疗,以避免错过最佳的治疗时机。

(2)加强饲养管理,注意卫生条件:要按乳牛的不同生长阶段制定营养水平,做到营养全面,合理搭配饲料。应重视处在干乳期和怀孕后期乳牛的日粮平衡,尤其是维生素 A、D、E 以及 Se、Mn、Co 等微量元素的量和 Ca、P 等矿物质的比例。要搞好环境卫生,提供良好的饲养条件,牛舍、产房应经常清扫和消毒,保持清洁、干燥的良好卫生条件,夏季加强通风,冬季注意保暖,粪便、褥草应集中指定地点发酵,用具应注意卫生,定期严格消毒。

(3)严格遵守人工授精的操作规程:人工授精要严格遵守兽医卫生规程,对输精用的输精器、手套等物品要严格进行消毒,彻底消毒母牛外阴部,以避免诱发生殖器官感染。输精时,输精枪缓慢穿过子宫颈皱褶。当子宫颈受阻时不要强行越过,以免损伤子宫颈或子宫黏膜,精液输到子宫颈深部即可,并非越深受胎率越高。

(4)加强围产期乳牛的饲养管理与保健措施

1)加强乳牛产前饲养,预防产后胎衣不下。乳牛围产期的饲养至关重要,在乳牛围产期控制乳牛膘情的同时,也要调节好乳牛饲料钙的含量。围产前、中期,应控制饲料中钙的喂量,刺激甲状旁腺增生,促进甲状旁腺素分泌,充分刺激骨钙转化为血钙的能力,围产后期,尤其是分娩前大量血钙进入初乳,此时应加强饲料钙的喂量,不致血钙降低。产前血钙降低会增加胎衣不下的几率。乳牛产前对饲料增加钙含量的同时,部分乳牛产前静注葡萄糖酸钙对预防胎衣不下大有好处。

2)预防产道污染,促排胎衣。乳牛生产前,要加强生产环境的卫生、消毒工作,作到无菌操作。主张以乳牛自然分娩为主,不在万不得已情况下,手尽量不要进入产道。产后立即饲喂热的益母草水,并肌注垂体后叶制剂或催产素,促使胎衣尽快排出。肌注新斯的明对胎衣不下也有一定的疗效。

3)注意产后观察,配合子宫灌注。灌注治疗子宫内膜炎,省时省工,力争使子宫内膜炎在产后 2 周内得以控制或治愈,产后就应仔细观察胎衣排出情况和恶露的异常。对胎衣完全排出但恶露出现异常的乳牛,可用 2～3 g 利凡诺、4～5 g 土霉素加入 500 ml 蒸馏水灌注,也可用土霉素与呋喃西林加入 500 ml 蒸馏水灌注,以上两方法加入甲硝唑效果更佳。对胎衣未排出者,可用 10%氯化钠 500 ml 加入 4～5 g 土霉素灌注,直到胎衣排出。也可用前述介绍的两法。

(5)产后中药预防:乳牛产后待胎衣排出,用产后清宫泡腾片(益母草、红花、桃仁、蒲黄等组成的中药制剂,德州神牛药业生产)放入其中,即可将子宫内的细菌、病毒等微生物杀灭,有效预防子宫炎的发生。清宫消炎混悬剂(黄柏、黄芩、冰片、青黛、玄明粉等组成),治疗乳牛子宫内膜炎有效率为 95.04%,治愈后受胎率为 90.8%,分别比用西药提高 85.4%和 10.4%。

3. 治疗

(1)抗菌药物疗法:该方法是选用敏感的药物,经子宫内或全身用药。常用药物有土霉素、磺胺、青霉素、四环素、喹诺酮类药物,以及鱼石脂、露它净、碘伏等消毒防腐药物。目前大多数乳牛场兽医和个体兽医经常是多种抗生素配合使用,如土霉素与红霉素配合,土霉素与新霉素配合,青霉素、多黏菌素等多种药物配合,这是由于子宫内膜炎常为多病原致病,因此为了提高药物疗效,临床上可根据实际情况,选择敏感药物、广谱药物或复方制剂治疗乳牛子宫内膜炎。如病牛经子宫内使用土霉素,3 g/次,1 次/d,连用 3 天,可取得良好的治疗效果。子宫内膜发生炎症时,为了清除子宫内的渗出物,使感染子宫尽快痊愈,可用生理盐水或消毒液等药物冲洗子宫。慢性或隐性病例常用温热的生理盐水或 0.1%雷夫奴尔冲洗,脓性或恶露量较多,且分泌物带臭味的病例,可用 0.1%高锰酸钾溶液或 0.2%呋喃西林等药液冲洗,子宫肿硬时可用 8%鱼石脂或碘溶液冲洗。冲洗时用子宫冲洗器冲洗,冲洗后须将余液排出,然后再用温生理盐水冲洗。严重的脓性或坏死性子宫内膜炎在冲洗子宫后,可将抗菌药物注入子宫。对伴有严重全身症状的病牛禁用冲洗疗法,对轻症的子宫内膜炎,在子宫内的渗出液排出后,应用青霉素 80 万～160 万 u、链霉素 100 万 u、灭菌注射用水 30～50 ml,或 0.5%盐酸四环素或土霉素溶液 50 ml 注入子宫内,每日 1 次,连用 3 天,或 0.5%金霉素溶液(现用现配)200 ml 与生理盐水及青、链霉素交替使用,5 天冲洗 1 次,或将含青、链霉素各 250 万 u 的 200 ml 0.5%奴夫卡因溶液注入子宫内,在 7 天内每昼夜 1 次,必要时重复 1 个疗程,治愈率达 80.7%。对顽固性脓性子宫内膜炎可试用 10%樟脑油 20 ml、氯霉素 2 g、呋喃西林 0.5 g 的混合液注入子宫,隔 7～10 天一次,连用 2～3 次,治愈率为 71.5%。

(2)中药疗法:目前的研究表明,子宫冲洗和灌注虽然有效果但会对子宫带来损害。另外,抗生素被吸收后在牛奶中有药物残留,其经济效益也值得怀疑。因此,近十几年来利用中草药治疗乳牛子宫内膜炎的研究越来越多,产生了不少经验药方。中药不仅具有抗菌消炎、收敛止血、去蚀生肌及增强机体免疫力的功效,而且残留低、无刺激性,因而临床应用也较为普遍。北京市长阳农场杨庄子牛场报道,韭籽益母散方共治疗 42 头病例,治疗后平均 95 天受孕,用党参 4.0 kg、黄芪 2.5 kg、益母草 5.0 kg、香附 2.5 kg、当归 2.5 kg、熟地 2.5 kg、鸡冠花 5.0 kg(赤带者或恶露期用红鸡冠花,白带排脓者用白鸡冠花)、韭籽(炒)5 kg、双花 5.0 kg、连翘 5.0 kg、白芍 2.5 kg、红花 3.0 kg、白术 2.5 kg,乳香、没药、甘草、木通、木香各 2.0 kg,上药均为粉末,每日服 0.5～0.7 kg;据报道,归芪益母汤加减,由黄芪 120 g、益母草 90 g、当归 60 g、红花 60 g、菟丝子 60 g、淫羊藿 60 g、甘草 30g、桃仁 60 g、川芎 60 g、黄芩 60 g、银花 60 g、陈皮

30 g,黄酒 200 ml 为引(中等体型牛用量),一般 1~2 剂可愈,共治疗子宫内膜炎 57 例,经治疗后的受胎率为 75.4%;据张虎社等报道,用醋香附 40 g、醋元胡 40 g、盐故子 40 g、酒知母 30 g、酒黄柏 30 g、枳实 40 g、黄芩 40 g、连翘 30 g、甘草 25 g,共为末,开水冲调,候温灌服,每天 1 剂,连续服用 2~5 剂,用于治疗黏液性和化脓性子宫内膜炎 16 例,治愈 14 例,有效率为 87.5%。

思考题

1. 如何理解乳牛健康管理的目标及其主要内容?
2. 乳房炎的类型、病因、发病机制、治疗原则是什么?
3. DHI 在乳房炎的监测和预防上有什么意义,其实施的主要程序是什么?
4. 如何做好乳牛产后监控,在提高乳牛繁殖率上有何意义?
5. 如何做好乳牛的肢蹄护理工作?
6. 简述乳牛几种代谢病的病因和预防。

参 考 文 献

1. 庆麦玉.乳牛的乳房保健.中国奶牛,2000,2:51—53.

2. 储明星,等.浅谈乳牛乳房炎.中国奶牛,2001,3:39—40.

3. 庆麦玉.乳牛的乳房保健.中国奶牛,2000,2:51—53.

4. 方有生.DHI 知识问答.中国奶牛,2003,3~4:56—57.

5. 李国江.乳牛隐性乳房炎的检测与评估.中国奶牛,1998,3:16—17.

6. 李　红译.抗乳房炎指数.中国奶牛,1999,6:42.

7. 邹风驰.乳牛食饵性蹄叶炎的诊疗.中国奶牛,1998,1:39.

8. 石传林.乳牛腐蹄病的综合防治.中国奶牛,2003,3:38.

9. 周　贵,姜怀志,韩春生,等.维持乳牛适宜体况的饲养管理技术.中国奶牛,2006,4:22—24.

10. 刘崇立,等.母牛产后监控.中国奶牛,2001,2:30—31.

11. 赵占宇,吴跃明.乳牛酮病的检测与防治.中国奶牛,2007,4:45—47.

12. 杨淑萍,武晓东,周庆民.奶牛酮病的防治措施.畜牧兽医科技信息,2007,4:37.

13. 吕秀霞,赵　庆,陈晓海,等.牛瘤胃急性酸中毒的诊疗.草食家畜,2001,3:58—59.

14. 马洪武.乳牛产后瘫痪的预防和治疗.畜牧与饲料科学,2005,5:45.

15. 陶晓兵.不发情乳牛的诊治.黑龙江动物繁殖,2005,13(3):30.

16. 杨庆民,王金玲,何健斌,等.乳牛子宫内膜炎防治.上海畜牧兽医通讯,2006,5:47—49.

第十四章　挤乳与牛乳初步处理

挤乳与牛乳初步处理是乳牛场一项主要的作业。挤乳是一项专门技术,挤乳人员能否熟练地掌握这一技术,是不断提高牛群产乳性能的关键之一。为了保证挤下的牛乳在较长时间内不变质,新鲜牛乳初步处理是必不可少的环节。

第一节　乳牛乳房结构与泌乳生理

一、乳房结构

乳房位于乳牛后躯,基部紧贴腹壁下面。其支撑系统主要是中央悬韧带和外侧悬韧带。皮肤对支撑和稳定乳房也有一定作用。

乳房外部是皮肤和皮下组织,内部由腺体组织、结缔组织、血管、淋巴、神经及导管等组成。

乳房内由中央悬韧带将其分为左右各半,每半中间又被一层薄膜隔开,再分前后两半(见图 14-1)。因此,乳房形成了具有独立泌乳和集泌乳系统的前后左右 4 个乳区。下端各有一乳头,其长度因品种而异,荷斯坦牛一般为 8~12 cm。乳头最底部是乳头管。乳头外面为一层光滑的皮肤,分布有丰富的血管和神经,乳头管由括约肌控制闭合,以防止乳汁流出或细菌经乳头孔侵入。此外,乳头闭合肌的硬度也关系着挤乳的难易。乳头内是一空腔,池壁很脆弱,挤乳方法不正确,很易受到损坏。

乳房的容量不仅取决于乳房的体积,而更重要的决定于乳腺组织的发育程度,浴盆状乳房中,腺体组织可达 75%~85%,结缔组织仅占 20%~25%。若结缔组织超过 40%,则为明显的肉乳房,肉乳房不仅乳汁的生成减少,而且乳房的有效容量也减少。

乳房的容量决定一次挤乳量,一般为 5~10 kg,个别可达 30 kg。同时,乳房的容量可决定一天内挤乳的次数,一般为 2~3 次。

乳房实质部分由乳腺泡和乳导管组成(图 14-2)。一个发育良好的乳房,具有 20 亿个左右乳腺泡,10~100 个乳腺泡构成一个乳腺小叶,许多小

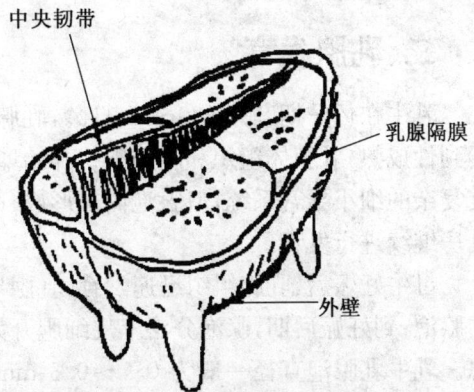

中央韧带

乳腺隔膜

外壁

图 14-1　乳牛乳房及支撑系统模式图

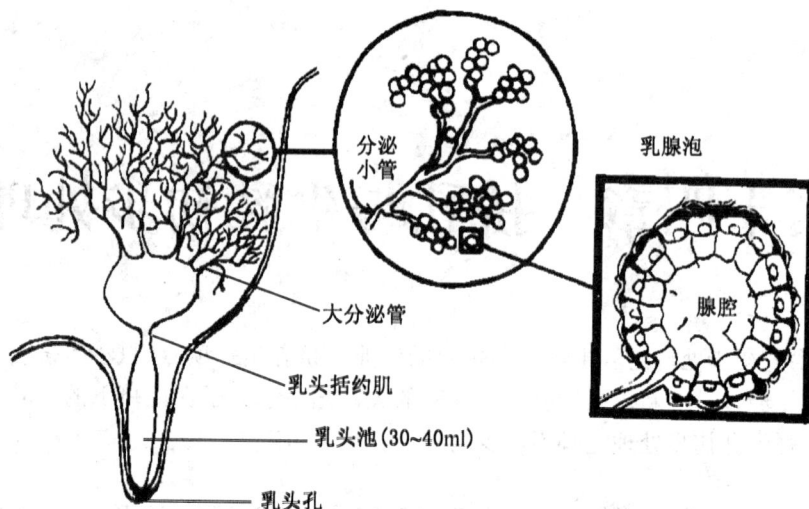

图14-2　乳牛的乳腺结构模式图

叶集合成乳腺叶。乳腺泡是分泌乳的地方,其数目是不变的。一般泌乳后期数目减少或挤乳方法不正确,也会加快腺泡数减少,并导致产乳下降。乳导管是汇集乳的管道系统。乳导管由小到大,即由小乳导管汇集合成乳导管,再汇合成大乳导管,最后汇合入乳池。乳池是乳房下部和乳头内贮存乳汁的空腔,它通过乳头末端乳头管与外界相通。

乳房中的血管和淋巴管,以及分布在腺体周围的毛细血管,将来自心脏血液中的营养物质供给产乳细胞,作为泌乳的营养需要;输送营养后的血液,又由毛细血管流入静脉血管,回流到心脏。这样血液每时每刻永不停息地流经乳房,输送营养。乳牛每产生 1 kg 牛乳,需要 500 kg 左右的血液通过乳腺。若一头中产乳牛每日生产 20 kg 牛乳,则需要 10 t 的血液通过。此外,乳房皮肤及乳腺各部分均有丰富的神经末梢分布,各种外界和内部的刺激都会直接或间接影响乳的分泌,同时乳腺还受许多激素的调节。由此可见,乳腺是一个具有高度兴奋性和高强度血液循环的器官。

二、乳腺发育

乳牛在怀孕期,胎儿 30～40 日龄,乳腺已开始发育,出生后已有乳头和乳池。母犊从 3 月龄到性成熟,乳腺体组织和脂肪组织开始增长;到初情期时,乳腺的导管系统开始发育,形成分支复杂的细小导管系统,但腺泡尚未形成,而乳房的体积开始增大。随着每次性周期的出现,乳房继续进行发育。

母牛妊娠后,乳腺组织迅速发育,乳腺导管数量增加,每个导管末端开始形成没有分泌腔的腺泡;到妊娠后期,腺泡分泌上皮细胞开始具有分泌机能,乳房结构达到活动乳腺的标准状态。乳牛乳腺泡直径一般为 0.1～0.3 mm。一头母牛所有乳腺泡如果摊开,其总面积可达 1 m^2,高产乳牛可达 10 m^2。发育成熟的乳房,乳房围平均为 60～80 cm,个别牛可达 180 cm;乳房深度为 30～40 cm,个别牛可达 75 cm。

乳腺腺体发育受多种激素(雌激素、孕激素以及催乳素等)神经及营养等因素的调节,所以乳腺充分发育必须等到分娩后。乳腺的发育与卵巢的正常发育和周期性活动密切相关。母牛分娩时,垂体分泌大量催乳素,腺泡开始分泌初乳。以后催乳素维持一定水平,乳腺开始正常的分泌活动。

乳牛的适宜产乳期为 276～365 天,经过长期泌乳活动后,腺泡体积逐渐减小,分泌腔逐渐消失,细小导管萎缩,腺体组织被结缔组织和脂肪组织所代替,乳房处于"疲劳"状态。泌乳量开始大幅度下降,低产牛往往自行停止泌乳,高产牛仍能维持低水平泌乳,若不及时干乳,乳腺得不到充分的休息和恢复,必将影响下胎产乳量。

试验表明,母牛干乳后前 15 天内,腺泡的主要部分遭到破坏和消失,同时细小导管大量减少。干乳后 1 个月,乳腺泡又重新慢慢增生,泌乳上皮细胞大量增加,开始第 2 次分泌活动。所以,为了使母牛乳腺有一个重新恢复的过程,分娩前 45～60 天必须进行干乳,干乳期最好不超过 90 天。

母牛经过 6～8 个泌乳周期,乳腺得到最大发育,产乳量达到高峰后,随其年龄增长,体内各器官和内分泌腺机能逐渐减弱,乳腺机能逐渐减退,因而母牛产乳量开始逐年下降。

三、乳的生成与排出

牛乳是由乳腺产生和分泌的。乳的主要成分是在乳腺腺泡和细小导管的分泌上皮细胞内,由葡萄糖、乙酸、β-羟丁酸、氨基酸以及脂肪酸等简单代谢物合成的。这些物质直接和间接的来自血液。虽然牛乳与血液的渗透压一样,但二者的组成有很大不同。乳牛的乳汁与血液相比,乳中糖的含量比血液中高 90 倍,脂肪含量高 19 倍以上,钙的含量高 13 倍,钾和磷的含量高 7 倍。相反,乳中的蛋白质、钠和氯则较少。此外,在组成成分上乳中的蛋白质主要是酪蛋白,而清蛋白和球蛋白则较少;同时乳中的脂类以甘油三酯最多,而磷脂和胆固醇则为血液的主要成分。不同动物乳的成分有很大的差异,见表 14-1。

表 14-1 不同动物乳的组成成分

动物种类	脂	蛋白脂	乳糖	动物种类	脂	蛋白脂	乳糖
奶牛	3.9	3.4	4.6	山羊	4.5	2.9	4.1
骆驼	5.4	3.9	5.1	马	1.5	2.1	5.7
水牛	7.4	3.8	4.8	驯鹿	16.9	11.5	2.8
绵羊	7.4	5.5	4.8	海豹	53.3	8.9	0.1

来源:〔美〕简 胡曼 米歇尔 瓦提欧 著,石燕 施福顺 译.泌乳与挤乳.2

乳的生成是复杂的生理生化过程,主要通过神经、激素调节。泌乳牛乳的分泌是持续不断的。乳刚挤完,乳的分泌速度最快。两次挤乳之间,当乳充满乳泡腔和乳导管时,上皮细胞必须将乳排出。如不挤乳,乳的分泌即将停止,乳的成分将被血液吸收。所以,泌乳牛必须定时挤乳。

排乳是一个复杂的反射过程。排乳主要通过犊牛吸吮,擦洗乳房和乳头以及挤乳设备的形状和声音、饲喂精料等刺激而实现的。这些刺激反映到牛的大脑,并传导到大脑垂体腺。腺体后叶释放催产素,催产素(通过心脏)与血一起流入乳腺细胞。由于催产素的作用,腺泡体积缩小,乳被挤压到乳管中,而后再流入乳池。排乳一般在刺激后经45～60秒即可发生,维持时间为7～8分钟。所以,加快挤乳速度对提高产乳性能非常重要。

第二节　挤　乳

挤乳的正确与否与乳牛健康、生产性能、经济收入均有密切关系。不良的挤乳机性能或挤乳形式,不规范的挤乳操作规程,不仅直接影响乳牛的产乳量和质量,而且还会增加乳房炎等疾病,从而给乳牛生产带来严重损失。所以,对挤乳工作必须高度重视,精心安排。

一、挤乳次数

乳牛泌乳期内,乳的分泌是持续不断的。但当牛乳充满乳房容积的80%～90%时,牛乳的生成停止。如果不及时挤乳,排乳速度即将减慢。所以,为了提高牛群产乳量,挤乳必须根据乳牛乳房形状大小与组织结构、产乳量高低,以及其饲养管理条件,采取适当的日挤乳次数。当前乳牛场实行3次上槽3次挤乳的饲养制度,实践证明,既符合乳牛瘤胃消化特点,比2次挤乳增加产乳量17.7%～22.0%,又符合中国劳动力低成本的实际需求。3次挤乳最佳的间隔时间为(8±1)小时。如乳牛日产乳量过低,也可日挤2次,其间隔时间为(12±2)小时为宜,切不可挤乳时间拉的过长或过短。当挤乳次数和挤乳时间确定之后,一定要严格遵守挤乳时间,以免排乳反射受到破坏,影响正常泌乳。所以,挤乳要定时、定点、定次序,要形成规律,长期不变。

二、手工挤乳

手工挤乳是一种古老挤乳方法。目前在我国小乳牛场和广大牧区仍广泛采用。手工挤乳,严格说有两种方法。一是单纯用手挤乳,另一种是先让犊牛顶撞乳房引起排乳反射后再用手工挤。手工挤乳虽然比较原始,但对挤乳机维修困难、不易获得易损件及电力供应的地方,仍是不可缺少的一种挤乳方法。即使在采用机器挤乳的牧场,对刚产犊的母牛和有些患乳房炎牛不适于机器挤乳,必须改为手工挤乳。所以挤乳员除掌握机器挤乳技术外,还必须熟练掌握手工挤乳。

手工挤乳的要求与机器挤乳基本相同,挤乳员和挤乳方法不宜经常更换。其挤乳程序如下:

1. 挤乳前洗净全部用具,集中备用,挤乳员应穿上清洁工作服、鞋、戴上工作帽,用肥皂水洗净双手,在挤乳过程中对牛温和,切勿使牛受惊,抑制催产素释放,影响产乳。严格遵守先挤健康牛后挤病牛,先挤高产牛后挤低产牛的原则。

2. 检验头二把乳,可及早发现异常,也可对乳头进行一次排乳刺激。头二把乳含菌多,要用专用容器盛装,以防污染牛乳、牛床和牛蹄。如发现异常或患乳房炎应将病牛分开饲养。

3. 清洗乳头和乳房,包括淋洗、擦干。做到一头挤乳牛一桶温度50 ℃的消毒水和干、湿毛巾各一条(或一次性纸巾),以防止传染病菌。先用湿毛巾淋洗,淋洗面积不宜过大以防乳房上部脏物随水流下,增加乳头污染机会;淋洗后必须擦干,并用碘伏溶液(或其他乳头消毒剂)

进行消毒。试验表明,乳头湿与干的细菌总数相差甚大(乳头湿含细菌 7 900/ml,而干乳头仅为 4 200/ml),清洗乳头和乳房最好在半分钟内完成。当乳牛出现排乳反射后,马上挤乳,不得间隔。

4. 挤乳员一般坐于牛的左侧,坐姿端正,精神集中,两腿夹桶,两臂向左右开张,保持近于水平姿势,实行拳握式挤乳。实践证明,拳握式用整个手进行有力的有节奏的挤压会产生强烈的泌乳反射,是从乳房中挤出全部牛乳的一种快速方法。但乳头过小的乳牛允许用滑动法,即乳头在拇指和食指间滑动。这种方法对迅速刺激泌乳和乳房卫生均不理想。拳握式挤乳又称压榨法,即用拇指和食指紧压乳头基部,其余各指依次捏挤乳头,形如握拳,类似犊牛吸吮。挤乳时双手要相互交替,有节奏地捏挤。每分钟压榨乳头以 80～120 次为宜,贯彻慢-快-慢的挤乳速度,中途不得停顿,挤乳全过程应在 5～7 分钟内完成。

5. 乳头药浴　挤乳后 15 分钟内乳头尚不关闭,极易受环境性病原菌侵袭,及时药浴可明显降低隐性乳房炎的发病率。常用药液有碘甘油(0.3%～0.5%碘＋3%甘油)、0.3%新洁尔灭或 2%～3%次氯酸钠等。

6. 挤完乳,必须清洗所有挤乳用具,并置于清洁干燥处保存。

7. 牛乳挤出后,应立即称重,并通过滤网滤去杂质,然后入大桶内进行冷却。冷却后的牛乳必须置于低温下贮存。

8. 人工挤乳劳动强度大,易引起手指疲劳或肿胀。为了保护好手指,挤乳员每天应压捏手指 2～3 次,即用一手轻轻揉搓另一手,从手指末端至手臂,晚上睡眠前用温水搓捏和水浴。这不仅可改善血液循环,还可增加肌肉营养,是保护手指的一种有效方法。

三、机器挤乳

(一)挤乳机工作原理其结构

挤乳机工作原理是模仿犊牛哺乳时的吸入、咽乳和停歇三个动作而设计制造的。据测定,犊牛吸乳时,口腔内的真空度为 13～37 kPa,吸乳的频率为每分钟 45～70 次。乳房中的乳在内外压力差的作用下流入犊牛口中;咽乳时犊牛口腔对乳头进行自然压挤,牛乳停止流入犊牛口腔,咽乳后稍作停歇,在重新吸乳。挤乳机即以这 3 个过程设计吮吸节拍-挤压节拍-停歇节拍,以真空泵产生真空,当乳杯的乳头室和壁间室都处在设定的真空度下,乳头室内形成真空负压,与乳头内的正压力一起迫使乳头括约肌松开,牛乳即从乳头管中吸出,形成吮吸节拍。当乳头室处于真空状态,壁间室进入空气,橡胶的壁被压缩,挤压了乳头,迫使乳头括约肌闭合,牛乳即停止吸出,称其为挤压节拍。目前挤乳机多为二节拍,省掉了停歇节拍。挤乳机上的 4 个乳嘴一般称乳杯,为适应乳牛乳头需要,其内胎是由足够弹性的橡胶制作,所以在一般正常情况下,挤乳机上的 4 个乳嘴不会对乳牛的乳房和乳头发生有害刺激,也不会对乳房健康和正常排乳产生不良影响。

1. 挤乳机结构　目前各国生产的挤乳设备和国内使用的挤乳设备主要由两部分组成,即由真空装置和若干套挤乳器具组成。真空装置包括真空泵、真空罐、空气滤清器、真空表、真空调节器、真空管道、气阀、润滑循环装置与分离罐等组成。真空装置中最主要的是真空泵,要求抽气速率(排气量)与同时挤乳的乳杯组数匹配。为了稳定挤乳时的真空波动,真空罐的容量、真空管道的内径都有配置规定,对真空调节器要求是性能优良、稳定。真空度过高,对乳头有损伤,真空度过低则乳杯易脱落。故现设计有双真空,低真空(42 kPa)用于吮吸按摩乳头和挤乳;高真空(60 kPa)用于输乳,使挤出的乳能迅速流走,保持乳管畅通。同时高真空配有冲浪发生器,在清洗挤乳机及管道时形成一股冲击力强大的水柱,清洗效果更好。

挤乳器由乳杯、集乳器、脉动器、橡胶软管、计量器等组成。先进的挤乳器配置以电子感应式变频真空的前后交替脉动、吮吸节拍和挤压节拍比可调,具有刺激按摩乳头和乳杯自动脱落的脉动器,以电子计量、乳腺炎检测、牛号自动识别、发情鉴定等功能与电脑联网;实现对乳牛的自动化管理。

此外,还有牛乳收集、清洗配置设施。牛乳收集由输乳管道、乳泵过滤装置、集乳罐、计量器、牛乳冷却设施、贮乳罐等组成;清洗设施由水加热器、自动水温水量调控器、水量补偿设施、自动计量充注清洗剂装置、水及清洗剂循坏利用装置、乳爪冲洗装置、冲浪发生器、贮乳罐自动喷射清洗装置及程序控制器等组成。

各地经验表明,购置挤乳机成套设备投资巨大,合理选择机械挤乳形式,使用性能优良挤乳器非常重要,但使用合理与否则是机械挤乳能否良好运转的关键环节。所以,对挤乳工事先必须培训,合格才可以上岗,同时配备熟悉机器设备的专业人员,管理维修保养机器;在生产管理与技术管理上应配有高素质的专业人员,以加强规范化管理。

2. 挤乳机保养　真空装置如真空泵、管道、贮气罐及真空调节阀等应定期检修保养,真空泵的润机油定时检查油位,及时添加,污染的机油应更换新油;贮气罐、真空管道应定期清洗,当发现有牛乳吸入应及时用碱水冲洗;其他部件如真空阀、空气滤清器、排污阀也须定期检修、保养、清洗、疏通。

挤乳机的乳杯内衬、输乳软管等橡胶制件易于老化,积乳垢,是细菌良好的栖生地,橡胶件连续使用还会发生变形,造成乳衬松张力不匀,缩短使用寿命。应根据使用年限说明,对已老化的橡胶配件及时调换。如用两套内衬轮换使用,可延长使用寿命。

3. 预防乳房炎　乳房炎病原菌在乳牛群几乎到处都有,在挤乳结束时或两次挤乳之间都可通过乳头口,进入乳头、乳池。所以挤乳前先弃掉头1～2把乳是预防乳房炎不可缺少的措施。其次,挤乳刚结束时,乳头管口尚未闭合,此时牛卧下细菌很易入侵。如挤乳后立即给牛饲料,使牛站立采食,待牛采食完毕,乳头管已闭合,即可达到减少细菌污染,预防乳房炎的目的。参加DHI测定,根据体细胞(SCC)计数,可做到早期发现异常乳及牛体异常,把乳房炎和隐性乳房炎降到最低限度。据报道,西安、天津、上海、杭州、北京等地已参加DHI的牛群,乳房炎的发病率都大大降低。

(二)机器挤乳操作

机械挤乳是牛、机器和挤乳员相互配合的工作。机械、人和牛的协调配合对产乳有很大影响。牛乳是最易受污染的食品,所以,机器挤乳前,除机器、牛和人保持清洁卫生外,挤乳环境(包括挤乳厅、贮乳间)必须保持清洁卫生。

1. 挤乳前的准备　挤乳前的准备工作十分重要,必须认真对待。①挤乳员保持个人卫生,勤剪指甲,挤乳前用肥皂洗手,保持手臂清洁。②机械用清水清洗4～5分钟,并检查真空压(正常范围应控制在40～50 kPa),脉动次数是否稳定(正常应控制在每分钟60～70次),无异常情况方可挤乳。③如采用挤乳厅挤乳,挤乳前应检查牛体卫生,不符合卫生要求的牛,不准进入待挤间。

2. 挤乳　挤乳目标主要是:①刺激乳房乳头,促使快速完全排乳;②生产优质牛乳;③尽量缩短每头牛挤乳时间;④严防乳房炎等疾病。

为了达到上述目标,挤乳员必须做到:①对牛亲和,使牛舒适安静。②清洗乳头:淋洗面积不可太大,以免脏物随水流下,增加乳头污染机会;淋洗后,每头挤乳牛一条专用干净毛巾(或一次性纸巾)擦干,这一过程要快,最好在15～20秒内完成。③检验头把乳:套杯挤乳前用手挤出2～3把乳,检查牛乳有无异常,如无异常立即药浴,等待30秒擦干;如患乳房炎应改为手挤,挤下的牛乳另作处理。④适时套杯:开动气阀,区分前后乳叶杯套挤乳器,并注意套挤乳杯时不要吸入空气;卸挤乳机时,先关闭气阀门,再卸机具。⑤在挤乳过程中,注意 a. 挤乳器应保持适当位置:挤乳器位置不正确可能使挤乳器向乳头上端爬,容易造成乳头损伤。b. 要保持稳定的真空压:真空压太高,易使乳头括约肌受损外翻,其开口处变硬;真空压太低,会降低挤乳速度,乳杯易脱落。c. 保持稳定的脉动频率:频率太高,会损伤乳头括约肌,细菌易侵入乳头;频率太低,使乳头充血,易诱发乳房炎。d. 要避免过度挤乳:过度挤乳不仅延长挤乳时间,而且还会造成乳房疲劳,影响以后的排乳速度;过度挤乳会增加体细胞数。⑥乳头消毒:挤完乳卸下挤乳器后立即用乳头消毒液浸洗乳头,以防细菌侵入。⑦对计划停乳的牛,挤净最后一次乳,应及时灌注停乳药物。⑧每次挤完乳后清洗厅内卫生,做到挤乳台上、台下,清洁干净;管道、机具立即用温水漂洗,然后用热水和去污剂清洗,再进行消毒,最后凉水漂洗。⑨每周清洗脉动器一次。⑩挤乳器、输乳管道冬季每周拆洗1次,其他各季每周拆洗2次。⑪凡接触牛乳的器具和部件先用温水预洗,然后浸泡在0.5%纯碱水中进行刷洗。乳杯、挤乳器、橡胶管道都应拆卸刷洗,然后用清水冲洗,待消毒(1%漂白粉液浸泡10～15分钟后)晾干后再用。⑫备足易损件。

(三)机械挤乳设备

1. 提桶式挤乳设备与手推车式挤乳机　提桶式挤乳设备是将真空装置固定在牛舍内,挤乳器和手提奶桶组装在一起,挤下的牛奶直接流入奶桶,适用于拴养牛舍。其投资少、结构简单、操作容易,可以隔离异常奶,每小时可挤15～20头乳牛,适用于个体养牛专业户;手推车式挤乳机由电动机或燃油机驱动,投资少、操作简单、使用方便,具有良好的灵活性,不受场地限制,每小时可挤15头乳牛,可以隔离异常奶,适合小规模养殖模式。

2. 牛棚管道式挤乳系统和鱼骨式挤乳台　牛棚管道式挤乳系统可以直接在现有的牛棚内安装,节省空间、投资小,让乳牛有更放松的挤乳环境;牛棚滑轨使操作更轻松,若每天3次挤乳,每人可管理两套挤乳机,可挤35～45头乳牛;鱼骨式挤乳台从牛的侧面挤乳,乳房位置靠近坑道边缘,便于奶杯组的定位,更容易观察挤乳状态。在挤奶厅内,每人可管理20套挤乳器,每工时可挤70～80头乳牛。

3. 计量瓶鱼骨式挤乳台与中置式挤乳台　计量瓶鱼骨式挤乳台可以单独计量每头牛每

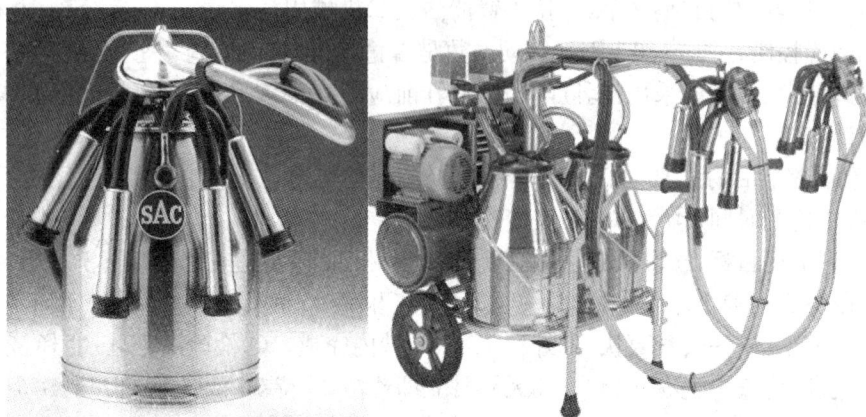

图 14-3 提桶式挤乳设备(左图)与手推车式挤乳机(右图)
来源:http://www.minytech.com/html/content/milk_machine.htm

图 14-4 牛棚管道式挤乳系统(左图)和鱼骨式挤乳台(右图)
来源:http://www.minytech.com/html/content/milk_machine.htm

图 14-5 计量瓶鱼骨式挤乳台与中置式挤乳台
来源:http://www.minytech.com/html/content/milk_machine.htm

次的产乳量,适用于分户饲养,集中挤乳的形式;中置式挤乳台挤乳杯组安装于挤乳台中央,一侧挤乳的同时另一侧可做挤乳前的准备,提高了设备的投资回报率。

4. 并列式挤乳台与箱式挤乳台　乳牛进入并列式挤乳台时,弹簧控制的分隔栏可以将乳牛逐个快速准确地定位。从牛的后侧套杯,乳牛间距紧凑,节省挤乳的时间和精力,分区式快速撤离提高了工作效率;箱式挤乳台每个挤乳单元相对独立,提高工作效率;个体乳牛挤乳结束后即离开,不受其他乳牛影响;每个挤乳单元配气动自动控制门。

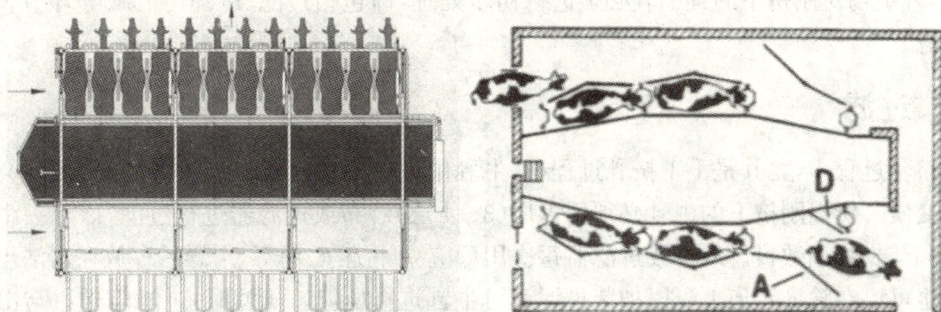

图 14-6　并列式挤乳台(左图)与箱式挤乳台(右图)

来源:http://www.minytech.com/html/content/milk_machine.htm

5. 转盘式挤乳台与全自动挤乳机器人　转盘式挤乳台高端配置:传动系统位于平台下面,平台平稳地旋转,速度可调。转盘式挤乳台分为外侧挤乳和内侧挤乳两种形式,最大的外侧挤乳台可以挤 100 头乳牛,最大的内侧挤乳台可以挤 40 头乳牛。乳牛一进一出,设备无闲置时间,具有极高的工作效率;仅需 1~2 名工作人员即可完成千头牛的挤乳工作,适用于大型牛群。全自动挤乳机器人挤乳系统,是根据仿生原理研制而成的。关于全自动挤乳系统的设想最早出现于 20 世纪 70 年代中期,世界上第一台挤乳机器人于 1992 年在荷兰的一个乳牛场

图 14-7　转盘式挤乳台与全自动挤乳机器人

来源:http://www.minytech.com/html/content/rotary.jpg

投入使用。整个挤乳过程由机器人自动完成,完全替代人工;根据乳牛生理状况自动挤乳,实现全天候挤乳。

第三节　生鲜牛乳的初步处理

生鲜牛乳初步处理是乳牛场必不可少的一个环节。为了保持牛乳在运往乳品厂或销售前不变质,乳牛场对刚挤下的鲜牛乳必须进行初步处理,即包括过滤、冷却与贮藏等环节。应备有制冷罐。

一、过滤

在挤乳过程中,尤其是手工挤乳过程中,牛乳中难免落入尘埃、牛毛、粪屑等,因而会使牛乳加速变质。所以刚挤下的牛乳必须用多层(3～4层)纱布或过滤器进行过滤,以除去牛乳中的污物和减少细菌数目。纱布或过滤器每次用后应立即洗净、消毒,干燥后存放在清洁干燥处备用。也可以在输乳管道上隔段加装过滤筒对牛乳进行压滤。压滤时,过滤筒进口与出口的压力差不得超过 68.6 kPa,以免过大压力使杂质重新进入牛乳中。用过的过滤筒必须按时更换和消毒。

二、牛乳冷却

刚挤出的牛乳,虽然经过过滤清除了一些杂质,但由于牛乳温度高很适于细菌繁殖,37 ℃下有些细菌 6～7 分钟就可以繁殖一代。所以过滤过的牛乳应 2 小时内冷却到 0～4 ℃,冷却降温可有效抑制微生物的繁殖速度,延长牛乳保存时间,见表 14-2。

表 14-2　冷却温度与保藏时间的关系

冷却温度(℃)	保存时间(h)
30	3
25	6
10～8	6～12
8～6	12～18
6～5	18～24
5～4	24～36
2～1	36～48

常用冷却设备和方法有以下几种:

1. 水池冷却法　这是一种最简易的方法。即将牛乳桶置于水池中,用冷水或冰水进行冷却。

用水池冷却牛乳,在北方地区由于地下水温低(夏季 10 ℃以下),所以直接用地下水即可将牛乳温度降到 13～14 ℃(牛乳冷却后比水温高 3～4 ℃)。该牛乳如果每天给乳品厂送一次,或乳品厂定时来收购一次,完全可以达到保存目的。在南方由于水温较高,在水池中应加冰块,才能使牛乳达到冷却要求。

在水池中冷却应不时地搅拌牛乳,并根据水温进行排水或换水。水池中水量应比牛乳容量大 4～5 倍。所以用水池冷却牛乳,耗水量大,而且冷却缓慢,不是理想的牛乳冷却方法。

2. 交换器冷却　热交换器有板式、螺旋式、薄片式等多种类型,可与输乳管连接,在密封状态下进行冷却。以预制冷的水为冷却介质,使用方便、安全卫生。

3. 直冷式乳罐　通过制冷机制冷乳罐罐壁,使进入的牛乳冷却。其优点是把冷却与贮存集合在一体中,作为挤乳设备的配套设备,其贮藏的容量与制冷机的功率要与产乳高峰时期的最高一次产乳量相匹配。现直冷式奶罐配置的制冷机的制冷功率是以 W 表示,1W＝3.607 0 kJ/h,如配置的制冷功率不足,即达不到被挤出的乳迅速(2～4 小时内)降温到 2～4 ℃的要求。

三、生鲜牛乳贮存与运输

牛乳运输有以下方式:

1. 乳桶　将牛乳装入容量 40～50 L 乳桶用卡车运输,用这种工具运输,在夏天由于乳温上升,可采用以下几种方法:在早晚运送;或以隔热材料遮盖乳桶(湿麻袋、草包等);或减少运输途中的运行时间等。运输前乳桶必须装满并盖严紧,以防牛乳震荡。使用乳桶运输,必须保持其清洁卫生,并加以严格消毒,送乳结束后,乳桶必须及时清洗消毒并晾干。

2. 奶罐车　奶罐车一般是将输乳软管与牛场冷却罐的出口阀相连接。奶罐车装有一台计量泵,能自动记录接受牛乳的数量。奶罐车受乳结束后必须清洗。用奶罐车运输时,必须装满,以防牛乳运输途中震荡过大,为此有的奶罐车上的奶槽分成若干个间隔。用奶罐车装载,卸乳后容器必须彻底清洗消毒。

第四节　鲜牛乳质量安全与价格

目前我国乳品行业实行的 GB/T6914—86《生鲜牛乳收购标准》和 GB 19301—2003《鲜乳卫生标准》分别是 1986 年和 2003 年制定的标准,滞后于乳品行业的发展。2008 年 9 月份发生的"三聚氰胺事件",使中国乳业遭遇重创,为了加强乳品质量安全监督管理,保证乳品质量安全,保障公众身体健康和生命安全,促进奶业健康发展,2008 年 10 月 6 日国务院发布并实施了《乳品质量安全监督管理条例》。

一、鲜牛乳质量标准

牛乳质量已成为当今企业能否增创效益的重要条件,质量不仅影响市场经济效率、市场调节、市场价格,而且已成为企业生存发展的重要基石。所以许多企业把优质优先于高产作为指导思想。

1. 鲜牛乳　是指在正常饲养管理下,无传染病和乳房炎的健康母牛所挤出的牛乳。为保证牛乳的质量《乳品质量安全监督管理条例》第 24 条规定禁止收购下列生鲜乳：①经检测不符合健康标准或者未经检疫合格的奶畜产的；②奶畜产犊 7 日内的初乳，但以初乳为原料从事乳制品生产的除外；③在规定用药期和休药期内的奶畜产的；④其他不符合乳品质量安全国家标准的。

2. 感官要求　　正常牛乳呈乳白色或稍带微黄色，其组织状态呈均匀的胶态液体，无凝块，无沉淀，无肉眼可见异物。滋味和气味具有牛乳固有的香味，无异味。

3. 理化要求　　理化要求应符合如下指标：相对密度（20 ℃/4 ℃）1.028、蛋白质（g/100 g）≥2.95、脂肪（g/100 g）≥3.1、非脂乳固体（g/100 g）≥8.1、酸度（°T）≤18（羊奶为 16）、杂质度（mg/kg）≤4.0。

据报道，我国出口鲜牛乳标准不断提高。例如深圳市光明牛乳公司 20 世纪 80 年代初，鲜乳出口香港标准是以我国标准为标准，实施几年后又把标准改为英国标准；近几年又把标准上升到国际标准。不但比我国，而且比美国、日本等国标准还高，不但要杜绝抗生素残留，还加测冰点、酸度等 12 个项目，每月只要出现 3 个单项一次不合格或一个单项 3 次不合格，就视为全月全都不合格。2001 年出口鲜乳牛标准为：脂肪 3.5%～3.6%、非脂固体 8.5%～8.8%、细菌数少于 10 万个/ml，杜绝抗生素残留。

4. 卫生要求　　卫生要求符合如下标准（mg/kg）：无机砷≤0.05、铅≤0.05、666≤0.02、DDT≤0.02、黄曲霉毒素 M_1（μg/kg）≤0.5、抗生素不得检出。

5. 微生物要求　　微生物要求应符合的标准为：菌落总数≤50 万 cfu/g。致病菌（金黄色葡萄球菌、沙门菌、志贺菌）不得检出。我国的微生物要求低于发达国家，标准的制定严重滞后，目前仍执行 1986 年制定的 GB/T6914—86 标准，必须尽快加以修订。

6. 掺假项目　　《乳品质量安全监督管理条例》第七条明确规定"禁止在生鲜乳生产、收购、贮存、运输、销售过程中添加任何物质。禁止在乳制品生产过程中添加非食品用化学物质或者其他可能危害人体健康的物质"。

7. 乳体细胞数量　　近年来国际上对乳体细胞数量更加重视，把牛乳中体细胞（SCC）作为牛乳质量考核项目之一，并参与按质论价。据测定，体细胞低于 20 万个/ml，该牛群乳腺基本上未受细菌感染，乳的产量、质量不受损失。西安地区 1994—1995 年 17 个牛群参加体细胞测定，体细胞超过 30 万个/ml 的牛只占牛群总数的 70%～80%。许多发达国家牛乳中体细胞数超过 30 万个/ml，乳价就要打折。

二、鲜牛乳按质论价

鲜牛乳以质论价，世界各国都有各自的分级定价标准。我国各地区及乳品加工厂分级定价标准也不尽相同。一般是以脂肪和蛋白质含量作为论价基础，再根据卫生指标分级进行加价和扣款。

1. 基础指价　　基础指价一般采用脂肪和蛋白质单位价，预设单位比价，各国针对具体情况，其比例不同，见表 14-3。

表 14-3　各国对鲜牛乳的基础指价的百分数

国名	脂肪	蛋白质	乳糖
荷兰	55	45	0
丹麦	65	30	5
德国	55	45	0
法国	62	38	0

牛乳计价公式

牛乳价格＝[牛乳 kg 数×脂肪(%)×脂肪单位价]＋[牛乳 kg 数×蛋白质(%)×蛋白质单位价]

例如,某地牛乳基础价定位 2.5 元/kg,脂肪和蛋白质单位价比例各位 50%,如以国家收购标准含脂肪为 3.1%,蛋白质为 2.95%,则每 1% 的脂肪单价为 0.403 2 元,蛋白质单价为 0.423 7 元。而某牛乳场产的牛乳含脂肪为 3.25%,含蛋白质为 2.9%,则每千克乳价＝(0.403 2×3.25)＋(0.423 7×2.9)＝2.54(元)

2. 卫生指标分级　目前各国对牛乳中的卫生质量均进行严格控制。以牛乳的含菌总数和体细胞分级,根据牛乳的卫生级别定出加价或扣款标准,对促进生产、提高鲜乳质量起了重要作用。韩国的附加论价指标见表 14-4。

表 14-4　韩国附加论价指标(2002 年 7 月 1 日起实施)

品级	细菌数(万个/ml)	奖罚金额(韩元/升)	品级	体细胞数(万个/ml)	奖罚金额(韩元/升)
1A 级	3≤	52.53	1 级	20	51.50
1B 级	3～10≤	36.05	2 级	20～35	23.69
2 级	10～25≤	3.09	3 级	35～50	3.09
3 级	25～50≤	−15.45	4 级	50～75	−25.75
4 级	50≥	−90.64	5 级	75	−41.20

来源:http://www.rda.go.kr/template/include/forprint.html

3. 扣款指标　国外把冰点和体细胞数已列入计价指标,预计我国今后也要推行。冰点受牛奶中固体溶质影响,其中影响最大的是乳糖。由于这些溶质的缘故,牛奶的冰点比水低半度即−0.525 ℃。这一数值的变化可以说明牛奶中水的含量。牛奶中的体细胞可以作为乳腺组织某些生理活动是否感染的指标。当体细胞数目超过 50 万个/ml 就可怀疑乳牛有乳房炎。

从上述可见,我国现行鲜乳质量标准偏低,待调整,以便与国际接轨。表 14-5 为牛乳质量常见检测内容,供参考。

表 14-5　牛奶质量常见检测内容总结

质量	检测	原理
新鲜	嗅觉检查	检查牛奶闻或尝起来是否有异味
	酸度	通过充分搅拌释放出脂肪酸来达到破坏奶脂;若牛奶中含有大量细菌,细菌发酵会使牛奶中脂肪酸含量上升
	酒精检查	与酒精混合后,酸性牛奶会出现絮状物
	煮沸观察是否结块	酸性过高的牛奶煮沸后出现结块现象
掺水	显微镜冰点检查	掺水牛奶的冰点比正常牛奶高
	标准比重	掺水牛奶的比重下降
细菌	计数板计数	计数培养基内活的细菌
抗生素	计数盘检验	通过加热检查抗生素是否抑制 Bacillus stearothermophilus 生长
细胞	白瓷板或加州乳房炎测试方法	直接在挤乳房检查:测试牛奶是否含有过量的 DNA
	计数器计数	通过计数计算每毫升牛奶中的含菌量
巴氏消毒后的鲜奶	磷酸酶测验	检测巴氏消毒后磷酸酶活性是否被抑制

来源:[美]简 胡曼 米歇尔 瓦提欧 著,石燕 施福顺 译。泌乳与挤乳。77.

三、生产优质牛乳的措施

牛乳生产,不仅要提高产量,更重要的是保证其质量。在目前条件下牛乳在生产过程的各个环节均受到不同程度的污染,但主要是在挤乳过程中和挤乳之后受细菌的污染,或者由于乳牛患病(如乳房炎)所致。所以,生产高质量的优质乳牛,必须采取综合措施。

1. 挤乳员个人卫生　挤乳员是细菌携带者和传播者,挤乳员的手、头发,不洁的工作服、帽、靴都黏附着许多细菌,甚至还有病原菌。1 g 指甲垢中有高达 40 亿个细菌,个人的卫生直接影响着牛乳的质量。所以挤乳员每年必须进行一次健康检查,凡患有结核病、布病等不得担任挤乳工作。

2. 保证牛群健康、重视乳房炎的发生和预防　保证牛群的健康是生产优质牛乳的先决条件。乳牛场必须建立健全疾病预防制度、检疫制度。培育无病源牛群,外地引入乳牛必须按照 GB16567 进行检疫,隔离饲养,待确诊无病时再进入牛群。

乳房炎是乳牛场最易发、最常见的一种疾病,给生产优质牛乳带来许多困难。例如 1986 年某市因患乳房炎病而淘汰的乳牛占牛总数的 17.8%,可见造成的损失之重大(表 14-6)。因此,对防治乳房炎,必须给予足够的重视。

表 14-6　牛奶中体细胞数量与预期产乳量损失之间的关系

牛奶混合物中体细胞数目	乳区感染率(%)	产乳量损失率(%)	牛奶混合物中体细胞数目	乳区感染率(%)	产乳量损失率(%)
200 000	6	0	1 000 000	32	18
500 000	16	6	1 500 000	48	29

来源：[美]简 胡曼 米歇尔 瓦提欧 著,石燕 施福顺 译. 泌乳与挤乳.63

从挤乳角度看,导致乳房炎发生的途径主要有:①挤乳机污秽或调节不良;②挤乳前后对乳头不清洗、不药浴;③挤乳员技术不熟练;④因环境原因使母牛乳房受伤。为此,必须加强挤乳员的培训,提高挤乳技术,增强责任感,并勤于观察乳房的患病情况,及时诊治。

3. 经常保持牛体及环境卫生　当前,国内乳牛场运动场不清洁是影响牛乳质量的最大因素,而牛舍及其周围环境过于污秽是导致牛体不洁的根本原因,所以必须给牛提供一个舒适干净的环境。例如,空气中悬浮着 10^5 个/L 以上的芽孢杆菌、微球菌和霉菌孢子,附在乳牛体上的污物往往含大肠杆菌 $10^7 \sim 10^8$ 个/g。所以,牛舍必须通风、采光良好,定期消毒,牛舍不得堆放粪尿或青贮饲料,以免将臭味和饲料味吸附于牛乳之中;此外,乳房上生有长而浓密的被毛,极易沾染粪尿,每隔一定时间对乳房及四周被毛必须修剪。

4. 彻底清洗挤乳设备、减少直接污染　牛乳的污染程度和细菌群落的形成除与母牛的环境卫生有密切关系外,对挤乳过程中与牛乳相接触的容器表面的清洁程度更不可轻视。其中特别是挤乳机或乳桶、输乳管道、运输桶(罐),以及过滤装置等的清洁程度。试验表明,牛乳受容器表面污染的程度一般大于乳房污染(表 14-7)。

表 14-7　乳牛场卫生状况与牛乳中细菌数的关系(1 000 个/ml)

	卫生良好	卫生一般	卫生较差
乳房中牛乳	—	0.001~0.1	
乳头管中	—	0.1~1.0	
牛舍空气中	—	0.01~0.1	
手工挤乳	1~10	10~50	50~100
挤乳机	1~10	10~100	100~5 000
挤乳管道	1~10	10~100	100~5 000
过滤器	1~10	10~50	50~100
泵和冷却器	1~10	10~20	20~50
乳桶	0.1~1.0	1.0~10	100~1 000
贮乳罐	0.1~1.0	1.0~10	10~20
总数	5~50	50~500	500~5 000 000

手工挤乳,细菌可从挤乳工人、牛体、饲料及周围空气进入牛乳。所以除保持牛体及环境卫生外,挤乳工人必须健康,无传染病,并在挤乳前换上消毒过的工作服和清洗消毒手臂。

用挤乳机挤乳可减少污染源,但挤乳设备不洁,牛乳中将会进入更多的细菌。

由表14-7可以看出,卫生条件良好的乳牛场,每毫升牛乳中含有几千个细菌。如果乳牛场清洗消毒和冷却质量差,每毫升牛乳可达几百万个细菌。所以挤乳设备的清洗和消毒是牛乳含细菌数量的决定性因素。质量好的牛乳,每毫升牛乳中细菌数量不高于1万个;体细胞(SCC)不高于20万。

5. 正确处理和保存牛乳 牛乳温度对细菌繁殖生长影响甚大,所以牛乳挤出后要迅速冷却。如处理和保存不当,牛乳中细菌数将会急剧增加。

挤乳后立即取样	40 000 个细菌/ml
在 5 ℃温度下贮藏 24 小时后	90 000 个细菌/ml
在 10 ℃温度下贮藏 24 小时后	180 000 个细菌/ml
在 10 ℃温度下贮藏 48 小时后	4 500 000 个细菌/ml

所以《乳品质量安全监督管理条例》第二十五条明确规定"贮存生鲜乳的容器,应当符合国家有关卫生标准,在挤奶后2小时内应当降温至0~4 ℃"。另外,第十八条规定"生鲜乳应当冷藏。超过2小时未冷藏的生鲜乳,不得销售。"

此外,牛乳在处理过程中,不得与铜、铁等金属接触(采用不锈钢器具),更不能用此类器具保存牛乳,以免形成金属味。同时,牛乳不能在阳光下暴晒,倾倒时不使其形成泡沫,否则牛乳将产生氧化味(似纸板味道)。

6. 控制蚊蝇及细菌的繁殖 控制蚊蝇对提高牛乳质量非常重要,蝇类可增加牛乳中的细菌量,是细菌的直接携带者和传播者(主要是对人体危害严重的致病菌,如伤寒、痢疾等传染病菌)。所以,对蚊蝇孳生的粪堆和粪尿坑必须严加管理、及时清除,定期喷洒消毒药物或在牛场外围设诱杀点,消灭蚊蝇。

7. 控制抗生素残留 牛乳中抗生素的污染,主要因治疗牛疾病时使用各种抗生素或饲料中添加抗生素,造成残留超标。抗生素残留对人体健康危害甚大。含有抗生素残留的牛乳不能作为商品牛乳出售。为此对抗生素残留必须严加控制:①泌乳牛在正常情况下禁止使用抗生素药物和饲料。②使用抗生素治疗的乳牛弃奶期内所产的牛乳,不得混入正常牛乳中;弃奶期过后,对牛乳中药物残留进行检测,达标后方可交奶。③加强对乳房炎的预防,减少发病率是减少使用抗生素的最积极措施。利用中药制剂治疗乳牛疾病也是一种可行的方法。

思考题

1. 试述乳房结构与功能。
2. 试述乳的生成与排出。
3. 人工挤乳和机器挤乳的原理是什么? 试详细说明。
4. 挤乳机及其设施有哪几种,各有何优缺点?
5. 牛乳的冷却方式有哪几种? 其效果如何?

参 考 文 献

1. 王福兆. 乳牛学(第二版). 北京:科学技术文献出版社,1993,139—151.

2. 王福兆. 乳牛学(第三版). 北京:科学技术文献出版社,2004,216—232.

3.《乳品质量安全监督管理条例》. 国务院 2008 年 10 月 8 日发布,2008 年 10 月 8 日实施.

4. GB 19301—2003　鲜乳卫生标准. 2003 年 9 月 24 日发布,2004 年 5 月 1 日实施.

5. GB/T6914—86　生鲜乳收购标准. 1986 年 9 月 17 日发布,1987 年 7 月 1 日实施.

6. JB/T7880—1999　挤乳设备术语. 1999 年 8 月 6 日发布,2000 年 1 月 1 日实施.

7. 颜志辉,王加启,卜登攀,等. 挤乳机器人在乳牛场中的应用. 中国乳牛,2008,4:52—53.

8. 张　沅,王雅春,张胜利主译。乳牛科学(第四版). 北京:中国农业大学出版社,2007,223—252.

9. 欧阳五庆. 动物生理学. 北京:科学出版社,2006,383—392.

10. 王加启. 现代乳牛养殖科学. 北京:中国农业出版社,2006,p 374.

11. 闵炳烈. 乳牛饲养指南(韩文版). 首尔:美国饲料谷物协会,1997,149.

12. http://fs. rrdi. go. kr/web/farminfo/foodsafetyinfo/fsfoodsafety01view. asp? fsid ＝ 3580&.page ＝ 9&.part＝&strparam＝&author＝

13. http://www. delaval. co. kr/products/milking/pulsators/pulsator HP102/default. htm.

14. htt/:www. milkproduction. com.

15. 韩国奶业振兴会编. 高品质牛奶生产及乳牛饲养管理要领(韩文版). 2001. 7. 185—241.

第十五章　牛乳及乳品加工

乳品是指生鲜乳和乳制品。乳品的质量安全与保障公众身体健康和生命安全,促进乳业健康、持续发展息息相关。为了保证乳品质量和安全,应不断提高乳品质量,研究和开发新产品。

第一节　牛乳的成分及性质

一、牛乳的化学成分

乳是哺乳动物分娩后由乳腺分泌的一种白色或微黄色的不透明液体,其中有上百种化学成分。主要包括:水、脂肪、蛋白质、乳糖、矿物质、酶类、维生素、其他微量成分。正常牛乳中的各种成分的组成大体是稳定的,但也受乳牛品种、个体、地区、饲料、季节、环境以及健康状态等因素的影响而有差异。

(一)水分

水是牛乳的主要成分之一,一般含 87%～89%。正是由于有分散介质水的存在,才使得牛乳成均匀而稳定的流体。牛乳中水可分为游离水、结合水、结晶水三种。

游离水占绝大部分,是牛乳中各营养物质的分散介质,许多理化和生物学过程均与游离水有关。

结合水是和乳中的蛋白质、乳糖以及某些盐类结合存在,不具有溶解其他物质的作用,当达到冰点时也不发生冻结。

结晶水以分子组成成分按一定数量比例与乳物质结合起来,它比前两种水更为稳定。

(二)乳脂肪

牛乳中的乳脂肪含量一般为 3%～5%。以微滴的形式存在于乳浆中,直径大小为 1～18 μm,平均直径约 3 μm,脂肪球大小与乳脂肪含量有关,乳脂肪含量越高,单个脂肪球的平均直径也就越大。另外,脂肪球的大小还依牛的品种、个体牛健康状况、疾病、泌乳期阶段、饲料、饲养管理、挤奶情况等因素而异。脂肪球的大小对乳制品加工的意义很大,脂肪球的直径越大,上浮的速度就越快,故大脂肪球含量多的牛乳,容易分离出稀奶油。生产中经均质处理的牛乳,其脂肪球的直径接近 1 μm,脂肪球基本不上浮,因而可以得到长时间不分层的稳定产品。

乳脂肪不仅赋予乳制品丰润、圆熟的风味,而且还赋予乳制品柔润滑腻而细致的组织状态。更重要的是乳脂肪中含有相当数量的人体必需的脂肪酸,还是脂溶性维生素 A、D、E、K 等的载体。

牛乳脂肪具有反刍动物脂肪的特点,不同于其他动植物性脂肪,其脂肪酸组成与一般脂肪有明显的差别,牛乳脂肪的脂肪酸种类远较一般脂肪为多。它含有 20 种以上的脂肪酸(其他动植物脂肪只含有 5～7 种脂肪酸)。另外,乳脂肪中含低级(14 个碳以下的)挥发性脂肪酸多达 14%左右,而其中水溶性脂肪酸(丁酸、乙酸、辛酸)即达 8%左右,其他油脂中只含 1%。

(三)乳蛋白质

乳蛋白质是牛乳中最有营养价值的成分,按其组成和营养特性是典型的全价蛋白,无法用其他的蛋白质来补偿。乳中所含的蛋白质主要为酪蛋白,其次为乳白蛋白、乳球蛋白以及其他多肽等。

乳蛋白质由 20 多种氨基酸构成,由于构成乳蛋白质氨基酸的种类和含量不同,所构成蛋白质的生理功能也各不相同。

酪蛋白:约占乳蛋白质的 80%以上。酪蛋白以胶束状态存在于乳中,是以含磷蛋白为主体的几种蛋白质的复合体,以酪蛋白酸钙和磷酸钙复合物的形式存在。酪蛋白可分别在酸、皱胃酶和钙的作用下发生凝固,但其化学本质不同。

乳清蛋白:向乳中加酸达到酪蛋白的等电点时,酪蛋白沉淀出来,而其他蛋白则仍留存在乳清中,如果将乳清煮沸,并同时调整 pH 为 4.6～4.7,则乳清蛋白也就沉淀出来,其中包括乳白蛋白、乳球蛋白等。皱胃酶不能使乳清蛋白凝固。

(四)乳糖

牛乳中乳糖含量为 4.6%～4.7%,占总乳固体的 38%～40%,占牛乳总碳水化合物的 99.8%。乳糖在乳中几乎全部呈溶液状态,它是由 α-D-葡萄糖和 β-D-半乳糖以 β-1,4 键结合的双糖,其甜度相当于蔗糖的 1/6～1/5。

乳糖有 α-,β-两种异构体,而 α-乳糖很容易与一分子结晶水结合,变为 α-乳糖水合物,因此乳糖并存有三种形态,决定不同形态的关键是温度。

在乳糖酶的作用下,乳糖可以被分解成葡萄糖和半乳糖两种单糖。

(五)矿物质

牛乳中主要有磷、钙、镁、氯、钠、硫、钾等,此外还有一些微量元素。其中碱性成分多于酸性成分,因此,牛乳的灰分呈碱性。这些矿物质成分大部分与有机酸结合成盐类,少部分与蛋白质结合及吸附于脂肪球膜上。

(六)酶类

牛乳中存在着各种酶,除乳腺分泌的酶之外,一部分来自乳腺细胞的白细胞在泌乳时崩解所生成,另一部分由乳中生长的微生物代谢生成。这些酶对牛乳的加工处理或者乳制品的保存,以及对评定乳的品质方面都有重大的影响。

牛乳中的酶种类很多,几种与牛乳关系较大的酶分述如下:

1. 脂酶　将脂肪分解成甘油及脂肪酸的酶称为脂酶,脂酶是使乳制品中脂肪分解而产生酸败的主要原因。

2. 磷酸酶　牛乳中主要有碱性磷酸酶和酸性磷酸酶两种。碱性磷酸酶在加热至 62.8 ℃ 30 分钟或 71～75 ℃ 15～30 秒钟即被破坏。根据这种特性可进行磷酸酶试验,以检验牛乳的杀菌程度,并推断杀菌乳中是否混入生乳,或乳杀菌后贮藏的时间。

3. 蛋白酶　细菌性的蛋白酶使蛋白质水解后形成蛋白胨、多肽及氨基酸,是干酪成熟的主要因素。牛乳中还含有非细菌性的酶,其作用类似胰蛋白酶,存在于脱脂乳部分。

4. 过氧化物酶　这种酶主要来自白细胞成分,属于乳中原有的酶,过氧化物酶具有抑制乳酸菌发育的作用,故也称 Lactenin(拉克特宁),利用这一特性可延长鲜乳的保质期。

5. 还原酶　最主要的是脱氢酶。这种酶随微生物进入乳及乳制品中,能促使美蓝还原成无色,作用的最适条件为 pH 5.5～8.5,温度为 40～50 ℃。在生产上利用此原理来测定原料乳的质量(细菌的含量),即所谓还原酶试验。

(七)维生素

牛乳中含有能调节人体新陈代谢,维持人体正常生理功能,人类所必需的各种维生素。具体可分为脂溶性维生素(如维生素 A、D、E、K)及水溶性维生素(如维生素 B_1、B_2、B_6、B_{12}、C,尼克酸等)两大类。牛乳略带黄色,就是牛乳中含有的胡萝卜素、B 族维生素通过光线反射呈现的颜色。

(八)其他成分

1. 有机酸　主要为柠檬酸,此外,尚有少量乳酸、丙酮酸、马尿酸等有机酸。

2. 气体　主要为二氧化碳、氧气和氮气,且在乳放置的各个时期含量在变化。

3. 细胞成分　主要是白细胞和一些乳房分泌组织的上皮细胞,也有少量红细胞。牛乳中的细胞数含量多少是衡量乳房健康状况及牛乳卫生质量的标志之一。

二、牛乳的物理性质

乳的物理性质是鉴定原料乳质量的重要依据。

(一)乳的色泽及气味

新鲜的牛乳一般呈乳白色或稍呈淡黄色,乳白色是乳的基本色调,这是由于酪蛋白胶粒及脂肪球对光不规则反射的结果。牛乳的不透明性是由于含有脂肪、蛋白质和某些无机盐,根据乳脂肪的色泽(胡萝卜素的含量),乳的颜色介于白、淡黄之间。脱脂乳透明度较高,并稍带蓝色。牛乳中脂溶性的胡萝卜素和叶黄素使乳略带淡黄色,水溶性的核黄素使乳清呈荧光性黄绿色。

乳中含有挥发性脂肪酸及其他挥发性物质,所以乳带有特殊的香味。并且牛乳除了原有气味外还容易吸收外界的各种气味。新鲜牛乳稍微带甜味,这是由于乳中含有乳糖的缘故。除甜味外,因其含有氯离子,所以稍带咸味。

(二)乳的热学性质

牛乳的热学性质主要有冰点、沸点及比热容。在溶质的影响下,表现出冰点下降与沸点上升的特征。

1. 冰点　牛乳冰点为$-0.53 \sim -0.55$ ℃,平均值为-0.542 ℃。牛乳中作为溶质的乳糖与盐类是冰点下降的主要因素。正常新鲜牛乳,由于其乳糖及盐类的含量变化很小,冰点较稳定。如果在牛乳中掺水,可导致冰点回升。掺水10%,冰点约上升0.054 ℃。

2. 沸点　乳的沸点在101 kPa(1个大气压)下约为100.55 ℃。乳在浓缩过程中沸点继续上升,浓缩到原容积的一半时,沸点约上升到101.05 ℃。其沸点受乳固形物的影响。

3. 比热容　牛乳的比热容约为3.89 kJ/(kg·K)。乳中主要成分的比热容分别是:乳脂肪209 kJ/(kg·K),乳蛋白质2.09 kJ/(kg·K),乳糖1.25 kJ/(kg·K)、盐类2.93 kJ/(kg·K)。乳的比热容与其主要成分的比热容及其含量有关。

(三)乳的相对密度

牛乳的密度根据其所含成分多少,介于$1.028 \sim 1.038$ g/cm^{3}之间。牛乳的密度在15.5 ℃时可根据下列公式计算:

$$d^{15.5 ℃} = \frac{100}{\dfrac{F}{0.93} + \dfrac{SNF}{1.068} + 水} (g/cm^2)$$

其中:F:含脂率;SNF:非脂乳固体;水%:100-F-SNF

(四)牛乳的酸度

1. 牛乳的酸度　溶液的酸度取决于所含H^+的浓度。当H^+浓度与OH^-浓度相等时,溶液则为中性。中性溶液中,每升溶液中H^+浓度为1:10 000 000或10^{-7}。pH值标志着溶液中H^+的浓度,表示为H^+浓度的负对数。pH$=-\log[H^+]$。牛乳是一种弱酸溶液,常温下其pH值在$6.5 \sim 6.7$之间,通常pH值为6.6。

乳蛋白质的分子中含有较多的酸性氨基酸和自由的羧基,而且受磷酸盐等酸性物质的影响,所以乳是偏酸性的。刚挤出的新鲜乳的酸度可称为固有酸度或自然酸度。固有酸度来源于乳中含有的各种酸性物质。非脂乳固体含量愈多,固有酸度就愈高。挤出后的乳,在微生物作用下进行乳酸发酵,导致酸度逐渐升高,由于发酵产酸而升高的这部分酸度称为发酵酸度。固有酸度和发酵酸度之和称为总酸度。一般情况下,乳品工业中所测定的酸度就是总酸度。原料乳的酸度越高,对热的稳定性越差。

2. 乳的滴定酸度　酸度还可以用滴定酸度来表示。牛乳的滴定酸度是用一已知浓度的碱溶液使被检测乳样中的 pH 值升高到约 8.4,通常以酚酞作为指示剂,其颜色从无色变为粉色。乳品生产中经常需要测定乳的酸度。滴定酸度有多种测定方法及其表示形式。我国滴定酸度用吉尔涅尔度表示,简称°T;或用乳酸质量分数(乳酸%)来表示。滴定酸度(°T)是以酚酞为指示剂,中和 100 ml 乳所消耗 0.1 mol/L 氢氧化钠溶液的体积(ml)。

三、牛乳中的微生物

　　牛乳从乳腺中分泌出来时是无菌的,但是由于乳头通道可能进入细菌,致使牛乳受到污染,甚至引起乳房炎,该牛奶被细菌严重污染,不宜食用了。牛奶在牛场处理的过程中,还很容易受到各种微生物,主要是细菌的污染。污染的程度和细菌群体的组成取决于母牛生活环境的清洁程度和牛奶接触的容器表面的清洁程度。例如,奶桶和挤奶机、过滤器、运输桶或罐,以及搅拌器的清洁度。牛奶容器表面通常是比乳房污染大得多的污染源。当用手工挤奶时,细菌能从挤奶员、母牛、干草和周围的空气中进入奶桶。进入数量的多少取决于挤奶员的技术水平和卫生操作以及对母牛的管理方法,用机器挤奶可排除大部分污染源,但同时也带来另一问题,如果挤奶设备未经适当清洗,牛奶中将会进入大量细菌。挤乳后的处理、器械接触及运输过程亦可能使牛乳中混入微生物,如若处理不当,可以引起牛乳的风味、色泽、形态都发生变化。

(一)牛乳中的主要细菌

　　由于牛乳的特殊组成成分,很容易污染多种细菌。从卫生条件好的牛场收来的牛乳,每毫升中含有几千个细菌,如果来自清洗、消毒和冷却质量差的牛场每毫升可达几百万个细菌,因此所有挤奶设备的清洗和消毒是牛乳质量的决定性因素。头等质量的牛乳细菌数(形成的菌落数)每毫升应小于 100 000 个。在牛场将牛乳快速冷却到 4 ℃,有助于牛乳的质量提高,因为这种处理能延缓牛乳中细菌的生长,提高了牛乳的保存性。存在于牛乳中的细菌群主要区分为乳酸菌、大肠菌、丁酸菌、丙酸菌和腐败菌等。

　　1. 乳酸菌　自然界中,乳酸菌可在动植物中被发现,但有些乳酸菌种则大量存在于牛乳中,有些则存在于动物肠道。乳酸菌群包括球菌和杆菌,它们能形成长度不同的链状排列,但不能形成芽孢。乳酸菌具有兼性厌氧性,某些乳酸菌致死温度高达 80 ℃,但大部分加热到70 ℃时能被杀死。乳酸菌以乳糖作为碳源,发酵乳糖产生乳酸,发酵可能是彻底的,也可能是不彻底的,即终产物可能都是乳酸(同型发酵),也可能有其他产物生成,如醋酸、二氧化碳、酒精(异型发酵)。乳酸菌为了生长,需要有机氮化合物。它们在蛋白质分解酶的帮助下,通过分解牛奶中的酪蛋白来得到含氮有机物,但不同类型的乳酸菌分解酪蛋白的能力差异很大。

　　2. 大肠菌　大肠菌是兼性厌氧菌,最适生长温度为 30～37 ℃,在肠道粪便、土壤、被污染的水和植物上都能发现大肠菌。大肠菌发酵乳糖生成乳酸,二氧化碳和氢气,它们还分解乳蛋白,产生一种不良的气味和滋味。大肠菌在干酪生产中能引起严重的后果,除了影响风味外,在初期产生的大量发酵气体使干酪出现异常的结构:早期膨胀。高温短时巴氏杀菌法可杀死大肠菌。乳品厂中大肠菌可作为常规细菌质量控制的卫生指标。

　　3. 丁酸菌　最普遍存在于自然界,如土壤、植物、粪便等处均可发现,同时也很容易进入牛乳中。被土壤污染的、贮存不当的青贮饲料和粗饲料可能含有大量的丁酸菌芽孢,结果使牛乳受到这些细菌的严重污染。丁酸菌是一种能形成芽孢的厌氧菌,最适生长温度为 37 ℃。它们在牛奶中生长不良,因为牛奶中含有氧气,但在干酪中却能迅速生长,因为干酪提供了良好的缺氧环境。

4. 丙酸菌　因形状的不同可分为若干种类,它们不能形成芽孢,为革兰阳性短杆菌,最适温度约为 30 ℃,有几种丙酸菌在高温短时巴氏杀菌后仍能存在,它们发酵乳酸盐生成丙酸、二氧化碳和其他产物。

5. 腐败菌　能产生蛋白质分解酶,因此它们能逐渐分解蛋白质生成氨,这种分解过程通称腐败作用。它们中的某些菌能应用在乳品加工中,但大部分会带来问题。腐败菌中包括大量需氧的和厌氧的球菌和杆菌,它们从粪便、饲料和水中进入牛奶,许多腐败菌能产生脂酶。在牛乳和乳制品中可以发现一些腐败菌,其中之一是荧光假单胞杆菌,通常存在于被污染的水和泥土中。它能产生非常耐热的脂酶和蛋白酶,对奶油来说非常不利。荧光假单胞杆菌属的细菌是最常见的革兰阴性菌、巴氏杀菌产品污染菌,能在低温贮存的牛奶中生长。产芽孢的、厌氧的梭状芽孢杆菌是一种典型的产气腐败菌,存在于发酵的饲料、水、土壤以及肠道中,牛奶中很容易被这种菌或其他芽孢污染。这种菌能在缺氧的干酪,尤其是再制干酪中生长,进行非常剧烈的发酵作用。

6. 病原菌　牛乳中有时混有病原菌,会在人群中传染疾病,因此必须严格控制牛乳的杀菌、灭菌,使病原菌不存在。混入牛乳中的主要病原菌有:沙门菌属的伤寒沙门菌,副伤寒沙门菌,肠类沙门菌,志贺菌属的志贺痢疾杆菌,弧菌属的霍乱弧菌,白喉棒状杆菌,人形结核菌,牛形结核菌,牛传染性流产布鲁杆菌,炭疽菌,大肠菌,葡萄球菌,溶血性链球菌,无乳链球菌,病原性肉毒杆菌。

(二)牛乳中真菌

真菌是广泛存在于自然界的动植物和人类之中的微生物群体,不同种类的真菌在其结构和繁殖方式上差异很大。真菌有的是圆形、卵圆形的,有的是丝状的,菌丝可形成肉眼能观察到的菌丝体,例如食物上的霉菌。真菌可分为霉菌和酵母菌。

1. 酵母菌　酵母菌能在水分极少的环境中生长,如蜂蜜和果酱,对渗透压有相当高的耐受性。能在 pH 为 3～7.5 的范围内生长,最适 pH 为 4.5～5.0。最适生长温度一般在 20～30 ℃之间,在低于水的冰点或者高于 47 ℃的温度下,酵母一般不能生长。酵母菌是兼性厌氧菌,在缺氧的情况下,酵母菌把糖分解成酒精和水。在有氧的情况下,它把糖分解成二氧化碳和水,有氧存在时酵母菌生长较快。根据酵母菌产生孢子(子囊孢子和担孢子)的能力,可将酵母分成三类:形成孢子的株系属于子囊菌和担子菌。不形成孢子但主要通过芽孢来繁殖的称为不完全真菌,或者叫"假酵母"。从乳品业的观点来看,酵母菌是有害的微生物,有一个例外,开菲尔(Kefir),一种俄国发酵乳制品,是用一种由不同酵母和乳酸菌混合成颗粒状的发酵剂发酵而得。除此之外,酵母菌在乳业中不受欢迎,因其能造成干酪和奶油的缺陷;另一方面,在酿造啤酒、葡萄酒和蒸馏酒工业中,酵母很有价值。

2. 霉菌　霉菌是由多细胞的丝状真菌组成,通过各种孢子进行繁殖,同类霉菌可能既有无性繁殖,又有有性繁殖,这些孢子一般是具有较厚细胞壁,并相对耐热和耐干燥,霉菌作为真菌,其新陈代谢如同酵母和细菌,菌体中存在大量的酶,以分解各种各样的有机物,从乳品业的观点来看,霉菌对脂肪和蛋白质的作用,需要特别加以注意。霉菌对低 aw 的耐受性比细菌强,有些霉菌能耐受高渗透压的糖和盐溶液,例如,果酱、甜炼乳。霉菌生长一般是需氧的,大多数霉菌最适于温度为 20～30 ℃,pH 为 3～8.5 的环境中生长,但有许多霉菌喜欢酸性环境,如干酪、柠檬和果汁。在乳品业中一般的巴氏杀菌 72～75 ℃,保持 10～15 秒,霉菌就会死亡,所以这些有害有机体的存在是二次污染的一个指标。霉菌有很多不同的属,对乳品业重要的霉菌有青霉菌属,乳霉菌、白地霉菌属。有些种类的青霉菌在乳品加工中起重要的作用,它们具有很强的蛋白质和脂肪分解能力,在蓝纹干酪(blue cheese),卡曼贝尔法国浓味干酪(Gamembert)等的成熟过程中起重要的作用。蓝纹干酪霉菌称为娄地青霉(Penicillum requeforti),卡曼贝尔霉菌为卡曼贝尔青霉(Penicillium Camemberti)。而白地霉存在于发酵奶的表面,形成洁白柔滑的一层表皮,这种霉菌有助于半软质和软质干酪的成熟,在奶油中它可引起奶油的腐败。

(三)噬菌体

噬菌体是病毒,即细菌的毒素,它们靠自身能持久存在,但不能生长或复制,除非有细菌作为复制场所。它们有很强的专一性,即不同种类的宿主细菌有不同的惟一的噬菌体。目前已发现大肠杆菌、乳酸菌、赤痢菌、沙门杆菌、霍乱菌、葡萄球菌、结核菌、放线菌等多数细菌的噬菌体。噬菌体长度多为 50～80 nm,可分为头部和尾部。噬菌体头部含有脱氧核糖核酸(DNA),可以支配遗传物质,使其对宿主菌株有选择特异性;尾部由蛋白质组成。噬菌体先附着宿主细菌,然后再侵入该菌体内增殖,当其成熟生成多数新噬菌体后,即将新噬菌体放出,并产生溶菌作用。对牛乳、乳制品的微生物而言,最重要的噬菌体为乳酸菌噬菌体。作为干酪或酸乳菌种的乳酸菌有被其噬菌体侵袭的情形发生,以致造成乳品加工中的损失。

第二节　原料乳的预处理

一、牛乳的收购与贮存

(一)原料乳的收购

1. 收购人员应持有健康合格证,并熟悉原料乳收购相关的知识。收购鲜乳时,应穿工作服、戴工作帽,洗净双手,并经消毒。

2. 收购原料乳时,应留存样品,并编号登记、冷冻保存不少于 10 天,以便质量溯源和责任追究。

3. 收购原料乳,应按照国家乳品质量安全标准监测,不得收购兽药等化学物质残留超标,或含有重金属有毒有害物质、致病性寄生虫和微生物、生物毒素,以及其他不符合乳品质量安全国家标准的原料乳。

（二）收购后的冷却

原料乳在运输途中，不可避免地奶温会略高于 4 ℃。因此，牛乳在贮存等待加工前，通常经过板式热交换器冷却到 4 ℃以下。

（三）原料乳贮存

未经处理的原乳（全脂奶）贮存在大型立式贮奶罐中（奶仓）其容积为 25 000～150 000 L。通常，容积范围在 50 000～100 000 L。较小的贮奶罐通常安装于室内，较大的则安装在室外以减少厂房建筑费用。露天大罐是双层结构的，在内壁与外壁之间带有保温层，罐内壁由抛光的不锈钢制成，外壁由钢板焊接而成。贮存鲜乳的设备，要有良好的绝热保温措施，要求贮乳在 24 小时内温度升高不得超过 2～3 ℃，并且配备适当的搅拌设施。

（四）奶仓的搅拌

大型奶仓必须带有某种形式的搅拌设施，以防止稀奶油由于重力的作用从牛乳中分离出来。搅拌必须十分平稳，过于剧烈的搅拌将导致牛乳中混入空气和脂肪球的破裂，从而使游离的脂肪在牛乳解脂酶的作用下分解。因此，轻度的搅拌是牛乳处理的一条基本原则。图 15-1 所示的贮奶罐中带有一个叶轮搅拌器，这种搅拌器广泛应用于大型贮奶罐中，且效果良好。在非常高的贮奶罐中，有的要在不同的高度安装两个搅拌器以达到所希望的效果。

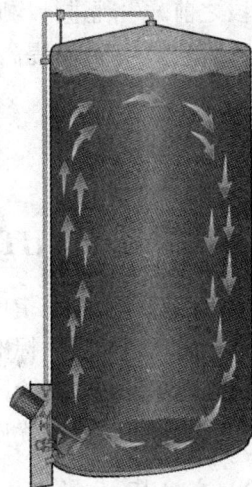

图 15-1　大型奶仓内部示意图

二、初加工

（一）原料乳的标准化

为了使产品符合要求，乳制品中脂肪与无脂干物质含量要求保持一定比例。但是，原料乳中脂肪与无脂干物质的含量随乳牛品种、地区、季节和饲养管理等因素不同而有较大的差别。因此，必须调整原料乳中脂肪和无脂干物质之间的比例关系，使其符合制品的要求。一般把该过程称为标准化（standernization）。如果原料乳中脂肪含量不足时，应添加稀奶油或分离一部分脱脂乳；当原料乳中脂肪含量过高时，则可添加脱脂乳或提取一部分稀奶油。乳制品中脂肪与无脂干物质间的比值取决于原料乳中脂肪与无脂干物质之间的比例。若原料乳中脂肪与无脂干物质之间的比值不符合要求，则对其进行调整，使其比值符合要求。

（二）预热

标准化的原料乳在浓缩之前进行加热称为预热。预热的目的是杀灭原料乳中的病原菌，对成品有害的细菌、酵母、霉菌及一些酶类等。预热温度，因乳的质量、季节、处理设备而异，一般为 75 ℃，10～20 分钟或 80 ℃，10～15 分钟。预热条件不仅影响成品的保藏性能，而且也影响成品的黏稠度。一些研究表明,65～75 ℃的预热处理温度可以减少黏稠与浓厚化现象,但65 ℃以下的预热温度容易使成品稀薄,而有使脂肪分离或糖沉淀的危险。

(三)均质

牛乳在放置一段时间后出现脂肪析出现象,影响质量,所以标准化后需要进行均质处理。在强压下将乳中大的脂肪球破碎成小颗粒,均匀一致的分散在乳中。均质乳具有下列优点:①风味良好,口感细腻;②在瓶内不产生脂肪上浮现象;③表面张力降低,改善牛乳的消化、吸收程度,适于喂养婴幼儿。通常荷兰牛的乳中,75%的脂肪球直径为 2.5～5.0 μm,其余为 0.1～2.2 μm。均质后的脂肪球大部分在 1.0 μm 以下。

低温长时消毒牛乳生产时,一般于杀菌之前进行均质。均质效果与温度有关,所以须先预热。如果采用板式杀菌装置进行高温短时或超高温瞬时杀菌工艺,则均质机装在预热段后、杀菌段之前。牛乳进行均质时的温度宜控制在 50～65 ℃,在此温度下乳脂肪处于溶融状态,脂肪球膜软化,有利于提高均质效果。一般均质压力为 16.7～20.6 MPa。

第三节　液态乳生产

一、杀菌乳(HTST)

巴氏杀菌产品是指可供消费者直接食用的、用牛奶油和稀奶制成的液态产品。这类产品包括全脂奶、脱脂奶、标准化奶和各种类型稀奶油。大多数国家在杀菌乳的加工中,净乳、巴氏杀菌和冷却是必需的阶段。许多国家对乳脂肪进行常规均质,但也有一些国家不进行均质,因为"乳脂线"被认为是优质奶的标志。

(一)标准化

标准化的目的是保证牛乳含有规定的脂肪含量。但国与国之间标准变化很大,通常低脂乳含脂率 1.5%,常规乳为 3%,但也有含脂率低到 0.1% 或 0.5%,脂肪是非常重要的经济因素,因此,牛乳或稀奶油的标准化必须非常精确。

(二)巴氏杀菌

与正确地进行冷却一样,巴氏杀菌是牛乳加工的重要工艺之一。如果处理恰当,将会延长牛乳的保质期。巴氏杀菌的温度和时间是非常重要的因素,必须依照牛乳的质量和所要求的保质期等进行精确地规定。均质的、常规牛乳高温短时巴氏杀菌温度通常为 72～75 ℃,时间 15～20 秒。由于各国的法规不同,巴氏杀菌工艺国与国之间不尽相同,但是,所有国家的一个共同要求是热处理必须保证杀死不良微生物和致病菌,使得产品不被破坏。

(三)均质

均质的目的是分裂脂肪球或使脂肪球以微细状态分布于牛乳中,以免形成乳脂层。均质可以是全部的,也可以是部分的。部分均质是很经济的方法,因为可以使用一台小的均质机。

(四)巴氏杀菌乳的保质期

巴氏杀菌乳的保质期基本上是由原乳的质量决定的,当然最佳的技术及卫生等生产条件是非常重要的,此外还有工厂的正确管理。在良好的技术和卫生条件下,由高质量原料所生产的巴氏杀菌乳在未打开包装状态下,5~7 ℃条件贮存,保质期一般应该到8~10天。如果原料乳被微生物污染,会极大地缩短其保质期,这些微生物有能产生诸如耐热酶(蛋白酶和解酯酶)的假单胞菌属,或者以芽孢状态存在的、经巴氏杀菌仍存活的耐热芽孢,如蜡状芽孢杆菌(B. cereus)和枯草芽孢杆菌。

为了改善巴氏杀菌乳的细菌学状况,从而保证甚至延长巴氏杀菌乳的保质期。巴氏杀菌生产设备可补充一台离心除菌机或微滤装置。离心除菌工艺过程基于对微生物离心分离,虽然二级离心减少细菌芽孢的有效率达到99%。但是,如果要求在7 ℃以上延长保质期,此方法对巴氏消毒乳是不够的。使用孔径为1.4 μm或更小的微滤膜可以有效地减少细菌和芽孢达99.5%~99.99%。

二、灭菌乳(UHT)

产品的灭菌即是对这一产品进行足够强度的热处理,使产品中所有的微生物和耐热酶类失去活性。灭菌的产品具有优异的保存质量,并可以在室温下长时间贮存。许多乳品厂因此而能将产品分送更远距离并开辟新的市场。

所谓灭菌乳是指牛乳在密闭系统连续流动中,受135~150 ℃的高温及不少于1秒的灭菌处理,杀灭乳中所有的微生物,然后在无菌条件下包装制得的乳制品。因为灭菌乳不含微生物,无需冷藏,可以在常温下长期保存。

(一)原材料质量

需要高温处理的牛乳质量必须非常好。尤其重要的是牛乳中的蛋白质在热处理中不能失去稳定性。蛋白质的热稳定性可以通过酒精实验来进行快速鉴定。把牛乳样品和等容积的乙醇溶液混合,在一定的醇浓度下,蛋白质会变性,其表现为牛乳出现絮凝。乙醇的浓度越高,而对应牛乳没有发生絮凝,说明牛乳的稳定性越好。如果牛乳在酒精浓度为75%时仍保持稳定,则通常可以避免在生产和货架期期间出现问题。

(二)杀菌方法

超高温杀菌法按物料与加热介质接触与否分为:

1. 直接加热法　直接加热法是乳先用蒸汽直接加热,然后进行急剧冷却。此法包括喷射式(蒸汽喷入制品中)和注入法(制品注入蒸汽中)两种方式。直接加热法的工艺流程:

牛乳→加热(80 ℃)→蒸汽混合直接加热(140 ℃以上)
→保温(1~4 秒)→减压冷却 80 ℃→均质→冷却→灌装

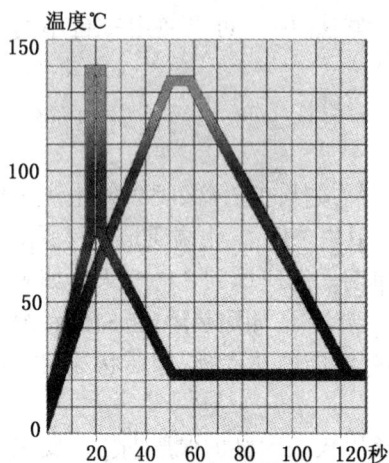

图 15-2　直接和间接式 UHT 过程中牛奶温度变化曲线

2. 间接加热法　间接加热法是指通过热交换器器壁之间的介质间接加热的方法,冷却可以通过冷却剂来实现。加热介质包括过热蒸汽、热水和加压热水。冷却剂常见的是冷水或冰水。间接加热法又可分为:

①片式加热器灭菌;②环形管式加热器灭菌;③刮面式(Scraped Surface Heater)加热器灭菌。

乳在板式热交换器内被高温灭菌乳预热至 66 ℃,然后在 15～25 MPa 的压力下进行匀质。再进入板式热交换器的加热段,被热水系统加热至 137 ℃,热水温度由喷入热水中的蒸汽量控制(热水温度为 139 ℃)。然后,137 ℃的热乳进入保温管保温 4 秒。打开保温管后,灭菌乳进入无菌冷却段,被水冷却。从 137 ℃降温至 76 ℃,最后进入回收段,被 5 ℃的进乳冷却至 20 ℃。

牛乳温度变化条件大致如下:

原料乳(5 ℃)→预热至 66 ℃→加热至 137 ℃→保温(4 秒)→水冷却至 76 ℃→进乳冷却至 20 ℃→无菌贮罐→无菌包装

(三)在高温处理下的化学和微生物变化

当牛乳长时间处于高温时,会形成一些化学反应产物,导致牛乳变色(褐变),并伴随产生蒸煮味和焦糖味,最终出现大量的沉淀。而在高温短时热处理中,牛乳的这些缺陷就可以在很大程度上得以避免。因此,选择正确的温度/时间组合,使芽孢的失活达到满意的程度,而乳中的化学变化保持在最低水平是非常重要的。

(四)货架期

货架期的定义是产品能够贮存的时间,在贮存期内产品质量不会低于一个可接受的最低水平。这一货架期的概念有一定主观性——如果产品质量标准定得很低,则其货架期就可能很长。货架期的理化限制因素是出现凝胶化、黏度增加、沉淀和脂肪上浮。限定货架期的感观因素是滋味、气味和颜色的变败。

(五)商业无菌

UHT 处理的产品也经常被说成是"商业无菌"的。商业无菌的含义是在一般贮存条件下,产品中不存在能够生长的微生物。

(六)无菌包装

无菌包装(Aseptic Packge)是指将灭菌后的牛乳,在无菌条件下装入事先杀过菌的容器内的一种包装技术。其特点是牛乳可进行超高温短时杀菌,在无菌条件下包装,可在常温下贮存而不会变质,色、香、味和营养素的损失少,而且无论包装尺寸大小、产品质量都能保持一致。

要达到灭菌乳在包装过程中不再污染细菌,则灌乳管路、包装材料及周围空气都必须灭菌。牛乳管路同灭菌设备相连,有来路,还有回路,在灭菌设备进行灭菌时同时进行灭菌。包装材料原为平展纸卷,先经过过氧化氢溶液(浓度为 30％左右)槽,达到化学灭菌的目的。当包装纸形成纸筒后,再经一种由电器元件产生的辐射,即可达到加热灭菌的目的。同时这一过程可将过氧化氢转换成向上排出的水蒸气和氧气,使包装完全干燥。消毒空气系统采用压缩空气,从注料管周围进入纸卷,然后由纸卷内周向上排出,同时受电器元件加热,带走水蒸气和氧气。可供牛乳制品无菌包装的设备主要有以下几种:无菌菱形纸袋包装机;灭菌砖形盒包装机;多尔无菌灌装系统。

三、酸牛乳

(一)酸乳的定义

酸乳(yoghourt)是以牛乳或其他乳畜为主要原料,经杀菌后接种乳酸菌等有益微生物,经保温发酵而制成的具有特殊风味的乳制品。原料乳中乳糖在微生物产生的乳糖分解酶的作用下,首先将乳糖分解成二分子的单糖,进一步在乳酸菌(主要是保加利亚乳杆菌和嗜热链球菌)的作用下生成乳酸。当乳酸达到一定浓度时,牛乳发生凝固。同时在发酵过程中因生成某些风味物质,如乙醛、联乙酰、丁二酮等,使酸乳具有特殊的风味。

联合国粮食与农业组织(FAO)、世界卫生组织(WHO)与国际乳品联合会(IDF)于 1977年对酸乳作出如下定义:酸乳即在添加(或不添加)乳粉(或脱脂乳粉)的乳中(杀菌乳或浓缩乳),由于保加利亚乳杆菌和嗜热链球菌的作用进行乳酸发酵制成的凝乳状产品,成品中必须含有大量的、相应的活性微生物。

(二)酸乳的种类

通常根据成品的组织状态、口味、原料中乳脂肪含量、生产工艺和菌种的组成,可以将酸乳分成不同类别。按照加工工艺可分为 2 类。

1. 凝固型酸乳　凝固型酸乳(set yoghurt)的发酵过程在包装容器中进行,成品呈凝乳状态。

2. 搅拌型酸乳　搅拌型酸乳(stirring yoghurt)是先发酵后灌装而成。发酵后的凝乳已在灌装前和灌装过程中搅碎而成黏稠状组织状态。

(三)酸乳的质量标准

我国部颁标准(GB 19302—2003)规定酸乳是以牛(羊)乳或复原乳为主原料,经杀菌、发酵、搅拌或不搅拌,添加或不添加其他成分制成的纯酸乳和风味酸乳。发酵所用菌种是保加利亚乳杆菌、嗜热链球菌及其他由国务院卫生行政部门批准使用的苗种。

1. 纯酸乳　以乳或复原乳为原料,经脱脂、部分脱脂或不脱脂制成的产品。

2. 风味酸乳　用 80％以上乳或复原乳为主料,经脱脂、部分脱脂或不脱脂,添加食糖、天然果料、调味剂等辅料制成的产品。

我国酸乳质量标准(GB 19302—2003)中规定的主要质量标准如下:

(1)感官特性:酸乳感官特性应符合表 15-1 的规定。

(2)酸乳理化指标:酸乳理化指标应符合表 15-2 的规定。

表 15-1　酸乳感官特性(GB 19302—2003)

项目	指标	
	纯酸乳	风味酸乳
色泽	色泽均匀一致,呈乳白色和微黄色	呈均匀一致的乳白色,或风味酸乳特有的色泽
滋味和气味	具有纯乳发酵特有的滋味、气味	除有发酵乳味外,并含有添加成分特有的滋味和气味
组织状态	组织细腻、均匀,允许有少量乳清析出;果料酸乳有果块或果粒	

表 15-2　酸乳理化指标(GB 19302—2003)

项目		指标	
		纯酸乳	风味酸乳
脂肪/(g/100g)	全脂	≥3.0	2.5
	部分脱脂	>0.5~<3.0	>0.5~<2.5
	脱脂	≤0.5	0.5
非脂乳固体(g/100 g)		≥8.1	6.5
总固性物(g/100 g)		—	17.0
蛋白质(g/100 g)		≥2.9	2.3
酸度		≥70.0	
铅(Pb)(mg/kg)		≤0.05	
无机砷(mg/kg)		≤0.05	
黄曲霉毒素 M_1/(μg/kg)		≤0.5	

(3)酸乳微生物指标:酸乳微生物指标应符合表 15-3 的规定。

(4)酸乳乳酸菌数:乳酸菌数应符合表 15-4 的要求。

表 15-3　酸乳微生物指标(GB 19302—2003)

项目	指标
大肠杆菌 MPN/100 g	≤90
霉菌 cfu/g	≤30
酵母 cfu/g	≤100
致病菌(沙门菌、金黄色葡萄球菌、志贺菌)	不得检出

表 15-4　酸乳乳酸菌数(GB 19302—2003)

项目	指标
乳酸菌数/(cfu/g)	$\geqslant 1\times 10^5$

(四)酸乳的加工工艺

1. 凝固型酸乳的工艺流程

原料乳预处理→标准化→配料→预热→均质→杀菌→冷却→加发酵剂→装瓶→发酵
→冷却→后熟→冷藏

乳酸菌纯培养物→母发酵剂→生产发酵剂

2. 搅拌型酸乳的加工工艺

蔗糖、添加剂等
↓
原料乳验收→过滤→配料搅拌→预热(53~60 ℃)→均质(25 MPa)→杀菌(90 ℃、5 min)
→冷却(45 ℃)→接种(3%~5%)→生产发酵剂←母发酵剂←乳酸菌纯培养物
↓
发酵(41~44 ℃、2.5~4.0 h)→冷却→搅拌混合→灌装→冷却后熟(5~8 ℃)

第四节　乳粉及其他乳制品

一、乳粉

通过干燥脱去微生物生长所必需的水分来保存不同食品的方法,已经使用了几个世纪。按照马可波罗在亚洲旅行的笔记记载,蒙古人通过在阳光下干燥牛乳以生产奶粉。

现在奶粉的生产在大工业化的现代工厂中进行。脱脂奶粉具有最多约 3 年的货架期,全脂奶粉约为最长 6 个月的货架期,这是因为贮存过程中奶粉中的脂肪氧化,逐渐在风味上变败。

奶粉有许多用途,例如:

· 乳的再制。

· 用于烘烤业,加入到生面团中增加面包的容积和提高持水能力,该种面包的新鲜度会保持更长时间。

· 混入起酥面团使之更酥脆。

· 在面包和起酥面团中代替鸡蛋。

· 巧克力工业中生产牛奶巧克力。

· 应用于食品工业及餐饮行业生产香肠和不同品种的预制肉品。

· 作为婴儿食品中母乳替代品。

- 生产冰淇淋。
- 动物饲料。

奶粉的生产　在滚桶方法生产奶粉中,预处理后的乳被送至滚桶干燥器,整个加工过程在这一阶段内完成。在喷雾干燥生产奶粉时,首先在真空条件下蒸发达到大约 $45\% \sim 52\%$ 的干物质含量,喷雾干燥脱脂奶粉的生产分两种质量:一般产品和经不同喷雾干燥系统附聚的产品(速溶奶粉);经滚桶或喷雾干燥后,根据奶粉随之包装于罐中、纸袋、加铝铂的袋或塑料袋中,决定于质量和顾客的需求。

二、干酪

干酪(Cheese)是指在乳中(也可以用脱脂乳或稀奶油等)加入适量的乳酸菌发酵剂和凝乳酶(Rennin),使乳蛋白质(主要是酪蛋白)凝固后,排除乳清,将凝块压成所需形状而制成的产品。制成后未经发酵成熟的产品称为新鲜干酪;经长时间发酵成熟而制成的产品称为成熟干酪。国际上将这两种干酪统称为天然干酪(Natural Cheese)。

干酪营养成分丰富,主要为蛋白质和脂肪,其脂肪和蛋白质含量相当于将原料乳中的蛋白质和脂肪浓缩了 10 倍。此外,所含的钙、磷等无机成分,除能满足人体的营养需要外,还具有重要的生理作用。干酪中的维生素主要是维生素 A,其次是胡萝卜素、B 族维生素和尼克酸等。经过成熟发酵过程后,干酪中的蛋白质在凝乳酶和发酵剂微生物产生的蛋白酶的作用下而分解生成胨、肽、氨基酸等可溶性物质,极易被人体消化吸收,干酪中蛋白质的消化率为 $96\% \sim 98\%$ 。

通常,根据凝乳方法的不同,可将干酪分为以下四个类型:

1. 凝乳酶凝乳的干酪品种:大部分干酪品种都属于此种类型。

2. 酸凝乳的干酪品种:如农家(Cottage)干酪、夸克(Quark)干酪和稀奶油(Cream)干酪。

3. 热/酸联合凝乳的干酪品种:如瑞考特(Ricotta)干酪。

4. 浓缩或结晶处理的干酪品种:麦索斯特(Mysost)干酪。

5. 此外,国际上常把干酪划分为下列三大类:即天然干酪、再制干酪(Processed Cheese)和干酪食品(Cheese Food)。这三类干酪品种的主要规格、要求见表 15-5。

表 15-5　天然干酪、融化干酪和干酪食品的主要规格

名称	规格
天然干酪	以乳、稀奶油、部分脱脂乳、酪乳或混合乳为原料,经凝固后,排出乳清而获得的新鲜或成熟的干酪产品,允许添加天然香辛料以增加香味和口感
再制干酪	用一种或一种以上的天然干酪,添加食品卫生标准所允许的添加剂(或不加添加剂),经粉碎、混合、加热融化、乳化后而制成的产品,乳固体含量在 40% 以上,此外,还有下列两条规定: 1. 允许添加稀奶油、奶油或乳脂以调整脂肪含量 2. 在添加香料、调味料及其他食品时,必须控制在乳固体总量的 1/6 以内,但不得添加脱脂奶粉、全脂奶粉、乳糖、干酪素以及非乳源的脂肪、蛋白质及碳水化合物

续表

名称	规格
干酪 食品	用一种或一种以上的天然干酪或再制干酪,添加食品卫生标准所规定的添加剂(或不加添加剂),经粉碎、混合、加热融化而成的产品。产品中干酪的重量须占总重量的50%以上,此外,还规定: 1. 添加香料、调味料或其他食品时,须控制在产品干物质总量的1/6以内。 2. 可以添加非乳源的脂肪、蛋白质或碳水化合物,但不得超过产品总重量的10%

各种天然干酪的生产工艺基本相同,只是个别工艺环节上有所差异。现以半硬质或硬质干酪产品生产为例,介绍干酪生产的基本加工工艺流程,即:

原料乳→标准化→杀菌→冷却→添加发酵剂→调整酸度→加氯化钙→加色素→加凝乳剂→凝块切割→搅拌→加温→排出乳清→成型压榨→盐渍→成熟→上色挂蜡→包装。

三、奶油

概念:乳经离心分离后所得的稀奶油,经成熟、搅拌、压炼而制成的乳制品称为奶油(butter),也称黄油。

种类:

(1)鲜制奶油:用杀菌稀奶油制成的淡或咸的奶油。

(2)酸性奶油:用杀菌稀奶油,经过添加发酵剂发酵制成的淡或咸的奶油。

(3)重制奶油:用熔融了的稀奶油或奶油制成。

由于生产方式的不同,奶油的组成也不同。奶油含80%的脂肪,根据是否加盐,水分含量在16%~18%范围内。奶油中还含有脂溶性维生素A和维生素D。

奶油的颜色因胡萝卜素的含量不同而变化,胡萝卜素占乳中维生素A总量的11%~50%。由于乳中胡萝卜素的含量在冬天和夏天不同,所以冬季生产的奶油颜色较深。奶油还应该是稠厚而味鲜,水分应分散成细滴,从而使奶油外观干燥,组织应均匀光滑,这样奶油就易于涂布,并且能在口中即时融化。

奶油生产的工艺流程(图 15-3):

四、冰淇淋

冰淇淋生产的历史有多长无从确定,其生产可能起源于中国。在古老的文献中记述着中国人喜欢一种冷冻产品,这种产品是将果汁和雪进行混合,现在称之为冰果。这一技术后来传播到古希腊和古罗马,在那儿,冷冻甜点尤其为富豪们所偏好。在失踪几个世纪后,在中世纪的意大利,冰淇淋以各种形式再现,其最大的可能是马克·波罗于1295年从中国返回意大利带回的成果,他在中国呆了16~17年,在此期间他学会了一个以奶为基料的冷冻甜点的制作方法,在17世纪,冰淇淋从意大利传播到欧洲,并长期作为官庭的奢侈品。18世纪,冰淇淋开始在美国向大众出售,但直到19世纪第一家批发组织出现在市场上才开始广泛发展起来。

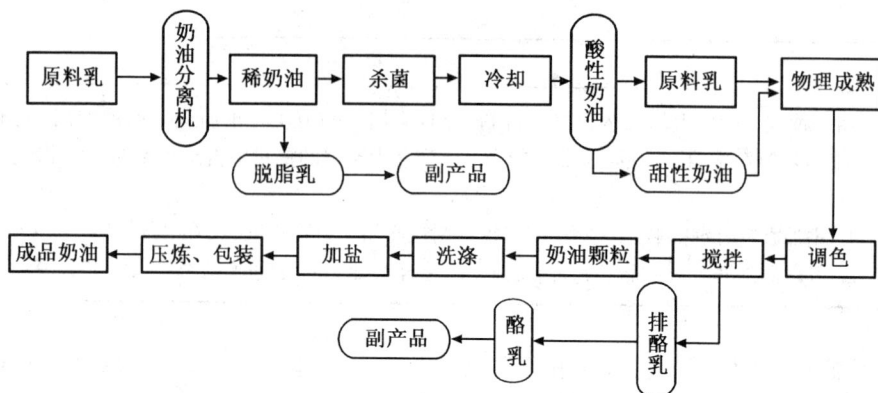

图 15-3　奶油的生产工艺流程图

（一）冰淇淋的分类

依组分不同，冰淇淋主要分为四大类。
- 冰淇淋完全由乳制品制备；
- 含有植物油脂的冰淇淋；
- 添加了乳脂和乳干固物的果汁制成的莎白特（Sherbet）冰淇淋；
- 由水、糖和浓缩果汁生产的冰果；

前两种冰淇淋可占到全世界冰淇淋产量的80%～90%，典型的冰淇淋配方见表15-6。

表 15-6　典型的冰淇淋配方

冰淇淋类型	脂率（%）	非脂干固物（%）	糖（%）	乳化剂稳定剂（%）	水分（%）	膨胀率（%）
甜点冰淇淋	15	10	15	0.3	59.7	110
冰淇淋	10	11	14	0.4	64.4	100
冰奶	4	12	13	0.6	70.4	85
莎白特	2	4	22	0.4	71.6	50
冰果	0	0	22	0.2	77.8	0

脂肪：牛奶，稀奶油、奶油或植物油。
水：可含有香精和色素，非脂乳固体，除脂肪以外的乳成分蛋白质、盐类、乳糖等。
糖：液态或固态蔗糖（糖中10%可能是葡萄糖或甜味剂）。
乳化剂/稳定剂：如单脂类、海藻盐、明胶等。
膨胀率：产品中空气量。
其他成分：鸡蛋、果料和巧克力碎片等，皆可在加工过程中加入。

(二)冰淇淋生产

冰淇淋生产的主要步骤见图 15-4。

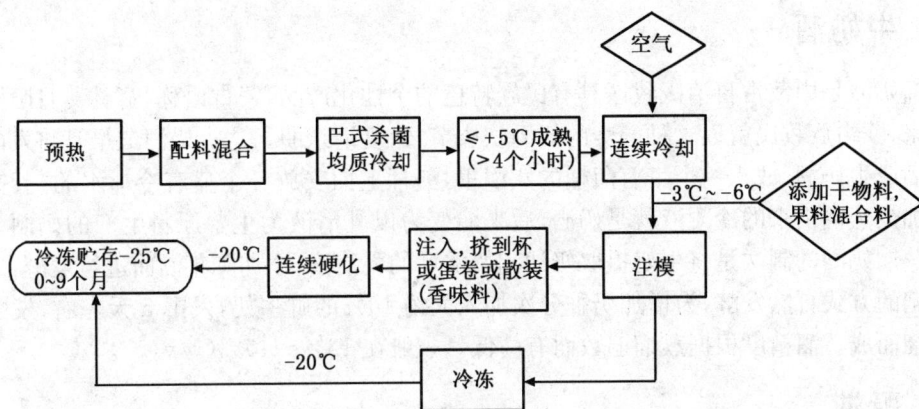

图 15-4　冰淇淋的生产工艺流程

第五节　中国民族乳制品

一、奶皮子

　　奶皮子(蒙语叫做"阿拉姆",西藏称牛奶干)是一种颜色淡黄,厚约 1 cm,半径约 10 cm 的饼状物,表面有密集的麻点,营养价值高。奶皮子(%)含水分 3.4,脂肪 83,蛋白质 9,乳糖 3.3,由于脂肪含量高,还含有一部分蛋白质和乳糖,所以营养成分比一般的奶油高。

　　制作方法:

　　将挤下的牛乳过滤倒入锅内,以大火加热,至近沸腾时把火减小,并用勺不断翻扬,以保持其不沸腾和表面不结皮,使乳中的一部分水分蒸发,并破坏脂肪表面的蛋白质膜,以便使乳中脂肪聚集在一起。一般熬煮 15~20 分钟后,在乳表面形成密集的泡沫,乳中的脂肪球被泡沫多次接触摩擦,使脂肪球破裂,从而使脂肪球互相聚集,由小变大,逐渐形成较大颗粒的脂肪球。由于比重较轻而漂浮在上层。这时可将锅取下,置于阴凉地方冷却。冷却也是乳中脂肪继续上浮的过程。经过 10~12 小时后,在乳的表面形成一层厚奶皮,即可用小刀沿锅边将奶皮划开,再以筷子伸入将其挑起,即形成一个半圆形的奶皮子。放置在平整的桌面上晾干(1~2 天),使水分蒸发增加奶皮子的保存时间。西藏当雄县的产品近似腐竹状。

二、奶豆腐

　　蒙古族奶豆腐根据原料乳脱脂程度的不同分为许多种类,且不同地区各有特色,但其制作工艺大同小异。它是一种传统的民族食品,在牧区一般是利用制完奶皮子后剩下的脱脂乳、半脱脂乳和撇取交可、白油后剩下的酸撇乳,经自然发酵为原料制成。它是具有牧区特点的一种牧民非常喜欢的传统的直接入口食品。它贮存时间较长,制作方法简单,风味纯正,深受各族人民的欢迎,是蒙古族人民生活中不可缺少的食品,也是待客和馈赠亲友的上等佳肴,同时具有保健作用。

三、牛奶酒

蒸馏奶酒是内蒙古自治区牧区具有民族特色的个性化产品,蒙古语称"赛林艾日哈"(音)。千百年来,蒙古族牧民就以这种醇美的奶酒欢庆节日、宴请亲朋。这类奶酒最早是将发酵成熟的马奶酒或牛奶酒,放入一个带有甑桶的蒸锅里,甑桶上面安放一个盛有冷却水的"天锅"(冷凝器),加热蒸馏出来的冷凝液就是奶酒,后来演变为以乳清液为主要原料生产的奶酒。内蒙古牧区蒸馏奶酒的制法是将牛奶提取奶油和奶酪后的乳清液,添加陈年酒曲进行发酵,或者用反复打耙的方式自然发酵,为增加奶香分次加入大约15%的鲜牛奶,发酵5天左右,发酵成熟后再蒸馏而成。酒精度根据蒸馏遍数而有高低。一般在12%~40%(v/v)。

四、酥油

酥油是藏族人民用手工工艺从青藏高原地区牦牛奶中提炼出的乳脂,提取的方法既简单又别致。先将鲜奶加温煮熟,晾冷后倒入圆形木桶中,桶中装有与内口径大小一样的圆盖,盖中心连有一木柄,下安十字形圆盘。打酥油者紧握木柄上下捣动使圆盘在鲜奶中来回撞击,直到油水分离,这个过程就叫做"打酥油"。牦牛奶经过这样捣打后,其中的油质浮出水面,将它用手提出压装于皮翼中,冷却后便成了酥油,现在手摇牛奶分离器已经逐步代替了手工捣制的旧工艺。酥油是藏族人民日常生活中的一种主要食品,一日三餐,不可无或缺。拌糟粑,酥油为主料之一,打酥油茶、炸面食也要用酥油,虔诚的藏传佛教信徒敬神供佛、点灯、喂桑等都离不开酥油。酥油还可以软化皮革,以便揉搓皮绳革条。在牧区男女青年还用它擦脸,以保护皮肤防晒抗寒。

五、乳扇

乳扇顾名思义,是用牛奶制作的形同扇子状的食品,在云南省大理、洱源一带白族人家做客,好客的主人往往都用当地的特产乳扇来款待宾朋。这种接近于奶酪的高蛋白、高脂肪而富含营养的乳制品,一般长七八寸,宽三四寸,呈斜长扇形,每两扇套叠成一对,大理一带民间即有"邓川乳扇脚裹脚,宾居红糖心合心"的形象说法。

关于乳扇的制作加工,清代《邓川州志》曾形象生动地描述:"乳扇者,以牛乳杯许煎锅内,点以酸汁,削二圆箸轻荡之,渐成饼拾而指摊之,仍以二箸轮卷之,布于竹架成张页而干之,色细白如轻楮",如今养牛户制作乳扇,一般先在锅里放入少量酸水加热,再舀入适量的鲜牛奶,用竹筷轻轻搅荡,使奶浆中的蛋白质和脂肪逐渐凝结,再用竹筷摊成薄片卷在事先预备好的竹架子上晾干,制成的乳扇形似折书,叠如扇状,可以保存数月。

思考题

1. 简述冰淇淋制品常见的质量缺陷及控制措施。

2. 简述原料乳的验收方法与预处理要求。

3. 简述牛乳中的无机物对加工乳制品稳定性的影响。

4. 简述天然硬质干酪的一般生产工艺和操作要点。

5. 简述消毒牛乳的生产工艺流程。

6. 简述酸乳的加工工艺及质量控制要点。

7. 简述奶粉的生产工艺及质量控制要点。

8. 简要介绍几种传统中国加工乳制品的产品特点。

参 考 文 献

1. 张和平,张列兵. 现代乳品工业手册. 北京:中国轻工业出版社,2005.

2. 蒋爱民. 畜产食品工艺学. 北京:中国农业出版社,2008.

3. 乳牛学(第三版). 北京:科学技术文献出版社,2004.

第十六章　乳牛场经营管理

乳牛场经营管理是为实现乳牛场长期利益最大化和/或其他特定目标而作的协调和管理，是办好乳牛场的重要环节，经营管理的好坏直接关系到乳牛场的成败兴衰。例如，有些乳牛场条件虽好，但由于经营管理不善，连年亏损，困难重重；与此相反，有些乳牛场经营管理得法，经济效益年年增加，乳牛场越办越好。所以，乳牛场经营者，在注意解决技术问题的同时，还必须抓好乳牛场的经营管理，即运用科学的方法，加强对人力、物力、财力等方面的管理，使其发挥最大效能。经营管理涉及技术科学、经济科学、管理科学等诸多领域，是一项需要随乳牛场内外许多不断变化的事件，及时做出认知、判断、决策、行动的系统工程，已形成一专门学科。经营管理与办好乳牛场有密切关系，管理者应当德才兼备、具有多方面的知识和才能。

作为 21 世纪的现代乳牛场，其管理原则包括以下几条：经营目标明确，坚持原则且一丝不苟；尊重知识、尊重人才，将企业的发展与员工的发展和利益相统一；要善于进行成本分析，并不断谋求成本最小化，以最小的投入获取最大的经济效益、社会效益和生态效益。

第一节　经营目的与规模

经营乳牛场首先要有明确经营目的，是专门生产牛乳，还是以繁殖良种乳牛为主，或者是多种经营，这是要首先明确的问题；但不论以哪一种经营为主，经营的目的一定要符合国家的政策，适应市场的需要，同时，还应有较好的经济效益。在一般情况下，为了实现经营目的，首先要调查当地资源条件，市场前景，技术水平；有无实现经营目的可能性，哪些是有利条件，哪些条件还不具备；实现经营目的的最大障碍是什么，有无克服的可能性等；总之，要把各方面情况都实事求是地加以评估。

在调查研究的基础上，为了实现经营目的，首先要确定乳牛场经营规模，规模大小首先取决于资金状况；其次，产品（包括种牛）有无销路；第三，有无饲料资源和土地以及牛源等。另外，劳力来源也是一个重要因素。

在我国当前条件下，乳牛场的所有制有多种：国有、民营、合资和集团。国有乳牛场一般规模较大（多数在 500 头以上），设施投资多，拥有一定量的土地，而且经过多年的改良，乳牛群品质较好，经营管理的水平也较高，对促进我国乳牛事业的发展，提高人民生活质量起着重要作用。但因其土地面积有限，所以经营的方向应以繁殖良种、提高乳牛种用价值和单产为主，同时为个体乳牛场提供优良乳牛牛源，起养殖示范作用。民营户养乳牛，从购牛、生产到牛乳销售，资本筹措均为一户负责，盈亏自负，也有联产经营的。合资经营是场与场（个人）之间合资建场,实行股份制管理。集团(公司)联营,由许多乳牛场(分公司)、饲料加工厂、乳品加工厂联合组成。

按经营方式,目前我国乳牛场可分为生产型、生产经营型、综合经营型等类型。生产型乳牛场只单纯生产原料牛乳,然后交售给加工单位;生产经营型除生产鲜牛乳外,还经营销售消毒牛乳及其他乳制品;综合经营型以经营乳牛为主,还进行乳品加工、饲料加工、乳品机械制造、生物制药等,有的还经营其他畜禽业。乳牛场经营的目的和规模主要是由市场需求、资金、饲料、机械化程度、技术水平等条件所决定。

近年来,我国乳牛养殖正处于由传统乳业向现代乳业发展的转型期,生产方式由原来的"规模小、分散、效率低"的落后养殖方式向"集约化、规模化、标准化"的现代养殖方式转变。为了保证生产原料奶的质量和安全,实施标准化饲养管理,一些原来小规模分散养殖的乳牛,也开始逐步集中形成养殖小区(或合作社),有一定养殖规模,统一饲养、统一饲料、统一管理等,保证了先进养殖技术的推广应用和鲜牛奶质量安全。在推广规模化、集约化乳牛养殖的同时,也要注意,在发展规模上绝不是养牛规模越大越好,而是根据自己乳牛场的场地、设备、人员素质、技术力量、机械化程度等情况,在发展中寻找自己的最佳规模,一般不低于200头,且应以生产商品牛乳为方向。小型乳牛场投资少,饲料问题比较容易解决,而且见效快、收益大。国有乳牛场则应以繁殖良种,提高乳牛单产作为自己经营的目的与方向。

20世纪90年代以来,有些地区采用"公司+农户"、"公司+基地+农户"等方式。几种模式,在某种程度上解决了龙头企业的奶源问题,农民分散饲养与市场的联系问题和对农户的技术服务问题,对我国乳业的发展起了一定的推动作用。但有的龙头企业,由于资金和实力有限,技术改造、产品质量、市场拓展都受到限制。

20世纪中期以来,在国家经济体制改革方针指导下,在整个国民经济迅速发展的大好形势推动下,我国乳业界以资本为纽带,采取改组、联合、兼并、租赁、承包经营和股份合作制、出售等形式,通过市场形成具有较强竞争力的跨地区、跨行业、跨所有制的集团化经营模式。

北京的"三元"、上海的"光明"、内蒙古的"伊利"、"蒙牛"和黑龙江的"完达山"均是当前发展势头迅猛的乳业集团。这些乳业集团的共同特点是:①拥有名牌优势,市场占有率高;②拥有可靠的奶源基地,如河北冀中乳牛带、黑龙江松嫩乳牛带、三江平原乳牛带、内蒙古呼伦贝尔乳牛带等;③拥有比较雄厚的技术力量,使新产品的研发、质量控制与生产成本的降低有了保证;④拥有比较完善的营销网络。

第二节　生产管理

乳牛场的中心任务是生产鲜牛奶等产品,为实现经营的目的,必须以人为本,有效地组织和管理生产,发挥人力、物力、财力的最高效率和获得最大的效益。

一、健全组织机构与制度建设

(一)健全组织机构

根据不同的经营目的和规模,乳牛场应建立相应的组织管理机构。

乳牛场的组织管理机构必须精干,择优上岗,责任明确,实行场长聘任制度。场长必须德才兼备,既懂技术又善于管理和经营,并且具有分析问题的能力,能深入实际调查研究,准确地判断存在问题和薄弱环节;能团结广大职工,仔细了解和全面估价影响成本和收益的各种因素;并能及时做出适当的决策。

乳牛场,除设场长外,还应设副场长、畜牧师、会计师、兽医师、产品质量监督员,以及其他业务人员(包括出纳、采购、保管、统计等)若干人。场长负责全面工作,其他人员也要分工明确,责任到人,相互配合,大家拧成一股绳,齐心协力,把乳牛场办好。

(二)健全规章制度

为了不断提高经营管理水平,以人为本,充分调动职工积极性,乳牛场必须建立一套完备的规章制度,使工作达到制度化、程序化。

1. 考勤制度　由班组负责。由本人或专人逐日登记出勤情况,如迟到、早退、旷工、休假等,并作为发放工资、奖金、评选先进的重要依据。

2. 劳动纪律　劳动纪律应根据各工种劳动特点加以制定,凡影响安全生产和产品质量的一切行为,都应制定出详细奖惩办法。

3. 防疫及医疗保健制度　建立健全乳牛场防疫消毒制度,同时对全场职工定期进行职业病检查,对患病者进行及时治疗,并按规定发给保健费。

4. 饲养管理制度　对乳牛生产的各个环节,提出基本要求,制定技术操作规程。要求职工共同遵守执行,实行岗位责任制。

5. 培训制度　为了提高职工思想和技术水平,乳牛场应制定和坚持干部、职工学习制度。定期交流经验或派出学习。每周要安排一定的时间学习政治和有关的技术理论知识。

6. 建立日报制度　乳牛场没有计量和统计,心中无数,管理就无从着手,经营就无目标。乳牛档案及生产技术记录和统计是乳牛场的一项基础工作。为了制定计划,检查生产,考察业绩,分析经济活动,进行财务核算等提供依据,必须做好生产中的各项测定、记录汇总、分析等工作。

二、实行岗位责任制

定岗、定责、定员,从场长到每个职工都要有明确的年度岗位任务量和责任,建立岗位靠竞争、报酬靠贡献的机制。责任制是以提高经济效益为目的,实行责、权、利相结合的生产经营管理制度。近年来,许多乳牛场贯彻了各种形式的生产责任制。其中主要的承包经营形式有以下几种:

1. 大包干制　由主管场长出面承包,承包的指标一为总产乳量,二为年上缴利润。完成承包指标拿基本工资。在此基础上,超产部分提取奖金。奖金分成比例为5:3:2,即50%用于乳牛场扩大再生产,30%用于奖励职工,20%用于职工福利。

2. 乳牛舍班组承包制　乳牛场内各工种以合同的形式实行包干,超产奖励,减产扣奖,此种方式灵活多样,可根据各单位的实际情况制定承包办法和指标。

3. 计件承包制　乳牛场内部各科、室间实行联产计酬责任制。如成乳牛舍即可按挤乳的多少领取报酬。依此计算每天的工作量,可极大地提高职工的积极性。

第三节　技术管理

技术管理是乳牛场提高产量、质量和经济效益的关键,也是实行科学养牛的根本所在。乳牛场应不断应用现代乳牛生产的先进技术,从饲养工艺的改进、全混合日粮(TMR)饲喂技术的推广和先进挤乳设备的应用、育种方案的确定、选种选配的实施、防疫体系的建立、技术资料的电脑管理等方面进行技术管理,才能确保各项技术目标的实现,不断提高生产水平和经济效益。

一、制定全年各项技术指标

制定年度各项技术指标必须贯彻科学、准确的原则,乳牛场要制定乳牛健康管理、育种、繁殖、后备牛培育等方面的目标和规划,并按照制定的目标确定具体实施方案。

1. 健康管理　高产牛群各类代谢病的发病率不超过:产乳热6%,酮病2%,真胃移位5%,低乳脂症5%,难孕牛低于10%,胎衣滞留8%,乳房水肿5%～10%,没有厌食症。

2. 育种　要引进优良种牛,并根据牛群现状提出改良方案,在改良本场牛群过程中应把提高乳牛乳质量放在重要位置。

3. 繁殖　繁殖成活率85%～90%,产犊间隔12～13个月,高产牛14个月,后备牛初配月龄为15～16个月,体重350～400 kg。牛群结构:成母牛占总头数的60%～65%,后备牛占35%～40%,1～2胎母牛占成母牛总数的40%,3～5胎占40%～45%;平均胎次3.5胎,牛群更新率20%。

二、制定技术规范

目前,国内技术规范标准较多,有中华人民共和国颁布的专业(国家)标准、中国奶牛协会制定(试行)标准、中华人民共和国农业行业标准。其中中华人民共和国国家标准有GB 16568—2006乳牛场卫生规范,本标准规定了乳牛场的环境与设施、动物卫生条件、乳牛引进要求、饲养卫生、饲养管理、工作人员卫生、挤奶的健康与卫生、鲜奶盛装、贮藏及运输的卫生、免疫与消毒和监测、净化的要求。中华人民共和国专业标准高产乳牛饲养管理规范ZBB 43002—85,中国奶牛协会乳牛繁殖技术管理规范(试行)。本标准适用于所有乳牛饲养场及其所饲养的乳牛,其他乳牛饲养户(点)参照执行。21世纪以来我国农业部制定了许多行业标准,其中与乳牛有关的标准有:无公害食品生鲜牛乳NY5045—2001、乳牛饲养兽药使用准则NY5046—2001、乳牛饲养饲料使用准则NY5048—2001。

《奶牛场卫生及检疫规范》主题内容与适用范围广,该规范引用了7个标准和规范,对乳牛场的环境设计与设施、饲草料及饮水、饲养管理、挤奶人员、生产工艺、鲜奶贮藏及运输的卫生和防疫、检疫都规定了标准,是一部值得推广的好规范;《高产乳牛饲养管理规范》正如《中国乳业 50 年》一书中指出的:《规范》是我国乳牛业规范管理的里程碑(246～247 页),随着乳业科学的进步,建议将其内容不断充实和完善。行业标准是根据近年来乳牛业发展制定出的标准,对改进和提高我国乳牛业生产水平和产品卫生质量必将发挥重要的指导作用。

上述各规范和标准都是依据新的科学理论,结合我国生产实践制定的,对每个乳牛场都有指导意义。所以,建议乳牛场应在上述各规范和标准指导下,制定自己本场的技术规范。

三、实行技术监控

乳牛场对各项技术工作必须建立严格的监控制度并认真贯彻执行,及时解决生产中的技术问题。

例如,对发生难产和产后疾病的母牛,产后检查是繁殖控制程序中的重要环节;又如对 3 次配种未配上的母牛、产后 60 天未见发情的母牛、流产母牛、发情异常的母牛等都应及时检查和进行必要的治疗。再如,有的母牛长期体况不佳,则应尽快检查日粮配合,进行营养分析及疾病诊断等。

四、开展岗位技术培训

乳牛生产技术强,应不断提高员工素质,开展经常性的技术培训,在必要时进行专业培训。技术培训应有专人负责、领导和监督。新员工上岗前必须经过岗位培训。饲养员和挤奶员上岗前,除学习专业知识外还应指定专人进行培训,并通过考核后,方准上刚。在岗人员(包括技术人员)亦应进行定期培训、更新知识,以适应生产发展的需要。

员工技术水平和工作业绩应与工资、奖金挂钩,以便更好地促进员工学习专业知识的积极性。

五、引进先进技术与总结经验相结合

乳牛科学技术在不断发展、进步,所以及时引进先进技术,对提高乳牛生产的科学水平大有好处,但绝不能忽视本场实践中所汇总、分析的技术数据,必须认真总结并建立技术档案。先进技术与本场生产经验相结合是最适用的技术。

总结本场生产经验非常重要。为便于总结经验,乳牛场必须做好牛群档案和生产记录。

牛籍卡:每头乳牛都应有一张牛籍卡,其中包括牛号、生日、花纹(或照片)、性别、初生体重、血统、各阶段生长发育情况,各胎次产奶性能(产奶量、乳脂率、蛋白率)、分娩产犊情况(与配公牛、分娩日期、性别和初生体重及牛号)及体型线性评分(一般外貌、乳用特征、体躯容积、泌乳系统、评分等级)。

生产记录:①牛乳产量(日产奶、牛舍全群日产奶报表、全场日产奶报表);②繁殖(配种记录包括牛号、与配公牛、配种日期、受孕与否、月受胎报表);③犊牛培育(牛号、出生体重、3 月龄重、哺乳量);④成母牛淘汰、死亡、出售情况(淘汰、出售日期及原因);⑤牛群变动月报表(成母牛、后备牛增加头数及减少头数);⑥年度牛群的费用统计表(包括牛乳数量、费用、混合精料、青贮玉米、干草、青草及多汁料的数量和费用)。

第四节　生产计划管理

做好乳牛场的生产计划管理,经营管理者首先要明确三个问题:即生产什么? 生产多少? 怎样生产? 各地生产实践表明,乳牛场运用实践经验和积累的各种信息资料,制定与执行下列生产计划。

一、牛群合理结构及全年周转计划

乳牛场适当调整牛群结构,处理好淘汰与更新比例,使牛群结构逐渐趋于合理,对提高乳牛场经济效益十分重要。

牛群结构及全年周转计划必须根据发展规划,并结合牛群实际进行编制和调整。

牛群全年周转计划,通常包括以下各项内容(表 16-1)

表 16-1　20＿＿＿年牛群周转计划表

牛群种类	上年 12 月 31 日在群牛头数	增加(头数)					减少(头数)					本年年终在群头数	年平均牛头数
		出生	调入	购入	转入		调入	转出	淘汰	出售	其他		
成母牛 初孕牛 育成母牛 犊母牛 犊公牛													
合计													

成母牛指第一次分娩以后的母牛;初孕牛指配种受孕至产犊以前的母牛;育成母牛指断乳后至配种怀孕以前的母牛;犊母牛指初生至断乳以前的母犊牛。

牛群结构及全年周转计划必须考虑牛场的性质。在一般情况下,如果以育种为主要目的的乳牛场,成母牛在牛群中比例不宜过大(50％)。如果以生产牛乳为目的,则成母牛在牛群中占的比例较大(60％)。过高或过低,均会影响牛场的经济效益。但发展中的乳牛场,成乳牛和后备牛的比例暂时失调也是允许的。

为了使牛群能逐年更新而不中断,成母牛中年龄胎次应有合适的比例(即指母牛全群年龄结构率(％)＝不同年龄母牛数÷全群母牛数×100％)。在一般情况下,1～2 胎母牛占母牛群总数的 35％～40％,3～5 胎母牛占 40％,6 胎以上占 20％。牛群平均胎次为 3.2～3.8 次(年末成母牛总胎次/年末成母牛总头数)。老龄牛应逐渐淘汰,以保持牛群高产、稳产。

编制全年周转计划,必须提出牛群增、减的措施。有些成母牛 1 年中可产犊 2 次,第 1 次在元月份,第 2 次在当年 12 月份;为了减少乳牛死亡,使牛群尽量少受损失,必须做好成母牛饲养和犊牛的培育工作。

为保证牛乳的均衡生产,成母牛应保持 80％ 左右,干乳牛 20％ 左右,母犊牛 10％～15％。

编制全年周转计划,一般是先将各龄牛的年初头数填入表 16-1 的上年 12 月 31 日在群牛头数横栏中,然后根据牛群成母牛的全年繁殖率进行填写,并应考虑到当年可能发生的情况。初生犊牛的增加,犊母牛、育成母牛、初孕牛的转群,一般要根据全年中犊牛、育成牛的成活率及成年母牛、初孕牛的死亡率等情况为依据,进行填写。调入和购入的乳牛头数要根据乳牛场落实的计划进行填写。

各类牛减少栏内,对淘汰和出售乳牛必须经过详细调查和分析之后进行填写。淘汰和出售牛头数,一定要根据牛群发展和改良规划,对老、弱、病(包括不孕牛)、残牛及低产牛及时淘汰,以保证牛群不断更新,提高产乳量,降低成本,增加盈利。犊公牛,除个别优秀者留做种用外,一般均应淘汰或肥育做肉用。

二、饲料计划

饲料是乳牛场一项最大的支出,占生产总成本的 60％～70％,直接影响乳牛场的经济效益。乳牛场必须按饲养年度制定确实可行的饲料计划,这是经营好乳牛场的关键。

制定饲料计划的步骤与方法:

计划应根据乳牛饲养标准和高产乳牛饲养管理规范,以及牛群变化、产量等为依据确定乳牛采食量。一般乳牛实际采食量与标准相比,可适当提高 15％～20％。

乳牛采食饲料干物质(DM),一般为其体重的 3.0％～3.5％,其中粗饲料占总饲料干物质的 1.5％～2.0％。如果一头 600 kg 体重的乳牛,每天采食饲料干物质为 9 kg,在计划时,实际采食量应按 9.9 kg 计算(增加 10％)。

如果每天以 10 kg 计算,1 年则需要饲料干物质 3 650(365×10)kg。

如粗饲料干物质平均含量为 20％,精粗比例为 40∶60,则 1 年需要粗饲料:

3 650÷0.2×60％＝10 950 kg,即每天需粗料 30(10 950÷365)kg。

编制饲料计划,首先要确定各月饲养乳牛的头数及日粮组成,然后计算每头乳牛每天每月以及全年各种饲料的需要量。其计算内容如表 16-2。

表 16-2　饲料计划统计表

牛群种类	饲养头数	日采食量					日采食量					日采食量				
		干草	青贮料	精料	补加料		干草	青贮料	精料	补加料		干草	青贮料	精料	补加料	
成母牛 初孕牛 育成母牛 犊母牛 犊公牛																
合计																

　　各龄牛日采食量除参考饲养标准外,还应结合牛群营养状况、饲料资源、饲料价格等进行计划。此外,还应考虑食盐、钙、磷等矿物质饲料以及维生素的供应。

　　上海市牛奶公司成乳牛日粮组成为:精料混合料 20%～22%,青贮玉米 15%～18%,块根料 7%～10%,青绿饲料 45%～55%,粗饲料 2%～6%。其中混合料各龄牛日喂量为:

　　成乳牛(泌乳期)基础料 1.5～2 kg/d,另外每产 1 kg 牛乳,加料 0.22～0.3 kg。

成乳牛(干乳期)	3.0 kg
育成牛	2.5 kg
初孕牛	2.0 kg
母犊牛	1.25 kg
干草日喂量	成母牛 5 kg,育成牛 3 kg,犊牛 1.5 kg
玉米青贮日喂量	成母牛 20 kg,育成牛 15 kg

　　在计划粗饲料数量的同时,还应考虑其质量和适口性。但只有计划还不行,粗饲料来源必须落到实处。通常采取以下途径:

　　1. 本场生产　凡有饲料基地的乳牛场,应合理利用土地,使其发挥最大效益。在一般情况下,应种植高产饲料作物,如玉米、高粱等。如果以每亩生产粗饲料 6 000 kg 计算,每头乳牛每年则需要耕地 3 亩(6 000×3＝18 000 kg)。如果饲养 50 头乳牛,则需耕地 150 亩。

　　2. 购买粗饲料　首先要考虑牛场附近是否有饲料资源,价格是否合算。如果附近无饲料来源,在外地选购也可,但要考虑饲料价格(包括运费)问题。总之,要把牛饲草来源落到实处。

　　3. 生产饲草与购草相结合　即本场生产一些,同时在外地购买一些,以调剂淡季饲草的短缺状况。

三、繁殖计划

　　做好繁殖计划是乳牛场的重要工作,直接关系到乳牛场的经济效益和未来的发展。

　　编制繁殖计划,首先要确定繁殖指标。最理想的年分娩率应达到 100%,产犊间隔为 12 个月,但这是不容易办到的。所以,要适当放宽些。然而年分娩率也不得过低,最低不应低于:育成母牛 95%,经产牛 80%,产犊间隔不超过 13 个月(高产牛例外)。产犊间隔越长,饲料费及其他费用开支越大。所以,屡配不孕母牛,应及时淘汰。其次,产犊季节要安排适当,应既有利于管理,也有益于提高繁殖率。

　　编制繁殖计划,还要根据母牛繁殖记录,查清每头成乳牛或初孕母牛当年或去年配种及怀孕的时间,并预算其产犊日期、产后发情配种时间以及怀孕时间等。同时,还应考虑当年达到配种年龄的青年母牛,亦应参加配种繁殖。

　　在清楚地掌握每头乳牛繁殖的基本情况之后,即可对全群乳牛的繁殖状况进行汇总,并编制全年繁殖计划。

四、产乳计划

　　产乳计划是乳牛场生产的产品指标,是检查生产经营效果的重要依据,制定计划要逐头逐月进行,然后相加,作为全年乳牛群的产乳计划。

制定个体牛产乳计划,首先要了解每头母牛的年龄与胎次、上胎的产乳量、最近一次配种、受孕日期、预计干乳日期、产犊日期以及饲养条件等。然后根据该头乳牛上胎的产乳量及泌乳曲线(表16-3),编制其各泌乳月的产乳计划(表16-4)。依表16-3、表16-4即可编制全群牛的年度产乳计划(表16-5)。

表16-3　乳牛泌乳期各月平均日产乳量(单位:kg)

泌乳月 年产乳量	泌乳期各泌乳月平均日产乳量										平均每日 产乳量*
	1	2	3	4	5	6	7	8	9	10	
3 600	14	17	15	14	13	12	11	10	8	6	12
3 900	16	18	16	15	14	13	12	10	9	7	13
4 200	17	19	17	16	15	14	13	11	10	8	14
4 500	18	20	19	17	16	15	14	12	10	9	15
4 800	19	22	20	19	17	16	14	13	11	9	16
5 100	20	23	21	20	18	17	15	14	12	10	17
5 400	21	24	22	21	19	18	16	15	13	11	18
5 700	23	25	24	22	20	19	17	15	14	12	19
6 000	24	26	25	23	21	20	18	16	14	12	20
6 300	25	27	26	24	22	21	19	17	15	13	21
6 600	26	28	27	25	23	22	20	18	16	14	22
6 900	27	29	28	26	25	23	21	19	17	14	23
7 200	28	30	29	27	26	24	22	20	18	15	24
8 000	28	35	33	32	30	28	25	22	20	18	27

* 指整个泌乳期中每日平均产乳量

表16-4　20_____年度个体母牛产乳计划(单位:kg)

牛号							
胎次							
上胎产乳量							
最近配种日期							
预计分娩							
1月							
2月							
3月							
4月							

续表

5 月								
6 月								
7 月								
8 月								
9 月								
10 月								
11 月								
12 月								
全年总计								

表 16-5　_____乳牛场 20_____年度产乳计划(头:kg)

月份 / 项目	1	2	3	4	5	6	7	8	9	10	11	12	全年合计
总饲养头数													
总产乳量													
头日产乳量													
牛群日产乳量													

注:1)总饲养头数=饲养泌乳牛头数×饲养天数

2)头日(平均)产乳量=总产乳量÷总饲养头日数

3)牛群日产乳量=总产乳量÷饲养天数

五、劳力计划

劳动工资是一项较大的支出。为了取得良好经济效益,必须要提高劳动日的产值。为此,乳牛场除了各个部门进行编制外,还必须按不同的劳动作业、每个人的劳动能力和技术熟练程度,规定适宜的劳动定额,按劳取酬,多劳多得。这是克服人浮于事,提高劳动生产率的重要手段,也是衡量劳动成果和计酬的依据。

劳动定额因机械化、自动化水平和其他设备条件的不同而不同。在我国目前情况下,各乳牛场主要工种劳动定额如下:

(1)挤奶工:负责挤乳、清扫卫生、护理乳牛乳房及协助观察母牛发情等工作。手工挤乳每人应管理产乳牛 10~12 头;管道式机器挤乳时,每人管理产乳牛 40~50 头;挤奶厅机器挤奶每人管理产乳牛 60~80 头。如按产乳牛、干乳牛分群,则管理干乳牛的定额应增加到 30 头以上,如果挤乳工兼管饲喂工作及草料运输工作,管理定额应适当减少。

(2)饲养工:负责饲喂和清理饲槽刷拭牛体。成母牛每人管理 100~120 头。饲养工还应经常观察乳牛的食欲，维持乳牛良好的健康状况。犊牛饲养工每人管理犊牛 45～50 头，要求成活率不低于 95%；育成牛饲养工管理定额为 100～120 头，日增重达 700～800 g，15～16 月龄体重达 350～400 kg。饲料必须节约，按标准进行喂养。

（3）产房工：负责全年接产任务，每人每月平均负责管理分娩前、后母牛 8～10 头，并要求不发生人为事故。

（4）调料工：定额 120～150 头，负责饲料称重入库，加工粉碎精料，清除异物，配置混合料，并做到现喂现送。如果使用 TMR 日粮饲喂方式，则另行确定岗位人数。

（5）兽医和配种人员：兽医及配种人员工作应互相配合，紧密协作。每年每两人负责保健治疗、配种孕检母牛 200～300 头。全年繁殖率不低于 85%。全年牛群死亡率不超过 3%。

（6）乳品工：负责日处理（包括清洗盛乳器，牛乳冷却、消毒和出售）鲜牛乳，坏乳率及出售损耗率不超过 2%。

（7）其他管理人员：包括场长、技术员、统计员、会计师、出纳，以及值班、后勤人员都应分工明确、责任到人。

六、财务预算

编制财务预算表是为了对来年生产财务工作做好计划。以便使各项作业协调顺利地进行，如果发生价格变动或灾害等，预算应予以修订。

预算项目要简单明了。预算与来年活动情况很难相符，但应尽可能做出比较切合实际的估计。

第五节　全年技术工作安排

乳牛场的工作千头万绪。为了有计划地开展各项工作，对全年的技术工作必须统筹兼顾，全面安排。但由于我国土地辽阔，气候生态条件差异大，必须结合当地实际情况进行妥善安排。根据上海地区的自然气候条件，现举例如下：

1 月份　1. 填报上年度生产统计报表，总结上年度工作。
　　　　2. 研究部署本年度生产计划，制订各项实施细则。
　　　　3. 加强牛舍防寒保暖，预防犊牛呼吸道疾病。
2 月份　1. 安排好春节期间的生产，避免劳力、饲料脱节及人为灾害。
　　　　2. 检查配种工作及存在问题。
3 月份　1. 进行春季牛舍、运动场的消毒、灭虫工作。
　　　　2. 进行春季牛群修蹄工作。
　　　　3. 落实青饲播种工作。
4 月份　1. 做好牛群炭疽芽孢疫苗的注射。
　　　　2. 进行上半年布氏杆菌病和牛结核病的防检疫工作。
　　　　3. 预防过量饲喂青草而引起的下痢。
　　　　4. 检查青饲播种的数量与质量。

5 月份　1. 对不孕牛进行复查，并采取相应技术措施。

2. 加强牛乳的初步处理，防止鲜乳变质。

3. 做好青饲的中期田间管理。

4. 检查、维修青贮机械及青贮窖(塔)工作。

5. 在雨季前翻晒倒垛，防止饲料饲草霉烂变质。

6 月份　1. 进行防暑降温设备检修。

2. 组织青贮工作临时班子，做好青贮的准备工作。

3. 进行牛舍维修。

7 月份　1. 检查上半年生产计划完成情况及存在问题。

2. 搞好青贮玉米的贮存工作。

3. 进行防暑降温，尽量减少产乳量下降的幅度。

8 月份　1. 做好青贮饲料的收尾工作，对全场进行卫生消毒。

2. 进行不孕牛的普查及治疗工作。

3. 对工人进行技术培训。

9 月份　1. 整理产房、做好产犊高峰季节的准备工作。

2. 做好繁殖年度资料整理和记录工作。

10 月份　1. 进行牛群普查鉴定工作。

2. 进行秋季牛群检修蹄工作。

3. 安排下半年布氏杆菌病和牛结核病的防检疫工作。

4. 进行牛群驱肝蛭工作，泌乳牛在干乳期进行。

11 月份　1. 总结年度配种工作。

2. 做好冬季防寒保暖的准备工作。

12 月份　1. 制定来年生产计划。

2. 进行年终总结的准备工作。

3. 实施冬季防寒保暖措施。

第六节　市场营销与策略

产品销售是乳牛经营者将生产的产品由乳牛场中运出或经过加工，直接或间接销售给消费者的一种商业行为。

产品销售在乳牛场的经营工作中占有极为重要的地位，乳牛场所生产的产品，如无法销售或销售受阻，则将使乳牛场倒闭，也将失去经营乳牛场的意义。

牛乳由生产者手中转移到消费者手中，需要经过许多环节，如由乳牛场转移到乳品厂，然后再到销售部门或个人。同时，牛乳在上市以前还必须经过许多加工处理，如牛乳消毒、初步加工、包装、运输、冷藏等。由此可见，牛乳的销售是一项复杂的经营活动。

收购方法：目前多数城市，收购牛乳时一般以脂肪和蛋白质的含量作为论价基础，再根据卫生指标分级进行加价或扣款；还有个别城市以干物质含量高低定价，如天津市从 1981 年起，以牛乳中干物质的含量为指标(以干物质率 11.3%～11.5%的乳为标准乳),实行优质优价,进行收购,并由乳品监测中心负责质量检验。

为了搞好牛奶和奶制品的销售工作,必须讲究营销策略。

1. 引导消费,开拓市场　受民族习惯、历史文化和经济水平的影响,我国牛乳消费水平严重滞后。要加强奶制品营养知识宣传,积极做好消费引导工作;从增强人民体质,促进民族强盛的高度,采取有力措施,大力推进"学生饮用奶计划";注意开拓农村牛奶消费市场,引导农民消费;要打破传统的消费习惯和嗜好,逐步由嗜好烟酒转到奶制品和其他有益于健康的食品上来;采取各种营销手段,开辟国际、国内奶产品的销售渠道。

2. 实施名牌战略　创名牌,根本在于狠抓产品质量和产品结构调整,只有过硬的产品质量,才能在消费者心目中树立较高的信誉,产生名牌效应。因此在产品质量检测设备、检测手段、技术培训、标准化管理等方面应当舍得投入。加强奶源基地疫病防治工作,建立无规定疫病保护区,研制开发安全饲料。发展绿色无公害奶制品。

以市场为导向,开发新产品。使优质名牌产品不断更新换代,适应市场需要。坚持"生产一代、储备一代、研制一代、构思一代"的产品开发战略。赢得市场信誉,赢得行业发展。

3. 加强营销策划,完善销售网络　建立专门营销队伍,在主要销售地区设立销售办事处、分公司、委托代理商以及配送服务等灵活多样的方式,扩大产品辐射面;并相应加强"冷链"建设,使乳制品从原料贮运、加工到流通全程处于卫生、保鲜状态,让广大用户放心满意。加快建设奶产品电子商务营销体系。

第七节　提高乳牛场经济效益的措施

乳牛场经营是一项比较复杂、技术性比较强的工作,需要将乳牛科学的理论及企业经营管理的理论应用于乳牛场的生产实践,合理地将人和资源结合起来,达到人尽其才,物尽其用。

乳牛生产能否获得更好的经济效益,受许多因素的影响。除有关经济政策外,如前所述,乳牛场的布局与设计,生产和自然资源条件、乳牛场的规模、乳牛场的组织机构、种公牛质量、牛群质量与结构、饲料与牛乳价格、管理制度与计划等,都是经营好乳牛场的先决条件。此外,乳牛场为提高经济效益,还应考虑以下几个方面。

一、利用优秀公牛配种改良牛群质量

根据种公牛后裔测定成绩——产奶量的遗传传递力(ETA)直接预测选用某头优良公牛的增产效果。如甲种公牛的遗传传递力(ETA)为 75.3 kg。根据此值,即可预测选用甲种公牛其后代增产的经济效益。

举例:某场饲养成母牛 500 头,全部选用甲公牛冻精选配,其增产效益为:

500 头×75.3 kg×0.9(受精率 90%)×0.9(成活率 90%)×0.5(产 1/2 母牛)×5 胎(以每头母牛利用年限 5 胎)×1.8 元/每千克牛乳=13.72 万元。

二、加强牛群繁殖管理

产犊间隔的长短主要决定于产后空怀天数。实践证明,经营管理好的乳牛场,乳牛的平均空怀天数为 60~90 天,但多数乳牛场空怀天数在 120 天左右。所以繁殖管理不好的牛群经济损失是巨大的。例如,某牛场饲养成母牛 500 头,以每头成母牛平均空怀 90 天计,则较正常空怀天数多 30 天,因此,只是产后空怀天数一项一年将多花费 30 万元(500 头×20 元/每头每天×30 天)。

三、重视牛群健康管理

保持乳牛良好的健康状况是提高经济效益的重要一环。如患乳房炎牛的单产不仅比正常牛大为减少,而且临床乳腺炎牛乳无法出售。在抗生素治疗期间,牛乳的用途极大地受到限制,特别是因不及时治疗,将会导致乳牛全身感染被迫淘汰,造成较大的经济损失;又如蹄病不及时治疗,牛的体况和产乳量将会锐减;再如,生殖器官疾病,会造成不孕和难孕,导致低产。由此可见,乳牛场必须重视牛群的健康管理。

四、提高单产 降低饲养成本 开展综合利用

通过引进良种(包括冻精)、加强后备牛培育,规范饲养管理,做好牛群繁殖和疫病防治工作等各方面的努力,提高牛群的单产水平。

提高成母牛单产是增加经济效益最主要的途径,也是一项最重要的经济指标。一个乳牛场,牛乳生产的收入约占总收入的 90%。例如,某乳牛场 1979 年和 1983 年由于头均单产不同,其经济效益有明显差异。成母牛每头年平均利润,1983 年比 1979 年增长 1 倍,产值利润率提高 19.34%,百元费用利润率提高 30%,人均利润提高 64.47%。

乳牛场饲料消耗费用,一般约占总生产费用的 64%~65%。饲料费用的高低,直接影响牛乳成本的升降及经济效益的好坏,因此,对饲料的采购、运输、保管必须高度重视。

日粮应以粗饲料为主,这既符合乳牛生理特点,又价格低廉。据测算,青草的干物质是精料的 1/4,能量和蛋白质分别为 1/10 和 1/6,但价格仅为精料的 1/32。所以日粮以粗为主,可大大降低饲养成本,提高经济效益。

此外,出售种牛、淘汰低产乳牛(指经产牛产奶低于成母牛平均产奶量 10% 以上或初产牛产奶低于成母牛产奶 30% 以上的牛)、发育差的牛,以及犊公牛肉用也是一项重要的收益。既可以提高牛群质量、降低饲养成本、节约其他费用,又可提高经济效益。可见,开展各类牛的综合利用是一条切实可行的经营方法。

五、压缩经营费用减少设备投资

经营乳牛场,除饲料费用、工资费用外,设备费及其折旧费也是一项较大的支出。乳牛场在可维持正常生产的条件下,牛舍和设备不必花钱太多,尤其在贷款的情况下更应压缩开支。牛舍及设备要依本场的资金情况进行安排,或逐步更新,或改造现有房舍,也可利用旧料建造。同时应加强保护和维修,尽量延长房舍和仪器设备的使用年限。

　　总之，生产中任何一项开支的加大，都会使成本提高，而盈利减少。所以，乳牛场必须精打细算，增收节支。

六、重视记录与记账工作

　　簿记是经营工作的一面镜子，为了提高经济效益，不断改进经营管理方法，乳牛场必须重视记录和记账工作。通过对账簿中资料的统计分析，可以比较经营成绩，不断总结经营过程中的优点和缺点，以便扬其所长，避其所短。

　　乳牛场每经一定时期（月终或年终）应进行结账与决算。乳牛场记录和簿记，一般有如下几种：

　　（1）财产记录：其记录内容分：①固定资产类，如土地、建筑物、机具设备等；②流动资产类，如牛群、饲料、低值易耗物品、器械等；③日杂用品类，如职工伙食、修缮原料、杂用物品、劳保等；④现金信用类，即现金、存折、支票、债券等。财产记录应有固定资产登记簿、流动资产登记簿、现金流水账等。

　　（2）劳动记录：主要包括固定工、临时工、合同工、机械动力和畜力的出勤、使用情况。

　　（3）饲料记录：包括各龄乳牛每天、每月所消耗的各种饲料用量，以及饲料价格，以便进行成本核算。

　　（4）生产记录：主要指乳牛场的产乳记录和繁殖记录。

　　（5）用品记录：主要包括消费品和非消费品记录。

　　（6）乳牛群育种资料记录。

　　（7）乳牛疾病及其防治记录。

第八节　乳牛场标准化体系建设

　　目前，我国乳牛单产水平低，养殖方式仍然存在"小、散、低"的局面，生鲜牛奶质量参差不齐；对于规模化的养殖场，我国现有的乳牛养殖标准存在标准不全、指标落后等问题。建立健全养殖标准体系，推进规模化乳牛场的标准化生产，与国际标准接轨，能尽快提高我国奶业的竞争力。

一、标准化基本定义

　　1. 标准　为在一定的范围内获得最佳秩序，经协商一致制定并由公认机构批准，共同使用和重复使用的一种规范性文件。（标准以科学、技术和经验的综合成果为基础，以促进最佳的共同效益为目的，针对重复性事物作出的统一规定。）

　　2. 标准化　为在一定范围内获得最佳秩序，对现实问题和潜在问题制定共同使用和重复使用的条款的活动。（标准化是一种活动，而标准则是一种规范性文件。）

　　3. 企业标准化　为在企业的生产、经营、管理范围内获得最佳秩序，对实际的或潜在的问题制定共同的和重复使用的规则的活动。

二、标准化的目的和意义

(一)目的

运用标准化原理、方法和手段,促进乳牛养殖企业技术进步和管理进步,使企业的生产技术、经营管理活动科学化、程序化、规范化和文明化,以提高企业的产品质量、服务质量和工作效率,降低消耗,增强企业的市场竞争力,获得最佳秩序和效益。

(二)意义

1. 标准化是养殖企业组织进行现代化生产的重要手段和必要条件 现代化生产是以先进的科学技术和生产的高度社会化为特征的,前者表现为生产过程的速度加快,质量提高,生产的连续性和节奏性要求增强。后者表现为社会分工越来越细,部门、企业之间的联系更加密切。

2. 标准化是养殖企业实行科学管理和现代化管理的基础 现代企业管理职能有很多,但其最根本的管理职能是质量管理职能,而最基本的职能却是标准化管理。

标准—计量—质量—经济效益
(依据)(手段)(结果) (目的)

3. 标准化是提高产品质量,保障安全、卫生的技术保障 产品质量是指产品适合一定用途并满足国家建设和人民生活需要所具备的质量特征,一般概括为使用性能、寿命、可靠性、安全性和经济性五个方面,这些质量特性用技术语言加以表述就形成了标准,标准就是衡量这些质量特性的主要技术依据。

随着全球经济一体化发展,国际间的贸易有了巨大的发展,各国政府为了保护本国的国家安全、人民的人身安全或健康、动植物的生命和健康、保护环境、防止欺诈行为,制定了大量的标准,它不仅规范了进口产品,同时也规范本国产品,以减少不良产品在市场的流通。这些标准如:各类安全防护标准、职业安全健康标准、动植物检验检疫标准、食品卫生标准等。

4. 标准化可使养殖企业资源合理地利用,节约能源和原材料 通过制定和修订原材料及能源消耗定额标准,可以节约能源和原材料,合理地选择再生能源和材料,合理地制定工艺标准,可以使有限的资源得到充分的利用,同时节约了生产成本。

5. 标准化是推广新工艺、新技术、新科研成果等的桥梁 标准化是科研与生产之间的桥梁,任何一种科技成果,无论是新产品、新工艺、新材料,还是新技术,只有当它被纳入标准,贯彻到生产实践中去之后,才会得到迅速的推广和应用,否则就不能发挥应有的作用。标准本身是各种先进技术和经验的结晶,采用和推行先进标准是难得的"技术转让",采用了这些先进标准的同时,就意味着应用了先进的生产技术。科技成果要转化为现实生产力,首先应解决标准化问题。

三、制定标准的原则

1. 事实求是原则 在采用先进技术的同时,应充分考虑本企业的实际情况,不要脱离实际,盲目地求高、求新。

2. 科学先进原则　积极采用国际标准,做到技术先进,经济合理,安全可靠。

3. 和谐一致原则　是指相互关联的标准要协调一致,衔接配套,并符合我国标准体系的要求。一致性主要表现在:下一级标准不能与上一级标准相抵触,各类标准中对同一标准化对象的有关规定应一致,同一标准中的表达方式应一致。

4. 时机适宜原则　通过长期的标准化实践,制定标准的最好时机是在标准化对象的技术稳定、经济性较好的时候。

5. 效益最佳原则　制定标准的根本目的是为了"获得最佳秩序和社会效益"其中包括经济效益,要防止质量过剩。

四、企业标准化工作的基本程序

1. 成立企业标准化机构,明确职责　明确企业制定标准化的机构和部门,明确人员和主要负责人。

2. 企业标准化培训　包括三级培训

(1)领导层培训:标准化基本知识,法律法规、标准化目的意义。培训目的是得到单位对标准化工作的人、财、物的支持,提高标准化意识。

(2)标准化专业人员培训:标准化基本理论、法律法规、基本技能与方法。目的是正确运用,组织、指导标准化工作的开展。

(3)一般员工培训:标准化目的意义。了解标准化,得到工作上的配合与协作。

3. 调查研究、收集信息　整理现有国内外标准资料,总结企业自身特点和组织结构。

4. 标准的起草、审查、批准和发布　根据标准编写要求,编制工作、技术、管理标准。经过审核,以文件的形式批准和发布。

5. 企业产品标准的备案　按照政府部门文件要求,将企业标准送当地质监部门申请备案。

6. 标准的宣贯与实施　标准的宣贯包括标准宣贯材料的编写、审定、出版和发行,以及为促进标准理解与实施而进行的宣传、培训、研讨、交流等活动。

7. 标准实施的监督、检查与总结　企业各部门执行标准的情况进行监督检查,以及标准在生产过程中的使用情况进行总结。

8. 标准体系的评价与确认　企业标准体系建立后是否符合企业生产管理需求,同时建立一套符合企业自身特点的评价体系。

9. 企业标准的持续改进　针对企业生产和管理,对现有标准进行不断的更新和改进。

五、企业标准体系及其组成

(一)标准体系和体系表的定义

1. 企业标准体系　企业内的标准按其内在联系形成的科学的有机整体。企业标准体系一般包括技术标准体系、管理标准体系和工作标准体系。

2. 企业标准体系表　企业标准体系的标准按一定的形式排列起来的图表。

（二）标准体系组成

企业标准体系通常由技术标准体系、管理标准体系和工作标准体系三部分组成。

1. 技术标准体系　企业内技术标准按其内在联系形成科学的有机整体，是企业标准体系的组成部分。技术标准包括：设计技术标准、产品标准、采购技术标准、品种标准、育种标准、繁殖标准、饲料标准、饲养标准、防疫检疫标准、标志技术标准等。

例如：品种标准内容包括：范围、规范性引用文件、术语、品种特性和外貌特征、生产性能、血缘关系、鉴定方法等。育种标准内容包括：范围、规范性引用文件、术语、外貌特征、育种资料编号、雌雄体的选择与评价、鉴定、选配等。繁殖标准内容包括：范围、规范性引用文件、术语、人工授精、胚胎移植要求等。饲养标准内容包括：范围，规范性引用文件，术语，养殖区温度、湿度及有害气体控制，饲养方式、饲养密度，营养需求量，饲料种类、饲料供给量，饲喂频次、操作方法，卫生保健，牛奶质量控制，乳牛记录体系等。

2. 管理标准体系　企业标准体系中的管理标准按其内在联系形成的科学有机整体。管理标准包括：经营管理标准，开发与创新管理标准，采购管理生产管理标准，防疫卫生管理标准，质量管理标准，设备与基础设施管理标准，包装、搬运、储存管理标准，服务管理标准，安全生产责任制，能源管理标准，行政管理标准等。

例如：经营管理标准内容包括：范围、规范性引用文件、职责、管理内容与方法（包括：经营管理、质量、环保、职业健康、标准化等方面）、报告与记录等。质量管理标准内容包括：范围、规范性引用文件、职责、管理内容与方法、报告与记录等。能源管理标准内容包括：范围、规范性引用文件、职责、管理内容与要求、能源消耗及统计分析、能源计量监测、能源计划、能源管理中报告与记录的保存和利用、节能技术改造、合理用能的评价办法和程序、报告与记录等。行政管理标准内容包括：范围、规范性引用文件、职责、管理内容与要求、印章、证照管理、文书管理、办公用品管理、门卫人员管理、计划生育管理、场务公开管理、机动车管理、对外接待管理、值班管理、会议管理、企业应急管理（突发事件）、报告与记录。

3. 工作标准体系　企业标准体系中的工作标准按其内在联系形成的科学有机整体。工作标准内容包括：范围、规范性引用文件、工作标准应同时执行与本岗位相关的管理标准和技术标准、职责权限、资格、技能等。

（1）职责权限：明确该岗位的职责和权限，以及与相关岗位的相互关系，部门正职管理人员在工作标准的职责中还应该明确该部门组织机构的设置内容。

（2）资格：文化水平、操作水平、管理知识。

（3）技能（特殊作业人员）：经验、技能、资格证。

思考题

1. 结合所学的乳牛学知识，谈谈乳牛场经营管理的重要性。

2. 谈谈标准化管理对提高乳牛场效益的作用。

参 考 文 献

1. 王福兆 . 乳牛学(第三版). 北京:科学技术文献出版社,2004,264-280.

2. 王加启 . 现代乳牛养殖科学 . 北京:中国农业出版社,2006,345-376.

3. 李胜利,孙文志主译 . 乳牛场经营与管理 . 北京:中国农业大学出版社,2009,2-19,82-97,150-160.

4. 张沅等主译 . 乳牛科学(第 4 版). 北京:中国农业大学出版社,2007,39-42.

附 录

一、中华人民共和国专业标准

中国奶牛饲养标准(修订第二版 2000)

1~8(略)

9. 各种牛的营养需要表

表1 成母牛维持营养需要

体重(kg)	日粮干物质(kg)	奶牛能量单位(NND)	可消化粗蛋白(g)	小肠可消化粗蛋白(g)	钙(g)	磷(g)	胡萝卜素(mg)	维生素A(国际单位)
350	5.02	9.17	243	202	21	16	37	15 000
400	5.55	10.13	268	224	24	18	42	17 000
450	6.06	11.07	293	244	27	20	48	19 000
500	6.56	11.97	317	264	30	22	53	21 000
550	7.04	12.88	341	284	33	25	58	23 000
600	7.52	13.73	364	303	36	27	64	26 000
650	7.98	14.59	386	322	39	30	69	28 000
700	8.44	15.43	408	340	42	32	74	30 000
750	8.89	16.24	430	358	45	34	79	32 000

注:①对第一个泌乳期的维持需要按表2基础增加20%,第二个泌乳期增加10%。

②如第一个泌乳期的年龄和体重过小,应按生长牛的需要计算实际增重的营养需要。

③上表没考虑放牧运动能量消耗。

④在环境温度低的情况下,维持能量消耗增加,须在表2基础上增加需要量,按正文说明计算。

⑤泌乳期间,每增重1 kg体重需要增加8NND和325 gDCP;每减重1kg需要扣除6.56NND和250 gDCP。

注:小肠可消化粗蛋白质=(饲料瘤胃降解蛋白×降解蛋白转化为微生物蛋白的效率×微生物蛋白质的小肠消化率)+(饲料非降解蛋白×小肠消化率)=(饲料瘤胃降解蛋白×0.9×0.7)+(饲料非降解蛋白×0.65)。

表2　每产1 kg奶的营养需要

乳脂率(%)	日粮干物质进食量(kg)	奶牛能量单位(NND)	可消化粗蛋白(g)	小肠可消化粗蛋白质(g)	钙(g)	磷(g)
2.5	0.31~0.35	0.80	49	42	3.6	2.4
3.0	0.34~0.38	0.87	51	44	3.9	2.6
3.5	0.37~0.41	0.93	53	46	4.2	2.8
4.0	0.40~0.45	1.00	55	47	4.5	3.0
4.5	0.43~0.49	1.06	57	49	4.8	3.2
5.0	0.46~0.52	1.13	59	51	5.1	3.4
5.5	0.49~0.55	1.19	61	53	5.4	3.6

表3　母牛怀孕后4个月的营养需要

体重(kg)	怀孕月份	日粮干物质进食量(kg)	奶牛能量单位(NND)	可消化粗蛋白(g)	小肠可消化粗蛋白(g)	钙(g)	磷(g)	胡萝卜素(mg)	维生素A(国际单位)
350	6	5.78	10.51	293	245	27	18		
	7	6.28	11.44	337	275	31	20	67	27
	8	7.23	13.17	409	317	37	22		
	9	8.70	15.84	505	370	45	25		
400	6	6.30	11.47	318	267	30	20		
	7	6.81	12.40	362	297	34	22	76	30
	8	7.76	14.13	434	339	40	24		
	9	9.22	16.80	530	392	48	27		
450	6	6.81	12.40	343	287	33	22		
	7	7.32	13.33	387	317	37	24	86	34
	8	8.27	15.07	459	359	43	26		
	9	9.73	17.73	555	412	51	29		
500	6	7.31	13.32	367	307	36	25		
	7	7.82	14.25	411	337	40	27	95	38
	8	8.78	15.99	483	379	46	29		
	9	10.24	18.65	579	432	54	32		

续表

体重(kg)	怀孕月份	日粮干物质进食量(kg)	奶牛能量单位(NND)	可消化粗蛋白(g)	小肠可消化粗蛋白(g)	钙(g)	磷(g)	胡萝卜素(mg)	维生素A(国际单位)
550	6	7.80	14.20	391	327	39	27	105	42
	7	8.31	15.13	435	357	43	29		
	8	9.26	16.87	507	399	49	31		
	9	10.72	19.53	603	452	57	34		
600	6	8.27	15.07	414	346	42	29	114	46
	7	8.78	16.00	458	376	46	31		
	8	9.73	17.73	530	418	52	33		
	9	11.20	20.40	626	471	60	36		
650	6	8.74	15.92	436	365	45	31	124	50
	7	9.25	16.85	480	395	49	33		
	8	10.21	18.59	552	437	55	35		
	9	11.67	21.25	648	490	63	38		
700	6	9.22	16.76	458	383	48	34	133	53
	7	9.71	17.69	502	413	52	36		
	8	10.67	19.43	574	455	58	38		
	9	12.13	22.09	670	508	66	41		
750	6	9.65	17.57	480	401	51	36	143	57
	7	10.16	18.51	524	431	55	38		
	8	11.11	20.24	596	473	61	40		
	9	12.58	22.91	692	526	69	43		

注:怀孕干奶期间按上表计算营养需要。

怀孕期间如未干奶,除按上表计算营养需要外,还应加产奶的需要。

表4　生长母牛的营养需要

体重(kg)	日增重(g)	干物质进食量(kg)	奶牛能量单位(NND)	可消化粗蛋白(g)	小肠可消化粗蛋白(g)	钙(g)	磷(g)	胡萝卜素(mg)	维生素A(国际单位)
40	400		3.23	141		11	6	4.3	1.7
	600		3.84	188		14	8	4.5	1.8
	800		4.56	231		18	11	4.7	1.9
60	600		4.63	199		16	9	6.6	2.6

续表

体重 (kg)	日增 重(g)	干物质 进食量(kg)	奶牛能量 单位(NND)	可消化 粗蛋白(g)	小肠可消化 粗蛋白(g)	钙 (g)	磷 (g)	胡萝 卜素(mg)	维生素 A (国际单位)
	800		5.37	243		20	11	6.8	2.7
80	600	2.34	5.32	222		17	10	9.3	3.7
	800	2.79	6.12	268		21	12	9.5	3.8
100	600	2.66	5.99	258		18	11	11.2	4.4
	800	3.11	6.81	311		22	13	11.6	4.6
150	700	3.60	7.92	305	272	23	13	17.0	6.8
	800	3.83	8.40	331	296	25	14	17.3	6.9
200	700	4.23	9.67	347	305	26	15	23.0	9.2
	800	4.55	10.25	372	327	28	16	23.5	9.4
250	700	4.86	11.01	370	323	29	18	28.5	11.4
	800	5.18	11.65	394	345	31	19	29.0	11.6
300	700	5.49	12.72	392	342	32	20	33.5	13.4
	800	5.85	13.51	415	362	34	21	34.0	13.6
350	700	6.08	13.96	415	360	35	23	39.2	15.7
	800	6.39	14.83	442	381	37	24	39.8	15.9
	900	6.84	15.75	460	401	39	25	40.4	16.1
400	700	6.66	15.57	438	380	38	25	46.0	18.4
	800	7.07	16.56	460	400	40	26	47.0	18.8
	900	7.47	17.64	482	420	42	27	48.0	19.2
500	700	7.80	18.39	485	418	44	30	57.0	22.8
	800	8.20	19.61	507	438	46	31	58.0	23.2
	900	8.70	20.91	529	458	48	32	59.0	23.6
600	700	8.90	21.23	535	459	50	35	70.0	28.0
	800	9.40	22.67	557	480	52	36	71.0	28.4
	900	9.90	24.24	580	501	54	37	72.0	28.8

表5　生长公牛的营养需要

体重 (kg)	日增重(g)	干物质进食量(kg)	奶牛能量单位(NND)	可消化粗蛋白(g)	小肠可消化粗蛋白(g)	钙(g)	磷(g)	胡萝卜素(mg)	维生素A(国际单位)
40	600		3.68	188		11	8	4.5	1.8
	800		4.32	231		18	11	4.7	1.9
60	600		4.45	199		16	10	8.4	3.4
	800		5.13	243		20	12	8.6	3.4
80	600	2.3	5.13	222		17	9	9.3	3.7
	800	2.7	5.85	268		21	12	9.5	3.8
100	600	2.5	5.79	258		18	11	11.2	4.4
	800	2.9	6.55	311		22	13	11.6	4.6
150	800	3.7	8.09	331	296	25	14	17.3	6.9
	1 000	4.2	9.08	378	339	29	17	18.0	7.2
200	800	4.4	9.88	372	327	28	16	23.5	9.4
	1000	5.0	11.09	417	368	32	18	24.5	9.8
250	800	5.0	11.24	394	345	31	19	29.0	11.6
	1 000	5.6	12.57	437	385	35	21	30.0	12.0
300	800	5.6	13.01	415	362	34	21	34.0	13.6
	1 000	6.3	14.61	458	402	38	23	35.0	14.0
400	800	6.8	15.93	460	400	40	26	47.0	18.8
	1 000	7.6	17.95	501	437	44	28	49.0	19.6
500	800	8.0	18.85	507	438	46	31	58.0	23.2
	1 000	8.9	21.29	548	476	50	33	60.0	24.0

表6　种公牛营养需要

体重 (kg)	干物质进食量(kg)	奶牛能量单位(NND)	可消化粗蛋白(g)	钙(g)	磷(g)	胡萝卜素(mg)	维生素A(国际单位)
500	7.99	13.40	423	32	24	53	21
600	9.17	15.36	485	36	27	64	26
700	10.29	17.24	544	41	31	74	30
800	11.37	19.05	602	45	34	85	34
900	12.42	20.81	657	49	37	95	38
1 000	13.44	22.53	711	53	40	106	42
1 100	14.44	24.26	764	57	43	117	47
1 200	15.42	25.83	816	61	46	127	51
1 300	16.37	27.49	866	65	49	138	55
1 400	17.31	28.99	916	69	52	148	59

二、饲料营养成分表

表1 饲料及矿物质营养成分表

饲料名称	产地	干物质(%)	NND/(kg)	可消化粗蛋白(%)	小肠可消化粗蛋白(g)	粗纤维(%)	钙(%)	磷(%)
野青草	北京	25.3	0.4	1.0	11.6	7.1	0.24	0.03
黑麦草	北京	18.0	0.37	2.4	22.6	4.2	0.13	0.05
甘薯藤	11省市	13.0	0.22	1.4	14.4	2.5	0.2	0.05
玉米青贮	4省市	22.7	0.36	0.8	10.9	6.9	0.1	0.06
玉米秸青贮	吉林	25.0	0.25	0.3	9.7	8.7	0.1	0.02
苜蓿青贮	青海	33.7	0.52	3.2	36.2	12.8	0.5	0.10
甘薯	7省市	25.0	0.59	0.6	6.8	0.9	0.13	0.05
马铃薯	10省市	22.0	0.52	0.9	11.2	0.7	0.02	0.03
甜菜	8省市	15.0	0.31	—	13.6	1.7	0.06	0.04
胡萝卜	12省市	12.0	0.29	0.8	7.5	1.2	0.15	0.09
羊草	黑龙江	91.6	1.38	3.7	51.0	29.4	0.37	0.18
苜蓿干草	北京	92.4	1.64	11.0	116.0	29.5	1.95	0.28
野干草	北京	85.2	1.25	4.3	46.9	27.5	0.41	0.31
碱草	内蒙古	91.7	1.03	4.1	51.1	41.3	—	—
玉米秸	辽宁	90.0	1.49	2.0	41.0	24.9	—	—
小麦秸	新疆	89.6	1.16	0.8	39.2	31.9	0.05	0.06
稻草	浙江	89.4	1.16	0.2	17.3	24.1	0.07	0.05
玉米	23省市	88.4	2.28	5.9	59.1	2.0	0.08	0.21
高粱	17省市	89.3	2.09	5.0	59.3	2.2	0.09	0.28
大麦	20省市	88.8	2.13	7.9	73.6	4.7	0.12	0.29
燕麦	11省市	90.3	2.13	9.0	78.6	8.9	0.15	0.33
小麦麸	全国	88.6	1.91	10.9	98.2	9.2	0.18	0.78
豆饼	13省市	90.6	2.64	36.6	295.3	5.7	0.32	0.50
菜籽饼	13省市	92.2	2.43	31.3	252.5	10.7	0.73	0.95

续表

饲料名称	产地	干物质(%)	NND/(kg)	可消化粗蛋白(%)	小肠可消化粗蛋白(g)	粗纤维(%)	钙(%)	磷(%)
胡麻饼	8省市	92.0	2.44	29.1	226.7	9.8	0.58	0.77
花生饼	9省市	89.9	2.71	41.8	317.1	5.8	0.24	0.52
棉子饼	4省市	89.6	2.34	26.3	224.4	10.7	0.27	0.81
酒糟	吉林	37.7	0.96	6.7	64.0	3.4	—	—
粉渣	6省市	15.0	0.39	1.5	12.4	1.4	0.02	0.02
啤酒糟	2省	23.4	0.51	5.0	46.8	3.9	0.09	0.18
甜菜渣	黑龙江	8.4	0.16	0.5	6.2	2.6	0.08	0.05
牛乳	北京	13.0	0.5	3.2	—	—	0.12	0.09
乳粉	北京	98.0	3.78	24.9	—	—	1.03	0.88

资料来源:选自李建国等主编 养牛手册(292-310页) 河北科学技术出版社 1997年

表2　矿物质饲料类

饲料名	化学式	元素含量(%)	
碳酸钙	$CaCO_3$	Ca=40	
石灰石粉	$CaCO_3$	Ca=35～38	P=0.02
煮骨粉		Ca=24～25	P=11～18
蒸骨粉		Ca=31～32	P=13～15
磷酸氢二钠	$Na_2HPO_4 \cdot 12H_2O$	P=8.7	Na=12.8
亚磷酸氢二钠	$Na_2HPO_3 \cdot 5H_2O$	P=14.3	Na=21.3
磷酸钙	$Na_3PO_4 \cdot 12H_2O$	P=8.2	Na=12.1
焦磷酸钠	$Na_4P_2O_7 \cdot 10H_2O$	P=14.1	Na=10.3
磷酸氢钙	$CaHPO_4 \cdot 2H_2O$	P=18.0	Ca=23.2
磷酸钙	$Ca_3(PO_4)_2$	P=20.0	Ca=38.7
过磷酸钙	$Ca(H_2PO_4)_2 \cdot H_2O$	P=24.6	Ca=15.9
氯化钠	NaCl	Na=39.7	Cl=60.3
硫酸亚铁	$FeSO_4 \cdot 7H_2O$	Fe=20.1	

饲料名	化学式	元素含量(%)	
碳酸亚铁	$FeCO_3 \cdot H_2O$	Fe=41.7	
碳酸亚铁	$FeCO_3$	Fe=48.2	
氯化亚铁	$FeCl_2 \cdot 4H_2O$	Fe=28.1	
氯化铁	$FeCl_3 \cdot 6H_2O$	Fe=20.7	
氯化铁	$FeCl_3$	Fe=34.4	
硫酸铜	$CuSO_4 \cdot 5H_2O$	Cu=39.8	S=20.06
氯化铜	$CuCl_2 \cdot 2H_2O$(绿色)	Cu=47.2	Cl=52.71
氧化镁	MgO	Mg=60.31	
硫酸镁	$MgSO_4 \cdot 7H_2O$	Mg=20.18	S=26.58
碳酸铜	$CuCO_3 \cdot Cu(OH)2H_2O$	Cu=53.2	
碳酸铜(碱式)孔雀石	$CuCO_3 \cdot Cu(OH)_2$	Cu=57.5	
氢氧化铜	$Cu(OH)_2$	Cu=65.2	
氯化铜(白色)	$CuCl_2$	Cu=64.2	
硫酸锰	$MnSO_4 \cdot 5H_2O$	Mn=22.8	
碳酸锰	$MnCO_3$	Mn=47.8	
氧化锰	MnO	Mn=77.4	
氯化锰	$MnCl_2 \cdot 4H_2O$	Mn=27.8	
硫酸锌	$ZnSO_4 \cdot 7H_2O$	Zn=22.7	
碳酸锌	$ZnCO_3$	Zn=52.1	
氧化锌	ZnO	Zn=80.3	
氯化锌	$ZnCl_2$	Zn=48.0	
碘化钾	KI	I=76.4	K=23.56
二氧化锰	MnO_2	Mn=63.2	
亚硒酸钠	$Na_2SeO_3 \cdot 5H_2O$	Se=30.0	
硒酸钠	$Na_2SeO_4 \cdot 10H_2O$	Se=21.4	

饲料名	化学式	元素含量(%)	
硫酸钴	$CoSO_4$	Co=38.02	S=20.68
碳酸钴	$CoCO_3$	Co=49.55	
氯化钴	$CoCl_2 \cdot 6H_2O$	Co=24.78	

表3　饲料矿物质营养

饲料名称	钾K(%)	钠Na(%)	氯Cl(%)	镁Mg(%)	硫S(%)	铁Fe(%)	铜Cu(%)	锰Mn(%)	锌Zn(%)	硒Se(%)
玉米	0.29	0.01	0.04	0.11	0.13	41	5.0	7.1	21.1	0.04
高粱	0.34	0.03	0.09	0.15	0.08	87	7.6	17.1	20.1	0.05
黑麦	0.42	0.02	0.04	0.12	0.15	117	7.0	53.0	35.0	0.40
甘薯干				0.08		107	6.1	10.0	9.0	0.07
小麦麸	1.19	0.07	0.07	0.52	0.22	170	13.8	104.3	96.5	0.07
大豆饼	1.77	0.02	0.02	0.25	0.33	187	19.8	32.0	43.4	0.04
大豆?	2.00	0.03	0.05	0.27	0.43	181	23.5	37.3	45.4	0.10
棉籽饼	1.20	0.04	0.14	0.52	0.40	266	11.6	17.8	44.9	0.11
棉籽?	1.16	0.04	0.04	0.40	0.31	263	14.0	18.7	55.5	0.15
菜籽饼	1.34	0.02				687	7.2	78.1	59.2	0.29
菜籽?	1.40	0.09	0.11	0.51	0.85	653	7.1	82.2	67.5	0.16
花生饼	1.23	0.07	0.03	0.31	0.30	368	25.1	38.9	55.7	0.06
向日葵仁饼	1.17	0.02	0.01	0.75	0.33	424	45.6	41.5	62.1	0.09
亚麻仁饼	1.25	0.09	0.04	0.58	0.39	204	27.0	40.3	36.0	0.18
芝麻饼	1.39	0.04	0.05	0.50	0.43		50.4	32.0	2.4	
玉米蛋白粉	0.40	0.02	0.08	0.05	0.60	400	28.0	7.0		1.00
鱼粉	0.90	0.88	0.60	0.24	0.77	226	9.1	98.9	98.9	2.70
苜蓿草粉	2.08	0.09	0.38	0.30	0.30	372	9.1	30.7	17.0	0.46

续表

饲料名称	钾 K (%)	钠 Na (%)	氯 Cl (%)	镁 Mg (%)	硫 S(%)	铁 Fe(%)	铜 Cu (%)	锰 Mn (%)	锌 Zn(%)	硒 Se(%)
啤酒糟	0.08	0.25	0.12	0.19	0.21	274	20.1	35.6	104.0	0.41
瓜类根茎类						20～100	4～8	5～10	10～30	0.01～0.02

表4　饲料维生素营养

饲料名称	胡萝卜素	维生素 D	维生素 E
粗饲料	较少	丰富	较少
苜蓿干草	26 mg/kg	丰富	
秸秆	极少	较多	缺乏
青绿饲料	50～80 mg/kg		较多
青草	50～100 mg/kg		较多
多汁饲料			
胡萝卜	丰富 100～250 g/kg		
南瓜	丰富		
甜菜		缺乏	
红(黄)甘薯	60～120 mg/kg		
酒糟	缺乏	缺乏	
谷实类	很少	缺乏	较丰富
黄玉米	丰富		丰富
糠麸类	非常缺乏	缺乏	丰富
小麦麸	少	少	
豆科籽实	缺乏		
饼粕类	很少		
花生棉籽饼	缺乏	缺乏	
维生素 A(维生素 A 醋酸脂)	20 万或 50 万国际单位/克		
维生素 D₃(维生素 D 醋酸脂)		20 万或 50 万国际单位/克	50%或 20%
维生素 E(DL-a-生育酚醋酸脂)			

三、美国 NRC(2001)推荐荷斯坦牛的营养需要

荷斯坦牛营养需要（使用实验日粮测定）

	泌乳盛期				泌乳初期				妊娠干乳期		
	体重=680 kg。BCS3.0，65月龄乳脂=35%，乳蛋白3.0%乳糖=4.8%适宜的环境条件				体重=680 kg。BCS3.3，58月龄乳脂=35%，乳蛋白3.0%乳糖=4.8%适宜的环境条件				体重=680 kg。BCS3.3 怀牛体重=45 kg怀孕增重0.67 kg/天（包括胎儿胎盘）		
	干物质采食量用模型预测日粮	干物质采食量用模型预测日粮	干物质采食量用模型预测日粮	干物质采食量用模型预测日粮	干物质采食量用模型预测日粮	干物质采食量用模型预测日粮+20%	干物质采食量用模型预测日粮	干物质采食量用模型预测日粮+20%	当前体重（包括胎儿胎盘）730 kg胎儿58月龄	当前体重（包括胎儿胎盘）751 kg胎儿58月龄	当前体重（包括胎儿胎盘）757 kg胎儿58月龄
泌乳怀孕天数	泌乳90 d	泌乳90 d	泌乳90 d	泌乳90 d	泌乳11 d	泌乳11 d	泌乳11 d	泌乳11 d	怀孕240 d	怀孕240 d	怀孕240 d
日产奶量(kg)	25	35	45	54.4	25	25	35	35			
DMI(kg)	20.3	23.6	26.9	30	13.5	16.1	15.6	18.8	14.4	13.7	10.1
日增重(kg)	0.5	0.3	0.1	−0.2	−0.9	0	−1.6	−0.6			
增加体况1分所需天数	221	316	1 166			4886					
减少体况1分所需天数				544	99		55	143	97		
能量											
NEL(兆卡/d)	27.9	34.8	41.8	48.3	27.9	27.9	34.8	34.8	14	14.4	14.5
NEL(兆卡/kg)	1.37	1.47	1.55	1.61	2.06	1.73	2.23	1.85		1.05	1.44
蛋白质											
代谢蛋白质(MP)g/d	1 862	2 407	2 954	3476	1 643	1 725	2 157	2 254	871	901	810

续表

荷斯坦牛营养需要(使用实验日粮测定)

泌乳怀孕天数	泌乳盛期				泌乳初期				妊娠干乳期		
	体重=680 kg。BCS3.0,65月龄乳脂=35%,乳蛋白3.0%乳糖=4.8%适宜的环境条件				体重=680 kg。BCS3.3,58月龄乳脂=35%,乳蛋白3.0%乳糖=4.8%适宜的环境条件				体重=680 kg。BCS3.3,犊牛 BCS3.3 怀孕45 kg怀孕儿胎增重0.67 kg/天(包括胎儿胎盘)		
	干物质采食量用模型预测日粮				干物质采食量用模型预测日粮	干物质采食量用模型预测日粮+20%	干物质采食量用模型预测日粮	干物质采食量用模型预测日粮+20%	当前体重(包括胎儿胎盘)儿胎盘58 730 kg 月龄	当前体重(包括胎儿胎盘)儿胎盘58 751 kg 月龄	当前体重(包括胎儿胎盘)儿胎盘58 757 kg 月龄
	泌乳90 d	泌乳90 d	泌乳90 d	泌乳90 d	泌乳11 d	泌乳11 d	泌乳11 d	泌乳11 d	怀孕240 d	怀孕240 d	怀孕240 d
日粮中MP%	9.2	10.2	11	11.6	12.2	10.7	13.8	12	6	6.6	8
RDP(g/d)	1 937	2 298	2 636	2 947	1 421	1 683	1 643	1 931	1 114	1 197	965
日粮中 RDP%	9.5	9.7	9.8	9.8	10.5	10.5	10.5	10.3	7.7	8.7	9.6
RUP(g/d)	933	1 291	1 677	2 089	949	863	1 405	1 045	317	292	286
日粮中 RUP%	4.6	5.5	6.2	6.9	7	5.4	9	5.6	2.2	2.1	2.8
粗蛋白(RUP+RDP)%	14.1	15.2	16	16.7	17.5	15.9	19.5	15.9	9.9	10.8	12.4
纤维和碳水化合物											
NDF 最小%	25~33	25~33	25~33	25~33	25~33	25~33	25~33	25~33	25~33	25~33	25~33
ADF 最小%	17~21	17~21	17~21	17~21	17~21	17~21	17~21	17~21	17~21	17~21	17~21
非纤维性碳水化合物最大%	36~44	36~44	36~44	36~44	36~44	36~44	36~44	36~44	36~44	36~44	36~44
矿物质											
吸收钙(g/d)	52.1	65	76.9	88	52.1	52.1	64	64	18.1	21.5	22.5

续表

荷斯坦牛营养需要（使用实验日粮测定）

	泌乳盛期				泌乳初期				妊娠干乳期		
	体重＝680 kg。BCS3.0，65月龄乳脂＝35%,乳蛋白3.0%乳糖＝4.8%适宜的环境条件				体重＝680 kg。BCS3.3，58月龄乳脂＝35%,乳蛋白3.0%乳糖＝4.8%适宜的环境条件				体重＝680 kg。BCS3.3 犊牛体重45 kg怀孕增重0.67 kg/天（包括胎儿胎盘）		
	干物质采食量用模型预测日粮				干物质采食量用模型预测日粮	干物质采食量用模型预测日粮＋20%	干物质采食量用模型预测日粮	干物质采食量用模型预测日粮＋20%	当前体重（包括胎儿胎盘）730 kg 58月龄	当前体重（包括胎儿胎盘）751 kg 58月龄	当前体重（包括胎儿胎盘）757 kg 58月龄
泌乳怀孕天数	泌乳90 d	泌乳90 d	泌乳90 d	泌乳90 d	泌乳11 d	泌乳11 d	泌乳11 d	泌乳11 d	怀孕240 d	怀孕240 d	怀孕240 d
日粮钙%	0.62	0.61	0.67	0.6	0.74	0.65	0.79	0.68	0.44	0.45	0.48
吸收磷（g/d）	44.2	56.5	68.8	80.3	37.3	40	49	52	19.9	20.3	16.9
日粮磷%	0.32	0.35	0.36	0.38	0.38	0.34	0.42	0.37	0.22	0.23	0.26
镁%	0.18	0.19	0.2	0.21	0.27	0.23	0.29	0.24	0.11	0.12	0.16
氯%	0.24	0.26	0.28	0.29	0.36	0.30	0.40	0.33	0.13	0.15	0.20
钾%	1	1.04	1.06	1.07	1.19	1.11	1.24	1.14	0.51	0.52	0.62
钠%	0.22	0.23	0.22	0.22	0.34	0.29	0.34	0.28	0.10	0.10	0.14
硫%	0.2	0.2	0.2	0.2	0.2	0.2	0.2	0.2	0.2	0.2	0.2
钴（mg/kg）	0.11	0.11	0.11	0.11	0.11	0.11	0.11	0.11	0.11	0.11	0.11
铜（mg/kg）	11	11	11	11	16	13	16	13	12	13	18
碘（mg/kg）	0.6	0.5	0.44	0.4	0.88	0.74	0.77	0.64	0.4	0.4	0.5
铁（mg/kg）	12.3	15	17	18	19	16	22	19	13	13	18
锰（mg/kg）	14.0	14.0	13	13	21	17	21	17	16	18	24

荷斯坦牛营养需要(使用实验日粮测定)

	泌乳盛期 体重=680 kg。BCS3.0,65月龄乳脂=35%,乳蛋白3.0%乳糖=4.8%适宜的环境条件 干物质采食量用模型预测日粮				泌乳初期 体重=680 kg。BCS3.3,58月龄乳脂=35%,乳蛋白3.0%乳糖=4.8%适宜的环境条件				妊娠干乳期 体重=680 kg。BCS3.3 犊牛45 kg怀孕增重0.67 kg/天(包括胎儿胎盘)		
					干物质采食量用模型预测日粮	干物质采食量用模型预测日粮+20%	干物质采食量用模型预测日粮	干物质采食量用模型预测日粮+20%	当前体重(包括胎儿胎盘)730 kg 58月龄	当前体重(包括胎儿胎盘)751 kg 58月龄	当前体重(包括胎儿胎盘)757 kg 58月龄
泌乳怀孕天数	泌乳90 d	泌乳90 d	泌乳90 d	泌乳90 d	泌乳11 d	泌乳11 d	泌乳11 d	泌乳11 d	怀孕240 d	怀孕240 d	怀孕240 d
硒(mg/kg)	0.3	0.3	0.3	0.3	0.3	0.3	0.3	0.3	0.3	0.3	0.3
锌(mg/kg)	43	48	52	55	65	54	73	60	21	22	30
维生素											
A(u/d)	75 000	75 000	75 000	75 000	75 000	75 000	75 000	75 000	80 300	82 610	81 270
D(u/d)	21 000	21 000	21 000	21 000	21 000	21 000	21 000	21 000	21 900	21 530	22 710
E(u/d)	545	545	545	545	545	545	545	545	1 168	1 202	1 211
A(u/d)	3 685	3 169	2 780	2 500	5 540	4 646	4 795	3 978	5 576	6 030	8 244
D(u/d)	1 004	864	758	680	1 511	1 267	1 308	1 085	1 520	1 645	2 240
E(u/d)	27	23	20	18	40	34	35	29	81	88	120

四、美国 NRC(2001)推荐的犊牛日粮中能量和蛋白质需要量

仅饲喂牛乳或代乳料的初生犊牛

体重(kg)	日增重量(g)	干物质采食量(kg)	代谢能(4.18×MJ)	粗蛋白(g)
25	0	0.24	1.12	20
	200	0.32	1.50	70
	400	0.42	2.00	121
30	0	0.27	1.28	23
	200	0.36	1.69	73
	400	0.47	2.22	124
40	0	0.34	1.59	58
	200	0.43	2.04	79
	400	0.55	2.63	129
	600	0.69	3.28	180
45	0	0.37	1.74	30
	200	0.46	2.21	81
	400	0.59	2.82	132
	600	0.74	3.50	183
50	0	0.4	1.88	33
	200	0.45	2.37	84
	400	0.63	3.00	135

饲喂牛乳补喂开食料或代乳料加开食料的犊牛

体重(kg)	日增重量(g)	干物质采食量(kg)	代谢能(4.18×MJ)	粗蛋白(g)
30	0	0.32	1.34	26
	200	0.42	1.77	84
	400	0.56	2.33	141
35	0	0.36	1.5	29
	200	0.47	1.96	87
	400	0.61	2.55	145
40	0	0.40	1.66	33
	200	0.51	2.14	90
	400	0.66	2.76	148
	600	0.83	3.44	205
45	0	0.44	1.81	36
	200	0.56	3.21	93
	400	0.71	2.96	151
	600	0.88	3.67	209
50	0	0.47	1.96	38
	200	0.6	2.48	96
	400	0.76	3.15	154

断乳(反刍期)犊牛

体重(kg)	日增重量(g)	干物质采食量(kg)	代谢能(4.18×MJ)	粗蛋白(g)
40	0	0.7	2.16	53
	400	1.13	3.51	201
	500	1.27	3.93	238
	600	1.86	4.36	276
60	0	0.8	2.47	61
	400	1.26	3.92	209
	500	1.41	4.36	246
	600	1.56	2.47	284
	700	1.71	3.92	322
	800	1.87	4.36	359
70	0	0.9	4.83	68
	400	1.39	4.31	217
	500	1.54	4.77	254
	600	1.7	5.26	291
	700	1.86	5.77	220
	800	2.03	6.29	367
80	0	0.99	3.07	75

仅饲喂牛乳或代乳料的初生犊牛

体重(kg)	日增重量(g)	干物质采食量(kg)	代谢能(4.18×MJ)	粗蛋白(g)
	600	0.78	3.7	185

饲喂牛乳补加开食料或代乳料补加开食料的犊牛

体重(kg)	日增重量(g)	干物质采食量(kg)	代谢能(4.18×MJ)	粗蛋白(g)
	600	0.94	3.89	212
	800	1.13	4.69	270
55	0	0.51	2.11	41
	200	0.63	2.64	99
	400	0.8	3.33	157
	600	0.99	4.1	215
	800	1.18	4.93	273
60	0	0.54	2.25	44
	200	0.67	2.8	102
	400	0.84	3.15	159
	600	1.04	4.31	217
	800	1.24	5.16	275

断乳（反刍期）犊牛

体重(kg)	日增重量(g)	干物质采食量(kg)	代谢能(4.18×MJ)	粗蛋白(g)
	400	1.51	4.67	224
	500	1.66	5.16	262
	600	1.83	5.68	300
	700	2	6.21	337
	800	2.18	6.75	375
90	0	1.16	3.35	82
	600	2.09	6.07	309
	700	2.28	6.62	346
	800	2.48	7.19	385
	900	2.68	7.78	423
100	0	1.25	3.63	90
	600	2.22	6.45	316
	700	2.42	7.02	354
	800	2.63	7.62	392
	900	2.84	8.22	430

五、中华人民共和国专业标准

高产奶牛饲养管理规范 ZB B 43002-85
The standard for feeding and
Management of high-yielding dairy cows

本规范适用于国营、集体和个体专业户奶牛场高产奶牛群（或个体）的饲养与管理

1　总则

1.1　制定本规范的目的,在于维护高产奶牛的健康,延长利用年限,充分发挥其产奶性能,降低饲养成本,增加经济效益。

1.2　本规范主要是针对一个泌乳期 305 天产奶量 6000kg 以上、含脂率 3.4％（或与此相当的乳脂量）的牛群和个体奶牛。中等产奶水平的牛群或 305 天产奶万公斤以上的高产奶牛,也可参考使用。

1.3　本规范的各条内容应认真执行。各地也可根据这些条款,因地制宜地制定适合本地区情况的饲养管理技术操作规程。

2　饲料

2.1　充分利用现有饲料资源,划拨饲料基地,保证饲料供给。一头高产奶牛全年应贮备、供应的饲草、饲料量如下：

a. 青干草：1 100～1 850 kg（应用一定比例的豆科干草）。

b. 玉米青贮：10 000～12 500 kg（或青草青贮 7 500 kg 和青草 10 000～15 000 kg）。

c. 块根、块茎及瓜果类：1 500～2 000 kg。

d. 糟渣类：2 000～3 000 kg。

e. 精饲料：2 300～4000 kg（其中高能量饲料占 50％,蛋白质饲料占 25～30％）,精饲料的各个品种应做到常年均衡供应。尽可能供给适合本地区的经济、高效的平衡日粮、其中矿物质饲料应占精料量的 2％～3％。

2.2　每年应对所喂奶牛的各种饲料进行一次常规营养成分测定,并反复做出饲用及经济价值的鉴定。

2.3　提倡种植豆科及其他牧草。调制禾本科干草,应于抽穗期 割,豆科或其他干草,在开花期割。青干草的含水量在 15％以下,绿色,芳香,茎枝柔软,叶片多,杂质少,并应打捆和设棚贮藏,防止营养损失；其切铡长度,应在 3mg 以上。

2.4　建议不喂青玉米,应喂带穗玉米青贮。青贮原料应富含糖分（例如甜高粱等）、干物质在 25％以上。青贮玉米在蜡熟期收贮。也可将豆科和禾本科草混贮。建议用塑料薄膜或青贮塔（窖）贮藏。制成的青贮应呈黄绿色或棕黄色,气味微酸带酒香味。南方应推广青草

青贮。

2.5　块根、块茎及瓜果类应用含干物质和糖多的品种,并妥为贮藏,防霉防冻,喂前洗净切成小块。糟渣类饲料除鲜喂外,也可与切碎的秸秆混贮。

2.6　库存精饲料的含水量不得超过14%,谷实类饲料喂前应粉碎成1~2 mm的粗粒或压扁,次加工不应过多,夏季以10天喂完为宜。

2.7　应重视矿物质饲料的来源和组成。在矿物质饲料中,应有食盐和一定比例的常量和微量矿物盐。例如骨粉、白垩(非晶质碳酸钙)、碳酸钙、磷酸二钙、脱氟磷酸盐类及微量元素,并应定期检查饲喂效果。

2.8　配合饲料应根据本地区的饲料资源、各种饲料的营养成分,结合高产奶牛的营养需要,因地制宜地选用饲料,进行加工配制。

2.9　应用商品配(混)合饲料时,必须了解其营养价值。

2.10　应用化学、生物活性等添加剂时,必须了解其作用与安全性。

2.11　严禁饲喂霉烂变质饲料、冰冻饲料、农药残毒污染严重的饲料、被病菌或黄曲霉污染的饲料、黑斑病甘薯和未经处理的发芽马铃薯等有毒饲料,严密清除饲料中的金属异物。

3　营养需要

3.1　干奶期,日粮干物质应占体重2.0%~2.5%,每公斤饲料干物质含奶牛能量单位1.75,粗蛋白11%~12%,钙0.6%,磷0.3%,精料和粗饲料比为25:75,粗纤维含量不少于20%。

3.2　围产期的分娩前两周,日粮干物质应占体重的2.5%~3%,每公斤饲料干物质含奶牛能量单位2.00,粗蛋白占13%,含钙0.2%,磷0.3%;分娩后立即改为钙0.6%,磷0.3%,精料和粗饲料比为40:60,粗纤维含量不少于23%。

3.3　泌乳盛期,日粮干物质应由占体重2.5%~3%逐渐增加到3.5%以上。每公斤干物质应含奶牛能量单位2.40,粗蛋白占16%~18%,钙0.7%,磷0.45%,精料和粗饲料比由40:60逐渐改为60:40,粗纤维含量不少于15%。

3.4　泌乳中期,日粮干物质应占体重3.0%~3.2%,每公斤含奶牛能量单位2.13,粗蛋白占13%,钙0.45%,磷0.4%,精料和粗饲料比为40:60,粗纤维含量不少于17%。

3.5　泌乳中期,日粮干物质应占体重3.0%~3.2%每公斤含奶牛能量单位2.00,粗蛋白占12%,钙0.45%,磷0.35%,精料和粗饲料比为30:70,粗纤维含量不少于20%。

4　饲养

4.1　干奶期应控制精料喂量,日粮以粗饲料为主,但不应饲喂过量的苜蓿干草和玉米青贮。同时应补喂矿物质、食盐,保证喂给一定数量的长干草。

4.2　围产期必须精心饲养,分娩前两周可逐渐增加精料,但最大喂量不得超过体重的1%。干奶期禁止喂甜菜渣,适当减少其他糟渣类饲料。分娩后第1~2天应喂容易消化的饲料,补喂40~60 g硫酸钠,自由采食优质饲草,适当控制食盐喂量,不得以凉水饮牛。分娩后第 3～4 天起,可逐渐增喂精料,每天增喂量为 0.5～0.8 kg,青贮、块根喂量必须控制。分娩 2 周以后在奶牛食欲良好、消化正常、恶露排净、乳房生理肿胀消失的情况下,日粮可按标准喂给,并可逐渐加喂青贮、块根饲料,但应防止糟渣块根过食和消化机能紊乱。

4.3　泌乳盛期,必须饲喂高能量的饲料,并使高产奶牛保持良好食欲,尽量采食较多的干物质和精料,但不宜过量。适当增加饲喂次数,多喂品质好、适口性强的饲料。在泌乳高峰期,青干草、青贮应自由采食。

4.4　泌乳中期、后期,应逐渐减少日粮中的能量和蛋白质。泌乳后期,可适当增加精料,但应防止牛体过肥。

4.5　初孕牛在分娩前 2～3 个月应转入成母牛群,并按成母牛干奶期的营养水平进行饲喂。分娩后,为维持营养需要,应增加 20%,第二胎增加 10%。

4.6　全年饲料供给应均衡稳定,冬夏季日粮不得过于悬殊,饲料必须合理搭配。配合日粮时,各种饲料的最大喂量建议为:

　　a. 青干草:10 kg(不少于 3 kg)。

　　b. 青贮:25 kg。

　　c. 青草:50 kg(幼嫩优质青草喂量可适当增加)。

　　d. 糟渣类:10 kg(白酒糟不超过 5 kg)。

　　e. 块根、块茎及瓜果类:10 kg。

　　f. 玉米、大麦、燕麦、豆饼,各 4 kg。

　　g. 小麦麸:3 kg。

　　h. 豆类:1 kg。

4.7　泌乳盛期、日产奶量较高或有特殊情况(干奶,妊娠后期)的奶牛,应由明显标志,以便区别对待饲养。饲养必须定时定量,每天喂 3～4 次,每次饲喂的饲料建议精、粗交替,多次喂给,并在运动场内设补饲槽,供奶牛自由采食饲草。在饲喂过程中,应少喂勤添,防止精料和糟渣饲料过食。

4.8　夏季日粮应适当提高营养浓度,保证供给充足的饮水,降低饲料组纤维含量,增加精料和蛋白质的比例,并补喂块根、块茎和瓜类饲料;冬季日粮营养应丰富,增加能量饲料,饮水温度应保持在 12～16℃,不饮冰水。

5　管理

5.1　奶牛场应建造在地势高燥、采光充足、排水良好、环境幽静、交通方便、没有传染病威胁和三废污染、易于组织防疫的地方,严禁在低洼潮湿、排水不良和人口密集的地方建场。

5.2　牛舍建筑应符合卫生要求,坚固耐用、冬暖夏凉、宽敞明亮,具备良好的清粪排尿系统,舍外设粪尿池。有条件的地方可利用粪尿池制作沼气。

5.3　在牛舍外的向阳面,应设运动场,并和牛舍相通。每头牛占用面积 20 m² 左右。运动场地面应平坦,为沙土地,有一定坡度,四周建有排水沟,场内有荫棚和饮水槽、矿物质补饲槽,四周围栏应坚实、美观,运动场应有专人管理清扫粪便、垫平坑洼、排除污泥积水。

5.4　牛舍和运动场周围应有计划的种树、种草、种花,美化环境,改善奶牛场小气候。

5.5　奶牛场各饲养阶段奶牛应分群(槽)管理,合理安排挤奶、饲喂、饮水、刷拭、打扫卫生、运动、休息等工作日程,一切生产作业必须在规定时间完成,作息时间不应轻易变动。

5.6　严格执行防疫、检疫和其他兽医卫生制度,定期进行消毒,建立系统的奶牛病历档案;每年定期进行 1~2 次健康检查,其中包括酮病、骨营养不良等病的检查;春秋季各进行一次检蹄修蹄。建议建议在犊牛阶段进行去角。

5.7　高产奶牛每天必须铺换褥草,坚持刷拭,清洗乳房和牛体上的粪便污垢,夏季最好每周进行一次水浴或淋浴(气温过高时应每天一至数次),并采取排风和其他防暑降温措施;冬季防寒保温。

5.8　高产奶牛每天应保持一定时间和距离的缓慢运动。对乳房容积大、行动不便的高产奶牛,可作牵行运动。酷热天气,中午牛舍外温度过高时,应改变放牛和运动时间。

5.9　高产奶牛每胎必须有 60~70 天干奶期,检疫采用快速干奶法,干奶前用 CMT 法进行隐性乳房炎检查,对强阳性(＋＋以上)应治疗后干奶,在最末一次挤奶后向每个乳头内注入干奶药剂,干奶后应加强乳房检查与护理。

5.10　高产奶牛产前两周进入产房,对出入产房的奶牛应进行健康检查,建立产房档案。产房必须干燥卫生,无贼风。建立产房值班和交接班制度,加强围产期的护理,母牛分娩前,应对其后躯、外阴进行消毒。对于分娩正常的母牛,不得人工助产,如遇难产,兽医应及时处理。

5.11　高产奶牛分娩后,应及早驱使站起,饮以温水,喂以优质青干草,同时用温水或消毒液清洗乳房、后躯和牛尾。然后清除粪便,更换清洁柔软褥草。分娩后 1~1.5 h,进行第一次挤奶,但不要挤净,同时观察母牛食欲、粪便及胎衣的排出情况,如发现异常,应及时诊治。分娩两周后,应作酮尿病等检查,如无疾病,食欲正常,可转大群管理。

6　挤奶

6.1　每年应编制每头奶牛的产奶计划,建议以高产奶牛泌乳曲线(见附录 B)作参考,按照每头奶牛的年龄、分娩时间、产奶量、乳脂率以及饲料供应等情况,进行综合估算。

6.2　高产奶牛的挤奶次数,应根据各泌乳阶段、产奶水平而定。每天可挤奶 3 次,也可根据挤奶量高低,酌情增减。

6.3　挤奶员必须经常修剪指甲,挤奶前穿好工作服,洗净双手,每挤完一头牛应洗净手臂,洗手的水中应加 0.1% 漂白粉。

6.4　奶具使用前后必须彻底清洗、消毒,奶桶及胶垫处必须清洗干净,洗涤时应用冷水冲洗,后用温水冲洗,再用 0.5% 烧碱温水(45 ℃)刷洗干净,并用清水冲洗,然后进行蒸汽消毒。橡胶制品清洗后用消毒液消毒。

6.5　挤奶环境应保持安静,对牛态度和蔼,挤奶前先栓牛尾,并将牛体后躯、腹部及牛尾清洗干净,然后用 45~50 ℃ 的温水,按先后顺序擦洗乳房、乳头、乳房底部中沟、左右乳区与乳镜,开始时可用带水多的湿毛巾,然后将毛巾拧干自下而上擦干乳房。

6.6　乳房洗净后应进行按摩,待乳房膨胀,乳静脉怒胀,出现排乳反射时,即应开始挤奶。

第一把挤出的奶含细菌多,应弃去。挤奶时严禁用牛奶或凡士林擦抹乳头,挤奶后还应再次按摩乳房,然后一手托住各乳区底部另一手把牛奶挤净。初孕牛在妊娠 5 个月以后,应进行乳房按摩,每次 5 min,分娩前 10～15 天停止。

　　6.7　手工挤奶应采用拳握式,开始用力宜轻,速度稍慢,待排乳旺盛时应加快速度,每分钟挤压 80～120 次,每分钟挤奶量不少于 1.5 kg。

　　6.8　每次挤奶必须挤净,先挤健康牛,后挤病牛,牛奶挤净后,擦干乳房,用消毒液浸泡乳头。

　　6.9　机器挤奶真空压力应控制在 350～380 mmHg,搏动器搏动次数每分钟应控制在 60～70 次,在奶少时应对乳房进行自上而下的按摩,并应防止空挤。挤奶结束后,应将挤奶机清洗消毒,然后放在干燥柜内备用。分娩 10 天以内的母牛,或患乳房炎的母牛,应改为手挤,病愈后再恢复机器挤奶。

　　6.10　认真作好产奶记录,刚挤下的奶必须通过滤器或多层纱布进行过滤,过滤后的牛奶,应在 2 h 内冷却到 4 ℃以下,入冷库保藏。过滤用的纱布每次用后应该洗涤消毒,并应定期更换,保持清洁卫生。

7　配种

　　7.1　建立发情预报制度,观察到母牛发情,不论配种与否,均应及时记录。配种前,除作表现、行为观察和黏液鉴定外,还应进行直肠检查,以便根据卵泡发育状况,适时输精。

　　7.2　高产奶牛分娩后 20 天,应进行生殖器检查,如有病变,应及时治疗。对超过 70 天不发情的母牛或发情不正常的者,应及时检查,并应从营养和管理方面寻找原因,改善饲养管理。

　　7.3　高产奶牛产后 70 天左右开始配种,配准天数不超过 90 天。初配年龄以 15～16 月龄,体重为成母牛 60 % 以上为宜。

　　7.4　合理安排全年产犊计划,尽量作到均衡产犊,在炎热地区的酷暑季节,可适当控制产犊头数。

　　7.5　高产奶牛应严格按照选配计划,用优良公牛精液进行配种,必须保证种公牛精液的质量。

8　统计记录

　　8.1　奶牛场应逐项准确地记载各项生产记录,包括产奶量、乳脂率、配种产犊、生长发育、外貌鉴定、饲料消耗、谱系以及疾病档案(包括防疫、检疫)等。

　　8.2　根据原始记录,定期进行统计、分析和总结,用于指导生产。

A. 名 词 解 释
(补充件)

　　A.1　高产奶牛:305 天产奶(不足 305 天者,以实际天数统计)6000 kg 以上,含脂率 3.4 % 的奶牛。

　　A.2　初产牛:指第一次分娩后的母牛。

A.3 初孕牛:指第一次怀孕后的母牛。

A.4 围产期:指母牛分娩前、后各 15 天以内的时间。

A.5 泌乳盛期:母牛分娩 15 天以后,到泌乳高峰期结束,一般指产后 16~100 天以内。

A.6 泌乳中期:泌乳盛期以后,泌乳后期之前的一段时间,一般指产后 101~200 天。

A.7 泌乳后期:泌乳中期之后,干奶以前的一段时间,一般指产后第 201 天至干奶前。

A.8 干奶期:指停止挤奶到分娩前 15 天的一段时间。

A.9 粗饲料:指各种牧草、秸秆、野草、甘薯藤、蔬菜以及用其制作的青贮、干草等。

A.10 块根、块茎及瓜果类:指甘薯、甜菜、马铃薯、南瓜、胡萝卜、芜菁等。

A.11 青干草:指以各种野草或播种的牧草为原料调制而成的干草,不包括各种作物秸秆。

A.12 糟渣类:也称副料,主要有酒糟、粉渣、啤酒糟、豆腐渣、饴糖渣、甜菜渣、玉米淀粉渣等。

A.13 精饲料:指谷实类、糠麸类和饼粕类饲料。

A.14 矿物质饲料:主要包括食盐、骨粉、白垩、脱氟磷酸盐以及微量元素等。

A.15 日粮:一昼夜内,一头奶牛采食的各种饲料之总和。

A.16 奶牛能量单位:我国饲养标准种,以 750kcal 产奶净能作为一个奶牛能量单位。

A.17 CMT 隐性乳房炎检查法:加州的乳房炎试验检查隐性乳房炎的一种方法。

B. 泌乳期各月日产奶量统计表

(参考件)

(kg)

日产奶量 / 泌乳月 / 305 天 / 产奶量	1	2	3	4	5	6	7	8	9	10
6 500	24	28	27	26	24	21	20	18	16	13
7 500	28	31	30	29	27	25	23	21	20	18
8 500	29	35	34	33	31	29	27	25	21	20
9 500	31	39	38	37	35	33	31	28	23	21
10 500	33	43	43	41	39	38	34	30	28	21

注:这个材料系根据 19 个奶牛场 742 头高产奶牛各月产奶量的统计结果。由于地区、气候、饲养管理等条件不同,且数据尚少,本表仅供参考。

附加说明：

本规范由农牧渔业部畜牧局提出。

本规范由西安市农业科学研究所负责起草。

本规范主要起草人王福兆。

六、中华人民共和国国家标准

奶牛场卫生及检疫规范 GB16568—1996
Health and quarantine requirement for dairy cattle farms.

1. 主题内容与适用范围

本标准规定了奶牛场的环境设计与设施、饲草料及饮水、饲养管理、挤奶人员、生产工艺、贮藏及运输的卫生和防疫、检疫的要求。

本标准适用于国有、集体和中外合资、合作经营、外商独资奶牛场。个体户也应参照执行。

2. 引用标准（略）

3. 奶牛场的环境设计与设施的卫生

3.1　场址的要求

奶牛场应建立在交通方便、水质良好、水量充沛、地势高燥、环境幽静、无有害体、烟雾、灰沙及其他污染的地区，并且远离学校、公共场所、居民住宅区。

3.2　场区的布局与设施要求

3.2.1　场内的饲养区、生活区布置在场区的上风高燥处，兽医室、产房、隔离病房、贮粪场和污水处理池应布置在场内的下风较低处。

3.2.2　场区内的道路坚硬、平坦、无积水。咎舍、运动场、道路经外地带应绿化。

3.2.3　场区牛舍应坐北朝南，坚固耐用，宽敞明亮，排水通畅，通风良好，能有效地排出潮湿和污浊的空气，夏季应增设电风扇或排风扇通风降温。

饲养区养门口通道地面设 3.8m×3m×0.1m 的消毒池，人行通道除设地面消毒池外，增设紫外线消毒灯。

3.2.4　场区内应设有牛粪处理设施，处理后应符合 GB7959 的规定，排放出场的污水必须符合 GB8978 的有关规定。

3.2.5　场区内必须设有更衣室、厕所、沐浴室、休息室。更衣室内应按人数配备衣柜，厕所内应有冲水装置、非手动开关的洗手设施和洗手用的清洗剂。

3.2.6　场区必须设有与生产能力相适应的微生物和产品质量检验室，并配备工作所需的仪器设备和经专业培训考核合格的检验人员。

3.2.7　场区内需弃置专用危险品库房、橱柜，存放有毒、有害物品，并贴有醒目的"有害"

标记。在使用危险品时需经专门管理部门核准,并在指定人员的严格监督下使用。

3.3 场内的供、排水系统

3.3.1 场区内应有足够的生产用水,水压和水温均应满足生产需要,水质应符合GB5749的规定。如需配备贮水设施,应有防污染措施,并定期清洗、消毒。

3.3.2 场区内应具有能承受足够大负荷的排水系统,并不得污染供水系统。

4. 饲草

4.1 饲草

各种饲草应干净无杂质、不霉烂变质。

4.2 饲料

各种饲料收购和贮藏应符合 GB13078 的规定。

4.3 饮水

饮水卫生应符合 GB5749 的规定。饮水池应定期清洗换水。

5. 饲养管理

5.1 饲喂前饲草应铡短、扬弃泥土,清除异物,防止污染;块根、块茎类饲料需清洗、切碎,冬季防冷冻。

5.2 每天应清洗牛舍槽道、地面、墙壁,除去褥草、污物、粪便。清洗工作结束应及时将粪便及污物运送到贮粪场。运动场牛粪派专人每天清扫,集中到贮粪场。

5.3 场区内应定期或在必要时进行除虫灭害,清除杂草,防止害虫孳生,但药液不得直接触及牛体和盛奶用具。

5.4 场内不得饲养其他家畜家禽,并防止其进入场区。

6. 工作售货员的健康与卫生要求

6.1 场内饲养、挤奶售货员每年进行健康检查,在取得健康合格证后方可上岗工作。场有关部门应建立职工健康档案。

6.2 患有下列病症之一者不得从事饲草、饲料收购、加工、饲养和挤奶工作:

a 痢疾、伤寒、弯曲菌病、病毒性肝炎等消化道传染病(包括病原携带者);

b 活动性肺结核、布鲁氏菌病;

c 化脓性或渗出性皮肤病;

d 其他有碍碍卫生、人畜共患的疾病。

6.3 挤奶员手部受刀伤和其他开放性外伤,未愈前不能挤奶。

6.4 饲养员和挤奶员工作时必须穿戴工作服、工作帽和工作鞋(靴)。挤奶员工作时不得佩带饰物和涂抹化妆品,并经常修指甲。

6.5 饲养、挤奶员工作帽、工作服、工作鞋(靴)应经常清洗、消毒;对更衣室、沐浴室、休息室、厕所等公共场所要经常清洗消毒。

7. 生产工艺

7.1　手工挤奶

7.1.1　奶牛进牛舍后必须先冲洗,刨刷牛体,然后再饲喂挤奶。

7.1.2　挤奶前应先清除牛床上粪便,固定牛尾,使用40～45 ℃温水清洗按摩、擦干乳房。一牛一条毛巾,一牛一桶水,乳头严禁涂布润滑油脂。

7.1.3　挤奶开始第一、二把奶应丢弃。

7.1.4　挤奶时,若遇牛排尿或排粪应及时避让。

7.1.5　挤奶后应对奶牛乳头逐个进行药浴消毒。

7.1.6　挤奶应先挤健康牛,再挤病牛。病牛的奶,尤其是患乳房炎病牛的奶应单独存放,另行处理。

7.1.7　盛奶用具使用前、后必须彻底清洗、消毒。

7.2　机器挤奶

7.2.1　机器挤奶机在使用时应保持性能良好,送奶管和贮奶缸使用后应及时清洗、消毒。

7.2.2　挤奶开始前逐一对每头牛每个乳区作乳房炎的检查,阳性牛改为手工挤奶。

7.2.3　挤奶前用温水清洗乳房和乳头,并用一次性纸巾擦干。

7.2.4　挤奶后用消毒液喷淋乳头消毒。

8. 鲜奶盛装、贮藏与运输卫生

8.1　鲜奶应设单间存放,与牛舍隔离,并且有防尘、防蝇、防鼠的设施。

8.2　鲜奶必须由过滤器或多层纱布进行过滤才能装入宣传品贮藏,2 h内应冷却到4 ℃以下。

8.3　鲜奶必须使用密闭的、清洁的经消毒的奶槽车或桶装运。应符合GB12693中的有关规定。

8.4　鲜奶从挤出到加工前防止污染,质量应符合GB6914的规定。

9. 防疫

9.1　进出车辆与售货员要严格消毒。

9.2　场内应建立必要的消毒制度。每旬一次牛槽消毒,每月一次牛舍消毒,每季一次全场消毒。

9.3　初生牛犊7日内每天应足其母牛的初乳,第一次饮奶时间应在生后1 h之内。

9.4　每年三、四月间,全群进行无毒炭疽芽孢苗的防疫注射,密度不得低于95%。

10. 检疫

10.1　每年春季或秋季对全群进行布鲁氏菌病和结核病的实验室检验,检疫密度不得低于90%。在健康牛群中检出的阳性牛并杀,深埋或火化;非健康牛群的阴性牛可疑阳性牛可隔离分群饲养,逐步淘汰净化。

10.2　对下列疾病进行临床检查,必要时作实验室检验:口蹄疫、蓝舌病、牛白血病、副结核病、牛肺疫。牛传染性鼻气管炎和黏膜病。

　　检测方法同 GB16567 中种牛检疫的规定,检出阳性后有关兽医法规处理。

10.3　多雨年份的秋季应作肝脏吸虫的检查。

附加说明:

本标准由农业部畜牧兽医司提出。

本标准由农业部动物检疫所徐州市食品公司负责起草。

本标准主要起草人陈炳洲、郑志刚、杨承谕、仰惠芬。

[注]选自刘成果主编《中国奶业年鉴 2002 牛》(497～499 页)中国农业出版社.2003 年

七、中华人民共和国农业行业标准(节选)

(中华人民共和国农业部发布)
(2001-09-03 发布　　2001-10-01 实施)

(一)无公害食品　畜禽饮用水水质(节选)

(NY5027—2001)

1　范围

　　本标准规定了生产无公害畜产品养殖过程中畜禽饮用水水质要求和配套的检测方法。

　　本标准适用于生产无公害食品的集约化畜禽养殖场、畜禽养殖区和放牧区的畜禽饮用水水质。

2　规范性引用文件

3　术语和定义

　　下列术语和定义适用于本标准。

3.1　集约化畜禽养殖场 intensive animal production farm

进行集约化经营的养殖场。集约化养殖是指在较小的场地内,投入较多的生产资料和劳动,采用新工艺和技术措施,进行专业化管理的饲养方式。

3.2　畜禽养殖区 animal production zone

多个畜禽养殖个体集中生产的区域。

畜禽放牧区 pasturing area

采用放牧的饲养方式,并得到省、部级有关部门认可的牧区。

4　水质要求

4.1　畜禽饮用水水质不应大于表1的规定。

4.2　当水源中含有农药时,其浓度不应大于附录 A 的限量。

表1　畜禽饮用水水质标准及检验方法

项目		标准值		检验方法（执行标准）
		畜	禽	
感官性状及一般化学指标	色,(°) ≤	色度不超过30°		GB/T 5750
	浑浊度,（°） ≤	不超过20°		GB/T 5750
	臭和味 ≤	不得有异臭和异味		GB/T 5750
	肉眼可见物 ≤	不得含有		GB/T 5750
	总硬度(以 $CaCO_3$ 计,mg/L) ≤	1 500		GB/T 5750
	PH	5.5～9	6.4～8.0	GB/T 6920
	溶解性总固体,mg/L ≤	1000	250	GB/T 5750
	氯化物(以 Cl^- 计),mg/L ≤	1000	250	GB/T 11890
	硫酸盐(以 SO_4^{2-} 计),mg/L ≤	500	250	GB/T 5750
细菌学指标	总大肠杆菌,个/100ml ≤	成年畜10;幼畜和禽1		GB/T 5750
毒理学指标	氟化物(以 F^- 计),mg/L ≤	2.0	2.0	GB/T 7483
	氰化物,mg/L ≤	0.2	0.05	GB/T 7486
	总砷,mg/L ≤	0.2	0.2	GB/T 7485
	总汞,mg/L ≤	0.1	0.001	GB/T 7468
	铅,mg/L ≤	0.1	0.1	GB/T 7475
	铬(六价),mg/L ≤	0.1	0.05	GB/T 7467
	镉,mg/L ≤	0.05	0.01	GB/T 7475
	硝酸盐(以 N 计),mg/L ≤	30	30	GB/T 7480

（二）无公害食品　生鲜牛乳（节选）

（NV5045—2001）

1　基本要求

生产无公害生鲜牛乳的奶牛饲养管理方式应符合 NY/T5049 要求.

2　技术要求

2.1　生鲜牛乳产地环境要求

应符合无公害食品产地的环境标准。

2.2　感官要求

应符合表1规定。

表1　感官要求及检验方法

项目	指标	检验方法
色泽	呈乳白色或稍带微黄色	
组织状态	呈均匀的胶态液体,无沉淀,无凝快,无肉眼可见杂质和其他异物。	取适量试样于50 ml烧杯中,在自然光下观察色泽和组织状态。
滋味和气味	具有新鲜牛乳固有的香味,无其他异味。	取适量试样于50 ml烧杯中,先闻气味,然后用温开水漱口,再品尝样品的滋味。

2.3　理化要求

应符合表2规定。

2.4　卫生要求

应符合表3规定。

2.5　微生物要求

应符合表4规定。

表2　理化要求及检验方法

项目	指标	理化检验
相对密度 d_4^{20}	1.028~1.032	按 GB/T 5409 检验
脂肪,% ≥	3.2	按 GB/T 5409 检验
蛋白质,% ≥	3.0	按 GB/T 5413.1 检验
非脂乳固体,% ≥	8.3	按 GB/T 5409 检验
酸度,°T ≤	18.0	按 GB/T 5409 检验
杂质度,mg/kg ≤	4	按 GB/T 5413.1 检验

表3　卫生要求及检验方法

项目		指标	检验方法
汞(以 Hg 计),mg/kg	≤	0.01	按 GB/T 5009.17 检验
砷(以 As 计),mg/kg	≤	0.2	按 GB/T 5009.11 检验

项目		指标	检验方法
铅(以 Pb 计),mg/kg	≤	0.05	按 GB/T 5009.12 检验
铬(以 Cr^{3+} 计),mg/kg	≤	0.3	按 GB/T 14962 检验
硝酸盐(以 $NaNO_3$ 计),mg/kg	≤	8.0	按 GB/T 5413.32 检验
亚硝酸盐(以 $NaNO_2$ 计),mg/kg	≤	0.2	按 GB/T 5413.32 检验
六六六,mg/kg	≤	0.05	按 GB/T 5009.19 检验
滴滴涕,mg/kg	≤	0.02	按 GB/T 5009.19 检验
黄曲霉毒素 M_1,mg/kg	≤	0.2	按 GB/T 5009.24 检验
抗生素		不得检出	按 GB/T 5409 检验
马拉硫磷,mg/kg	≤	0.1	按 GB/T 5009.36 检验
倍硫磷,mg/kg	≤	0.01	按 GB/T 5009.20 检验
甲胺磷,mg/kg	≤	0.2	按 GB/T 14876 检验

表4　微生物要求及检验方法

项目	指标	检验方法
菌落总数 cfu/ml	500 000	按 GB/T 4789.2 和 GB 4789.18

2.6　掺假项目

不得在生鲜牛乳中掺入碱性物质、淀粉、食盐、蔗糖等非乳物质。

3　检验方法

3.1　感官检验、理化检验、卫生检验、微生物检验见上表。

3.2　掺假检验

3.2.1　碱性物质:按 GB/T 5409—1985 中 2.8 检验。

3.2.2　淀粉:按 GB/T 5409—1985 中 2.11 检验。

3.2.3　食盐:按 GB/T 5409—1985 中 2.6.1.2 检验。

3.2.4　蔗糖:按 GB/T 5409—1985 中 2.10 检验。

(三)无公害食品 奶牛饲养饲料使用准则

NY—5048—2001(节选)

1　要求

1.1　饲料原料

1.1.1　感官要求:应具有一定的新鲜度,具有该品种应有的色、嗅、味和组织形态特征,无发霉、变质、结块、异味及异臭。

　　1.1.2　饲料原料中有害物质及微生物允许量应符合 GB 13078 的要求。

　　1.1.3　饲料原料中含有饲料添加剂的应做相应说明。

　　1.2　饲料添加剂

　　1.2.1　感官要求:应具有该品种应有的色、嗅、味和和特征,无发霉、变质、异味及异臭。

　　1.2.2　有害物质及及微生物允许量应符合 GB 13078 的要求。

　　1.2.3　饲料中使用的营养性饲料添加剂和一般性饲料添加剂产品应是《允许使用的饲料添加剂品种目录》所规定的品种,或取得试生产产品批准文号的新饲料添加剂品种。

　　1.2.4　饲料添加剂产品的使用应遵照产品说明书所规定的用法、用量。

　　1.3　配合饲料、浓缩饲料和饲料预混合饲料

　　1.3.1　感官要求:应色泽一致,无发霉、结块、异味及异臭。

　　1.3.2　有害物质及及微生物允许量应符合 GB 13078 及相关标准的要求。

　　1.3.3　奶牛配合饲料、农缩饲料和添加剂预混合饲料中不应使用任何药物。

　　1.4　饲料加工过程

　　1.4.1　饲料企业的工厂设计预设施卫生、工厂卫生管理和生产过程的卫生应符合 GB/T 16764 的要求。

　　1.4.2　配料

　　1.4.2.1　定期对计量设备进行检验和正常维护,以确保其精确性和稳定性,其误差不应大于规定范围。

　　1.4.2.2　微量和极微量组分应进行稀释,并且应在专门的配料室内进行。

　　1.4.2.3　配料室应有专人管理,保持卫生整洁。

　　1.5　混合

　　1.5.1　混合时间,按设备性能不应少于规定时间。

　　1.5.2　混合工序投料应按先大量、后小量的原则进行。投入的微量组分应将其稀释到配料称最大称量的 5% 以上。

　　1.6　留样

　　1.6.1　新接受的饲料原料和各个批次生产的饲料产品均应保留样品。样品密封后留置专用样品室或样品柜内保存。样品室和样品柜应保持阴凉、干燥。采样方法按 GB/T 14699 执行。

　　1.6.2　留样应设标签,载明饲料品种、生产日期、批次、生产负责人和采样人等事项,并建立档案由专人负责保管。

　　1.6.3　样品应保留至该批产品保质期满后 3 个月。

2　饲料监测方法

　　2.1　饲料采样方法按 GB/T14699 执行。

　　2.2　砷按 GB/T13079 执行。

　　2.3　铅按 GB/T13080 执行。

2.4　汞按 GB/T13081 执行。

2.5　镉按 GB/T13081 执行。

2.6　氟按 GB/T13082 执行。

2.7　六六六、滴滴涕按 GB/T13090 执行。

2.8　沙门氏菌按 GB/T13091 执行。

2.9　霉菌按 GB/T13092 执行。

2.10　黄曲霉毒素 B₁ 按 GB/T8381 执行。

3　检验规则

3.1　感官要求：粗蛋白质、钙和总磷含量为出厂检验项目，其余为型式检验项目。

3.2　在保证产品质量的前提下，生产厂可根据工艺、设备、配方、原料等的变化情况，自行确定出厂检验的批量。

3.3　试验确定值的双试验相对偏差按相应标准规定执行。

3.4　检测与仲裁判定各项指标合格与否时，应考虑允许误差。

4　标签、包装、贮存和运输

4.1　标签

商品饲料应在包装物上附有饲料标签，标签应符合 GB 10648 中的有关规定。

4.2　包装

4.2.1　饲料包装应完整、无漏洞，无污染和异味。

4.2.2　包装材料应符合 GB/T 16764 的要求。

4.2.3　包装印刷油墨无毒，不应向内容物渗漏。

4.2.4　包装物的重复使用应遵循《饲料和饲料添加济管理条例》的有关规定。

4.3　贮存

4.3.1　饲料的贮存应符合 GB/T 16764 的要求。

4.3.2　不合格和变质饲料应做无害化处理，不应存放在饲料贮存场所内。

4.3.3　饲料的贮存场地不应使用化学灭鼠药和杀鸟济。

4.3.4　干草类和秸秆类贮存时，水分含量应低于 15％，防止日晒、雨淋、霉变。

4.3.5　青绿饲料与野草类、块根、块茎、瓜果类应堆放在棚内，堆宽不宜超过 2 m，堆高不宜超过 1 m，堆放时间不宜过长，防止日晒、雨淋、发芽、霉变。

4.4　运输

4.4.1　运输工具应符合 GB/T 16764 的要求。

4.4.2　运输作业应防止污染，保持包装的完整。

4.4.3　不应使用运输畜禽类等动物的车辆运输饲料产品。

4.4.4　饲料运输工具和装卸场地应定期清洗和消毒。

5　其他有关使用饲料和饲料添加剂的原则与规定

5.1　不应使用未得产品进口登记证的境外饲料和饲料添加剂。

5.2　不应在饲料中使用违禁的药物和饲料添加剂。

5.3　禁止在奶牛饲料中添加和使用肉骨粉、骨粉、血粉、血浆粉、动物下脚料、动物脂粉、干血浆及其他血浆制品、脱水蛋白、蹄粉、角粉、鸡杂碎粉、羽毛粉、油渣、鱼粉、骨胶等动物源性饲料。

5.4　根据奶牛营养需要合理投料，合理使用微量元素添加剂，尽量降低粪尿、甲烷的排出量，减少氮、磷、锌、铜的排出量，降低对环境的污染。

5.5　所使用的工业副产品饲料应来自生产绿色食品和无公害食品的副产品。

5.6　严格执行《饲料和饲料添加剂管理条例》有关规定。

5.7　严格执行《农业转基因生物安全管理条例》有关规定。

5.8　栽培饲料作物的农药使用按 GB 4285 规定执行。

5.9　青贮饲料的制作、贮存按《青贮饲料质量评定标准》规定执行。

（四）无公害食品　奶牛饲养管理准则

NY/T5049—2001（节选）

1　引种

1.1　引进的牛，应按 GB 16567 进行检疫。

1.2　引进的牛，隔离观察至少 30～45 天，经兽医检疫部门检查确定为健康合格后，方可供繁殖使用。

1.3　不应从疫区引进种牛。

2　奶牛场环境与工艺

2.1　奶牛场应建立在地势平坦干燥、背风向阳、排水良好、场地水源充足、未被污染和没有发生过任何传染病的地方。

2.2　牛舍应具备良好的清粪排尿系统。

2.3　牛舍内的温度、湿度、气流（风速）和光照应满足奶牛不同的饲养阶段的要求，以降低牛群发生疾病的机会。

2.4　牛舍内的空气质量应符合 NY/T388 的规定。

2.5　牛舍地面和墙壁应选用适宜材料，以便进行彻底清洗消毒。

2.6　牛场内应分设管理区、生产区及粪便处理区，管理区和生产区应处上风向，粪便处理区应处下风向。

2.7　牛场净道和污道应分开，污道在下风向，雨水和污水应分开。

2.8　牛场周围应设绿化隔离带。

2.9　牛场排污应遵循减量化、无害化和资源化的原则。

3　饲养条件

3.1　饲料和饲料添加剂

3.1.1　饲料及饲料添加剂的使用应符合 GB 5048 的规定。

3.1.2　奶牛的不同生长时期和生理阶段至少应达到《奶牛营养需要和饲养标准》(第二版)要求,可参考使用地方奶牛饲养规范(规程)。

3.1.3　不应在饲料中额外添加未经国家有关部门批准使用的各种化学、生物制剂及保护剂(如抗氧化剂、防霉剂)等添加剂。

3.1.4　应清除饲料中的金属异物和泥沙。

3.2　兽药使用

3.2.1　对于治疗患病奶牛及必须使用药物处理时,应按照 NY5046 执行。

3.2.2　泌乳牛在正常情况下禁止使用任何药物,必须用药时在药物残留期间的牛乳不应作为商品牛乳出售,牛乳在上市前应按规定停药,应准确计算时间和弃乳期。

3.2.3　不应使用未经有关部门批准使用的激素类药物(如促卵泡发育、排卵和催产等药剂)及抗生素。

3.3　防疫　牛群的防疫应符合 NY 5047 的规定。

3.4　饮水

3.4.1　场区应有足够的生产和饮用水,饮水质量应达到 NY 5027 的规定。

3.4.2　经常清洗和消毒饮水设备,避免细菌滋生。

3.4.3　若有水塔或其他贮水设施,则应有防止污染的措施,并予以定期清洗和消毒。

4　卫生消毒

4.1　消毒剂　消毒剂应选择对人、奶牛和环境比较安全、没有残留毒性,对设备没有破坏和在牛体内不应产生有害积累的消毒剂。可选用的消毒剂有:石炭酸(酚)、煤酚、双酚类、次氯酸盐、有机碘混合物(碘附)、过氧乙酸、生石灰、氢氧化钠(火碱)、高锰酸钾、硫酸铜、新洁尔灭、松油、酒精和来苏儿等。

4.2　消毒方法

4.2.1　喷雾消毒　用一定浓度的次氯酸盐、有机碘混合物、过氧乙酸、新洁尔灭、煤酚等,用喷雾装置进行喷雾消毒,主要用于牛舍清洗完毕后的喷洒消毒,带牛环境消毒、牛场道路和周围和进入场区的车辆。

4.2.2　浸液消毒　用一定浓度的新洁尔灭、有机碘混合物或煤酚的水溶液,进行洗手、洗工作服或胶靴。

4.2.3　紫外线消毒　对人员入口处常设紫外线灯照射,以起到杀菌效果。

4.2.4　喷撒消毒　在牛舍周围、入口、产床下面撒生石灰或火碱杀死细菌或病毒。

4.2.5　热水消毒　用 35～46 ℃温水及 70～75 ℃的热碱水清洗挤奶管道,以除去管道内残留矿物质。

4.3　消毒制度

4.3.1　环境消毒　牛舍内周围环境(包括运动场)每周用2%火碱消毒或撒生石灰1次;场周围、场内污水池、排粪坑和下水道出口,每月用漂白粉消毒1次。在大门口和牛舍入口设消毒池,使用2%火碱或煤酚溶液。

4.3.2　人员消毒

4.3.2.1　工作人员进入生产区应更衣和紫外线消毒,工作服不应穿出场外。

4.3.2.2　外来参观者进入场区参观应彻底消毒,更换场区工作服和工作鞋,并遵守场内检疫制度。

4.3.3　牛舍消毒　牛舍在每班牛只下槽后,应彻底清扫干净,定期用高压水枪冲洗,并进行喷雾消毒或熏蒸消毒。

4.3.4　用具消毒　定期对饲喂用具、料槽和饲料车等进行消毒,可用0.1%新洁尔灭或0.2%~0.5%过氧乙酸消毒;日常用具(如兽医用具、助产用具、配种用具、挤奶设备和奶罐车等)在使用前后进行彻底消毒和清洗。

4.3.5　带牛环境消毒　定期进行带牛环境消毒,有利于减少环境中病原微生物。可用于带牛环境消毒的消毒药:0.1%新洁尔灭,0.3%过氧乙酸,0.1%次氯酸钠,以减少传染病和蹄病等发生。带牛环境消毒应避免消毒剂污染到牛奶中。

4.3.6　牛奶消毒　挤奶、助产、配种、注射治疗及任何对牛奶进行接触操作前,应先将有关部位如乳房、乳头、阴道口和后躯等进行消毒擦拭,以降低牛乳的细菌数,保证牛体健康。

5　管理

5.1　总的管理

5.1.1　奶牛场不应饲养任何其他家畜和家禽,并应防止周围其他畜禽进入场区。

5.1.2　保持各生产环节的环境及用具的清洁,保证牛奶卫生。坚持拭刷牛体,防止污染乳汁。

5.1.3　成乳牛坚持定期护蹄、修蹄和浴蹄。

5.3　饲喂管理

5.3.1　按饲养管理规范饲喂,不堆槽,不空槽,不喂发霉变质和冰冻的饲料。应检出饲料中的异物,保持饲槽清洁卫生。

5.3.2　保证足够的新鲜、清洁饮水,运动场设食盐、矿物质(乳矿物质添砖等)补饲槽和饮水槽,定期清洗消毒饮水设备。

5.4　挤奶管理

5.4.1　贮奶罐、挤奶机使用前后都应清洗干净,按操作规程要求放置。

5.4.2　乳房炎病牛不应上机挤奶,上机时临时发现的乳房炎病牛不应套杯挤奶,应转入病牛群手工挤净后治疗。

5.4.3　牛奶出场前后自检,不合格者不应出场。

5.4.4　机械设备应定期检查、维修和保养。

5.5　灭蚊蝇、灭鼠

5.5.1　搞好牛舍内环境卫生,消灭杂草和水坑等蚊蝇孳生地,定期喷洒消毒药物,或在牛场外围设诱杀点,灭蚊蝇。

5.5.2 定期投放灭鼠药,控制啮齿类动物。投放灭鼠药应定时、定点,及时收集死鼠或残余鼠药,作无害化处理。

6 病死牛及产品处理

6.1 对于非传染病及机械创伤引起的病牛只,应及时进行治疗,死牛应及时定点进行无害化处理,应符合 GB 16548 的规定。

6.2 使用药物的病牛生产的牛奶(抗生素奶)不应作为商品牛奶出售。

6.3 牛场内发生传染病后,应及时隔离病牛,病牛所产乳及死牛应做无害化处理,应符合 GB 16548 的规定。

7 牛奶盛装、贮藏和运输

应符合 NY 5045 的规定。

8 废弃物处理

8.1 场区内应于生产区的下风处设贮粪场,粪便及其他污物应有序管理。每天应及时除去牛舍及运动场褥草、污物和粪便,并将粪便及污物运送到贮粪场。

8.2 场内应设牛粪尿、褥草和污物等处理设施,废弃物应遵循减量化、无害化和资源化的原则处理。

9 资料处理

9.1 繁殖记录:包括发情、配种、妊检、流产、产犊和产后监护记录。

9.2 兽医记录:包括疾病档案和防疫记录。

9.3 育种记录:包括牛只标志和谱系及有关报表记录。

9.4 生产记录:包括产奶量、乳脂率、生长发育和饲料消耗等记录。

9.5 病死牛应做好淘汰记录,出售牛只应将抄写复本随牛带走,保存好原始记录。

9.6 牛只个体记录应长期保存,以利于育种工作的进行。

[注]以上标准 1~4,选自刘成果主编《中国奶业年鉴 2002》中国农业出版社,2003

图书在版编目(CIP)数据

乳牛学(第四版)/王福兆,孙少华主编.-4 版.-北京:科学技术文献出版社,2010.2
ISBN 978-7-5023-6537-0

Ⅰ.乳…　Ⅱ.①王…　②孙…　Ⅲ.乳牛-饲养管理　Ⅳ.S823.9

中国版本图书馆 CIP 数据核字(2009)第 220491 号

出　版　者　科学技术文献出版社
地　　　　址　北京市复兴路 15 号(中央电视台西侧)/100038
图书编务部电话　(010)58882938,58882087(传真)
图书发行部电话　(010)58882866(传真)
邮 购 部 电话　(010)58882873
网　　　　址　http://www.stdph.com
E-mail:stdph@istic.ac.cn
策 划 编 辑　张金水
责 任 编 辑　张金水
责 任 校 对　唐　炜
责 任 出 版　王杰馨
发　行　者　科学技术文献出版社发行　全国各地新华书店经销
印　刷　者　北京高迪印刷有限公司
版 (印)次　2010 年 2 月第 4 版第 1 次印刷
开　　　本　787×1092　16 开
字　　　数　576 千
印　　　张　25
印　　　数　1～3000 册
定　　　价　50.00 元